混凝土结构简易计算

(第 2 版)

上官子昌　主编

机 械 工 业 出 版 社

全书共分为十一章，内容包括：一般构造计算，受弯构件计算，受压构件计算，受拉、受扭、受冲切和局部受压计算，其他结构构件计算，正常使用极限状态验算，模板工程施工计算，钢筋工程施工计算，预应力混凝土工程计算，混凝土工程施工计算，冬期施工计算。

本书可供混凝土工程设计及施工人员使用，建筑工程院校各专业也可作为教学参考用书。

图书在版编目（CIP）数据

混凝土结构简易计算/上官子昌主编. —2 版. —北京：机械工业出版社，2011. 12

ISBN 978-7-111-36812-0

Ⅰ. ①混… Ⅱ. ①上… Ⅲ. ①混凝土结构-结构计算 Ⅳ. ①TU370. 1

中国版本图书馆 CIP 数据核字（2011）第 261058 号

机械工业出版社（北京市百万庄大街 22 号　邮政编码 100037）
策划编辑：肖耀祖　责任编辑：肖耀祖
版式设计：张世琴　责任校对：胡艳萍
责任印制：杨　曦
北京京丰印刷厂印刷
2012 年 4 月第 2 版·第 1 次印刷
184mm×260mm·19.5 印张·482 千字
标准书号：ISBN 978-7-111-36812-0
定价：59.00 元

凡购本书，如有缺页、倒页、脱页，由本社发行部调换

电话服务
社服务中心：(010)88361066
销售一部：(010)68326294
销售二部：(010)88379649
读者购书热线：(010)88379203

网络服务
门户网：http://www.cmpbook.com
教材网：http://www.cmpedu.com

《混凝土结构简易计算》
编 写 人 员

主　编　上官子昌

参　编（按姓氏笔画排序）

于　申　于　驰　于　贺　王　刚　王　玥
冯义显　田文静　刘秀民　吕克顺　孙庆巍
孙　聃　巩晓东　张文权　张　军　张晓霞
张　敏　李冬云　肖建华　袁　景　高少霞
隋红军

再版前言

随着我国国民经济的迅速发展，混凝土结构在建筑结构中应用的比率越来越高。在国家建筑技术政策的支持下，也使混凝土结构建筑出现了规模更大、技术更新的局面。不论是在高楼林立的大都市，还是在风景绮丽的小城镇，到处都能见到混凝土结构的踪影。为适应目前混凝土结构建筑的发展需要，我们根据国家最新颁布实施的混凝土结构工程各相关设计规范、施工规范，包括《混凝土结构设计规范》（GB 50010—2010）、《建筑结构荷载规范》（GB 50009—2001）、《钢结构设计规范》（GB 50017—2003）等，并结合有关方面的著述，编写了本书。

本次再版主要是依据《混凝土结构设计规范》（GB 50010—2010）将原来旧版规范的内容作替换，并添加一些新内容。全书共分为十一章，内容包括：一般构造计算，受弯构件计算，受压构件计算，受拉、受扭、受冲切和局部受压计算，其他结构构件计算，正常使用极限状态验算，模板工程施工计算，钢筋工程施工计算，预应力混凝土工程计算，混凝土工程施工计算，冬期施工计算。基本上涵盖了混凝土结构设计与施工计算的主要应用领域。

本书简明扼要，通俗易懂，深入浅出，概念清楚，数据齐全，并富有创新和启发性。可供混凝土工程设计及施工人员使用，也可作为建筑工程院校各专业的教学参考用书。

本书在编写过程中参阅和借鉴了许多优秀书籍、专著和有关文献资料，并得到了有关领导和专家的帮助，在此一并致谢。由于编者学识和水平有限，书中可能存在缺点或不足，恳请专家和广大读者给予批评指正，使之不断充实、完善。

编　者

目　录

1 一般构造计算

1.1 混凝土强度设计计算

混凝土轴心抗压、轴心抗拉强度设计值可按表 1-1 采用。

表 1-1 混凝土强度设计值 （单位：N/mm^2）

强度种类	混凝土强度等级													
	C15	C20	C25	C30	C35	C40	C45	C50	C55	C60	C65	C70	C75	C80
f_c	7.2	9.6	11.9	14.3	16.7	19.1	21.1	23.1	25.3	27.5	29.7	31.8	33.8	35.9
f_t	0.91	1.10	1.27	1.43	1.57	1.71	1.80	1.89	1.96	2.04	2.09	2.14	2.18	2.22

【例 1-1】 某现浇框架柱截面尺寸为 250mm×250mm，由两端支承情况决定其钢筋作为受力钢筋，构件混凝土强度等级为 C30。柱的轴向力设计值 $N=950\text{kN}$，环境类别为一类，确定截面是否安全？

【解】 由表 1-1 得 C30 混凝土的 $f_c=14.3\text{N/mm}^2$，截面的边长或直径小于 300mm，则混凝土的强度设计值应乘以系数 0.8，由表 1-4 得 HRB335 钢筋的 $f_y'=300\text{N/mm}^2$。

$A_s'=1527\text{mm}^2$

$l_0/b=3000/250=12$，查表 3-1，确定 $\varphi=0.95$

由公式：$N\leqslant N_0=0.9\varphi(f_cA+f_y'A_s')$

$N_n=0.9\times0.95\times(0.8\times14.3\times250\times250+300\times1527)\text{kN}$

$=1003\text{kN}>N=950\text{kN}$

故截面是安全的。

1.2 混凝土保护层的厚度计算

（1）构件中普通钢筋及预应力筋的混凝土保护层厚度应满足下列要求：

1）构件中受力钢筋的保护层厚度不应小于钢筋的公称直径 d。

2）设计使用年限为 50 年的混凝土结构，最外层钢筋的保护层厚度应符合表 1-2 的规定；设计使用年限为 100 年的混凝土结构，最外层钢筋的保护层厚度不应小于表 1-2 中数值的 1.4 倍。

表 1-2 混凝土保护层的最小厚度 c （单位：mm）

环境类别	板、墙、壳	梁、柱、杆	环境类别	板、墙、壳	梁、柱、杆
一	15	20	三 a	30	40
二 a	20	25	三 b	40	50
二 b	25	35			

注：1. 混凝土强度等级不大于 C25 时，表中保护层厚度数值应增加 5mm。

2. 钢筋混凝土基础宜设置混凝土垫层，基础中钢筋的混凝土保护层厚度应从垫层顶面算起，且不应小于 40mm。

（2）当有充分依据并采取下列措施时，可适当减小混凝土保护层的厚度。

1）构件表面有可靠的防护层。

2）采用工厂化生产的预制构件。

3）在混凝土中掺和阻锈剂或采用阴极保护处理等防锈措施。

4）当对地下室墙体采取可靠的建筑防水做法或防护措施时，与土层接触一侧钢筋的保护层厚度可适当减少，但不应小于25mm。

（3）当梁、柱、墙中纵向受力钢筋的保护层厚度大于50mm时，宜对保护层采取有效的构造措施。当在保护层内配置防裂、防剥落的钢筋网片时，网片钢筋的保护层厚度不应小于25mm。

【例1-2】 某框架—剪力墙教学楼，采用现浇混凝土。室内柱采用C30～C50混凝土。环境类别为一级；纵向受力筋直径为32mm，室内梁采用C30～C40混凝土，环境类别为一级，纵向受力钢筋直径为25mm。试确定构件混凝土保护层厚度。

【解】 根据混凝土强度等级及受力主筋的直径确定并参考表1-2，混凝土保护层的最小厚度见表1-3。

表1-3　混凝土保护层的最小厚度　（单位：mm）

构件	环境类别	混凝土等级	纵向受力钢筋	
			直径	保护层厚
柱	一	C35～C50	32	20
梁	一	C30～C40	25	20

由表1-3可知C30～C50混凝土——柱的混凝土最小保护层为20mm。

C30～C40混凝土——梁的混凝土最小保护层为20mm。

1.3　钢筋的锚固长度计算

1.3.1　受拉钢筋的锚固长度

计算中应充分利用钢筋的抗拉强度，受拉钢筋的锚固长度应按下列公式计算：

普通钢筋：
$$l_a = k\alpha \frac{f_y}{f_t} d \tag{1-1}$$

预应力钢筋：
$$l_a = \alpha \frac{f_{py}}{f_t} d \tag{1-2}$$

式中　l_a——受拉钢筋的锚固长度，不应小于200mm；

f_y、f_{py}——普通钢筋、预应力钢筋的抗拉强度设计值，按表1-4、表1-5采用；

f_t——混凝土轴心抗拉强度设计值，按表1-1采用；当混凝土强度等级高于C60时，按C60取值；

d——钢筋的公称直径；

α——钢筋的外形系数，按表1-6取用；

k——锚固长度修正系数，当多于一项时，可按连乘计算，但不应小于0.6；对预应力钢筋，可取1.0。

普通钢筋的抗拉强度设计值 f_y 及抗压强度设计值应按表 1-4 采用。

表 1-4　普通钢筋强度设计值　　（单位：N/mm^2）

牌　　号	抗拉强度设计值 f_y	抗压强度设计值 f_y'
HPB300	270	270
HRB335、HRBF335	300	300
HRB400、HRBF400、RRB400	360	360
HRB500、HRBF500	435	410

注：在钢筋混凝土结构中，轴心受拉和小偏心受拉构件的钢筋抗拉强度设计值大于 $300N/mm^2$，仍应按 $300N/mm^2$ 取用。

预应力钢筋的抗拉强度设计值 f_{py} 及抗压强度设计值 f'_{py} 应按表 1-5 采用。

表 1-5　预应力钢筋强度设计值　　（单位：N/mm^2）

种　　类	极限强度标准值 f_{ptk}	抗拉强度设计值 f_{py}	抗压强度设计值 f'_{py}
中强度预应力钢丝	800	510	410
	970	650	
	1270	810	
消除应力钢丝	1470	1040	410
	1570	1110	
	1860	1320	
钢绞线	1570	1110	390
	1720	1220	
	1860	1320	
	1960	1390	
预应力螺纹钢筋	980	650	410
	1080	770	
	1230	900	

注：当预应力钢筋的强度标准值不符合本表的规定时，其强度设计值应进行相应的比例换算。

表 1-6　钢筋的外形系数 α

钢筋类型	光圆钢筋	带肋钢筋	螺旋肋钢丝	三股钢绞线	七股钢绞线
α	0.16	0.14	0.13	0.16	0.17

注：光圆钢筋末端应做 180°弯钩，弯后平直段长度不应小于 $3d$，但作受压钢筋时可不做弯钩。

当锚固钢筋保护层厚度不大于 $5d$ 时，锚固长度范围内应配置横向构造钢筋，其直径不应小于 $d/4$；对梁、柱、斜撑等构件间距不应大于 $5d$，对板、墙等平面构件间距不大于 $10d$，且均不应大于 100mm，此处 d 为锚固钢筋的直径。

纵向受拉普通钢筋的锚固长度修正系数 k 应根据钢筋的锚固条件按下列规定取用：

1）当带肋钢筋的公称直径大于 25mm 时取 1.10。

2）环氧树脂涂层带肋钢筋取 1.25。

3）施工过程中易受扰动的钢筋取 1.10。

4）当纵向受力钢筋的实际配筋面积大于其设计计算面积时，修正系数取设计计算面积与实际配筋面积的比值，但对有抗震设防要求及直接承受动力荷载的结构构件，不应考虑此项修正。

5）锚固区保护层厚度为 $3d$ 时修正系数可取 0.80，保护层厚度为 $5d$ 时修正系数可取 0.70，中间按内插法取值，此处 d 为纵向受力带肋钢筋的直径。

当纵向受拉普通钢筋末端采用钢筋弯钩或机械锚固措施时，包括弯钩或锚固端头在内的锚固长度（投影长度）可取为基本锚固长度的 0.6 倍，即 $k=0.6$。钢筋弯钩和机械锚固的形式和技术要求应符合表 1-7 及图 1-1 的规定。

表 1-7　钢筋弯钩和机械锚固的形式和技术要求

锚固形式	技术要求
90°弯钩	末端 90°弯钩，弯钩内径 $4d$，弯后直段长度 $12d$
135°弯钩	末端 135°弯钩，弯钩内径 $4d$，弯后直段长度 $5d$
一侧贴焊锚筋	末端一侧贴焊长 $5d$ 同直径钢筋
两侧贴焊锚筋	末端两侧贴焊长 $3d$ 同直径钢筋
焊端锚板	末端与厚度 d 的锚板穿孔塞焊
螺栓锚头	末端旋入螺栓锚头

注：1. 焊缝和螺纹长度应满足承载力要求。

2. 螺栓锚头和焊接锚板的承压净面积不应小于锚固钢筋截面面积的 4 倍。

3. 螺栓锚头的规格应符合相关标准的要求。

4. 螺栓锚头和焊接锚板的钢筋净间距不宜小于 $4d$，否则应考虑群锚效应的不利影响。

5. 截面角部的弯钩和一侧贴焊锚筋的布筋方向宜向截面内侧偏置。

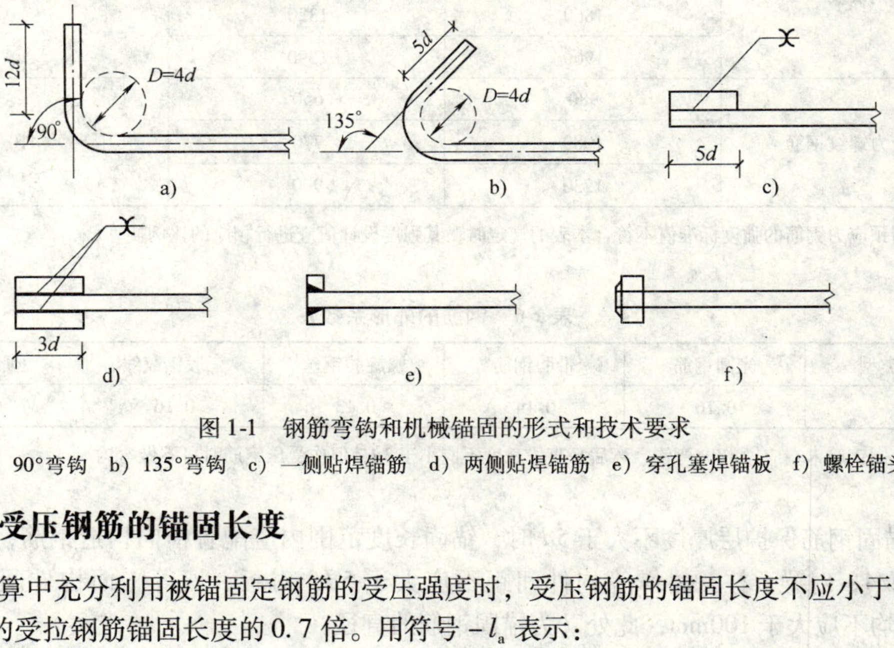

图 1-1　钢筋弯钩和机械锚固的形式和技术要求

a）90°弯钩　b）135°弯钩　c）一侧贴焊锚筋　d）两侧贴焊锚筋　e）穿孔塞焊锚板　f）螺栓锚头

1.3.2　受压钢筋的锚固长度

当计算中充分利用被锚固定钢筋的受压强度时，受压钢筋的锚固长度不应小于按式（1-1）计算的受拉钢筋锚固长度的 0.7 倍。用符号 $-l_a$ 表示：

$$-l_a(\text{受压钢筋锚固长度}) \geqslant 0.7k\alpha\frac{f_y}{f_t}d \tag{1-3}$$

式（1-3）中系数 k 值采用与式（1-1）中相同。

【例 1-3】 某箱形基础底板纵向受拉钢采用 HRB335 级Φ 30mm 螺旋肋钢丝，钢筋抗拉强度设计值 $f_y=300\text{N/mm}^2$，底板混凝土采用 C25 级，轴心抗拉强度设计值 $f_t=1.27\text{N/mm}^2$，试求其需锚固长度。

【解】 取 $\alpha=0.13$，由式（1-1）得

$$l_a=\alpha\frac{f_y}{f_t}d=0.13\times\frac{300}{1.27}d=30.7d$$

因钢筋直径大于 25mm，应乘以修正系数 1.1。

则 $l_a=30.7d\times1.1=33.78d$ 用 $40d$

故，纵向受拉钢筋锚固长度为 $40d$。

1.4 钢筋的绑扎搭接接头计算

轴心受拉及小偏心受拉杆件（如桁架和拱的拉杆）的纵向受力钢筋不得采用绑扎搭接接头。

其他构件中的钢筋采用绑扎搭接时，受拉钢筋直径不宜大于 25mm，受压钢筋直径不宜大于 28mm。

同一构件中相邻纵向受力钢筋的绑扎搭接接头宜相互错开。

钢筋绑扎搭接接头连接区段的长度为 1.3 倍搭接长度，凡搭接接头中点位于该连接区段长度内的搭接接头均属于同一连接区段。同一连接区段内纵向钢筋搭接接头面积百分率为该区段内有搭接接头的纵向受力钢筋截面面积与全部纵向受力钢筋截面面积的比值（图 1-2）。

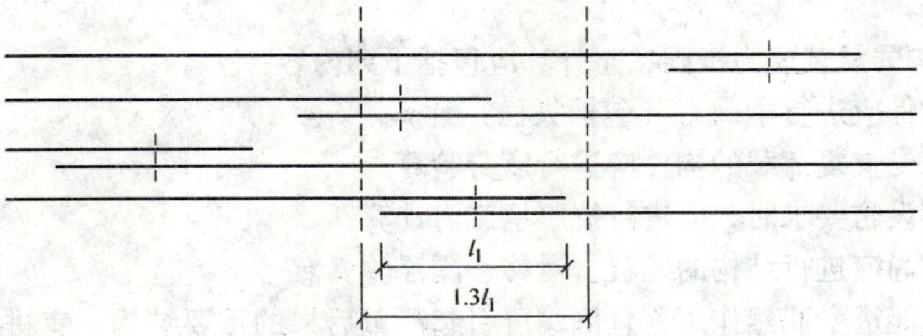

图 1-2 同一连接区段内的纵向受拉钢筋绑扎搭接接头

注：图中所示同一连接区段内的搭接接头钢筋为两根，当钢筋直径相同时，钢筋搭接接头面积百分率为 50%。

位于同一连接区段内的受拉钢筋搭接接头面积百分率：对梁类、板类及墙类构件，不宜大于 25%；对柱类构件，不宜大于 50%。当工程中确有必要增大受拉钢筋搭接接头面积百分率时，对梁类构件，不应大于 50%；对板类、墙类及柱类构件，可根据实际情况放宽。

纵向受拉钢筋绑扎搭接接头的搭接长度应根据位于同一连接区段内的钢筋搭接接头面积百分率按下列公式计算：

$$l_1=\zeta l_a \tag{1-4}$$

式中 l_1——纵向受拉钢筋的搭接长度；

l_a——纵向受拉钢筋的锚固长度，可按式（1-1）、式（1-2）确定；

ζ——纵向受拉钢筋搭接长度修正系数，按表1-8取用。

在任何情况下，纵向受拉钢筋绑扎搭接接头的搭接长度均不应小于300mm。

表1-8　纵向受拉钢筋搭接长度修正系数

纵向钢筋搭接接头面积百分率(%)	≤25	50	100
ζ	1.2	1.4	1.6

构件中的纵向受压钢筋，当采用搭接连接时，其受压搭接长度不应小于式（1-4）纵向受拉钢筋搭接长度的0.7倍，且在任何情况下不应小于200mm。

在纵向受力钢筋搭接长度范围内应配置箍筋，其直径不应小于搭接钢筋较大直径的0.25倍。当钢筋受拉时，箍筋间距不应大于搭接钢筋较小直径的5倍，且不应大于100mm；当钢筋受压时，箍筋间距不应大于搭接钢筋较小直径的10倍，且不应大于200mm。当受压钢筋直径 $d>25$mm 时，尚应在搭接接头两个端面外100mm范围内各设置两个箍筋。

【例1-4】 条件同例1-3，纵向钢筋接头面积百分率为25%，试求纵向受拉钢筋绑扎接头的搭接长度。

【解】 由例1-3已知纵向受拉钢筋经计算并修正的锚固长度 $l_a=33.78d$，取 $\xi=1.2$，由式（1-4）得：

$$l_1 = \xi l_a = 1.2 \times 33.78d = 40.5d \quad 用45d$$

故，纵向受拉钢筋绑扎接头的搭接长度为 $45d$。

1.5　承载能力极限状态计算的基本规定

混凝土结构的承载能力极限状态计算应包括下列内容：

1）结构构件应进行承载力（包括失稳）计算。

2）直接承受重复荷载的构件应进行疲劳验算。

3）有抗震设防要求时，应进行抗震承载力计算。

4）必要时尚应进行结构的倾覆、滑移、漂浮验算。

5）对于可能遭受偶然作用，且倒塌可引起严重后果的重要结构，宜进行防连续倒塌设计。

对持久设计状况、短暂设计状况和地震设计状况，当用内力的形式表达时，结构构件应采用下列承载能力极限状态设计表达式：

$$\gamma_0 S \leqslant R \tag{1-5}$$

$$R = R\,(f_c, f_s, a_k, \cdots)/\gamma_{Rd} \tag{1-6}$$

式中　γ_0——结构重要性系数：在持久设计状况和短暂设计状况下，对安全等级为一级的结构构件不应小于1.1，对安全等级为二级的结构构件不应小于1.0，对安全等级为三级的结构构件不应小于0.9；对地震设计状况下应取1.0；

S——承载能力极限状态下作用组合的效应设计值：对持久设计状况和短暂设计状况按作用的基本组合计算；对地震设计状况按作用的地震组合计算；

R——结构构件的抗力设计值；

$R(\cdot)$——结构构件的抗力函数；

γ_{Rd}——结构构件的抗力模型不定性系数：静力设计取 1.0，对不确定性较大的结构构件根据具体情况取大于 1.0 的数值；抗震设计应用承载力抗震调整系数 γ_{RE} 代替 γ_{Rd}；

f_c、f_s——混凝土、钢筋的强度设计值；

a_k——几何参数的标准值；当几何参数的变异性对结构性能有明显的不利影响时，应增减一个附加值。

式（1-5）中的 $\gamma_0 S$ 为内力设计值，在各章中可用 N、M、V、T 等表达。

2 受弯构件计算

2.1 矩形截面受弯构件的正截面受弯承载力计算

（1）正截面受弯承载力计算　矩形截面或翼缘位于受拉边的倒T形截面受弯构件，其正截面受弯承载力应符合下列规定（图2-1）：

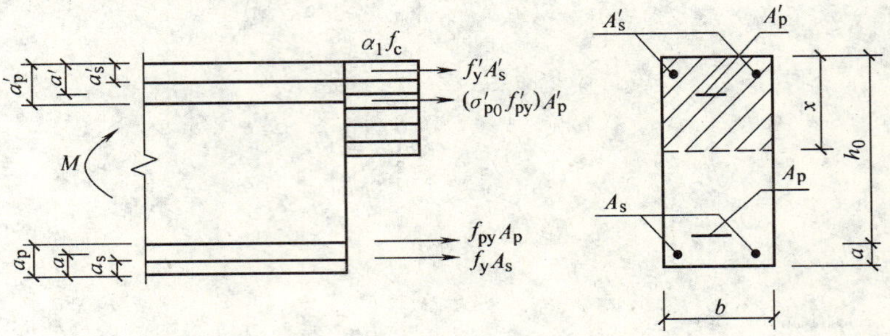

图2-1　矩形截面受弯构件正截面受弯承载力计算

$$M \leqslant \alpha_1 f_c bx\left(h_0 - \frac{x}{2}\right) + f'_y A'_s (h_0 - a'_s) - (\sigma'_{p0} - f'_{py}) A'_p (h_0 - a'_p) \tag{2-1}$$

混凝土受压区高度应按下列公式确定：

$$\alpha_1 f_c bx = f_y A_s - f'_y A'_s + f_{py} A_p + (\sigma'_{p0} - f'_{py}) A'_p \tag{2-2}$$

混凝土受压区高度应符合下列公式：

$$x \leqslant \zeta_b h_0 \tag{2-3}$$

$$x \geqslant 2a' \tag{2-4}$$

式中　M——弯矩设计值；

α_1——系数，按（2-2）计算；

f_c——混凝土轴心抗压强度设计值，按表1-1采用；

A_s、A'_s——受拉区、受压区纵向普通钢筋的截面面积；

A_p、A'_p——受拉区、受压区纵向预应力钢筋的截面面积；

σ'_{p0}——受压区纵向预应力钢筋合力点处混凝土法向应力等于零时的预应力钢筋应力；

b——矩形截面的宽度或倒T形截面的腹板宽度；

h_0——截面有效高度；

a'_s、a'_p——受压区纵向普通钢筋合力点、预应力钢筋合力点至截面受压边缘的距离；

a'——受压区纵向普通钢筋合力点至截面受压边缘的距离，当受压区未配置纵向预应力钢筋或受压纵向预应力钢筋应力（$\sigma'_{p0} - f'_{py}$）为拉应力时，式（2-4）中的a'用a'_s代替。

（2）矩形应力图　受弯构件、偏心受力构件正截面受压区混凝土的应力图形可简化为等效的矩形应力图。

矩形应力图的受压区高度 x 可取等于按截面应变保持平面的假定所确定的中和轴高度乘以系数 β_1。当混凝土强度等级不超过 C50 时，β_1 取为 0.8，当混凝土强度等级为 C80 时，β_1 取为 0.74，其间按线性内插法确定。

矩形应力图的应力值取为混凝土轴心抗压强度设计值 f_c 乘以系数 α_1。当混凝土强度等级不超过 C50 时，α_1 取为 1.0，当混凝土强度等级为 C80 时，α_1 取为 0.94，其间按线性内插法确定。

2.1.1 单筋梁的正截面受弯承载力

1. 承载力计算

一般情况下，已知截面尺寸 b、h 及材料强度 f_c、f_y 和钢筋面积 A，求截面的最大承载能力 M_u，验算是否大于设计弯矩值 M。

利用基本公式计算：

先验算配筋情况，求出 $\rho = \dfrac{A_s}{bh_0}$，

若 $\rho > \rho_{min}\dfrac{h_0}{h}$，利用式（2-2）求出 x，$x = \dfrac{f_y A_s}{\alpha_1 f_c b}$，

若 $x \leqslant \zeta_b h_0$，利用式（2-1）求出 M_u，$M_u = \alpha_1 f_c bx\left(h_0 - \dfrac{x}{2}\right)$，

若 $x > \zeta_b h_0$，取 $x = x_b$，此时 $M_u = \alpha_1 f_c bx_b\left(h_0 - \dfrac{x_b}{2}\right)$，

当 $M_u \geqslant M$ 时，界面满足承载力要求。

2. 配筋计算

一般情况下，材料强度（f_c、f_y）及截面尺寸 b、h 都已确定，根据外部荷载效应 M 计算钢筋截面面积 A_s。

（1）联立平衡方程求解法

首先求出 x，根据式（2-1）得出 $x = h_0 - \sqrt{h_0^2 - \dfrac{2M}{\alpha_1 f_c b}}$

若根号内出现负值，或 $x > x_b = \zeta_b h_0$，应加大截面尺寸，或提高混凝土强度等级。

当 $x \leqslant x_b$ 时，根据式（2-2）求出 A_s，$A_s = \dfrac{\alpha_1 f_c bx}{f_y}$

然后验算配筋率 ρ，应符合 $A_s \leqslant A_{s,min}$。若 $A_s \leqslant A_{s,min}$ 应取 $A_s = \rho_{min} bh$。

（2）受弯承载力的计算系数求解法

1）系数 α_s、ζ、γ。钢筋混凝土矩形截面受弯构件，当仅配有纵向受拉钢筋时，式（2-1）和式（2-2）能简化成下列两式：

$$M \leqslant \alpha_1 f_c bx\left(h_0 - \frac{x}{2}\right) \tag{2-5}$$

$$\alpha_1 f_c bx = f_y A_s \tag{2-6}$$

由上两式可得：

$$M \leqslant f_y A_s\left(h_0 - \frac{x}{2}\right) \tag{2-7}$$

为了计算方便，应用简单，可以引入一些基本参数对上述基本公式进行简化。

由式（2-6）可得相对受压区高度：

$$\xi = \frac{x}{h_0} = \frac{f_y}{\alpha_1 f_c}\frac{A_s}{bh_0} = \rho\frac{f_y}{\alpha_1 f_c} \tag{2-8}$$

配筋率：$\rho = \dfrac{A_s}{bh_0}$

移项得：

$$\rho = \xi\frac{\alpha_1 f_c}{f_y} \text{或} A_s = \xi bh_0\frac{\alpha_1 f_c}{f_y}$$

由式（2-7）可得：

$$M \leqslant f_y A_s\left(h_0 - \frac{x}{2}\right) = f_y A_s h_0(1 - 0.5\xi) = \gamma_s h_0 f_y A_s \tag{2-9}$$

式中 $\gamma_s h_0$ 为内力臂，故 γ_s 称内力臂系数。内力臂系数计算公式：

$$\gamma_s = (1 - 0.5\xi)$$

由式（2-5）可得：

$$M \leqslant \alpha_1 f_c bx\left(h_0 - \frac{x}{2}\right) = \alpha_1 f_c bh_0^2\frac{x}{h_0}\left(1 - 0.5\frac{x}{h_0}\right) = \alpha_1 f_c bh_0^2\xi(1 - 0.5\xi) = \alpha_s\alpha_1 f_c bh_0^2 \tag{2-10}$$

式中系数 α_s 称为截面抵抗矩系数：

$$\alpha_s = \xi(1 - 0.5\xi) \tag{2-11}$$

移项得：

$$\alpha_s = \frac{M}{\alpha_1 f_c bh_0^2} \tag{2-12}$$

2）系数 α_s、ξ、γ_s 的相互关系。由式（2-1）和式（2-2）能求出 α_s、ξ、γ_s 的相互关系：

$$\xi = 1 - \sqrt{1 - 2\alpha_s} \tag{2-13}$$

$$\gamma_s = \frac{1 + \sqrt{1 - 2\alpha_s}}{2} \tag{2-14}$$

2.1.2 双筋梁的正截面受弯承载力

当计算中计入纵向普通受压钢筋时，应满足式（2-6）的条件；当不满足此条件时，正截面受弯承载力应符合下列公式：

$$M \leqslant f_{py}A_p(h - a_p - a'_s) + f_y A_s(h - a_s - a'_s) + (\sigma'_{p0} - f'_{py})A'_p(a'_p - a'_s) \tag{2-15}$$

式中　a_s、a_p——受拉区纵向普通钢筋、预应力钢筋至受拉边缘的距离。

1. 承载力计算

已知截面尺寸 $b \times h$，材料强度 f_c、f_y，配置钢筋 A'_s及 A_s。求梁能承受的最大弯矩设计值。

由式（2-2）求出 x

$$x=\frac{f_yA_s-f'_yA'_s}{\alpha_1 f_c b}$$

此时，x 可能出现如下三种情况：

1）若 $x<2a'_s$，则由式（2-15）求得 $M_u=f_yA_s(h_0-a'_s)$。

2）若 $x>\xi_0 h_0$，由式（2-1）求得 $M_u=\alpha_1 f_c bh_0^2\xi_b(1-0.5\xi)+f'_yA'_s(h_0-a'_s)$。

3）若 $2a'_s\leqslant x\leqslant\xi_0 h_0$，由式（2-1）求得 $M_u=\alpha_1 f_c bx\left(h_0-\frac{x}{2}\right)+f'_yA'_s(h_0-a'_s)$。

计算出的 M_u 即为截面能承受的最大弯矩。当 $M\leqslant M_u$ 时，则截面是安全的。

2. 配筋计算

1）已知截面尺寸 $b\times h$，弯矩设计值 M，材料强度 f_c、f_y。求受压钢筋和受拉钢筋截面面积 A'_s 及 A_s。

为了充分发挥混凝土的受压能力，可令 $\xi=\xi_b$，则 $x=\xi_b h_0$

利用式（2-1）可得：$A'_s=\dfrac{M-\xi_b(1-0.5\xi_b)\alpha_1 f_s bh_0^2}{f'_y(h_0-a'_s)}$

①若 $A'_s\leqslant 0$，说明不需配置受压受力筋，可按单筋梁计算。

②若 $A'_s>0$，则利用式（2-2）求得 $A_s=\dfrac{\xi_b\alpha_1 f_c bh_0+f'_yA'_s}{f_y}$。

2）已知截面尺寸 $b\times h$，弯矩设计值 M，材料强度 f_c、f_y 及所配受压钢筋截面面积 A'_s。求受拉钢筋截面面积 A_s。

A'_s 已知，A'_s 所负担的受弯承载力 $M'=f'_yA'_s(h_0-a'_s)$，

应由单筋矩形截面所负担的弯矩 $M_u=M-M'$，

按矩形截面单筋梁求出受压区高度 x。

此时，x 可能出现三种情况：

①若 $x<2a'_s$，假定 $x=2a'_s$，由式（2-9）求得受拉钢筋 A_s。

$$A_s=\frac{M}{f_y(h_0-a'_s)}$$

②若 $x>\xi_b h_0$，说明受压钢筋 A'_s 太小，应按 A'_s 未知，重新计算 A'_s 及 A_s。

③若 $2a'_s\leqslant x\leqslant\xi_0 h_0$，则可求得 A_s。

$$A_s=\frac{a_1 f_c bx+A'_sf'_y}{f_y}$$

【例 2-1】 已知矩形截面尺寸 $b\times h=300\text{mm}\times 500\text{mm}$，环境类别为二 a 类，弯距设计值为 $M=200\text{kN}\cdot\text{m}$，混凝土为 C35，钢筋采用 HRB335 级，求所需的受拉钢筋截面面积。（$\alpha_1=1.0$，$\beta=0.8$，$\xi=0.55$）

【解】 由表 1-2 知 C35 混凝土——梁的混凝土最小保护层厚度为 25mm。

设 $a=35\text{mm}$，则

$$h_0=(500-35)\text{mm}=465\text{mm}$$

由混凝土和钢筋等级查表 1-1、表 1-4 得：

$$f_c=16.7\text{N/mm}^2\quad f_y=300\text{N/mm}^2\quad f_t=1.57\text{N/mm}^2$$

由式（2-5）得：

$200 \times 10^6 = 1.0 \times 16.7 \times 300x \times (465 - 0.5x)$

$x = 834$

所以，钢筋截面面积 $A_s = \dfrac{1.0 \times 16.7 \times 300 \times 834}{300} = 13927.8\text{mm}^2$

【例 2-2】 已知：矩形截面承受弯矩设计值 $M = 180\text{kN} \cdot \text{m}$，环境类别为一类。试对该截面进行设计。

【解】（1）选用材料

C30 混凝土 $f_c = 14.3\text{N/mm}^2$

采用 HRB400 级钢筋，得 $f_y = 360\text{N/mm}^2$

（2）确定截面尺寸

选取 $\rho = 1\%$，假定 $b = 250\text{mm}$，则

$$h_0 = 1.05\sqrt{\frac{M}{\rho f_y b}} = 1.05 \times \sqrt{\frac{180 \times 10^6}{0.01 \times 360 \times 250}}\text{mm} = 470\text{mm}$$

选用 $h = 500\text{m}$，$h_0 = (500 - 35)\text{mm} = 465\text{mm}$

（3）计算钢筋截面面积和选择钢筋

由 $M = \alpha_1 f_c bx\left(h_0 - \dfrac{x}{2}\right)$，得：$182 \times 10^6 = 1.0 \times 14.3 \times 250x\ (465 - 0.5x)$

$x = 127\text{mm}$ 或 $x = 803\text{mm}$

取 $x = 127\text{mm} < 0.518h_0 = 241\text{mm}$

$$x = 127\text{mm}$$

$$1.0 \times 14.3 \times 250 \times 127 = 360A_s$$

$$A_s = 1261\text{mm}^2$$

选用 4 ⌀20，$A_s = 1256\text{mm}^2$

$$\rho_{1\min} = 0.45\frac{f_t}{f_y} = 0.45 \times \frac{1.27}{360} = 0.16\% < 0.2\%\text{，取 } \rho_{1\min} = 0.2\%$$

$$\rho_1 = \frac{1256}{250 \times 250} = 1.0\% > \rho_{1\min} = 0.2\%$$

符合要求。

钢筋布置如图 2-2 所示。

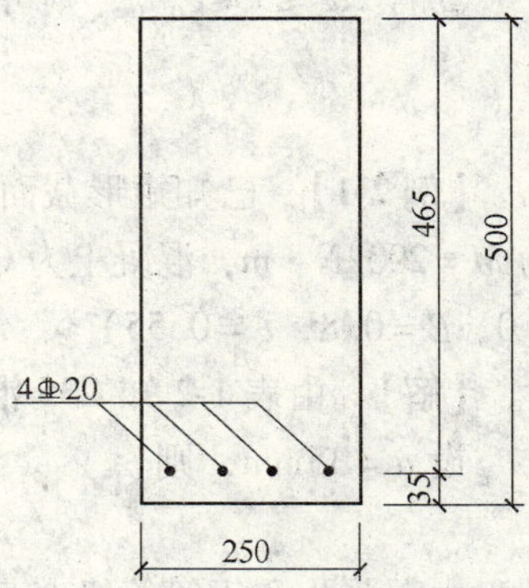

图 2-2　钢筋布置图

【例 2-3】 已知梁的截面尺寸 $b = 250\text{mm}$，$h = 500\text{mm}$，混凝土为 C35 级，钢筋采用 HRB335 级的钢筋，承受弯矩设计值 $M = 350\text{kN} \cdot \text{m}$，环境类别为一类，计算需配置的纵向受力钢筋（$a_{s,\max} = 0.399$，$\xi_b = 0.5501$）。

【解】（1）参数，由表 1-1、表 1-4 知

C35 级混凝土 $f_c = 16.7\text{N/mm}^2$

HRB335 级钢筋 $f'_y = f_y = 300\text{N/mm}^2$　$\alpha_1 = 1.0$

由于设计弯矩较大，假设采用双排受拉钢筋

$$h_0 = (500 - 60)\text{mm} = 440\text{mm}$$

（2）配钢筋

$$M_u = a_{s,max} a_1 f_c b h_0^2$$
$$= 0.399 \times 1 \times 16.7 \times 250 \times 440^2 \text{kN} \cdot \text{m}$$
$$= 323 \text{kN} \cdot \text{m} < 350 \text{kN} \cdot \text{m}$$

故配受压筋，取 $a'_s = 35\text{mm}$

$$A'_s = \frac{M_0 - a_1 a_{s,max} f_c b h_0^2}{f'_y (h - a'_s)}$$
$$= \frac{350 \times 10^6 - 0.399 \times 16.7 \times 250 \times 440^2}{300(440 - 35)} \text{mm}^2$$
$$= 226 \text{mm}^2$$

$$A_s = \xi_b \frac{f_c}{f_y} b h_0 + A'_s$$
$$= 0.55 \times \frac{16.7}{300} \times 250 \times 440 \text{mm}^2 + 226 \text{mm}^2$$
$$= 0.55 \times 0.056 \times 250 \times 440 \text{mm}^2 + 226 \text{mm}^2$$
$$= 3388 + 226$$
$$= 3614 \text{mm}^2$$

根据表 2-1 查得钢筋的计算截面面积及理论质量。

表 2-1　钢筋的计算截面面积及理论质量

公称直径/mm	不同根数钢筋的计算截面面积/mm^2									单根钢筋理论质量/(kg/m)
	1	2	3	4	5	6	7	8	9	
6	28. 3	57	85	113	142	170	198	226	255	0. 222
6. 5	33. 2	66	100	133	166	199	232	265	299	0. 260
8	50. 3	101	151	201	252	302	352	402	453	0. 395
8. 2	52. 8	106	158	211	264	317	370	423	475	0. 432
10	78. 5	157	236	314	393	471	550	628	707	0. 617
12	113. 1	226	339	452	565	678	791	904	1017	0. 888
14	153. 9	308	461	615	769	923	1077	1231	1385	1. 21
16	201. 1	402	603	804	1005	1206	1407	1608	1809	1. 58
18	254. 5	509	763	1017	1272	1527	1781	2036	2290	2. 00
20	314. 2	628	942	1256	1570	1884	2199	2513	2827	2. 47
22	380. 1	760	1140	1520	1900	2281	2661	3041	3421	2. 98
25	490. 9	982	1473	1964	2454	2945	3436	3927	4418	3. 85
28	615. 8	1232	1847	2463	3079	3695	4310	4926	5542	4. 83
32	804. 2	1609	2413	3217	4021	4826	5630	6434	7238	6. 31
36	917. 9	2036	3054	4072	5089	6107	7125	8143	9161	7. 99
40	1256. 6	2513	3770	5027	6283	7540	8796	10053	11310	9. 87
50	1964	3928	5892	7856	9820	11784	13748	15712	17676	15. 42

注：表中直径 $d = 8.2\text{mm}$ 的计算截面面积及理论质量仅适用于有纵肋的热处理钢筋。

当受压钢筋选用2 Φ12，受拉钢筋选用6 Φ28 时，$A_s'=226\text{mm}^2$，$A_s=3695\text{mm}^2$。所以受压钢筋选用2 Φ12，$A_s'=226\text{mm}^2$；受拉钢筋选用6 Φ28 时，$A_s=3695\text{mm}^2$。

【例 2-4】 某双筋矩形截面梁，已知梁截面尺寸 $b\times h=250\text{mm}\times550\text{mm}$，混凝土强度等级 C20，钢筋 HRB335 级，弯矩设计值为 250kN · m，计算受拉和受压钢筋截面面积，并绘制配筋图。

【解】

（1）验算是否需要采用双筋截面

假设采用双排钢筋：$h_0=h-60=(550-60)\text{mm}=490\text{mm}$，HRB335 级钢筋，$f_y=300\text{N/mm}^2$，$f_y'=300\text{N/mm}^2$，混凝土 C20 级，$f_c=9.6\text{N/mm}^2$，$\alpha_1=1.0$

HRB335 级钢筋，$\xi_b=0.550$，单筋截面最大抗弯能力为：

$$M_{u,max}=\alpha_1 f_c b h_0 \xi_b(1-0.5\xi_b)=1.0\times9.6\times250\times490^2\times0.550\times(1-0.5\times0.550)\text{kN}\cdot\text{m}$$
$$=229.78\text{kN}\cdot\text{m}<M=250\text{kN}\cdot\text{m}$$

所以，需要采用双筋截面。

（2）计算 A_{s1}

令 $x=\xi_b h_0$，则 $M_{u1}=M_{u,max}=229.78\text{kN}\cdot\text{m}$

$$A_{s1}=\xi_b b h_0\frac{\alpha_1 f_c}{f_y}=0.550\times250\times490\times\frac{1.0\times9.6}{300}\text{mm}^2=2156\text{mm}^2$$

（3）计算 A_{s2}

由 A_s' 和 A_{s2} 承担的弯矩为：

$$M_{u2}=M-M_{u1}=250-229.78=20.22\text{kN}\cdot\text{m}$$

$$A_{s2}=A_s'=\frac{M_{u2}}{f_y(h_0-a_s')}=\frac{20.22\times10^6}{300\times(490-35)}\text{mm}^2=148\text{mm}^2$$

（4）计算 A_s

$$A_s=A_{s1}+A_{s2}=(2156+148)\text{mm}^2=2304\text{mm}^2$$

（5）选用钢筋（图 2-3）

受拉钢筋：4 Φ25 + 2 Φ18 [$A_s=(1964+509)\text{mm}^2=2473\text{mm}^2$]

受压钢筋：2 Φ18（$A_s'=509\text{mm}^2$）

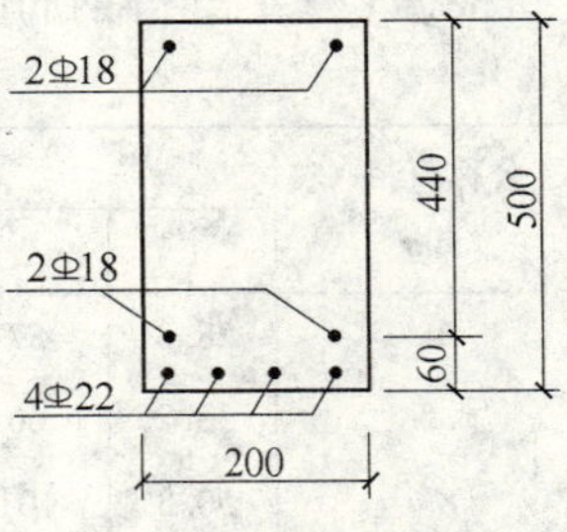

图 2-3 双筋截面配筋图

2.2 T 形截面受弯构件的正截面受弯承载力计算

1. 相关公式

1）T 形、I 形及倒 L 形截面受弯构件位于受压区的翼缘计算宽度 b_f' 应按表 2-2 所列情况中的最小值取用。

表 2-2 T 形、I 形及倒 L 形截面受弯构件翼缘计算宽度 b_f'

情况		T形、I形截面		倒L形截面
		肋形梁、肋形板	独立梁	肋形梁、肋形板
1	按计算跨度 l_0 考虑	$l_0/3$	$l_0/3$	$l_0/6$
2	按梁（纵肋）净距 s_n 考虑	$b+s_n$	—	$b+s_n/2$

（续）

情况			T形、I形截面		倒L形截面
			肋形梁、肋形板	独立梁	肋形梁、肋形板
3	按翼缘高度 h'_f 考虑	$h'_f/h_0 \geqslant 0.1$	—	$b+12h'_f$	—
		$0.1>h'_f/h_0 \geqslant 0.05$	$b+12h'_f$	$b+6h'_f$	$b+5h'_f$
		$h'_f/h_0<0.05$	$b+12h'_f$	b	$b+5h'_f$

注：1. 表中 b 为腹板宽度。

2. 如肋形梁在梁跨内设有间距小于纵肋间距的横肋时，则可不遵守表列情况 3 的规定。

3. 对加腋的 T 形、I 形和倒 L 形截面，当受压区加腋的高度 $h_h \geqslant h'_f$；且加腋的宽度 $b_h \leqslant 3h_h$ 时，其翼缘计算宽度可按表列情况 3 的规定分别增加 $2b_h$（T 形、I 形截面）和 b_h（倒 L 形截面）。

4. 独立梁受压区的翼缘板在荷载作用下经验算沿纵肋方向可能产生裂缝时，其计算宽度应取腹板宽度 b。

2）翼缘位于受压区的T形、I形截面受弯构件（图 2-4），其正截面受弯承载力应分别符合下列规定：

①当满足下列条件时

$$f_y A_s + f_{py} A_p \leqslant \alpha_1 f_c b'_f h'_f + f'_y A'_s - (\sigma'_{p0} - f'_{py}) A'_p \tag{2-16}$$

应按宽度为 b'_f 的矩形截面计算。

②当不满足式（2-16）的条件时

$$M \leqslant \alpha_1 f_c bx\left(h_0 - \frac{x}{2}\right) + \alpha_1 f_c (b'_f - b) h'_f \left(h_0 - \frac{h'_f}{2}\right) + f'_y A'_s (h_0 - a'_s) - (\sigma'_{p0} - f'_{py}) A'_p (h_0 - \alpha'_p) \tag{2-17}$$

混凝土受压区高度应按下列公式确定：

$$\alpha_1 f_c [b_x + (b'_f - b) h'_f] = f_y A_s - f'_y A'_s + f_{py} A_p + (\sigma'_{p0} - f'_{py}) A'_p \tag{2-18}$$

式中 h'_f——T 形、I 形截面受压区的翼缘高度；

b'_f——T 形、I 形截面受压区的翼缘计算宽度，按 1）确定。

按式（2-16）~ 式（2-18）计算 T 形、I 形截面受弯构件时，混凝土受压区高度仍应符合式（2-3）和式（2-4）的要求。

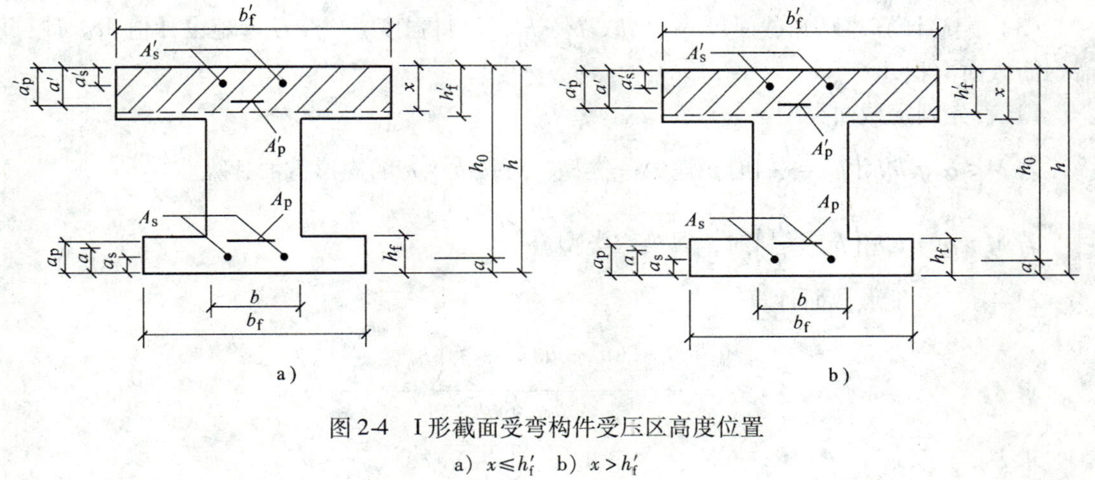

图 2-4　I 形截面受弯构件受压区高度位置

a）$x \leqslant h'_f$　b）$x > h'_f$

2. 计算步骤

（1）计算类型的判定　为判定T形截面属于何种类型，可把 $x=h_f'$ 作为界限情况进行受力分析，由平衡条件可得：

$$\sum x=0 \qquad \alpha_1 f_c b_f' h_f' = A_s f_y' \tag{2-19}$$

$$\sum M=0 \qquad M = \alpha_1 f_c b_f' h_f'\left(h_0 - \frac{h_f'}{2}\right) \tag{2-20}$$

进行钢筋面积计算时，由于弯矩设计值 M 已知，可用式（2-20）来判定。

$$M \leqslant \alpha_1 f_c b_f' h_f'\left(h_0 - \frac{h_f'}{2}\right) \tag{2-21}$$

$$M > \alpha_1 f_c b_f' h_f'\left(h_0 - \frac{h_f'}{2}\right) \tag{2-22}$$

进行承载力校核时，由于钢筋截面面积 A_s 已知，可用式（2-19）来判定。

若　$f_y A_s \leqslant \alpha_1 f_c b_f' h_f'$　（第一类T形）

若　$f_y A_s > \alpha_1 f_c b_f' h_f'$　（第二类T形）

（2）承载力计算　已知截面尺寸 b、h 及 b_f'、h_f'，材料强度 f_c、f_y 及配置钢筋截面面积 A_s。计算截面的承载能力 M_u。

1）判别类型。

当 $f_y A_s \leqslant \alpha_1 f_c b_f' h_f'$ 时，属第一类T形，可按 $b_f' \times h$ 的单筋矩形截面梁方法计算。

若 $f_y A_s > \alpha_1 f_c b_f' h_f'$ 时，属第二类T形。

2）第二类T形。

$$x = \frac{f_y A_s - \alpha_1 f_c (b_f' - b) h_f'}{\alpha_1 f_c b}, \xi = x/h_0$$

首先，求出 x 及 ξ

当 $\xi \leqslant \xi_b$ 或 $x \leqslant x_b = \xi_b h_0$ 时

$$M_u = \alpha_1 f_c b x\left(h_0 - \frac{x}{2}\right) + \alpha_1 f_c (b_f' - b) h_f'\left(h_0 - \frac{h_f'}{2}\right)$$

当 $\xi > \xi_b$ 或 $x > x_b$ 时，取 $\xi = \xi_b$ 或 $x = x_b = \xi_b h_0$

$$M_u = \xi_b (1 - 0.5\xi_b) \alpha_1 f_c b h_0^2 + \alpha_1 f_c (b_f' - b) h_f'\left(h_0 - \frac{h_f'}{2}\right)$$

若 $M_u \geqslant M$（弯矩设计值），安全。

（3）配筋计算　已知截面尺寸 b、h、b_f'、h_f'，材料强度 f_c、f_y 及弯矩设计值 M。计算所需钢筋截面面积 A_s。

1）首先判定截面类型。

若 $M \leqslant \alpha_1 f_c b_f' h_f'\left(h_0 - \frac{h_f'}{2}\right)$ 时，属第一类型，可按 $b_f \times h$ 的矩形截面计算。

若 $M > \alpha_1 f_c b_f' h_f'\left(h_0 - \frac{h_f'}{2}\right)$ 时，属第二类型。

2）第二类T形截面计算。

求 A_s

$$A_s = \frac{M - (b_f' - b) h_f' \alpha_1 f_c \left(h_0 - \frac{h_f'}{2}\right)}{\alpha_1 f_c b h_0^2}$$

求 ξ

$$\xi = 1 - \sqrt{1 - 2\alpha_s}$$

当 $\xi \leqslant \xi_b$ 时 $$A_s = \frac{\alpha_1 f_c b\xi h_0 + (b'_f - b)h'_f \alpha_1 f_c}{f_y}$$

【例 2-5】 已知弯矩设计值 $M = 700\text{kN}\cdot\text{m}$，梁的截面尺寸为 $b\times h = 350\text{mm}\times 700\text{mm}$，$b'_f = 600\text{mm}$，$h'_f = 120\text{mm}$，混凝土等级为 C35。钢筋采用 HRB335 级，环境类别为一类。求受拉钢筋截面面积（$\alpha_1 = 1.0$，$\beta_1 = 0.8$）。

【解】 查表 1-1、表 1-4 知 $f_c = 16.7\text{N/mm}^2$、$f_y = 300\text{N/mm}^2$

鉴别类型

由于弯矩较大，截面宽度较窄，受拉钢筋排成两排，故

$h_0 = h - a_s = (700 - 60)\text{mm} = 640\text{mm}$

$$a_1 f_c b'_f h'_f \left(h_0 - \frac{h'_f}{2}\right) = 1.0\times 16.7\times 600\times 120\times\left(640 - \frac{120}{2}\right)$$
$$= 697392000 \approx 697\times 10^6\text{N}\cdot\text{mm} < 700\times 10^6\text{N}\cdot\text{mm}$$

属于第二种类型的 T 形梁

$$M_1 = a_1 f_c (b'_f - b)h'_f (h_0 - 0.5h'_f)$$
$$= 1.00\times 16.7\times (600 - 350)\times 120\times\left(640 - \frac{120}{2}\right)$$
$$= 290.58\times 10^6\text{N}\cdot\text{mm}$$

$$M_2 = M - M_1 = (700\times 10^6 - 290.58\times 10^6)\text{N}\cdot\text{mm} = 409.42\times 10^6\text{N}\cdot\text{mm}$$

由式（2-4）、式（2-10）、式（2-11）、式（2-12）

$$\alpha_s = \frac{M_2}{a_1 f_c b h_0^2} = \frac{409.42\times 10^6}{1\times 16.7\times 350\times 640^2} = 0.17$$
$$\xi = 1 - \sqrt{1 - 2\alpha_s} = 0.188 < \xi_b = 0.55$$
$$\gamma_s = 0.5\times(1 + \sqrt{1 - 2\alpha_s}) = 0.9062$$
$$A_{s_2} = \frac{M_2}{f_y \gamma_s h_0} = \frac{409.42\times 10^6}{300\times 0.9062\times 640}\text{mm}^2 = 2353\text{mm}^2$$
$$A_{s_1} = \frac{a_1 f_c (b'_f - b)h'_f}{f_y} = \frac{1.0\times 16.7\times(600 - 350)\times 120}{300}\text{mm}^2 = 1670\text{mm}^2$$
$$A_s = A_{s_1} + A_{s_2} = 1670 + 2353 = 4023\text{mm}^2$$
$$A_s = \frac{d_0 f_c b\xi h_0 + (b'_f - b)h'_f a_1 f_c}{f_y}$$
$$= \frac{1.0\times 16.7\times 350\times 0.188\times 640 + (600 - 350)\times 210\times 16.7}{300}\text{mm}^2$$
$$= 4014\text{mm}^2$$

【例 2-6】 某 T 形梁纵向受力钢筋，已知：T 形截面尺寸 $b = 250\text{mm}$，$b'_f = 2000\text{mm}$，$h = 550\text{mm}$，$h'_f = 80\text{mm}$，弯矩设计值 $M = 210\text{kN}\cdot\text{m}$，$a_s = 35\text{mm}$，C20 混凝土，HRB335 级纵筋。求纵向受力钢筋截面面积。

【解】

由已知条件可得：

$$h_0 = h - a_s = (550 - 35)\text{mm} = 515\text{mm}$$

受压区高度：

$$x = h_0 - \sqrt{h_0^2 - \frac{2M}{\alpha_1 f_c b_f'}} = \left(515 - \sqrt{515^2 - \frac{2 \times 210 \times 10^6}{1.0 \times 9.6 \times 2000}}\right)\text{mm} = 21.7\text{mm} < h_f' = 80\text{mm}$$

中和轴在翼缘的范围内，所以可按宽度 b_f'的矩形梁计算。

受拉钢筋截面面积 A_s：

$$A_s = \frac{\alpha_1 f_c b_f' x}{f_y} = \frac{1.0 \times 9.6 \times 2000 \times 19.7}{300} = \text{mm}^2 = 1261\text{mm}^2$$

配 5 Φ18，$A_s = 1272\text{mm}^2$

2.3 受弯构件的斜截面受剪承载力计算

2.3.1 无腹筋板的受剪承载力

不配置箍筋和弯起钢筋的一般板类受弯构件，其斜截面的受剪承载力按以下公式计算：

$$V \leqslant 0.7\beta_h f_t b h_0 \tag{2-23}$$

$$\beta_h = \left(\frac{800}{h_0}\right)^{1/4} \tag{2-24}$$

式中 V——构件斜截面上的最大剪力设计值；

β_h——截面高度影响系数：当 $h_0 < 800\text{mm}$ 时，取 $h_0 = 800\text{mm}$；当 $h_0 > 2000\text{mm}$ 时，取 $h_0 = 2000\text{mm}$；

f_t——混凝土轴心抗拉强度设计值，按表 1-1 采用。

纵向受力的普通钢筋及预应力钢筋，其混凝土保护层厚度（钢筋外边缘至混凝土表面的距离）不应小于钢筋的公称直径，且应符合表 1-2 的规定。

2.3.2 箍筋梁的斜截面受剪承载力

1）矩形、T 形和 I 形截面的受弯构件的受剪截面计算：

当 $h_w/b \leqslant 4$ 时

$$V \leqslant 0.25\beta_c f_c b h_0 \tag{2-25}$$

当 $h_w/b \geqslant 6$ 时

$$V \leqslant 0.2\beta_c f_c b h_0 \tag{2-26}$$

当 $4 < h_w/b < 6$ 时，按线性内插法确定。

式中 V——构件斜截面上的最大剪力设计值；

β_c——混凝土强度影响系数：当混凝土强度等级不超过 C50 时，取 $\beta_c = 1.0$；当混凝土强度等级为 C80 时，取 $\beta_c = 0.8$；其间按线性内插法确定；

f_c——混凝土轴心抗压强度设计值，按表 1-1 采用；

b——矩形截面的宽度，T 形截面或 I 形截面的腹板宽度；

h_0——截面的有效高度；

h_w——截面的腹板高度：对矩形截面，取有效高度；对 T 形截面，取有效高度减去翼缘高度；对 I 形截面，取腹板净高。

注：1. 对 T 形或 I 形截面的简支受弯构件，当有实践经验时，式（2-25）中的系数可改用 0.3。

2. 对受拉边倾斜的构件，当有实践经验时，其受剪截面的控制条件可适当放宽。

2）可不进行斜截面的受剪承载力计算的条件：

①矩形、T形和I形截面的一般受弯构件，当符合下式的要求时：

$$V \leqslant 0.7 f_t b h_0 + 0.05 N_{p0} \tag{2-27}$$

②集中荷载作用下的独立梁，当符合下列公式的要求时：

$$V \leqslant \frac{1.75}{\lambda + 1} f_t b h_0 + 0.05 N_{p0} \tag{2-28}$$

均可不进行斜截面的受剪承载力计算，而仅需按构造要求配置箍筋。

3）矩形、T形和I形截面的一般受弯构件，当仅配置箍筋时，其斜截面的受剪承载力按下列公式计算：

$$V \leqslant V_{cs} + V_p \tag{2-29}$$

$$V_{cs} = \alpha_{cv} f_t b h_0 + f_{yv} \frac{A_{sv}}{s} h_0 \tag{2-30}$$

$$V_p = 0.05 N_{p0} \tag{2-31}$$

式中 V——构件斜截面上的最大剪力设计值；

V_{cs}——构件斜截面上混凝土和箍筋的受剪承载力设计值；

α_{cv}——斜截面混凝土受剪承载力系数，对于一般受弯构件取0.7；对集中荷载作用下（包括作用有多种荷载，其中集中荷载对支座截面或节点边缘所产生的剪力值占总剪力的75%以上的情况）的独立梁，取 α_{cv} 为 $\frac{1.75}{\lambda+1}$，λ 为计算截面的剪跨比，可取 λ 等于 a/h_0，当 λ 小于1.5时，取1.5，当 λ 大于3时，取3，a 取集中荷载作用点至支座截面或节点边缘的距离；

V_p——由预加力所提高的构件受剪承载力设计值；

A_{sv}——配置在同一截面内箍筋各肢的全部截面面积：$A_{sv} = nA_{sv1}$，此处，n 为在同一截面内箍筋的肢数，A_{sv1} 为单肢箍筋的截面面积；

s——沿构件长度方向的箍筋间距；

f_{yv}——箍筋抗拉强度设计值，按表1-4中的 f_y 值采用；

N_{p0}——计算截面上混凝土法向预应力等于零时的纵向预应力钢筋及非预应力钢筋的合力，当 $N_{p0} > 0.3 f_c A_0$ 时，取 $N_{p0} = 0.3 f_c A_0$，此处，A_0 为构件的换算截面面积。

对集中荷载作用下（包括作用有多种荷载，其中集中荷载对支座截面或节点边缘所产生的剪力值占总剪力值的75%以上的情况）的独立梁，当按式（2-25）计算时，应将式（2-26）改为下列公式：

$$V_{cs} = \frac{1.75}{\lambda + 1} f_t b h_0 + f_{yv} \frac{A_{sv}}{s} h_0 \tag{2-32}$$

式中 λ——计算截面的剪跨比，可取 $\lambda = a/h_0$，a 为集中荷载作用点至支座或节点边缘的距离；当 $\lambda < 1.5$ 时，取 $\lambda = 1.5$，当 $\lambda > 3$ 时，取 $\lambda = 3$；集中荷载作用点至支座之间的箍筋，应均匀配置。

注：1. 对合力 N_{p0} 引起的截面弯矩与外弯矩方向相同的情况，以及预应力混凝土连续梁和允许出现裂缝的预应力混凝土简支梁，均应取 $V_p = 0$。

2. 对先张法预应力混凝土构件，在计算合力 N_{p0} 时，应按《混凝土结构设计规范》（GB 50010—2010）第7.1.9条和第10.1.9条的规定考虑预应力钢筋传递长度的影响。

4）梁中箍筋的间距要求

①梁中箍筋的最大间距宜符合表 2-3 的规定，当 $V>0.7f_tbh_0+0.05N_{p0}$时，箍筋的配筋率$\rho_{sv}(\rho_{sv}=A_{sv}/(bs))$尚不应小于$0.24f_t/f_{yv}$。

②当梁中配有按计算需要的纵向受压钢筋时，箍筋应做成封闭式；此时，箍筋的间距不应大于 15d（d 为纵向受压钢筋的最小直径），同时不应大于 400mm；当一层内的纵向受压钢筋多于 5 根且直径大于 18mm 时，箍筋间距不应大于 10d；当梁的宽度大于 400mm 且一层内的纵向受压钢筋多于 3 根时，或当梁的宽度不大于 400mm 但一层内的纵向受压钢筋多于 4 根时，应设置复合箍筋。

③梁中纵向受力钢筋搭接长度范围内的箍筋间距应符合规定。

表 2-3　梁中箍筋的最大间距　（单位：mm）

梁高 h	$V>0.7f_tbh_0+0.05N_{p0}$	$V\leqslant0.7f_tbh_0+0.05N_{p0}$
$150<h\leqslant300$	150	200
$300<h\leqslant500$	200	300
$500<h\leqslant800$	250	350
$h>800$	300	400

④对截面高度，$h>800$mm 的梁，其箍筋直径不宜小于 8mm；对截面高度 $h\leqslant800$mm 的梁，其箍筋直径不宜小于 6mm。梁中配有计算需要的纵向受压钢筋时，箍筋直径尚不应小于纵向受压钢筋最大直径的 0.25 倍。

计算步骤：

（1）承载力计算　已知截面尺寸和材料强度、箍筋直径、肢数和间距，计算斜截面受剪的最大承载力 V_u。

1）计算配箍率 P_{sv}　　$P_{sv}=\dfrac{nA_{sv1}}{b_s}$

当$p\leqslant p_{sv,min}=0.24f_t/f_{yv}$时

可取　$V_u=0.7f_tbh_0$　或　$V_u=\dfrac{1.75}{\lambda+1.0}f_tbh_0$

2）当$p>p_{sv,min}$时，可直接按式（2-30）或式（2-32）计算 V_u。

如果 $V_u\geqslant V_{u,max}=0.2f_cbh_0$（或 $0.25f_cbh_0$）时，可取 $V_u\geqslant V_{u,max}$。

3）当 $V\leqslant V_u$，截面安全。

（2）配筋计算　已知某斜截面剪力设计值 V、截面尺寸和材料强度，要求确定箍筋的数量。

1）验算截面尺寸和构造配箍条件。若 V 满足式（2-27）或式（2-28）的要求，可按 2）进行箍筋计算；若不满足要求，则应增大截面尺寸或提高混凝土强度等级。

若 V 满足式（2-27）或式（2-28）的要求，仅需按构造要求配置箍筋。

2）箍筋计算：

可按下式计算

$$\frac{nA_{sv1}}{s} \geqslant \frac{V - 0.7f_t bh_0}{1.25f_{yv}h_0}$$

或

$$\frac{nA_{sv1}}{s} \geqslant \frac{V - \dfrac{1.75}{\lambda + 1.0}f_c bh_0}{f_{yv}h_0}$$

根据$\frac{nA_{sv1}}{s}$，可先确定箍筋肢数和箍筋直径，然后计算箍筋间距 s；也可先确定箍筋的肢数和间距，然后计算出箍筋的截面面积，以确定箍筋直径。

2.3.3 箍筋、弯筋梁的斜截面受剪承载力

1）矩形、T形和I形截面的受弯构件，当配置箍筋和弯起钢筋时，其斜截面的受剪承载力应符合下列规定：

$$V \leqslant V_{cs} + V_p + 0.8f_y A_{sb}\sin\alpha_s + 0.8f_{py}A_{pb}\sin\alpha_p \tag{2-33}$$

式中　V——配置弯起钢筋处的剪力设计值，按2）取用；

V_p——由预加力所提高的构件受剪承载力设计值，按式（2-31）计算，但计算合力 N_{p0}时不考虑预应力弯起钢筋的作用；

A_{sb}、A_{pb}——同一弯起平面内的非预应力弯起钢筋、预应力弯起钢筋的截面面积；

α_s、α_p——斜截面上非预应力弯起钢筋、预应力弯起钢筋的切线与构件纵向轴线的夹角。

2）计算弯起钢筋时，其剪力设计值可按下列规定取用：

①计算第一排（对支座而言）弯起钢筋时，取支座边缘处的剪力值。

②计算以后的每一排弯起钢筋时，取前一排（对支座而言）弯起钢筋弯起点处的剪力值。

3）在混凝土梁中，宜采用箍筋作为承受剪力的钢筋。

当采用弯起钢筋时，其弯起角宜取45°或60°；在弯起钢筋的弯终点外应留有平行于梁轴线方向的锚固长度，在受拉区不应小于20d，在受压区不应小于10d，此处，d为弯起钢筋的直径；梁底层钢筋中的角部钢筋不应弯起，顶层钢筋中的角部钢筋不应弯下。

计算步骤：

（1）承载力计算　已知截面尺寸和材料强度、箍筋直径、肢数和间距、弯起钢筋截面面积 A_{sb}。计算斜截面受剪的最大承载力 V_u。

1）计算配箍率 P_{sv}　　　$P_{sv} = \frac{nA_{sv1}}{b_s}$

当 $p \leqslant p_{sv,min} = 0.24f_t/f_{yu}$时，

可取 $V_u = 0.7f_t bh_0$　　或 $V_u = \frac{1.75}{\lambda + 1.0}f_t bh_0$

2）当 $p \leqslant p_{sv,min}$时，可直接按式（2-23）计算 V_u。

如果 $V_u \geqslant V_{u,max} = 0.2\beta_c f_c bh_0$（或 $0.25\beta_c f_c bh_0$）时，可取 $V_u \geqslant V_{u,max}$。

3）当 $V \leqslant V_u$，截面安全。

（2）配筋计算　已知某斜截面剪力设计值 V、截面尺寸和材料强度。要求确定箍筋和弯筋的数量。

1）验算截面尺寸和构造配箍条件。若 V 满足式（2-25）或式（2-26）的要求，可按 2）进行箍筋和弯筋计算；若不满足要求，则应增大截面尺寸或提高混凝土强度等级。

若 V 满足式（2-25）或式（2-26）的要求，仅需按构造要求配置箍筋。

2）箍筋和弯筋计算。先选定箍筋的肢数、直径和间距，计算弯筋截面面积

$$A_{sb} \geqslant \frac{V - V_{cs}}{0.8 f_{yb} \sin\alpha}$$

若先选定弯起钢筋，则可用下式计算所需箍筋

$$\frac{nA_{sv1}}{s} \geqslant \frac{V - 0.7 f_t b h_0 - 0.8 A_{sb} f_y \sin\alpha}{1.25 f_{yv} h_0}$$

或

$$\frac{nA_{sv1}}{s} \geqslant \frac{V - \frac{1.75}{\lambda + 1.0} f_t b h_0 - 0.8 A_{sb} f_y \sin\alpha}{1.0 f_{yv} h_0}$$

根据 $\frac{nA_{sv1}}{s}$，可先确定箍筋肢数和箍筋直径，然后计算箍筋间距 s；也可先确定箍筋的肢数和间距，然后计算出箍筋的截面面积，以确定箍筋直径。

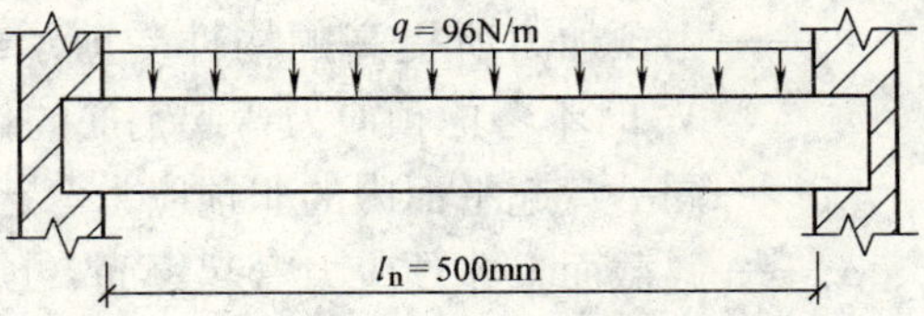

图 2-5　矩形截面简支梁

【例 2-7】 矩形截面简支梁截面尺寸为 $b \times h = 200\text{mm} \times 500\text{mm}$，净跨 $l_n = 5\text{m}$，承受均布荷载设计值（包括自重）$q = 96\text{kN/m}$（图 2-5），混凝土强度等级采用 C25（$f_c = 11.9\text{N/mm}^2$，$f_t = 1.27\text{N/mm}^2$），箍筋采用 HPB235 级钢筋（$f_{yv} = 210\text{N/mm}^2$）。求箍筋数量。

【解】（1）计算剪力设计值

$$V = \frac{1}{2} q l_n = \frac{1}{2} \times 96000 \times 5\text{N} = 240000\text{N}$$

（2）复核梁的截面尺寸

$$h_w = h_0 = (500 - 35)\text{mm} = 465\text{mm}$$

$$\frac{h_w}{b} = \frac{465}{200} = 2.32 < 5$$

$0.25\beta_c f_c b h_0 = 0.25 \times 1 \times 11.9 \times 200 \times 465\text{N} = 276675\text{N} > V$，截面尺寸满足要求。

（3）确定是否需要进行斜截面受剪承载力计算

由式（2-23）：

$0.7 f_t b h_0 = 82677\text{N} < V$，需要进行斜截面受剪承载力计算，按计算配置腹筋。

（4）箍筋计算

由式 $\frac{nA_{sv1}}{s} \geqslant \frac{V - 0.7 f_t b h_0}{1.25 f_{yv} h_0}$，可得

$$\frac{A_{sv}}{s} = \frac{V - 0.7 f_t b h_0}{1.25 f_{yv} h_0} = 1.29\text{mm}$$

选用双肢箍筋 $\phi 8$（$n = 2$，$A_{sv1} = 50.3\text{mm}^2$），则箍筋间距为：

$$s \leqslant \frac{A_{sv}}{0.96} = \frac{nA_{sv1}}{0.96} = 104.79\text{mm}$$

取 $s = 100\text{mm} < s_{max} = 200\text{mm}$，沿合梁等距布置。

（5）验算最小配箍率

实际配箍率 $$\rho_{sv} = \frac{nA_{sv1}}{bs} = 0.503\%$$

最小配箍率 $\rho_{sv,min} = 0.24\dfrac{f_t}{f_{yv}} = 0.145\% < \rho_{sv} = 0.503\%$ 满足要求。

【例 2-8】 已知：某钢筋混凝土矩形截面简支梁（如图 2-6 所示），承受均匀荷载设计值 $P = 15.5\text{kN/m}$，集中荷载设计值 $P = 180\text{kN}$，混凝土强度等级为 C25，采用 HPB235 级钢筋作箍筋，按正截面受弯承载力计算配置的纵向受拉钢筋为 6 Φ22 + 2 Φ18，进行斜截面受剪承载力计算。

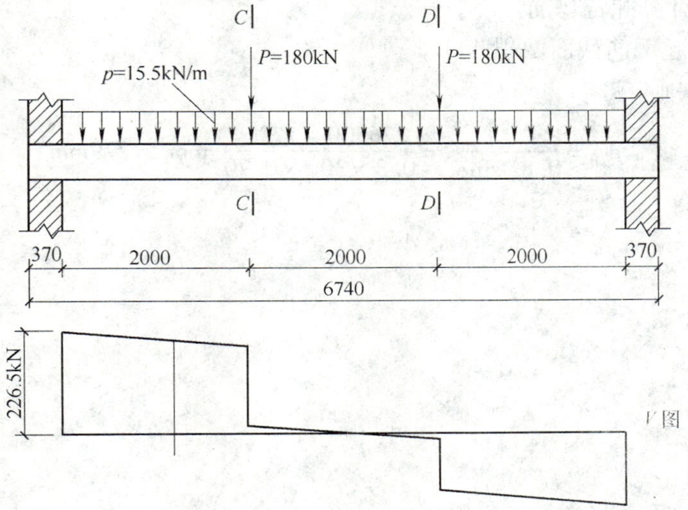

图 2-6 某简支梁受力计算简图

【解】

（1）计算剪力设计值

支座边缘截面处的剪力设计值为：

$$V = \frac{1}{2}pl_n + P = \left(\frac{1}{2} \times 15.5 \times 6.0 + 180\right)\text{kN} = 226.5\text{kN}$$

（2）复核梁的截面尺寸

$$h_0 = h - a_s = (700 - 60)\text{mm} = 640\text{mm}$$

$$\frac{h_w}{b} = \frac{h_0}{b} = \frac{640}{250} = 2.56 < 4$$

$$\begin{aligned}0.25\beta_c f_c bh_0 &= 0.25 \times 1.0 \times 11.9 \times 250 \times 640\text{N} \\ &= 476000\text{N} = 476\text{kN} > V = 226.5\text{kN}\end{aligned}$$

（3）确定是否需要按计算配置腹筋

由于集中荷载在支座截面产生的剪力值已占总剪力值的 75% 以上，故需考虑剪跨比 λ 的影响。

$$\lambda = \frac{a}{h_0} = \frac{2000}{640} = 3.125 > 3，取\ \lambda = 3$$

$$\frac{1.75}{\lambda + 1.0} f_t b h_0 = \frac{1.75}{3 + 1.0} \times 1.27 \times 250 \times 640\text{N} = 88900\text{N}$$

$$= 88.9\text{kN} < V = 226.5\text{kN}$$

所以必须按计算设置腹筋。

$$\rho_{sv} = \frac{nA_{sv1}}{bs} = \frac{2 \times 50.3}{250 \times 150} = 0.27\% > \rho_{sv,min} = 0.24 \frac{f_t}{f_{yv}} = 0.24 \times \frac{1.27}{210}$$

$$= 0.145\%\ （满足要求）$$

$$V_{cs} = \frac{1.75}{\lambda + 1.0} f_t b h_0 + f_{yv} \frac{nA_{sv1}}{s} h_0 = \left(\frac{1.75}{3 + 1.0} \times 1.27 \times 250 \times 640 + 210 \times \frac{2 \times 50.3}{150} \times 640\right)\text{N}$$

$$= 179040\text{N} = 179.04\text{kN} < V = 226.5\text{kN}$$

所以必须按计算配置弯筋。

（4）计算弯起钢筋截面面积 A_{sb}

取 $\alpha_s = 45°$，则

$$A_{sb} = \frac{V - V_{cs}}{0.8 f_y \sin\alpha_s} = \frac{226500 - 179040}{0.8 \times 300 \times 0.707}\text{mm}^2 = 279\text{mm}^2$$

3 受压构件计算

3.1 轴心受压构件计算

3.1.1 配置箍筋的轴压构件

1. 轴心受压构件的正截面受压承载力计算

钢筋混凝土轴心受压构件，当配置的箍筋符合规定时，其正截面受压承载力应符合下列规定（图3-1）：

$$N \leqslant 0.9\varphi(f_c A + f'_y A'_s) \tag{3-1}$$

式中 N——轴向压力设计值；

φ——钢筋混凝土构件的稳定系数，按表3-1采用；

f_c——混凝土轴心抗压强度设计值，按表1-1采用；

A——构件截面面积；

A'_s——全部纵向钢筋的截面面积。

当纵向钢筋配筋率大于3%时，式（3-1）中的A应改用（$A-A'_s$）代替。

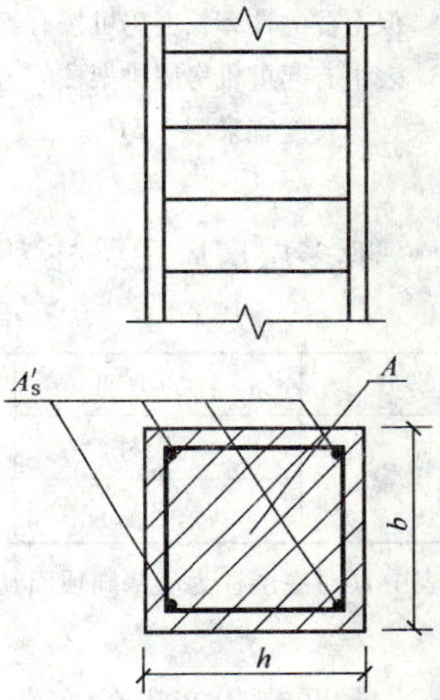

图3-1 配置箍筋的钢筋混凝土轴心受压构件

2. 轴心受压和偏心受压柱的计算长度 l_0 的确定

1）刚性屋盖单层房屋排架柱、露天起重机柱和栈桥柱，其计算长度 l_0 可按表3-2取用。

表3-1 钢筋混凝土轴心受压构件的稳定系数

l_0/b	≤8	10	12	14	16	18	20	22	24	26	28
l_0/d	≤7	8.5	10.5	12	14	15.5	17	19	21	22.5	24
l_0/i	≤28	35	42	48	55	62	69	76	83	90	97
φ	1.00	0.98	0.95	0.92	0.87	0.81	0.75	0.70	0.65	0.60	0.56
l_0/b	30	32	34	36	38	40	42	44	46	48	50
l_0/d	26	28	29.5	31	33	34.5	36.5	38	40	41.5	43
l_0/i	104	111	118	125	132	139	146	153	160	167	174
φ	0.52	0.48	0.44	0.40	0.36	0.32	0.29	0.26	0.23	0.21	0.19

注：表中 l_0 为构件的计算长度；b 为矩形截面的短边尺寸；d 为圆形截面的直径；i 为截面的最小回转半径。

表 3-2 刚性屋盖单层房屋排架柱、露天起重机柱和栈桥柱的计算长度

柱的类别		l_0		
		排架方向	垂直排架方向	
			有柱间支撑	无柱间支撑
无起重机房屋柱	单跨	1.5H	1.0H	1.2H
	两跨及多跨	1.25H	1.0H	1.2H
有起重机房屋柱	上柱	2.0H_u	1.25H_u	1.5H_u
	下柱	2.0H_l	0.8H_l	1.0H_l
露天起重机柱和栈桥柱		2.0H_l	1.0H_l	—

注：1. 表中H为从基础顶面算起的柱子全高；H_l 为从基础顶面至装配式起重机梁底面或现浇式起重机梁顶面的柱子下部高度；H_u 为从装配式起重机梁底面或从现浇式起重机梁顶面算起的柱子上部高度。

2. 表中有起重机房屋排架柱的计算长度，当计算中不考虑起重机荷载时，可按无起重机房屋柱的计算长度采用，但上柱的计算长度仍可按有起重机房屋采用。

3. 表中有起重机房屋排架柱的上柱在排架方向的计算长度，仅适用于 $H_u/H_l \geqslant 0.3$ 的情况；当 $H_u/H_l < 0.3$ 时，计算长度宜采用 2.5H_u。

2）一般多层房屋中梁柱为刚接的框架结构，各层柱的计算长度 l_0 可按表 3-3 取用。

表 3-3 框架结构各层柱的计算长度

楼盖类型	柱的类别	l_0	楼盖类型	柱的类别	l_0
现浇楼盖	底层柱	1.0H	装配式楼盖	底层柱	1.25H
	其余各层柱	1.25H		其余各层柱	1.5H

注：表中H对底层柱为从基础顶面到一层楼盖顶面的高度；对其余各层柱为上、下两层楼盖顶面之间的高度。

3）当水平荷载产生的弯矩设计值占总弯矩设计值的 75% 以上时，框架柱的计算长度 l_0 可按下列两个公式计算，并取其中的较小值：

$$l_0 = [1 + 0.15(\varphi_u + \varphi_l)]H \tag{3-2}$$

$$l_0 = (2 + 0.2\varphi_{min})H \tag{3-3}$$

式中 φ_u、φ_l——柱的上端、下端节点处交汇的各柱线刚度之和与交汇的各梁线刚度之和的比值；

φ_{min}——比值 φ_u、φ_l 中的较小值；

H——柱的高度，按表 3-3 的注采用。

3. 柱中纵向受力钢筋的配置

1）纵向受力钢筋的直径不宜小于 12mm，全部纵向钢筋的配筋率不宜大于 5%；圆柱中纵向钢筋宜沿周边均匀布置，根数不宜少于 8 根，且不应少于 6 根。

2）当偏心受压柱的截面高度 $h \geqslant 600$mm 时，在柱的侧面上应设置直径不小于 10mm 的纵向构造钢筋，并相应设置复合箍筋或拉筋。

3）柱中纵向受力钢筋的净间距不应小于 50mm，且不宜大于 300mm；对水平浇筑的预制柱，其纵向钢筋的最小净间距可按有关规定取用。

4）在偏心受压柱中，垂直于弯矩作用平面的侧面上的纵向受力钢筋以及轴心受压柱中

各边的纵向受力钢筋，其中距不宜大于300mm。

4. 柱中箍筋的配置

1）柱及其他受压构件中的周边箍筋应做成封闭式；对圆柱中的箍筋，搭接长度不应小于规定的锚固长度，且末端应做成135°弯钩，弯钩末端平直段长度不应小于箍筋直径的5倍。

2）箍筋间距不应大于400mm及构件截面的短边尺寸，且不应大于15d（d为纵向受力钢筋的最小直径）。

3）箍筋直径不应小于$d/4$，且不应小于6mm（d为纵向钢筋的最大直径）。

4）当柱中全部纵向受力钢筋的配筋率大于3%时，箍筋直径不应小于8mm，间距不应大于纵向受力钢筋最小直径的10倍，且不应大于200mm；箍筋末端应做成135°弯钩且弯钩末端平直段长度不应小于箍筋直径的10倍；箍筋也可焊成封闭环式。

5）当柱截面短边尺寸大于400mm且各边纵向钢筋多于3根时，或当柱截面短边尺寸不大于400mm但各边纵向钢筋多于4根时，应设置复合箍筋。

6）柱中纵向受力钢筋搭接长度范围内的箍筋间距应符合相关规定。

3.1.2 配置螺旋式箍筋的轴压构件

钢筋混凝土轴心受压构件，当配置的螺旋式或焊接环式间接钢筋符合3.1.1节中第3条的规定时，其正截面受压承载力应符合下列规定（图3-2）：

$$N \leqslant 0.9(f_c A_{cor} + f'_y A'_s + 2\alpha f_y A_{SS0}) \tag{3-4}$$

$$A_{SS0} = \frac{\pi d_{cor} A_{SS1}}{s} \tag{3-5}$$

式中 f_y——间接钢筋的抗拉强度设计值；

A_{cor}——构件的核心截面面积：间接钢筋内表面范围内的混凝土面积；

A_{SS0}——螺旋式或焊接环式间接钢筋的换算截面面积；

d_{cor}——构件的核心截面直径：间接钢筋内表面之间的距离；

A_{SS1}——螺旋式或焊接环式单根间接钢筋的截面面积；

s——间接钢筋沿构件轴线方向的间距；

α——间接钢筋对混凝土约束的折减系数：当混凝土强度等级不超过C50时，取1.0，当混凝土强度等级为C80时，取0.85，其间按线性内插法确定。

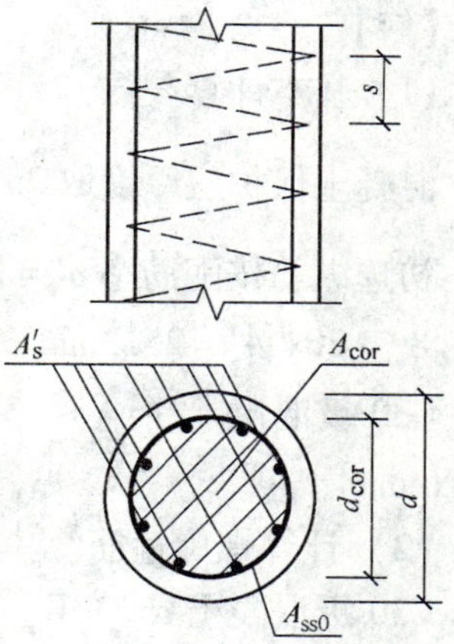

图3-2 配置螺旋式间接钢筋的钢筋混凝土轴心受压构件

注：1. 按公式（3-4）算得的构件受压承载力设计值不应大于按式（3-1）算得的构件受压承载力设计值的1.5倍。

2. 当遇到下列任意一种情况时，不应计入间接钢筋的影响，而应按3.1.1节的第1条的规定进行计算：

1）当$l_0/d>12$。

2）当按公式（3-4）算得的受压承载力小于按公式（3-1）算得的受压承载力。

3）当间接钢筋的换算截面面积A_{SS0}小于纵向钢筋的全部截面面积的25%。

在配有螺旋式或焊接环式间接钢筋的柱中，如计算中考虑间接钢筋的作用，则间接钢筋的间距不应大于80mm及$d_{cor}/5$（d_{cor}为按间接钢筋内表面确定的核心截面直径），且不宜小于40mm。

【例3-1】 已知：如图3-3所示，钢材为Q345，翼缘板为焰切边，截面无削弱，焊接组合工字形截面轴心受压柱，柱的计算长度 $l_{0x}=6\text{m}$，$l_{0y}=3\text{m}$，轴心压力设计值 $N=2000\text{kN}$。

求：验算实腹柱腹板和翼缘的局部稳定。

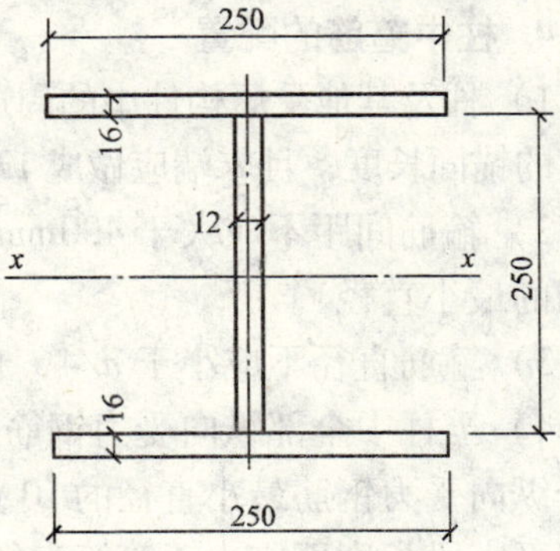

图 3-3　工字形截面柱

【解】　腹板高度 $h_0=250\text{mm}$，厚度 $t_w=12\text{mm}$，长细比 $\lambda=50.4$，翼缘外伸宽度 $b=125\text{mm}$，宽度 $t=16\text{mm}$。

腹板局部稳定性：

$$\frac{h_0}{t}=\frac{250}{12}=20.8<(25+0.5\lambda)\sqrt{\frac{235}{f_y}}$$

$$=(25+0.5\times50.4)\sqrt{\frac{235}{345}}=41.43$$

翼缘局部稳定性：

$$\frac{b}{t}=\frac{125}{16}=7.8<(10+0.1\lambda)\sqrt{\frac{235}{f_y}}=(10+0.1\times50.4)\sqrt{\frac{235}{345}}=12.4$$

腹板和翼缘的局部稳定性均能得到保证。

【例 3-2】　某现浇钢筋混凝土柱，采用圆形截面，直径 $d=500\text{mm}$，承受轴向压力设计值 $N=3000\text{kN}$，柱高 $H=8.5\text{m}$，计算长度 $l_0=0.7H$。采用 C30 级混凝土，纵筋采用 HRB335 级钢筋，箍筋采用 HPB235 级钢筋，采用螺旋箍筋。试设计该轴心受压柱。

【解】

（1）基本计算参数

混凝土保护层厚度取 25mm，$d_{cor}=(500-2\times25)\text{mm}=450\text{mm}$，$A_{cor}=\frac{\pi d_{cor}^2}{4}\approx159000\text{mm}^2$

初选纵筋按配筋率 $\rho'=1.5\%>\rho_{min}=0.5\%$，$A_s'=\rho' A_{cor}=1.5\%\times159000\text{mm}^2\approx2385\text{mm}^2$，选用 8 Φ 20，$A_s'=2513\text{mm}^2$

C30 级混凝土 $f_c=14.3\text{N/mm}^2$，HRB335 级钢筋 $f_y'=300\text{N/mm}^2$，HPB235 级钢筋 $f_y=210\text{N/mm}^2$。

（2）计算螺旋箍筋

C30 级混凝土 $\alpha=1.0$。

$$A_{ss0}=\frac{N/0.9-f_cA_{cor}-f_y'A_s'}{2\alpha f_y}=\frac{3000\times10^3/0.9-14.3\times159000-300\times2513}{2\times1.0\times210}\text{mm}^2$$

$$=727.94\text{mm}^2>0.25A_s'=0.25\times2513=628.25\text{mm}^2\text{，可以。}$$

选螺旋箍筋直径为 8mm，$A_{ss1}=50.3\text{mm}^2$，可得：

$$s=\pi d_{cor}A_{ss1}/A_{ss0}=3.14\times450\times50.3/1389.3\text{mm}\approx51.2\text{mm}$$

取 $s=50\text{mm}<d_{cor}/5=450/5\text{mm}=90\text{mm}$，及 $s<80\text{mm}$，满足要求。

且 $s=50\text{mm}>s_{min}=40\text{mm}$。

（3）按轴心受压普通钢箍柱计算承载力

$$l_0/d=0.7\times8500/500=11.9<12\text{，}\varphi=0.92$$

$$N_u^{普}=0.9\varphi(f_cA+f_y'A_s')=0.9\times0.92\times\left(14.3\times\frac{500^2\pi}{4}+300\times2513\right)\text{N}$$

$$\approx2947.9\text{kN}>N^{间}/1.5=3000/1.5\text{kN}=2000\text{kN}$$

满足要求，可考虑螺旋箍筋的间接作用。

3.2 偏心受压构件计算

在偏心受压构件的正截面承载力计算中，应计入轴向压力在偏心方向存在的附加偏心距 e_a，其值应取 20mm 和偏心方向截面最大尺寸的 1/30 两者中的较大值。

矩形截面偏心受压构件正截面受压承载力应符合下列规定（图 3-4）：

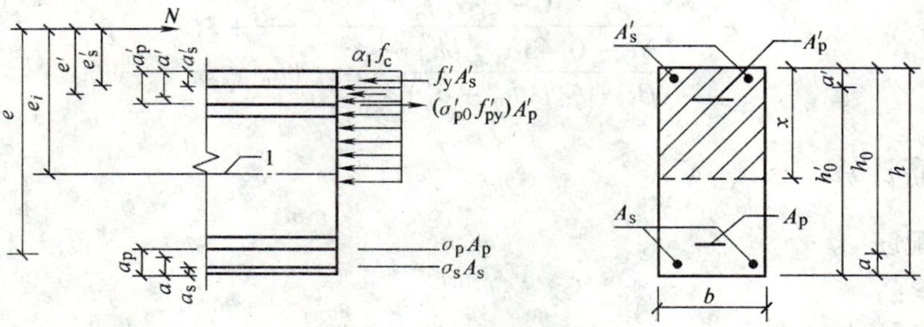

图 3-4 矩形截面偏心受压构件正截面受压承载力计算

1—截面重心轴

$$N \leqslant \alpha_1 f_c bx + f'_y A'_s - \sigma_s A_s - (\sigma'_{p0} - f'_{py}) A'_p - \sigma_p A_p \tag{3-6}$$

$$N_e \leqslant \alpha_1 f_c bx\left(h_0 - \frac{x}{2}\right) + f'_y A'_s (h_0 - \alpha'_s) - (\sigma'_{p0} - f'_{py}) A'_p (h_0 - \alpha'_p) \tag{3-7}$$

$$e = e_i + \frac{h}{2} - a \tag{3-8}$$

$$e_i = e_0 + e_a \tag{3-9}$$

式中 e——轴向压力作用点至纵向普通受拉钢筋和预应力受拉钢筋的合力点的距离；

σ_s，σ_p——受拉边或受压较小边的纵向普通钢筋、预应力钢筋的应力；

e_i——初始偏心距；

a——纵向普通受拉钢筋和预应力受拉钢筋的合力点至截面近边缘的距离；

e_0——轴向压力对截面重心的偏心距：$e_0 = M/N$；

e_a——附加偏心距，按本节确定。

在按上述规定计算时，尚应符合下列要求：

①钢筋的应力 σ_s、σ_p 可按下列情况计算：

a. 当 $\xi \leqslant \xi_b$ 时为大偏心受压构件，取 $\sigma_s = f_y$ 及 $\sigma_p = f_{py}$，此处，ξ 为相对受压区高度，$\xi = x/h_0$。

b. 当 $\xi > \xi_b$ 时为小偏心受压构件，σ_s、σ_p 按相关规定进行计算。

②矩形截面非对称配筋的小偏心受压构件，当 $N > f_c bh$ 时，应按下列公式进行验算：

$$Ne' \leqslant f_c bh\left(h'_0 - \frac{h}{2}\right) + f'_y A_s (h'_0 - a_s) - (\sigma_{p0} - f'_{py}) A_p (h'_0 - a_p) \tag{3-10}$$

$$e' = \frac{h}{2} - a' - (e_0 - e_a) \tag{3-11}$$

式中 e'——轴向压力作用点至受压区纵向普通钢筋和预应力钢筋的合力点的距离；

h'_0——纵向受压钢筋合力点至截面远边的距离。

③矩形截面对称配筋（$A'_s = A_s$）的钢筋混凝土小偏心受压构件，也可按下列近似公式计算纵向钢筋截面面积：

$$A'_s = \frac{Ne - \xi(1 - 0.5\xi)\alpha_1 f_c bh_0^2}{f'_y(h_0 - a'_s)} \tag{3-12}$$

此处，相对受压区高度 ξ 可按下式计算：

$$\xi = \frac{N - \xi_b\alpha_1 f_c bh_0}{\dfrac{Ne - 0.43\alpha_1 f_c bh_0^2}{(\beta_1 - \xi_b)(h_0 - a'_s)} + \alpha_1 f_c bh_0} + \xi_b \tag{3-13}$$

3.2.1 配筋计算

1. 对称配筋

计算步骤：

1）确定初始偏心距

$$e_0 = \frac{M}{N} \tag{3-14}$$

应用式（3-9） $e_i = e_0 + e_a$

2）求轴向力到纵向钢筋作用点的距离应用式（3-8）

$$e = e_i + \frac{h}{2} - a_s$$

$$e' = e_i - \frac{h}{2} + a'_s \tag{3-15}$$

3）求混凝土受压区高度：

$$x = \frac{N}{\alpha_1 f_c bh_0} \tag{3-16}$$

当 $x > \xi_b h_0$ 时

应用式（3-13）重新计算：

$$\xi = \frac{N - \xi_b\alpha_1 f_c bh_0}{\dfrac{Ne - 0.43\alpha_1 f_c bh_0^2}{(\beta_1 - \xi_b)(h_0 - a'_s)} + \alpha_1 f_c bh_0} + \xi_b$$

$$x = \xi h_0 \tag{3-17}$$

4）求纵向钢筋截面面积 $A_s = A'_s$

当 $x < 2a_s$ 时，

$$A_s = A'_s = \frac{Ne'}{f_y(h - a_s - a'_s)} \tag{3-18}$$

当 $x < 2a'_s$时应用式（3-7）

$$A_s = A'_s = \frac{Ne - \alpha_1 f_c bx(h_0 - x/2)}{f'_y(h_0 - a'_s)} \tag{3-19}$$

5）验算配筋率

验算全部纵向钢筋 $p=\frac{\sum A_s}{bh}\leqslant 5\%$

$\geqslant 0.6\%$

每一侧的纵向钢筋 $p=\frac{A_s}{bh}\geqslant 0.2\%$

2. 不对称配筋

（1）偏心受压类型判断　当 $e_i\leqslant 0.3h_0$ 时，按小偏心受压计算，当 $e_i>0.3h_0$ 时，可先按大偏心受压计算。

（2）大偏心受压柱的配筋计算（已知 A_s'，求 A_s）

计算步骤：

1）确定初始偏心距 e_i

$e_0=\frac{M}{N}$，应用式（3-9）$e_i=e_v+e_a$

2）求轴向力到纵向受拉钢筋合力点的距离 e

应用式（3-8）

$$e=e_i+\frac{h}{2}-a_s$$

3）求 $A_{s,min}$

一侧纵向钢筋的最小限值

$$A_{s,min}=0.2\%bh$$

当 $A_s'<A_{s,min}$，取 $A_s'=A_{s,min}$

4）求混凝土受压区高度 x

应用式（3-7）

$$Ne=\alpha_1 f_c bx(h_0-0.5x)+f_y'A_s'(h_0-a_s')$$

解得 x。

5）求 A_s。当 $x>2a_s'$ 时应用式（3-6）

$$A_s=\frac{\alpha_1 f_c bx+f_y'A_s'-N}{f_y}$$

当 $x\leqslant 2a_s'$ 时应用式（3-15）

$$A_s=\frac{Ne'}{f_y(h-a_s-a_s')} \tag{3-20}$$

$$e'=e_i-\frac{h}{2}+a_s'$$

此处

当 $x>\zeta_b h_0$ 时，按小偏心受压计算。

6）验算 A_s 值

当 $A_s<A_{s,min}$ 时，取 $A_s=A_{s,min}$

3.2.2 承载力计算

1. 偏心受压类型判断

1）界限破坏时的相对偏心距 ξ_b：当 $\xi<\xi_b$ 时为大偏压，当 $\xi>\xi_b$ 时为小偏压。

2）界限破坏时的轴压力 N_b

$$N_b = \alpha_1 f_c b h_0 \xi_b + f'_y A'_s - f_y A_s \tag{3-21}$$

当 $N \leqslant N_b$ 时为大偏压，当 $N \geqslant N_b$ 时为小偏压。

3）界限破坏时的偏心距 e_{ob}

$e_{ob}=\dfrac{M}{N}$，此处 M_b 为界限破坏时的弯矩值

$$M_b = \alpha_1 f_c b h_0 \xi_b \left(\frac{h}{2}-\frac{\xi_b h_0}{2}\right)+f'_y A'_s\left(\frac{h}{2}-a'_s\right)+f_y A_s\left(\frac{h}{2}-a_s\right) \tag{3-22}$$

$$e_{ob} = \frac{M_b}{N_b} = \frac{\alpha_1 f_c b h_0 \xi_b \left(\frac{h}{2}-\frac{\xi_b h_0}{2}\right)+f'_y A'_s\left(\frac{h}{2}-a'_s\right)+f_y A_s\left(\frac{h}{2}-a_s\right)}{\alpha_1 f_c b h_0 \xi_b + f'_b A'_s - f_y A_s} \tag{3-23}$$

当 $e_i<e_{ob}$时为小偏压，当 $e_i>e_{ob}$时为大偏压。

2. 已知 *N*，求 *M*

计算步骤：

1）判断偏心受压类型

$$N = \alpha_1 f_c b x + f'_y A'_s - \sigma_s A_s \tag{3-24}$$

当 $N \leqslant N_b$ 为大偏心受压；

当 $N>N_b$ 为小偏心受压。

2）求混凝土受压区高度 x

①对大偏心受压：

应用式（3-6）

$$\sigma = f_y$$

$$x = \frac{N - f'_y A'_s + f_y A_s}{\alpha_1 f_c b} \tag{3-25}$$

②对小偏心受压：

$$\sigma_s = \frac{f_y}{\xi_b - \beta_1}\left(\frac{x}{h_0}-\beta_1\right) \begin{matrix} \leqslant f_y \\ \geqslant -f'_y \end{matrix} \tag{3-26}$$

和式（3-6）

$$N = \alpha_1 f_c b x + f'_y A'_s - \sigma_s A_s \tag{3-27}$$

求得 x 值。

3）求轴向压力作用点到纵向钢筋合力点的距离 e（或 e'）

①当 $x>2a'$

$$M = Ne', e' = \frac{f_y A_s (h - a_s - a'_s)}{N} \tag{3-28}$$

②当 $x \geqslant 2a'_s$

应用式（3-7）
$$e=\frac{\alpha_1 f_c bx\left(h_0-\frac{x}{2}\right)+f'_y A'_s(h_0-a'_s)}{N} \tag{3-29}$$

4）求 e_i

应用式（3-8）

$$e=e_i+\frac{h}{2}-a_s$$

$$e'=e_i-\frac{h}{2}+a'_s$$

将 e、e' 代入求得 e_i

5）求 e_0，应用式（3-9）$e_0=e_i-e_a$

6）求 M
$$M=Ne_0$$

【例 3-3】 一根截面尺寸为 $b\times h=300\text{mm}\times600\text{mm}$ 的钢筋混凝土柱，控制截面中作用 $N=2800\text{kN}$，$M=300\text{kN}\cdot\text{m}$，$a_s=a'_s=40\text{mm}$，若采用 C20 混凝土，$f_c=9.6\text{N/mm}^2$，$\alpha_1=1.0$，HRB400 级钢筋（$f'_y=f_y=360\text{N/mm}^2$）。试确定截面两侧的纵向钢筋截面面积 A_s 和 A'_s。

【解】

（1）求初始偏心距

$$h_0=(600-40)\text{mm}=560\text{mm}$$

$$e_0=M/N=300000/2800\text{mm}\approx107\text{mm}$$

$$e_a=h/30=600/30\text{mm}=20\text{mm}$$

$$e_i=e_0+e_a=(107+20)\text{mm}=127\text{mm}$$

（2）判断大小偏心受压

$$e_i=127\text{mm}<0.3h_0=0.3\times560=168\text{mm}$$

按小偏心受压构件计算。

$$e=e_i+h/2-a_s=(127+300-40)\text{mm}=387\text{mm}$$

$$b=300\text{mm},\ h=600\text{mm},\ f_c=9.6\text{N/mm}^2,\ \alpha_1=1.0$$

$$f'_y=f_y=360\text{N/mm}^2,\ a_s=a'_s=40\text{mm}$$

（3）求 A_s 和 A'_s

$$A'_s=\frac{Ne-\alpha_1 f_c bh(h_0-0.5h)}{f'_y(h_0-a'_s)}$$

$$=\frac{2.8\times10^6\times387-1.0\times9.6\times300\times600\times(560-0.5\times600)}{360\times(560-40)}$$

$$=3388.46\text{mm}^2>0.002bh=0.002\times300\times600=360\text{mm}^2$$

$$A_s=\frac{N-\alpha_1 f_c bh}{f'_y}-A'_s$$

$$=\frac{2.8\times10^6-1.0\times9.6\times300\times600}{360}-3388.46$$

$$=2977-3388.46\approx-411\text{mm}<0$$

取 $A_s=0.002bh=0.002\times300\times600\text{mm}^2=360\text{mm}^2$

（4）选配钢筋

受拉一侧用 3 Ф 12（$A_s=339\text{mm}^2$）或 2 Ф 16（$A_s=402\text{mm}^2$）

受压一侧用4Φ36（$A_s'=4072mm^2$）

3.3 工字形截面偏压构件计算

工字形截面偏心受压构件的受压翼缘计算宽度 b_f'，其正截面受压承载力应符合下列规定：

1）当受压区高度 $x \leqslant h_f'$ 时，应按宽度为受压翼缘计算宽度 b_f' 的矩形截面计算。

2）当受压区高度 $x > h_f'$ 时（图3-5），应按下式计算：

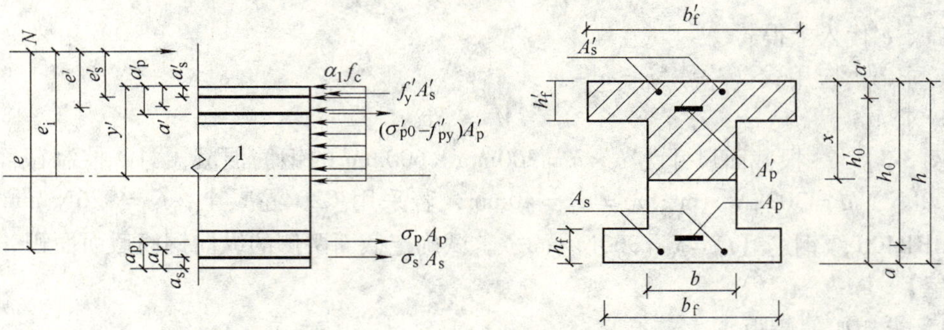

图3-5　工字形截面偏心受压构件正截面受压承载力计算

1—截面重心轴

$$N \leqslant \alpha_1 f_c[bx+(b_f'-b)h_f'] + f_y'A_s' - \sigma_s A_s - (\sigma_{p0}' - f_{py}')A_p' - \sigma_p A_p \tag{3-30}$$

$$N_e \leqslant \alpha_1 f_c\left[bx\left(h_0-\frac{x}{2}\right)+(b_f'-b)h_f'\left(h_0-\frac{h_f'}{2}\right)\right]+ f_y'A_s'(h_0-\alpha_s')-(\sigma_{p0}'-f_{py}')A_p'(h_0-a_p') \tag{3-31}$$

【例3-4】　对称配筋工字形截面柱，$b_f=b_f'=40mm$，$b=100mm$，$h_f=h_f'=100mm$，$h=600mm$，$a_s=a_s'=40mm$，混凝土强度等级为C35（$f_c=16.7N/mm^2$，$\alpha_1=1.0$），采用HRB400级钢筋混凝土，承受轴向压力设计值 $N=750kN$，弯矩设计值 $M=360kN\cdot m$。试计算所需的钢筋截面面积 $A_s=A_s'$。

【解】

（1）计算 e_i

$$h_0=(600-40)mm=560mm$$

$$e_0=\frac{M}{N}=\frac{360\times10^6}{750\times10^3}mm=480mm$$

$$e_a=\frac{h}{30}=\frac{600}{30}=20mm，取\ e_a=20mm$$

$$e_i=e_0+e_a=(480+20)mm=500mm$$

$e_i=500mm>0.3h_0=0.3\times560=168mm$，可先按大偏心受压破坏计算。

（2）计算 $A_s=A_s'$

$$\frac{N}{\alpha_1 f_c b}=\frac{750\times10^3}{1.0\times16.7\times400}=112.3mm>h_f'=100mm，中和轴通过腹板。$$

$$x=\frac{N-\alpha_1 f_c(b_f'-b)h_f'}{\alpha_1 f_c b}=\frac{750\times10^3-1.0\times16.7\times(400-100)\times100}{1.0\times16.7\times100}mm$$

$$=149.1mm<\xi_b h_0=0.518\times560=290.1mm，属于大偏心受压破坏。$$

$$e = e_i + \frac{h}{2} - a_s = \left(500 + \frac{600}{2} - 40\right)\text{mm} = 760\text{mm}$$

$$A_s = A'_s = \frac{Ne - \alpha_1 f_c (b'_f - b) h'_f \left(h_0 - \frac{h'_f}{2}\right) - \alpha_1 f_c b x \left(h_0 - \frac{x}{2}\right)}{f_y (h_0 - a'_s)}$$

$$= \frac{750 \times 10^3 \times 760 - 1.0 \times 16.7 \times (400 - 100) \times 100 \times \left(560 - \frac{100}{2}\right) - 1.0 \times 16.7 \times 100 \times 149.1 \times \left(560 - \frac{149.1}{2}\right)}{360 \times (560 - 40)}\text{mm}^2$$

$$\approx 1034\text{mm}^2$$

【例 3-5】 已知某工字形截面钢筋混凝土偏心受压柱，柱计算长度 $l_0 = 4.3\text{m}$，截面尺寸 $b = 120\text{mm}$，$h = 900\text{mm}$，$b_f = b'_f = 400\text{mm}$，$h_f = h'_f = 150\text{mm}$，$a_s = a'_s = 50\text{mm}$。截面尺寸见图 3-6，混凝土强度等级为 C35，纵筋采用 HRB400 级钢筋。截面承受轴向压力设计值 $N = 877\text{kN}$，弯矩设计值 $M = 914\text{kN} \cdot \text{m}$，采用对称配筋。

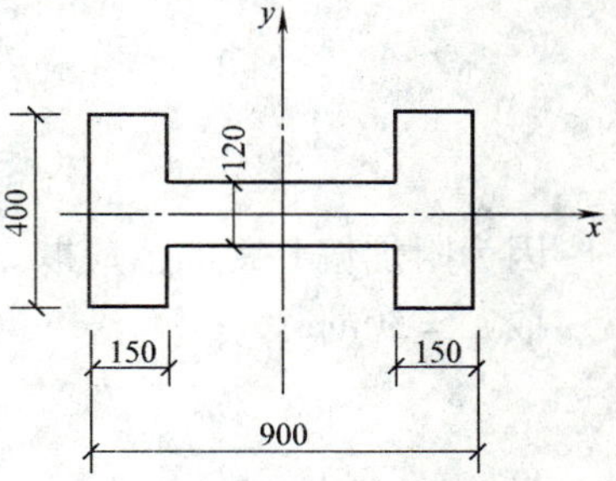

图 3-6 工字形截面钢筋混凝土偏心受压柱

求：受拉和受压钢筋。

【解】 （1）确定基本数据

由表 1-4 查得，$f_y = f'_y = 360\text{N/mm}^2$；

由表 1-1 查得，$f_c = 16.7\text{N/mm}^2$；

因为混凝土强度等级为 C35，$\alpha_1 = 1.0$；

纵向受力钢筋的最小配筋率见表 3-4。查得，截面一侧纵向钢筋 $\rho'_{min} = 0.002$，截面全部纵向钢筋 $\rho'_{min} = 0.0055$。

表 3-4 纵向受力钢筋的最小配筋百分率（%）

受力类型			最小配筋百分率
受压构件	全部纵向钢筋	强度等级 500MPa	0.50
		强度等级 400MPa	0.55
		强度等级 300MPa、335MPa	0.60
	一侧纵向钢筋		0.20
受弯构件、偏心受拉、轴心受拉构件一侧的受拉钢筋			0.20 和 $45f_t/f_y$ 中的较大值

注：1. 受压构件全部纵向钢筋最小配筋百分率，当采用 C60 及以上强度等级的混凝土时，应按表中规定增加 0.10。

2. 板类受弯构件（不包括悬臂板）的受拉钢筋，当采用强度等级为 400MPa、500MPa 的钢筋时，其最小配筋百分率应允许采用 0.15 和 $45f_t/f_y$ 中的较大值。

3. 偏心受拉构件中的受压钢筋，应按受压构件一侧纵向钢筋考虑。

4. 受压构件的全部纵向钢筋和一侧纵向钢筋的配筋率以及轴心受拉构件和小偏心受拉构件一侧受拉钢筋的配筋率均应按构件的全截面面积计算。

5. 受弯构件、大偏心受拉构件一侧受拉钢筋的配筋率应按全截面面积扣除受压翼缘截面面积 $(b'_f - b)h'_f$ 后的截面面积计算。

6. 当钢筋沿构件截面周边布置时，"一侧纵向钢筋"是指沿受力方向两个对边中一边布置的纵向钢筋。

（2）计算 e

$$A = bh + 2(b_f - b)h_f = [120 \times 900 + 2 \times (400 - 120) \times 150]\text{mm}^2 = 19.2 \times 10^4\text{mm}^2$$

$$I_y = \frac{1}{12}bh^3 + 2\left[\frac{1}{2}(b_f - b)h_f^3 + (b_f - b)h_f\left(\frac{h}{2} - \frac{h_f}{2}\right)^2\right] = \left\{\frac{1}{12} \times 120 \times 900^3 + 2 \times \left[\frac{1}{12} \times (400 - 120) \times 150^3 + (400 - 120) \times 150 \times \left(\frac{900}{2} - \frac{150}{2}\right)^2\right]\right\}mm^4$$

$$= 192.6 \times 10^8 mm^4$$

$$i_y = \sqrt{\frac{I_y}{A}} = \sqrt{\frac{192.6 \times 10^8}{19.2 \times 10^4}} = 317mm, \frac{l_0}{i_y} = \frac{4300}{317} = 13.56 < 17.5$$

$$h_0 = h - a_s = (900 - 50)mm = 850mm$$

$$e_0 = \frac{M}{N} = \frac{914 \times 10^6 kN \cdot mm}{877 \times 10^3 kN} = 1042mm$$

$$e_a = \frac{h}{30} = \frac{900}{30}mm = 30mm > 20mm$$

因为附加偏心距的值应取 20mm 和偏心方向截面最大尺寸的 1/30 两者中的较大值，故取 $e_a = 30mm$。

$$h_0 = h - a_s = (900 - 50)mm = 850mm$$

$$e_0 = \frac{M}{N} = \frac{914 \times 10^6 kN \cdot mm}{877 \times 10^3 kN} = 1042mm$$

$$e_i = e_0 + e_a = (1042 + 30)mm = 1072mm$$

$$e = e_i + \frac{h}{2} - a_s = \left(1072 + \frac{900}{2} - 50\right)mm = 1472mm$$

(3) 判别偏压类型，计算 A_s 和 A'_s

先假定中和轴在受压翼缘内，计算受压区高度。

$$x = \frac{N}{\alpha_1 f_c b'_f} = \frac{877 \times 10^3}{1 \times 16.7 \times 400}mm = 131mm < h'_f = 150mm$$

且 $x > 2a'_s = 2 \times 50mm = 100mm$

为大偏心受压构件，受压区在受压翼缘内。

$$A_s = A'_s = \frac{Ne - \alpha_1 f_c b'_f x\left(h_0 - \frac{x}{2}\right)}{f'_y(h_0 - a'_s)}$$

$$= \frac{877 \times 10^3 \times 1472 - 1 \times 16.7 \times 400 \times 131 \times \left(850 - \frac{131}{2}\right)}{360 \times (850 - 50)}mm^2$$

$$= 2098mm^2 > \rho_{min}A = 0.002 \times 19.2 \times 10^4 mm^2 = 384mm^2$$

选 2 ⌀28 + 2 ⌀25（$A_s = A'_s = 2214mm^2$）。截面总配筋率：

$$\rho = \frac{A_s + A'_s}{A} = \frac{2214 \times 2}{19.2 \times 10^4} = 0.023 > 0.005$$,满足要求。

(4) 验算垂直于弯矩作用平面的受压承载力

$$I_x = \frac{1}{12}(h - 2h_f)b^3 + 2 \times \frac{1}{12}h_f b_f^3$$

$$= \frac{1}{12} \times (900 - 2 \times 150) \times 100^3 m^4 + 2 \times \frac{1}{12} \times 150 \times 400^3 m^4$$

$$= 16.5 \times 10^8 mm^4$$

$$i_x = \sqrt{\frac{I_x}{A}} = \sqrt{\frac{16.5\times10^8}{19.2\times10^4}}\text{mm} = 92.7\text{mm}$$

$\frac{l_0}{i_x}=\frac{4300}{92.7}=46.3$，由表 3-1 查得，$\varphi=0.93$

$$\begin{aligned} N_u &= 0.9\varphi(f_cA+f'_yA'_s) \\ &= 0.9\times0.93\times(16.7\times19.2\times10^4+360\times2214)\text{N} \\ &= 3350.88\times10^3\text{N} \\ &= 3350.88\text{kN} > N = 877\text{kN} \end{aligned}$$

满足要求。

3.4 均匀配筋的偏心受压构件计算

剪力墙端部设置的构造边缘构件（暗柱、端柱、翼墙和转角墙）的范围，应按图 3-7 使用，构造边缘构件的纵向钢筋除应满足计算要求外，尚应符合表 3-5 的要求。

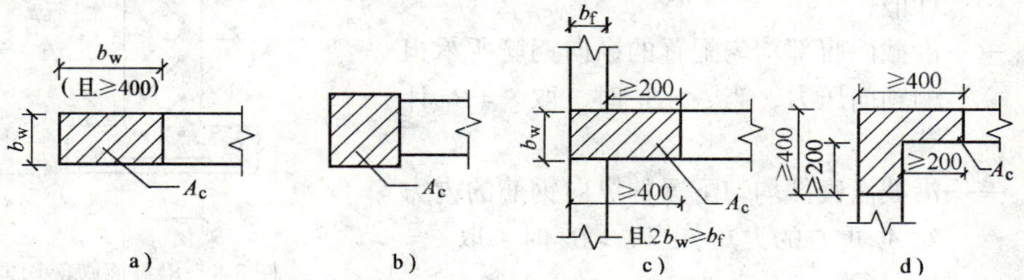

图 3-7 剪力墙的构造边缘构件

a）暗柱 b）端柱 c）翼墙 d）转角墙

表 3-5 构造边缘构件的构造配筋要求

抗震等级	底部加强部位			其他部位		
	纵向钢筋最小配筋量	箍筋、拉筋		纵向钢筋最小配筋量	箍筋、拉筋	
		最小直径/mm	沿竖向最大间距/mm		最小直径/mm	沿竖向最大间距/mm
一	$0.01A_c$ 和 6 根直径为 16mm 的钢筋中的较大值	8	100	$0.008A_c$ 和 6 根直径为 14mm 的钢筋中的较大值	8	150
二	$0.008A_c$ 和 6 根直径为 14mm 的钢筋中的较大值	8	150	$0.006A_c$ 和 6 根直径为 12mm 的钢筋中的较大值	8	200
三	$0.005A_c$ 和 4 根直径为 12mm 的钢筋中的较大值	6	150	$0.006A_c$ 和 4 根直径为 12mm 的钢筋中的较大值	6	200
四	$0.005A_c$ 和 4 根直径为 12mm 的钢筋中的较大值	6	200	$0.004A_c$ 和 4 根直径为 12mm 的钢筋中的较大值	6	250

注：1. A_c 为图 3-7 中所示的阴影面积。

2. 对其他部位，拉筋的水平间距不应大于纵向钢筋间距的 2 倍，转角处宜设置箍筋。

3. 当端柱承受集中荷载时，应满足框架柱配筋要求。

沿截面腹部均匀配置纵向钢筋的矩形、T形或I形截面钢筋混凝土偏心受压构件（图3-8），其正截面受压承载力按下式计算：

$$N \leqslant \alpha_1 f_c[\xi b h_0 + (b'_f - b)h'_f] + f'_y A'_s - \sigma_s A_s + N_{sw} \tag{3-32}$$

$$N_e \leqslant \alpha_1 f_c\left[\xi(1-0.5\xi)bh_0^2 + (b'_f - b)h'_f\left(h_0 - \frac{h'_f}{2}\right)\right] + f'_y A'_s(h_0 - a'_s) + M_{sw} \tag{3-33}$$

$$N_{sw} = \left(1 + \frac{\xi - \beta_1}{0.5\beta_1\omega}\right) f_{yw} A_{sw} \tag{3-34}$$

$$M_{sw} = \left[0.5 - \left(\frac{\xi - \beta_1}{\beta_1\omega}\right)^2\right] f_{yw} A_{sw} h_{sw} \tag{3-35}$$

式中 A_{sw}——沿截面腹部均匀配置的全部纵向钢筋截面面积；

f_{yw}——沿截面腹部均匀配置的纵向钢筋强度设计值；

N_{sw}——沿截面腹部均匀配置的纵向钢筋所承担的轴向压力，当 $\xi > \beta_1$ 时，取 $\xi = \beta_1$ 计算；

M_{sw}——沿截面腹部均匀配置的纵向钢筋的内力对 A_s 重心的力矩，当 $\xi > \beta_1$ 时，取 $\xi = \beta_1$ 计算；

ω——均匀配置纵向钢筋区段的高度 h_{sw} 与截面有效高度 h_0 的比值，$\omega = h_{sw}/h_0$，宜选取 $h_{sw} = h_0 - a'_s$。

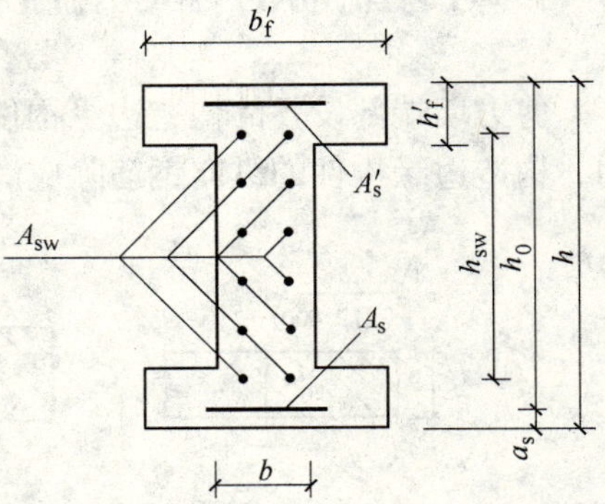

图3-8 沿截面腹部均匀配筋的I形截面

注：本条适用于截面腹部均匀配置纵向钢筋的数量每侧不少于4根的情况。

【例3-6】 已知一钢筋混凝土偏心受压柱截面尺寸 $b \times h = 400\text{mm} \times 500\text{mm}$，柱子的计算长度 $l_0 = 5.5\text{m}$，承受轴向力设计值 $N = 400\text{kN}$，弯矩设计值 $M = 240\text{kN}\cdot\text{m}$，混凝土强度等级为C30，纵向受力钢筋为HRB400，安全等级二级，环境类别一类。

求：对称配筋偏压柱的配筋计算（$\xi < 2a'_s/h_0$）。

【解】（1）根据表1-2，一类环境柱的保护层厚度 $c = 20\text{mm}$，

设 $a_s = 40\text{mm}$，$h_0 = h - a_s = (500 - 40)\ \text{mm} = 460\text{mm}$

（2）查表1-1得 $f_c = 14.3\text{N/mm}^2$，$f_t = 1.43\text{N/mm}^2$。

查表1-4得 $f_y = f'_y = 360\text{N/mm}^2$。

因为混凝土强度等级为C30，故取 $\alpha_1 = 1.0$

根据公式

$$\xi_b = \frac{\beta_1}{1 + \dfrac{f_y}{E_s \varepsilon_{cu}}} \tag{3-36}$$

计算得 $\xi_b = 0.518$

（3）求初始偏心距 e_0

$$e_0 = \frac{M}{N} = \frac{240 \times 10^6}{400 \times 10^3}\text{mm} = 600\text{mm}$$

因为附加偏心距 e_a 的值应取 20mm 和偏心距方向截面最大尺寸的 1/30 两者中的较大值，故

$$e_a \geqslant \frac{h}{30} = \frac{500}{30}\text{mm} = 16.67\text{mm}, \text{又 } e_a \geqslant 20\text{mm}, \text{取 } e_a = 20\text{mm}$$

则初始偏心距为

$$e_i = e_0 + e_a = (600 + 20)\text{mm} = 620\text{mm}$$

(4) 确定混凝土压区高度 x

先按大偏心受压计算 x

$$x = \frac{N}{\alpha_1 f_c b} = \frac{400 \times 10^3}{1 \times 14.3 \times 400}\text{mm} = 69.93\text{mm} < \xi_b h_0 = 0.518 \times 460\text{mm} = 238.3\text{mm}, \text{可以。}$$

$$< 2a'_s = 2 \times 40\text{mm} = 80\text{mm}$$

不满足

$$x \geqslant 2a' \tag{3-37}$$

的要求。

(5) 求 A_s 及 A'_s

$$e'_s = e_i - \frac{h}{2} + a'_s = \left(620 - \frac{500}{2} + 40\right)\text{mm} = 410\text{mm}$$

根据

$Ne'_s = f_y A_s(h - a_s - a'_s)$ 得

$$A_s = \frac{Ne'_s}{f_y(h - a_s - a'_s)} = \frac{400000 \times 410}{360(500 - 40 - 40)}\text{mm}^2 \approx 1085\text{mm}^2$$

(6) 选配钢筋

A_s 和 A'_s 各选 7 ⌀14。实配 $A_s = A'_s = 1077\text{mm}^2$

$$\frac{1077 - 1085}{1085} = -0.7\% < 5\%, \text{能接受。}$$

(7) 验算配筋率

全部纵向钢筋

$$\rho = \frac{2 \times 1077}{400 \times 500} = 1.07\% < \rho_{max} = 5\%$$

$$> \rho_{min} = 0.5\% \text{（表 3-4）}$$

每一侧纵向钢筋

$$\rho' = \frac{1077}{400 \times 500} = 0.54\% > \rho'_{min} = 0.2\% \text{（表 3-4）}$$

满足要求。

(8) 验算垂直于弯矩作用方向的轴心受压承载力

$\frac{l_0}{b} = \frac{5500}{400} = 13.75$。由表 3-1 得 $\varphi = 0.925$，按式（3-4）

$$N = 0.9\varphi(f_c A + f'_b A'_s) = 0.9 \times 0.925(14.3 \times 400 \times 500 + 360 \times 2 \times 1077)\text{N}$$
$$= 3026503.8\text{N} \approx 3027\text{kN} > 400\text{kN}$$

在垂直于弯矩作用方向，柱子是安全的。

3.5 受压构件的受剪承载力计算

矩形、T形和I形截面的钢筋混凝土偏心受压构件，当符合下列公式时，可不进行斜截面受剪承载力计算，仅需按构造要求配置箍筋。

$$V \leqslant \frac{1.75}{\lambda + 1} f_t b h_0 + 0.07N \tag{3-38}$$

矩形、T形和I形截面的钢筋混凝土偏心受压构件，其斜截面受剪承载力应符合下列规定：

$$V \leqslant \frac{1.75}{\lambda + 1} f_t b h_0 + f_{yv} \frac{A_{sv}}{s} h_0 + 0.07N \tag{3-39}$$

式中 λ——偏心受压构件计算截面的剪跨比；

N——与剪力设计值 V 相应的轴向压力设计值，当 $N > 0.3 f_c A$ 时，取 $N = 0.3 f_c A$，此处 A 为构件的截面面积。

计算截面的剪跨比应按下列规定取用：

1）对各类结构的框架柱，宜取 $\lambda = M/(Vh_0)$；对框架结构中的框架柱，当其反弯点在层高范围内时，可取 $\lambda = H_n/(2h_0)$；当 $\lambda < 1$ 时，取 $\lambda = 1$；当 $\lambda > 3$ 时，取 $\lambda = 3$；此处，M 为计算截面上与剪力设计值 V 相应的弯矩设计值，H_n 为柱净高。

2）对其他偏心受压构件，当承受均布荷载时，取 $\lambda = 1.5$；当承受集中荷载作用下（包括作用有多种荷载，其中集中荷载对支座截面或节点边缘所产生的剪力值占总剪力值的75%以上的情况）的独立梁时，取 $\lambda = a/h_0$，当 $\lambda < 1.5$ 时，取 $\lambda = 1.5$；当 $\lambda > 3$ 时，取 $\lambda = 3$；此处，a 为集中荷载至支座或节点边缘的距离。

3）圆形截面的钢筋混凝土受弯构件和偏心受压构件，其斜截面受剪承载力可参照本书2.3节“受弯构件的斜截面受剪承载力计算”进行计算，此时，上述相关公式中的截面宽度 b 和截面有效高度 h_0 应分别以 $1.76r$ 和 $1.6r$ 代替，此处，r 为圆形截面的半径。

【例3-7】 已知某钢筋混凝土排架柱，净高 $H_0 = 6\text{m}$，上端铰接下端固接，柱的截面为矩形，$b \times h = 400\text{mm} \times 480\text{mm}$，混凝土强度等级C20，纵筋用HRB335级，箍筋用HPB235级，柱顶作用有轴向力400kN，水平力60kN。安全等级二级，环境类别为二a类。纵筋配置6根 $d = 18\text{mm}$ 的钢筋。试确定其箍筋用量。

【解】（1）查表1-2得保护层厚度 $c = 30\text{mm}$，纵向钢筋合力点到近边距离 $a_s = 40\text{mm}$

$$h_0 = h - a_s = (400 - 40)\text{mm} = 360\text{mm}$$

（2）查表1-1得 $f_c = 9.6\text{N/mm}$，$f_t = 1.10\text{N/mm}^2$

$$f_{yv} = 210\text{N/mm}^2$$

（3）验算受剪截面符合条件

应用式（2-25）验算

$$0.25 f_c b h_0 = 0.25 \times 9.6 \times 400 \times 360\text{N} = 345600\text{N} \approx 345.6\text{kN}$$

$$> V = 60\text{kN}，符合条件。$$

（4）判别是否需要按斜截面受剪承载力验算来确定箍筋的配置　因柱没有承受均布荷

载仅承受水平集中荷载，故

$$\lambda = \frac{a}{h_0} = \frac{6000}{360} = 16.7 > 3, 取 \lambda = 3。$$

$$0.3f_cA = 0.3 \times 9.6 \times 400 \times 480\text{N} = 552960\text{N} \approx 552.96\text{kN} > N = 400\text{kN}$$

取 $N = 400\text{kN}$

根据式（3-38）

$$\frac{1.75}{\lambda+1}f_tbh_0 + 0.07N = \left(\frac{1.75}{3+1} \times 1.10 \times 400 \times 360 + 0.07 \times 400000\right)\text{N}$$

$$= 97300\text{N} \approx 97.3\text{kN} > V = 60\text{kN}$$

不需计算，按构造要求配置箍。

（5）箍筋配置

因为箍筋间距不应大于 400mm 及构件截面的短边尺寸，且不应大于 $15d$（d 为纵向受力钢筋的最小直径），

箍筋的间距 $s \leqslant 400\text{mm}$

$\leqslant b = 400\text{mm}$

$\leqslant 15d = (15 \times 18)\text{mm} = 270\text{mm}$

选用 $s = 200\text{mm}$

因为箍筋直径不应小于 $d/4$，且不应小于 6mm（d 为纵向钢筋的最大直径）。

箍筋的直径 $\phi \geqslant 6\text{mm}$

$$\geqslant d/4 = \frac{18}{4}\text{mm} = 4.5\text{mm}$$

选用 $\phi = 8\text{mm}$。

【例 3-8】 已知：框架柱 $b = 400\text{mm}$，$h = 600\text{mm}$，剪力设计值：$V_x = 290\text{kN}$，$V_y = 145\text{kN}$；弯矩设计值：$M_x = 300\text{kN} \cdot \text{m}$，$M_y = 80\text{kN} \cdot \text{m}$；轴向力设计值 $N = 600\text{kN}$；$a_s = a_s' = 40\text{mm}$；混凝土强度等级 C30，箍筋为 HPB235 级。求双向箍筋面积及间距。

【解】（1）斜截面受剪承载力验算

$$h_0 = h - a_s = (600 - 40)\text{mm} = 560\text{mm}$$

$$b_0 = b - a_s = (400 - 40)\text{mm} = 360\text{mm}$$

$$\theta = \arctan(V_y/V_x) = \arctan\left(\frac{145}{290}\right) = 26.56°$$

$$0.25\beta_c f_c bh_0 \cos\theta = 0.25 \times 1 \times 14.3 \times 400 \times 560 \times \cos 26.56°\text{N}$$

$$= 716289\text{N} > 290000\text{N}$$

$$0.25\beta_c f_c hb_0 \sin\theta = 0.25 \times 1 \times 14.3 \times 600 \times 360 \times \sin 26.56°\text{N}$$

$$= 345277\text{N} > 1450000\text{N}$$

满足要求。

（2）计算箍筋面积和间距

1）验算构造配箍条件

$$\lambda_x = M_x/V_xh_0 = 300 \times 10^6/290000 \times 560 = 1.8 > 1$$

$$< 3$$

取 $\lambda_x = 1.8$

$$\lambda_y = M_y / V_y b_0 = 8 \times 10^7 / 145000 \times 360 = 1.53 > 1$$

取 $\lambda_y = 1.53$

$$0.3 f_c A = 0.3 \times 14.3 \times 400 \times 600\text{N} = 1.03 \times 10^6\text{N} > 6 \times 10^5\text{N}$$

故按已知的设计值 N 计算。

$$V_x = \left(\frac{1.75}{\lambda_x + 1} f_t b h_0 + 0.07N\right)\cos\theta$$

$$= \left(\frac{1.75}{1.8 + 1} \times 1.43 \times 400 \times 560 + 0.07 \times 600000\right) \times \cos 26.56°\text{N}$$

$$= 216640\text{N} < 290000\text{N}$$

$$V_y = \left(\frac{1.75}{\lambda_y + 1} f_c h b_0 + 0.07N\right)\cos\theta$$

$$= \left(\frac{1.75}{1.53 + 1} \times 1.43 \times 600 \times 360 + 0.07 \times 600000\right) \times \sin 26.56°\text{N}$$

$$= 114311\text{N} < 145000\text{N}$$

不符合构造配箍条件。

2）近似取 $V_{ux}/V_{uy} = 1$

$$V_{ux} = V_x \sqrt{1 + \left(\frac{V_{ux}\tan\theta}{V_{uy}}\right)^2}$$

$$= 290000 \times \sqrt{1 + (1 \times \tan 26.56°)^2} = 324215\text{N}$$

$$V_{uy} = V_y \sqrt{1 + \left(\frac{V_{uy}}{V_{ux}\tan\theta}\right)^2} = 145000 \times \sqrt{1 + \left(\frac{1}{\tan 26.56°}\right)^2}\text{N} = 324287\text{N}$$

$$\frac{A_{svx}}{s} = \left(V_{ux} - \frac{1.75}{\lambda_x + 1} f_t b h_0 - 0.07N\right) / f_{yv} h_0$$

$$= \left(324215 - \frac{1.75}{1.8 + 1} \times 1.43 \times 400 \times 560 - 0.07 \times 600000\right) / 210 \times 560$$

$$= 0.697$$

$$s = 150\text{mm},\ A_{svx} = 104.5\text{mm}^2\ (2\,\Phi\,8 = 101\text{mm}^2)$$

故 x 方向箍筋为双肢Φ 8@100。

$$\frac{A_{svy}}{s} = \left(V_{uy} - \frac{1.75}{\lambda_y + 1} f_t h b_0 - 0.07N\right) / f_{yv} b_0$$

$$= \left(324287 - \frac{1.75}{1.53 + 1} \times 1.43 \times 600 \times 360 - 0.07 \times 600000\right) / 210 \times 360$$

$$= 0.31$$

选 $s = 100\text{mm}$，$A_{svy} = 91\text{mm}^2$（$2\,\Phi\,8 = 101\text{mm}^2$）

故 y 方向箍筋为双肢Φ 8@100。

4　受拉、受扭、受冲切和局部受压计算

4.1　受拉构件计算

4.1.1　受拉承载力

1）轴心受拉构件的正截面受拉承载力计算：

$$N \leqslant f_y A_s + f_{py} A_p \tag{4-1}$$

式中　N——轴向拉力设计值；

A_s、A_p——纵向普通钢筋、预应力钢筋的全部截面面积。

2）矩形截面偏心受拉构件的正截面受拉承载力计算：

①小偏心受拉构件：当轴向拉力作用在钢筋 A_s 与 A_p 的合力点和 A_s'与 A_p'的合力点之间时（图 4-1a）：

$$Ne \leqslant f_y A_s'(h_0 - a_s') + f_{py} A_p'(h_0 - a_p') \tag{4-2}$$

$$Ne' \leqslant f_y A_s(h_0' - a_s) + f_{py} A_p(h_0' - a_p) \tag{4-3}$$

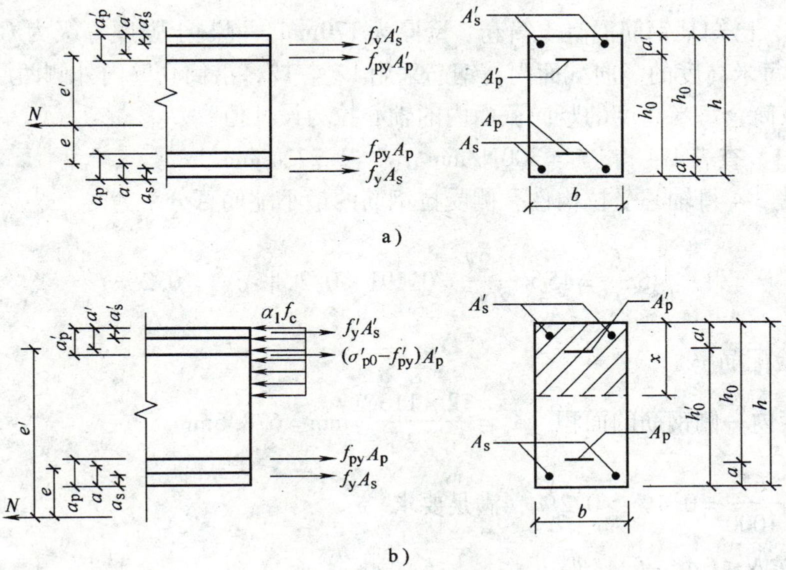

图 4-1　矩形截面偏心受拉构件正截面受拉承载力计算

a）小偏心受拉构件　b）大偏心受拉构件

②大偏心受拉构件：当轴向拉力不作用在钢筋 A_s 与 A_p 的合力点和 A'_s 与 A'_p 的合力点之间时（图 4-1b）：

$$N \leqslant f_y A_s + f_{py} A_p - f'_y A'_s + (\sigma'_{po} - f'_{py}) A'_p - \alpha_1 f_c bx \tag{4-4}$$

$$Ne \leqslant \alpha_1 f_c bx\left(h_0 - \frac{x}{2}\right) + f'_y A'_s (h_0 - a'_s) - (\sigma'_{po} - f'_{py}) A'_p (h_0 - a'_p) \tag{4-5}$$

3）对称配筋的矩形截面偏心受拉构件，不论大、小偏心受拉情况，均可按式（4-3）计算。

4.1.2 受剪承载力

1）矩形、T 形和 I 形截面的钢筋混凝土偏心受拉构件，其斜截面受剪承载力应按下式计算：

$$V \leqslant \frac{1.75}{\lambda + 1} f_t bh_0 + f_{yv} \frac{A_{sv}}{s} h_0 - 0.2N \tag{4-6}$$

式中 N——与剪力设计值 V 相应的轴向拉力设计值；

λ——计算截面的剪跨比，按 2）确定。

当式（4-6）右边的计算值小于 $f_{yv}\frac{A_{sv}}{s}h_0$ 时，应取等于 $f_{yv}\frac{A_{sv}}{s}h_0$，且 $f_{yv}\frac{A_{sv}}{s}h_0$ 值不得小于 $0.36f_t bh_0$。

2）矩形、T 形和 I 形截面的钢筋混凝土偏心受压构件，其斜截面受剪承载力的计算参见 3.5 受压构件的受剪承载力计算的相关内容。

【例 4-1】 已知某钢筋混凝土筒仓、壁厚为 170mm，混凝土强度等级为 C25，钢筋采用 HRB335 级，每米高度的竖向截面内，钢筋采用 12 ⏀12，沿筒仓壁内外侧两层均匀布置。试确定该筒仓每米高度的竖向截面内的轴心拉力设计值。

【解】 （1）查表 1-4 得，$f_y = 300\text{N/mm}^2$，$f_t = 1.27\text{N/mm}^2$。

（2）查表 3-4 得轴心受拉构件一侧受拉钢筋的最小配筋百分率为

$$45\frac{f_t}{f_y} = 45 \times \frac{1.27}{300} = 0.191 < 0.2\text{，取 } \rho_{min} = 0.2\%$$

（3）检验配筋率

每米高度内一侧钢筋的面积 $A_s = \frac{12 \times 113.1}{2}\text{mm} = 678.6\text{mm}$

$\rho = \frac{678.6}{170 \times 1000} = 0.4\% > 0.2\%$，满足要求。

（4）根据 $N \leqslant f_y A_x + f_{py} A_p$ 得

$$N = f_y A_s = 300 \times 1357.2\text{N} = 407160\text{N} = 407\text{kN}$$

该筒仓每米高度的竖向截面受拉承载力为 407kN。

【例 4-2】 已知某钢筋混凝土屋架下弦截面尺寸 $b \times h = 180\text{mm} \times 140\text{mm}$，其所受的轴心

拉力设计值为240kN。混凝土强度等级为C40，钢筋为HRB335级。试确定该屋架下弦的钢筋截面面积。

【解】（1）根据表1-4注的规定，取$f_y=300\text{N/mm}^2$，$f_t=1.71\text{N/mm}^2$

（2）根据表3-4得轴心受拉构件一侧受拉钢筋的最小配筋百分率为

$$45\frac{f_t}{f_y}=45\times\frac{1.71}{300}=0.257>0.2\text{，取}\rho_{min}=0.257\%$$

（3）根据式（4-1）得

$$A_s=\frac{N}{f_y}=\frac{240000}{300}\text{mm}^2=800\text{mm}^2$$

根据表2-1选用4⌀16，$A_s=804\text{mm}^2$

（4）每侧钢筋的配筋率

$\rho=\frac{402}{180\times140}=1.6\%>0.215\%$，满足要求。

4.2 受扭构件计算

4.2.1 矩形截面受扭构件

1）在弯矩、剪力和扭矩共同作用下，对$h_w/b\leqslant6$的矩形、T形、I形截面和$h_w/t_w\leqslant6$的箱形截面构件（图4-2），其截面应符合下列条件：

当h_w/b（或h_w/t_w）$\leqslant4$时

$$\frac{V}{bh_0}+\frac{T}{0.8W_t}\leqslant0.25\beta_c f_c \tag{4-7}$$

当h_w/b（或h_w/t_w）$=6$时

$$\frac{V}{bh_0}+\frac{T}{0.8W_t}\leqslant0.2\beta_c f_c \tag{4-8}$$

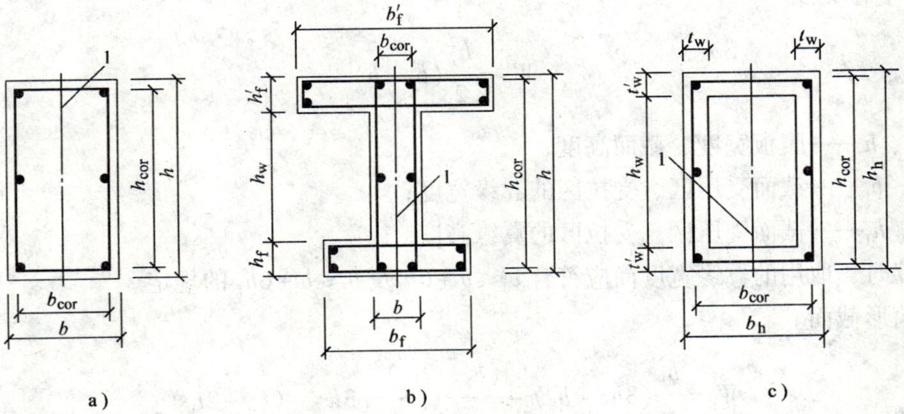

图4-2 受扭构件截面

a）矩形截面 b）T形、I形截面 c）箱形截面（$t_w\leqslant t'_w$）

1—弯矩、剪力作用平面

当$4<h_w/b$(或h_w/t_w)<6时，按线性内插法确定。

式中　T——扭矩设计值；

b——矩形截面的宽度，T形或I形截面的腹板宽度，箱形截面的侧壁总厚度$2t_w$；

h_0——截面的有效高度；

W_t——受扭构件的截面受扭塑性抵抗矩，按2）计算；

h_w——截面的腹板高度：对矩形截面，取有效高度h_0；对T形截面，取有效高度减去翼缘高度；对I形和箱形截面，取腹板净高；

t_w——箱形截面壁厚，其值不应小于$b_h/7$，此处，b_h为箱形截面的宽度。

注：当h_w/b(或h_w/t_w)>6时，受扭构件的截面尺寸条件及扭曲截面承载力计算应符合专门规定。

2）受扭构件的截面受扭塑性抵抗矩应按下列规定计算：

①矩形截面。

$$W_t=\frac{b^2}{6}(3h-b) \tag{4-9}$$

式中　b、h——矩形截面的短边尺寸、长边尺寸。

②T形和I形截面。

$$W_t=W_{tw}+W'_{tf}+W_{tf} \tag{4-10}$$

对腹板、受压翼缘及受拉翼缘部分的矩形截面受扭塑性抵抗矩W_{tw}、W'_{tf}、W_{tf}应按下列规定计算：

1）腹板

$$W_{tw}=\frac{b^2}{6}(3h-b) \tag{4-11}$$

2）受压翼缘

$$W'_{tf}=\frac{h'^2_f}{2}(b'_f-b) \tag{4-12}$$

3）受拉翼缘

$$W_{tf}=\frac{h_f^2}{2}(b_f-b) \tag{4-13}$$

式中　b、h——腹板宽度、截面高度；

b'_f、b_f——截面受压区、受拉区的翼缘宽度；

h'_f、h_f——截面受压区、受拉区的翼缘高度。

计算时，取用的翼缘宽度尚应符合$b'_f\leqslant b+6h'_f$及$b_f\leqslant b+6h_f$的规定。

③箱形截面。

$$W_t=\frac{b_h^2}{6}(3h_h-b_h)-\frac{(b_h-2t_w)^2}{6}[3h_w-(b_h-2t_w)] \tag{4-14}$$

式中　b_h、h_h——箱形截面的短边尺寸、长边尺寸。

矩形截面纯扭构件的受扭承载力应符合下列规定：

$$T \leqslant 0.35 f_t W_t + 1.2\sqrt{\zeta} f_{yv} \frac{A_{stl} A_{cor}}{s} \tag{4-15}$$

$$\zeta = \frac{f_y A_{stl} s}{f_{yv} A_{stl} u_{cor}} \tag{4-16}$$

对钢筋混凝土纯扭构件，其ζ值应符合$0.6 \leqslant \zeta \leqslant 1.7$的要求，当$\zeta > 1.7$时，取$\zeta = 1.7$。

对偏心距$e_{p0} \leqslant h/6$的预应力混凝土纯扭构件，当符合$\zeta \geqslant 1.7$时，可在式（4-15）的右边增加预加力影响项$0.05 \frac{N_{p0}}{A_0} W_t$，此处，$N_{p0}$的取值应符合3）的规定；在式（4-15）中取$\zeta = 1.7$。

式中 ζ——受扭的纵向钢筋与箍筋的配筋强度比值；

A_{stl}——受扭计算中取对称布置的全部纵向非预应力钢筋截面面积；

A_{stl}——受扭计算中沿截面周边配置的箍筋单肢截面面积；

f_{yv}——受扭箍筋的抗拉强度设计值，按表1-4中的f_y值采用；

f_y——受扭纵向钢筋的抗拉强度设计值，按表1-5采用；

A_{cor}——截面核心部分的面积：$A_{cor} = b_{cor} h_{cor}$。此处，$b_{cor}$、$h_{cor}$为箍筋内表面范围内截面核心部分的短边、长边尺寸；

u_{cor}——截面核心部分的周长：$u_{cor} = 2(b_{cor} + h_{cor})$。

注：当$\zeta < 1.7$或$e_{p0} > h/6$时，不应考虑预加力影响项，而应按钢筋混凝土纯扭构件计算。

3）在弯矩、剪力和扭矩共同作用下的构件（图4-2），当符合下列公式的要求时：

$$\frac{V}{bh_0} + \frac{T}{W_t} \leqslant 0.7 f_t + 0.05 \frac{N_{p0}}{bh_0}$$

可不进行构件受剪扭承载力计算，仅需按构造要求配置纵向钢筋和箍筋。

4）梁内受扭纵向钢筋的配筋率ρ_{tl}应符合下列规定：

$$\rho_{tl} \geqslant 0.6 \sqrt{\frac{T}{Vb}} \frac{f_t}{f_y} \tag{4-17}$$

当$T/(Vb) > 2.0$时，取$T/(Vb) = 2.0$。

式中 ρ_{tl}——受扭纵向钢筋的配筋率：$\rho_{tl} = \frac{A_{stl}}{bh}$；

b——受剪的截面宽度，按1）的规定取用；

A_{stl}——沿截面周边布置的受扭纵向钢筋总截面面积。

沿截面周边布置的受扭纵向钢筋的间距不应大于200mm和梁截面短边长度；除应在梁截面四周设置受扭纵向钢筋外，其余受扭纵向钢筋宜沿截面周边均匀对称布置。受扭纵向钢筋应按受拉钢筋锚固在支座内。

在弯剪扭构件中，箍筋的配筋率ρ_{sv}[$\rho_{sv} = A_{sv}/(bs)$]不应小于$0.28 f_t/f_{yv}$。箍筋间距应符合规定，其中受扭所需的箍筋应做成封闭式，且应沿截面周边布置；当采用复合箍筋时，位于截面内部的箍筋不应计入受扭所需的箍筋面积；受扭所需箍筋的末端应做成135°弯钩，弯钩端头平直段长度不应小于$10d$（d为箍筋直径）。

在超静定结构中，考虑协调扭转而配置的箍筋，其间距不宜大于$0.75b$，此处，b按1）的规定取用。

对箱形截面构件，b 均应以 b_h 代替。

4.2.2 集中荷载作用下的独立剪扭构件

在剪力和扭矩共同作用下的矩形截面剪扭构件，其受剪扭承载力应符合下列规定：

①受剪承载力

$$V \leqslant (1.5-\beta_t)\left(\frac{1.75}{\lambda+1}f_t b h_0+0.05N_{p0}\right)+f_{yv}\frac{A_{sv}}{s}h_0 \tag{4-18}$$

$$\beta_t=\frac{1.5}{1+0.2(\lambda+1)\dfrac{VW_t}{Tbh_0}} \tag{4-19}$$

式中 λ——计算截面的剪跨比；

β_t——集中荷载作用下剪扭构件混凝土受扭承载力降低系数：当 $\beta_t<0.5$ 时，$\beta_t=0.5$；当 $\beta_t>1.0$ 时，$\beta_t=1.0$。

②受扭承载力

$$T \leqslant \beta_t\left(0.35f_t+0.05\frac{N_{p0}}{A_0}\right)W_t+1.2\sqrt{\zeta}f_{yv}\frac{A_{stl}A_{cor}}{s} \tag{4-20}$$

在弯矩、剪力和扭矩共同作用下的矩形、T 形、I 形和箱形截面的弯剪扭构件，可按下列规定进行承载力计算：

1）当 $V \leqslant 0.35f_t bh_0$ 或 $V \leqslant 0.875f_t bh_0/(\lambda+1)$ 时，可仅按受弯构件的正截面受弯承载力和纯扭构件的受扭承载力分别进行计算。

2）当 $T \leqslant 0.175f_t W_t$ 或 $T \leqslant 0.175\alpha_h f_t W_t$ 时，可仅按受弯构件的正截面受弯承载力和斜截面受剪承载力分别进行计算。

4.2.3 T 形截面受扭构件

1）受扭构件的截面受扭塑性抵抗矩应按下列规定计算：

参见 4.2.1 矩形截面受扭构件中 2）受扭构件的截面受扭塑性抵抗矩中相关 T 形和 I 形截面的计算。

2）T 形和 I 形截面纯扭构件，可将其截面划分为几个矩形截面，分别按式（4-15）和式（4-16）进行受扭承载力计算。

每个矩形截面的扭矩设计值应按下列规定计算：

①腹板

$$T_w=\frac{W_{tw}}{W_t}T \tag{4-21}$$

②受压翼缘

$$T_f'=\frac{W_{tf}'}{W_t}T \tag{4-22}$$

③受拉翼缘

$$T_f = \frac{W_{tf}}{W_t} T \tag{4-23}$$

式中　T——构件截面所承受的扭矩设计值；

T_w——腹板所承受的扭矩设计值；

T'_f、T_f——受压翼缘、受拉翼缘所承受的扭矩设计值。

4.2.4　压扭构件

1）在弯矩、剪力和扭矩共同作用下的构件（图 4-2），当符合下列公式的要求时：

$$\frac{V}{bh_0} + \frac{T}{W_t} \leqslant 0.7 f_t + 0.05 \frac{N_{p0}}{bh_0} \tag{4-24}$$

或

$$\frac{V}{bh_0} + \frac{T}{W_t} \leqslant 0.7 f_t + 0.07 \frac{N}{bh_0} \tag{4-25}$$

均可不进行构件受剪扭承载力计算，仅需按构造要求配置纵向钢筋和箍筋。

式中　N_{p0}——计算截面上混凝土法向预应力等于零时的预应力，当 $N_{p0} > 0.3 f_c A_0$ 时，取 $N_{p0} = 0.3 f_c A_0$，此处，A_0 为构件的换算截面面积；

N——与剪力、扭矩设计 V、T 相应的轴向压力设计值，当 $N > 0.3 f_c A$ 时，取 $N = 0.3 f_c A$，此处，A 为构件的截面面积。

2）在轴向压力和扭矩共同作用下的矩形截面钢筋混凝土构件，其受扭承载力应符合下列规定：

$$T \leqslant \left(0.35 f_t + 0.07 \frac{N}{A}\right) W_t + 1.2 \sqrt{\zeta} f_{yv} \frac{A_{st1} A_{cor}}{s} \tag{4-26}$$

式中　N——与扭矩设计值 T 相应的轴向压力设计值，当 $N > 0.3 f_c A$ 时，取 $N = 0.3 f_c A$；

ζ——同式（4-15）。

3）在轴向压力、弯矩、剪力和扭矩共同作用下的钢筋混凝土矩形截面框架柱，其受剪扭承载力应符合下列规定：

①受剪承载力

$$V \leqslant (1.5 - \beta_t)\left(\frac{1.75}{\lambda + 1} f_t b h_0 + 0.07 N\right) + f_{yv} \frac{A_{sv}}{s} h_0 \tag{4-27}$$

②受扭承载力

$$T \leqslant \beta_t \left(0.35 f_t + 0.07 \frac{N}{A}\right) W_t + 1.2 \sqrt{\zeta} f_{yv} \frac{A_{stl} A_{cor}}{s} \tag{4-28}$$

式中　λ——计算截面的剪跨比。

在轴向压力、弯矩、剪力和扭矩共同作用下的钢筋混凝土矩形截面框架柱，当 $T \leqslant (0.175 f_t + 0.035 N/A) W_t$ 时，可仅按偏心受压构件的正截面受压承载力和框架柱斜截面受剪承载力分别进行计算。

【例 4-3】　已知某矩形截面构件 $b \times h = 260\text{mm} \times 480\text{mm}$，混凝土用 C25 级，纵筋为

HRB335 级，配置 6 ⌽ 12 的抗扭纵筋，面积为 $A_{stl}=678\text{mm}^2$，箍筋用 HPB235 级，直径为 $\phi 8\text{mm}$，间距为 100mm。

安全等级为二级，环境类别为三 a 类。

试确定该构件能承担多大的扭矩设计值 T。

【解】（1）表 1-2 得该构件的纵筋保护层厚度 $c=30\text{mm}$，设 $a_s=40\text{mm}$。

（2）确定材料强度设计值：

C25 级混凝土　$f_t=1.27\text{mm}^2$，$f_c=11.9\text{N/mm}^2$

箍筋 HPB235 级　$f_{yv}=210\text{N/mm}^2$

纵筋 HRB335 级　$f_y=300\text{N/mm}^2$

（3）求 W_t

根据式（4-11）得：

$$\frac{260^2}{6}(3\times480-250)\text{mm}^3=1.341\times10^7\text{mm}^3$$

（4）求 u_{cor}，A_{cor}

b_{cor}，h_{cor} 为箍筋内表面范围内核心部分的短边、长边尺寸。

因箍筋内表面即为纵筋外表面，故

$$b_{cor}=b-2c=(260-2\times30)\text{mm}=200\text{mm}$$

$$h_{cor}=h-2c=(480-2\times30)\text{mm}=420\text{mm}$$

$$A_{cor}=b_{cor}\times h_{cor}=200\text{mm}\times420\text{mm}=84000\text{mm}^2$$

$$u_{cor}=2\times(b_{cor}+h_{cor})=2(200+420)\text{mm}=1240\text{mm}$$

（5）复核最小配筋率

受扭纵向钢筋的配筋率

$$\rho_{tl}=\frac{A_{stl}}{bh}=\frac{678}{260\times480}=0.543\%$$

根据式（4-17）得最小配筋率为

$$\rho_{tl,\min}=0.6\sqrt{\frac{T}{Vb}}\frac{f_t}{f_y},\text{当}\frac{T}{Vb}>2.0\text{ 时，取}\frac{T}{Vb}=2.0$$

本题的 $V=0$，故取 $\frac{T}{Vb}=2.0$

$$\rho_{tl,\min}=0.6\sqrt{\frac{T}{Vb}}\frac{f_t}{f_y}=0.6\times\sqrt{2}\times\frac{1.27}{300}=0.0036=0.36\%$$

$$\rho_{tl}=0.543\%>\rho_{tl,\min}=0.36\%\ \text{可以}$$

（6）复核最小配箍率

根据表 2-1，得

$$A_{stl}=50.3\text{mm}^2$$

受扭箍筋的配筋率　$\rho_{sv}=\frac{A_{sv}}{bs}=\frac{2\times50.3}{260\times100}=0.387\%$

根据 4.2.1 节“矩形截面受扭构件”的要求

$$\rho_{sv,min}=0.28\frac{f_t}{f_{yv}}=0.28\times\frac{1.27}{210}=0.169\%$$

$$\rho_{sv}=0.387\%>\rho_{sv,min}=0.169\%，可以$$

（7）求 ζ

已知　$A_{stl}=678\text{mm}^2$，$A_{stl}=50.3\text{mm}^2$

代入式（4-16）得

$$\zeta=\frac{f_y A_{stl} s}{f_{yv} A_{stl} u_{cor}}=\frac{300\times678\times100}{210\times50.3\times1240}=1.553$$

介于 0.6 ~ 1.7 之间，可以

（8）求 T

根据式（4-15）得：

$$T=0.35f_t W_t+1.2\sqrt{\zeta}f_{yv}\frac{A_{stl}A_{cor}}{s}$$

$$=0.35\times1.27\times1.302\times10^7\text{N}\cdot\text{m}+1.2\times\sqrt{1.553}\times210\frac{50.3\times84000}{100}\text{N}\cdot\text{m}$$

$$=19.1\times10^6\text{N}\cdot\text{m}=19.1\text{kN}\cdot\text{m}$$

（9）检查截面尺寸

$$h_w=h_0=(480-40)\text{mm}=440\text{mm}$$

$\dfrac{h_w}{b}=\dfrac{440}{260}=1.69<4$，采用式（4-7）

因为混凝土强度等级为 C25，取 $\beta_c=1.0$

根据式（4-7）

$$T=0.25\beta_c f_c\times(0.8W_t)=0.25\times1.0\times11.9\times0.8\times1.302\times10^7\text{N}\cdot\text{m}$$

$$=30.99\times10^6\text{N}\cdot\text{m}\approx31\text{kN}\cdot\text{m}>T=19.1\text{kN}\cdot\text{m}$$

截面尺寸满足要求。

该截面能承受的扭矩设计值为 $T=19.1\text{kN}\cdot\text{m}$

4.3　受冲切承载力计算

4.3.1　未配置抗冲切钢筋的板

在柱集中反力（柱轴向压力设计值层间差值）和局部荷载作用下的板，当板中不专门配置抗冲切的箍筋或弯起钢筋时的受冲切承载力按下式计算：

$$F_l\leqslant(0.7\beta_h f_t+0.25\sigma_{pc,m})\eta u_m h_0 \tag{4-29}$$

$$\eta_1=0.4+\frac{1.2}{\beta_s} \tag{4-30}$$

$$\eta_2=0.5+\frac{\alpha_s h_0}{4u_m} \tag{4-31}$$

式中 F_l——局部荷载设计值（图4-3）或集中反力设计值（图4-4）。对板柱节点，取柱所承受的轴向压力设计值的层间差值减去柱顶冲切破坏锥体范围内板所承受的荷载设计值；当有不平衡弯矩时，应取等效集中反力设计值 $F_{l,\mathrm{eq}}$ 值（见式（4-32）、式（4-34））；

β_h——截面高度影响系数：当 $h \leqslant 800\mathrm{mm}$ 时取 $\beta_h = 1.0$，当 $\beta_h \geqslant 2000\mathrm{mm}$ 时取 $\beta_h = 0.9$，当 h 介于其间时按线性插入取值；

$\sigma_{pc,m}$——计算截面周长上两个方向混凝土有效预压应力按单位长度的加权平均值，其值宜控制在 $1.0 \sim 3.5\mathrm{N/mm^2}$ 范围内；

h_0——截面有效高度，取两个配筋方向截面有效高度的平均值；

η_1——局部荷载或集中反力作用面积形状的影响系数；

η_2——计算截面周长与板截载面有效高度之比的影响系数；

β_s——局部荷载或集中反力作用面积为矩形时的长边与短边尺寸的比值，β_s 不宜大于4.0；当 $\beta_s < 2$ 时取 $\beta_s = 2$；当面积为圆形时取 $\beta_s = 2$；

α_s——柱位置影响系数：对中柱取 $\alpha_s = 40$；对边柱取 $\alpha_s = 30$；对角柱取 $\alpha_s = 20$；

u_m——计算截面的周长。

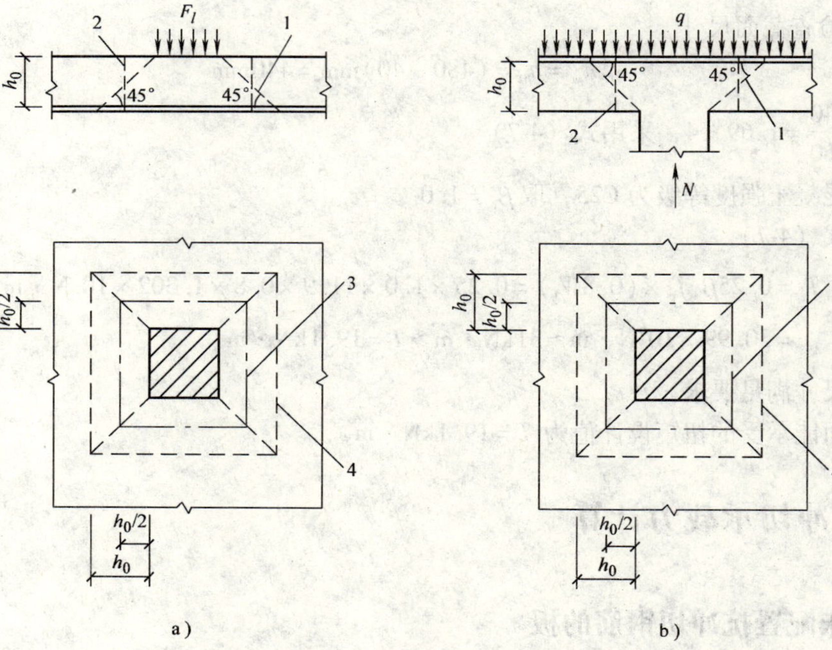

图4-3　板受冲切承载力计算

a）局部荷载作用下　b）集中反力作用下

1—冲切破坏锥体的斜截面　2—计算截面　3—计算截面的周长　4—冲切破坏锥体的底面线

当板开有孔洞且孔洞至局部荷载或集中反力作用面积边缘的距离不大于 $6h_0$ 时，受冲切承载力计算中取用的计算截面周长 u_m，应扣除局部荷载或集中反力作用面积中心至开孔外边画出两条切线之间所包含的长度（图4-4）。

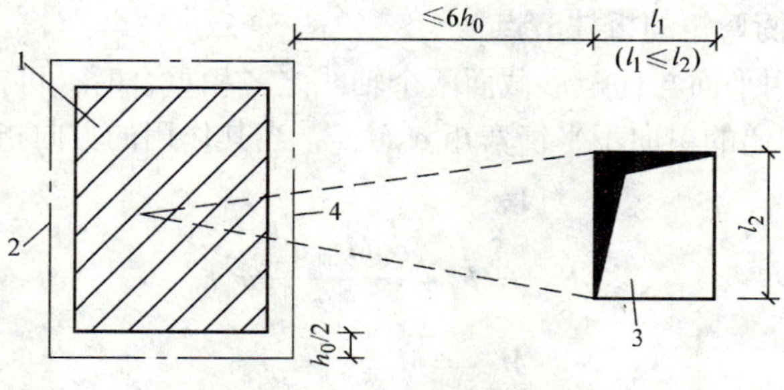

图 4-4　邻近孔洞时的计算截面周长

1—局部荷载或集中反力作用面　2—计算截面周长　3—孔洞　4—应扣除的长度

注：当图中 $l_1>l_2$ 时，孔洞边长 l_2 用 $\sqrt{l_1 l_2}$代替。

4.3.2　板柱节点中的板

在竖向荷载、水平荷载作用下的板柱节点（图 4-5），其受冲切承载力计算中所用的等效集中反力设计值 $F_{l,\mathrm{eq}}$ 按以下情况确定：

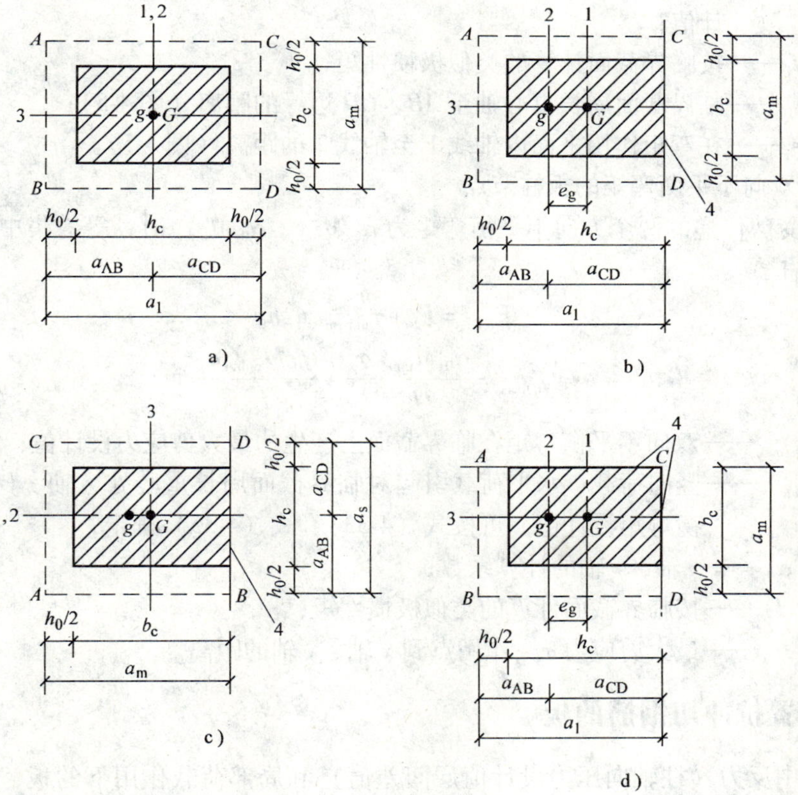

图 4-5　矩形柱及受冲切承载力计算的几何参数

a）中柱截面　b）边柱截面（弯矩作用平面垂直于自由边）

c）边柱截面（弯矩作用平面平行于自由边）　d）角柱截面

1—柱截面重心 G 的轴线　2—临界截面周长重心 g 的轴线

3—不平衡弯矩作用平面　4—自由边

1. 传递单向不平衡弯矩的板柱节点

当不平衡弯矩作用平面与柱矩形截面两个轴线之一相重合时，可按下列两种情况计算：

1）由节点受剪传递的单向不平衡弯矩 $\alpha_0 M_{unb}$，当其作用的方向指向图 4-5a 的 *AB* 边时，等效集中反力为：

$$F_{l,eq} = F_l + \frac{\alpha_0 M_{unb} a_{AB}}{I_c} u_m h_0 \tag{4-32}$$

$$M_{unb} = M_{unb,c} - F_l e_g \tag{4-33}$$

2）由节点受剪传递的单向不平衡弯矩 $\alpha_0 M_{unb}$，当其作用的方向指向图 4-5a 的 *CD* 边时，等效集中反力为：

$$F_{l,eq} = F_l + \frac{\alpha_0 M_{unb} a_{CD}}{I_c} u_m h_0 \tag{4-34}$$

$$M_{unb} = M_{unb,c} + F_l e_g \tag{4-35}$$

式中 F_l——在竖向荷载、水平荷载作用下，柱所承受的轴向压力设计值的层间差值减去柱顶冲切破坏锥体范围内板所承受的荷载设计值；

M_{unb}、$M_{unb,c}$——竖向荷载、水平荷载分别对图 4-5 中轴线 2、轴线 1 产生的不平衡弯矩设计值；

I_c——按临界截面计算的类似极惯性矩；

a_{AB}、a_{CD}——临界截面周长重心轴至 *AB*、*CD* 边缘的距离（图 4-5）；

e_g——在弯矩作用平面内轴线 1 至轴线 2 的距离（图 4-5）。

2. 传递双向不平衡弯矩的板柱节点

当节点受剪传递的两个方向不平衡弯矩为 $\alpha_{0x} M_{unb,x}$、$\alpha_{0y} M_{unb,y}$ 时，等效集中反力设计值可按下列公式计算：

$$F_{l,eq} = F_l + \tau_{unb,max} u_m h_0 \tag{4-36}$$

$$\tau_{unb,max} = \frac{\alpha_{0x} M_{unb,x} a_x}{I_{cx}} + \frac{\alpha_{0y} M_{unb,y} a_y}{I_{cy}} \tag{4-37}$$

式中 $\tau_{unb,max}$——双向不平衡弯矩在临界截面上产生的最大剪应力设计值；

$M_{unb,x}$、$M_{unb,y}$——竖向荷载、水平荷载引起对临界截面周长重心处 *x* 轴、*y* 轴方向的不平衡弯矩设计值，可按式（4-33）、式（4-35）确定；

α_{0x}、α_{0y}——*x* 轴、*y* 轴的计算系数；

I_{cx}、I_{cy}——按临界截面计算的类似极惯性矩；

a_x、a_y——最大剪应力 τ_{max} 作用点到 *x* 轴、*y* 轴的距离。

4.3.3 配置抗冲切钢筋的板

在柱集中反力（柱轴向压力设计值层间差值）和局部荷载作用下的板，当因板厚受到限制、其抗冲切承载力不能满足要求时可专门配置钢箍或弯起钢筋以提高板的受冲切承载力。为了使抗冲切钢筋能充分发挥作用要对板的厚度予以限制（见式 4-38），且配置抗冲切钢筋后提高的受冲切承载力不应大于不配置板冲切钢筋时的 1.5 倍。配置抗冲切钢筋板的受冲切承载力应按式（4-38）、式（4-39）计算：

$$F_l \leqslant 1.2 f_t \eta u_m h_0 \tag{4-38}$$

$$F_l \leqslant (0.5f_t + 0.25\sigma_{pc,m})\eta u_m h_0 + 0.8f_y A_{sbu}\sin\alpha + 0.8f_{yv}A_{svu} \tag{4-39}$$

式中 A_{svu}、A_{sbu}——与呈45°冲切破坏锥体斜截面相交的全部箍筋截面面积、全部弯起钢筋截面面积；

f_y、f_{yv}——弯起钢筋、箍筋的抗拉强度设计值；

α——弯起钢筋与板底面的夹角。

4.3.4 柱下基础底板

矩形截面柱的阶形基础，在柱与基础交接处以及基础变阶处（图4-6）板的抗冲切承载力按下式计算：

$$F_l \leqslant 0.7\beta_h f_t b_m h_0 \tag{4-40}$$

$$F_l = p_s A \tag{4-41}$$

$$b_m = \frac{b_t + b_b}{2} \tag{4-42}$$

式中 h_0——柱与基础交接处或基础变阶处的截面有效高度，取两个方向配筋的载面有效高度平均值；

p_s——按荷载效应基本组合计算并考虑结构重要性系数的基础低面地基反力设计值（可扣除基础自重及其上的土重），当基础偏心受力时，可取用最大的地基反力设计值；

A——考虑冲切荷载时取用的多边形面积，图4-6中阴影面积 $ABCDEF$；

b_t——冲切破坏锥体最不利一侧斜截面的上边长：当计算柱与基础交接处的受冲切承载力时，取柱宽；当计算基础变阶处的受冲切承载力时，取上阶宽；

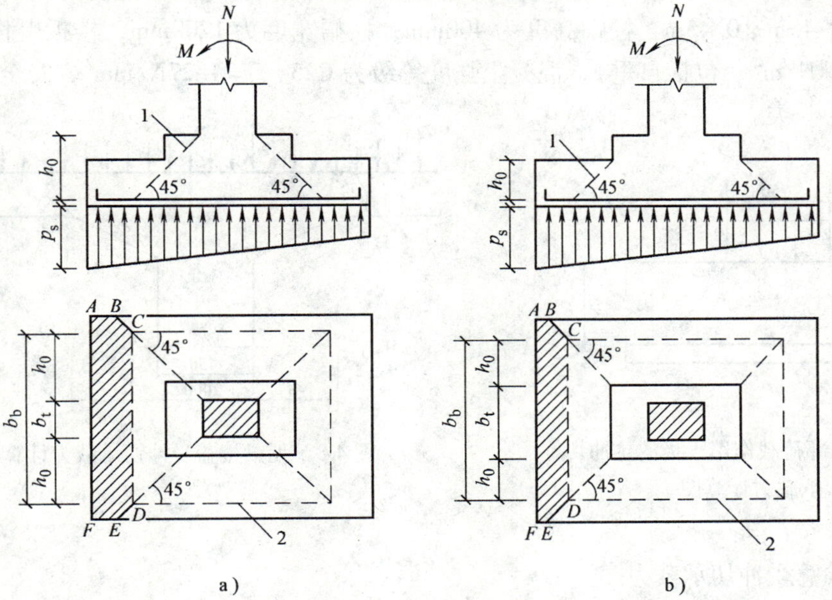

图4-6 计算阶形基础的受冲切承载力截面位置

a）柱与基础交接处 b）基础变阶处

1—冲切破坏锥体最不利一侧的斜截面 2—冲切破坏锥体的底面线

b_b——柱与基础交接处或基础变阶处的冲切破坏锥体最不利一侧斜截面的下边长，$b_b = b_t + 2h_0$；

β_h——截面高度影响系数见式（4-29）。

【例 4-4】 已知一受有局部荷载的钢筋混凝土板，如图 4-7 所示，该荷载均布于 300mm × 750mm 范围内。板的混凝土强度等级为 C30，板厚为 120mm。

试求板按抗冲切承载力计算所能承受的最大均布荷载设计值（包括自重）。

【解】 由表 1-1 查得 $f_t = 1.43\text{N/mm}^2$；

因为 $h = 750\text{mm} < 800\text{mm}$ 所以取 $\beta_h = 1.0$；

$h_0 = (120 - 20)\text{mm} = 100\text{mm}$，取另一个配筋方向 $h_0 = (120 - 30)\text{mm} = 90\text{mm}$，平均值为 $h_0 = 95\text{mm}$。

$$\beta_s = \frac{750}{300} = 2.5, \quad 2 < 2.5 < 4$$

$$\eta = 0.4 + \frac{1.2}{\beta_s} = 0.4 + \frac{1.2}{2.5} = 0.88$$

$$u_m = 2 \times (300 + h_0 + 250 + h_0) = 2 \times (300 + 95 + 750 + 95)\text{mm} = 2480\text{mm}$$

$$0.7\beta_h f_t \eta u_m h_0 = 0.7 \times 1.0 \times 1.43 \times 0.88 \times 2480 \times 95\text{N} = 207535\text{N} = 208\text{kN}$$

板能承受的最大均布荷载设计值为

$$q = \frac{0.7\beta_h f_t \eta u_m h_0}{A} = \frac{208}{0.3 \times 0.75}\text{kN/m}^2 = 924.4\text{kN/m}^2$$

【例 4-5】 如图 4-8 所示，已知一钢筋混凝土无梁楼盖，柱网尺寸为 5m × 5m，柱的截面尺寸为 0.45m × 0.45m，柱帽高度为 400mm，柱帽宽度为 1200mm，楼板上作用有荷载设计值 $q = 18\text{kN/m}^2$（包括自重），混凝土强度等级为 C25，$f_t = 1.27\text{N/mm}^2$。安全等级为二级，环境类别为一类。

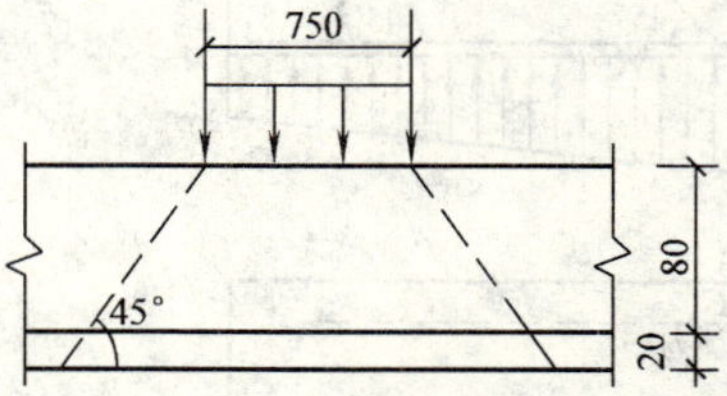

图 4-7 局部荷载作用于板的抗冲切承载力计算图

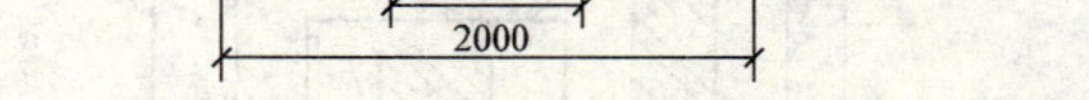

图 4-8 无梁楼盖受冲切承载力计算图

求：验算受冲切承载力。

【解】 （1）查表 1-2 得板的保护层厚度 $c = 15\text{mm}$。

设纵向钢筋合力中心到近边距离 $a_s = 25\text{mm}$。

（2）计算柱所承受的轴力 N

$$N = 5 \times 5 \times 18\text{kN} = 450\text{kN}$$

(3) 验算柱帽上边缘与板交接处的受冲切承载力

1) 确定基本尺寸

冲切破坏锥体有效高度 $h_0 = h - a_s = (220 - 25)\text{mm} = 195\text{mm}$

冲切破坏锥体斜截面的短边长 $b_t = 1200\text{mm}$

冲切破坏锥体斜截面的长边长

$$b_b = b_t + 2h_0 = 1200\text{mm} + 2 \times 195\text{mm} = 1590\text{mm}$$

距冲切破坏锥体斜面短边 $h_0/2$ 的周长

$$u_m = 4 \times (b_t + 2 \times h_0/2) = 4 \times (1200 + 195)\text{mm} = 5580\text{mm}$$

2) 所受的集中反力设计值 F_t

集中反力设计值为柱所承受的轴力 N 减去冲切破坏锥体范围的荷载设计值

$$F_t = N - b_b^2 q = 450000\text{N} - 1590^2 \times 0.018\text{N} = 404.5 \times 10^3\text{N}$$

3) 验算受冲切承载力

采用式(4-29),因未采用预应力,故 $\sigma_{pc,m}$ 不必考虑。

因板厚 $h = 220\text{mm} < 800\text{mm}$,故 $\beta_h = 1.0$。

因集中反力作用面积为矩形,长边与短边尺寸的比值相等故取 $\beta_s = 2$,由式(4-31)得

$$\eta_1 = 0.4 + \frac{1.2}{\beta_s} = 1.0$$

因该柱为中柱,取 $\alpha_s = 40$,由式(4-31)得

$$\eta_2 = 0.5 + \frac{\alpha_s h_0}{4u_m} = 0.5 + \frac{0.4 \times 195}{5580} = 0.85$$

因 $\eta_2 = 0.85 < \eta_1 = 1.0$,故取 $\eta = 0.85$。

代入式(4-29)

$$F_l = (0.7\beta_h f_t + 0.25\sigma_{pc,m})\eta u_m h_0$$
$$= 0.7 \times 1.0 \times 1.27 \times 0.85 \times 5580 \times 195\text{kN} = 822223\text{kN} > 404.5\text{kN}$$ 满足要求

(4) 验算柱帽下边缘与板交接处的受冲切承载力

1) 确定基本尺寸

$$h_0 = h - a_s = (400 - 25)\text{mm} = 375\text{mm}$$

$$b_t = 450\text{mm}$$

$$b_b = b_t + 2h_0 = 450\text{mm} + 2 \times 375\text{mm} = 1200\text{mm}$$

$$tl_m = 4 \times (b_t + 2 \times h_0/2) = 4 \times (450 + 375)\text{mm} = 3300\text{mm}$$

2) 所受的集中反力设计值 F_l

$$F_l = N - b_b^2 q = 450000\text{N} - 1200^2 \times 0.018\text{N} = 424.1 \times 10^3\text{N}$$

3) 验算冲切承载力

因 $h = 400\text{mm} < 800\text{mm}$,取 $\beta_h = 1.0$

因集中反力作用面积为正方形,故取 $\beta_s = 2$。

由式(4-30)得 $\eta_1 = 1.0$

因为是中柱,$\alpha_s = 40$,由式(4-31)

$$\eta_2 = 0.5 + \frac{\alpha_s h_0}{4u_m} = 0.5 + \frac{40 \times 375}{4 \times 3300} = 1.64$$

因 $\eta_1 = 1.0 < \eta_2 = 1.64$，故取 $\eta = 1.0$。

代入式（4-29）

$$F_1 = 0.7 \times 1.0 \times 1.27 \times 1.0 \times 3300 \times 375\text{N} = 1100137.5\text{N}$$

$$\approx 1100\text{kN} > 424.1\text{kN} \text{ 满足要求}$$

【例 4-6】 钢筋混凝土楼盖的柱网尺寸为 6m × 6m，中柱截面尺寸为 400mm × 400mm，楼盖承受的荷载设计值（包括自重）为 22kN/m²，柱帽尺寸如图 4-9 所示，混凝土强度等级为 C35（$f_t = 1.57\text{mm}^2$）。试验算受冲切承载力。

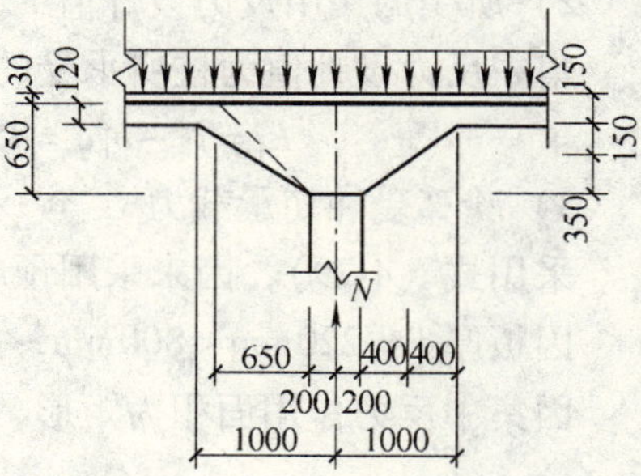

图 4-9 柱帽尺寸示意图

【解】

（1）验算柱边受冲切承载力。

$$h_0 = 650\text{mm}$$

$$b_t = h_t = 400\text{mm}$$

$$b_b = h_b = b_t + 2h_0 = (400 + 2 \times 650)\text{mm} = 1700\text{mm}$$

$$u_m = 4 \times \frac{b_t + b_b}{2} = 4 \times \frac{400 + 1700}{2}\text{mm} = 4200\text{mm}$$

柱承受的轴向力设计值为：

$$N = 22 \times 6 \times 6\text{kN} = 792\text{kN}$$

$$F_l = [792 - 22 \times (0.4 + 2 \times 0.65)^2]\text{kN} = 728.42\text{kN}$$

$$\beta_s = \frac{h_c}{b_c} = \frac{400}{400} = 1.0 < 2.0 \quad \text{取 } \beta_s = 2.0$$

$$\eta_1 = 0.4 + \frac{1.2}{\beta_s} = 1.0$$

$$\alpha_s = 40 \quad \eta_2 = 0.5 + \frac{40h_0}{4u_m} = 0.5 + \frac{40 \times 650}{4 \times 4200} = 2.04$$

$$\eta_1 < \eta_2 \quad \text{故取 } \eta = \eta_1 = 1.0$$

$$F_{lu} = 0.7\beta_h f_t \eta u_m h_0 = 0.7 \times 1.0 \times 1.57 \times 1.0 \times 4200 \times 650\text{kN} = 3000\text{kN} > F_l \quad \text{（满足要求）}$$

（2）验算柱帽边受冲切承载力。

$$h_0 = 120\text{mm} \quad b_t = h_t = 200\text{mm} \quad b_b = h_b = (2000 + 2 \times 120)\text{mm} = 2240\text{mm}$$

$$u_m = 4 \times \frac{2000 + 2240}{2}\text{mm} = 8480\text{mm}$$

$$F_l = [792 - 22 \times (2.0 + 2 \times 0.12)^2]\text{kN} = 681.61\text{kN}$$

$$\beta_s = \frac{2000}{2000} = 1.0 < 2.0 \quad \text{取 } \beta_s = 2.0$$

$$\eta_1 = 0.4 + \frac{1.2}{2.0} = 1.0$$

$$\alpha_s = 40 \quad \eta_2 = 0.5 + \frac{40 \times 120}{4 \times 8480} = 0.642$$

$$\eta_2 < \eta_1 \quad \text{故取 } \eta = \eta_2 = 0.642$$

$$F_{lu} = 0.7\beta_h f_t \eta u_m h_0 = 0.7 \times 1.0 \times 1.57 \times 0.642 \times 8480 \times 120\text{kN}$$

$$= 717.98\text{kN} > F_l \quad \text{（满足要求）}$$

【例 4-7】 已知钢筋混凝土无柱帽无梁楼盖，柱网尺寸 5.5m×5.5m，楼板厚度 160mm，中柱截面尺寸 400mm×400mm，混凝土强度等级 C20，箍筋 HPB235 级楼面荷载设计值 8kN/m²（图 4-10）。求：计算箍筋截面面积。

【解】（1）验算混凝土受冲切承载力：

$$h_0=(160-30)\,\text{mm}=130\text{mm}$$

$$b_t=400\text{mm}$$

$$b_b=b_t+2h_0=400\text{mm}+2\times130\text{mm}=660\text{mm}$$

$$u_m=4\times\frac{b_t+b_b}{2}=4\times\frac{400+660}{2}\text{mm}=2120\text{mm}$$

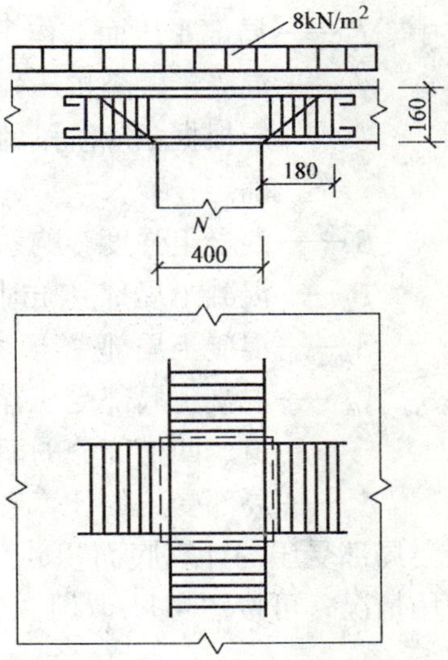

图 4-10 箍筋板的冲切计算图

柱承受的轴向力设计值：

$$N=8\times5.5\times5.5\text{kN}=242\text{kN}$$

柱边冲切破坏锥体承受的冲切设计值：

$$F_t=242\text{kN}-8\times(0.4+2\times0.13)^2\text{kN}=238.52\text{kN}$$

$$\eta_1=0.4+\frac{1.2}{\beta_s}=0.4+\frac{1.2}{2}=1.0$$

$$\eta_2=0.5+\frac{\sigma_s h_0}{4u_m}=0.5+\frac{40\times130}{4\times2120}=1.11$$

取两者中的较小值，故取 $\eta=1.0$

混凝土板的抗冲切承载力：

$$0.7\beta_h f_t\eta u_m h_0=0.7\times0.1\times1.10\times1.0\times2120\times130\text{kN}=212\text{kN}<238.52\text{kN}$$

说明应配置箍筋。

（2）验算截面尺寸：

$$1.05f_t\eta u_m h_0=1.05\times1.10\times1.0\times2120\times130\text{kN}=318.3\text{kN}>238.52\text{kN}$$

说明截面尺寸符合要求。

（3）计算箍筋截面面积

$$A_{svu}=\frac{F_l-0.35f_t\eta u_m h_0}{0.8f_{yv}}$$

$$=\frac{238520-0.35\times1.10\times1.0\times2120\times130}{0.8\times210}\text{mm}^2=788.2\text{mm}^2$$

4.4 局部受压承载力计算

局部受压一般是对结构承压部位，为防止局部混凝土受压开裂或产生过大下沉而对其局部受压进行验算，以确定其受压区平面尺寸要求。而局部受压区的承载力则由局部受压区的混凝土和间接钢筋共同承担。即同时满足式（4-43）与式（4-45）的要求。

4.4.1 配有间接钢筋的混凝土构件局部受压区截面尺寸

配置间接钢筋的混凝土结构构件，其局部受压区的截面尺寸应符合下列要求：

$$F_l \leqslant 1.35\beta_c\beta_l f_c A_{ln} \quad (4\text{-}43)$$

$$\beta_l = \sqrt{\frac{A_b}{A_l}} \quad (4\text{-}44)$$

式中 F_l——局部受压面上作用的局部荷载或局部压力设计值；

f_c——混凝土轴心抗压强度设计值；在后张法预应力混凝土构件的张拉阶段验算中，应根据相应阶段的混凝土立方体抗压强度 f'_{cu} 值按表 1-1 的规定以线性内插法确定；

β_c——混凝土强度影响系数，按规定取用；

β_l——混凝土局部受压时的强度提高系数；

A_l——混凝土局部受压面积；

A_{ln}——混凝土局部受压净面积；对后张法构件，应在混凝土局部受压面积中扣除孔道、凹槽部分的面积；

A_b——局部受压的计算底面积。

局部受压的计算底面积 A_b，可由局部受压面积与计算底面积按同心对称的原则确定；常用情况，可按图 4-11 取用。

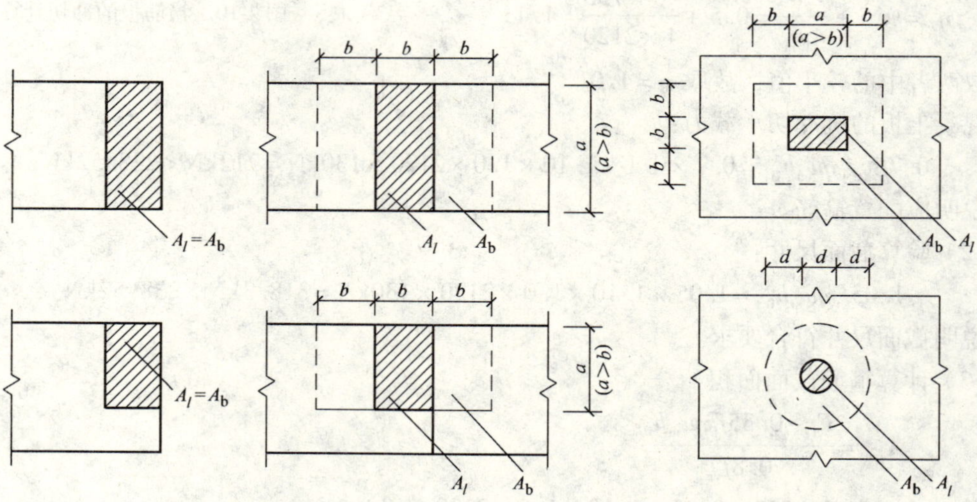

图 4-11 局部受压的计算底面积

4.4.2 配有间接钢筋的局部受压承载力

间接钢筋可采用矩形方格网配筋（图 4-12a），此时钢筋网两个方向上单位长度内钢筋截面面积的比值不宜大于 1.5，其体积配筋率 ρ_v 按式（4-46）计算。也可采用螺旋式配筋（图 4-12b），其体积配筋率应按式（4-47）计算。

$$F_l \leqslant 0.9(\beta_c\beta_l f_c + 2\alpha\rho_v\beta_{cor} f_{yv})A_{ln} \quad (4\text{-}45)$$

$$\rho_v = \frac{n_l A_{sl} l_l + n_2 A_{s2} l_2}{A_{cor} s} \quad (4\text{-}46)$$

$$\rho_{v}=\frac{4A_{ssl}}{d_{cor}s} \tag{4-47}$$

$$\beta_{cor}=\sqrt{\frac{A_{cor}}{A_{l}}} \tag{4-48}$$

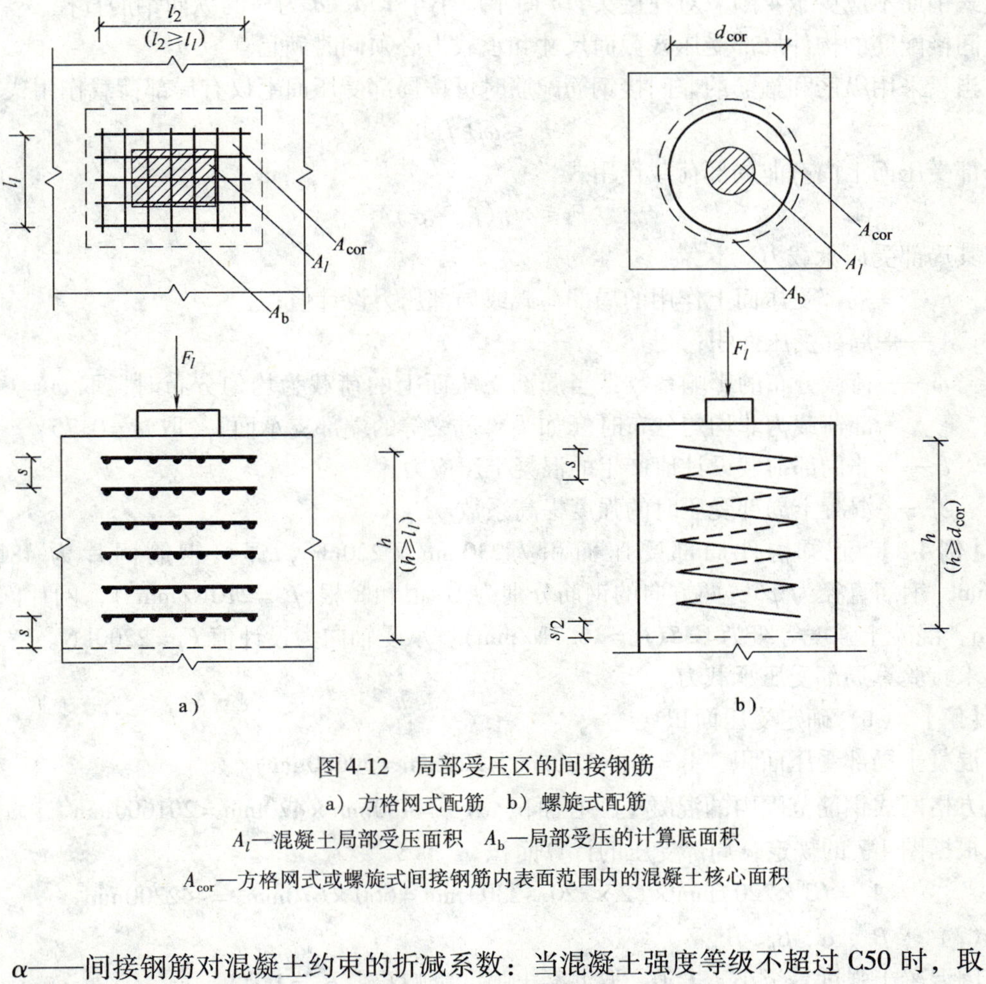

图 4-12　局部受压区的间接钢筋

a）方格网式配筋　b）螺旋式配筋

A_l—混凝土局部受压面积　A_b—局部受压的计算底面积

A_{cor}—方格网式或螺旋式间接钢筋内表面范围内的混凝土核心面积

式中　α——间接钢筋对混凝土约束的折减系数：当混凝土强度等级不超过 C50 时，取 1.0，当混凝土强度等级为 C80 时取 0.85，其间按线性内插法确定；

f_{yv}——间接钢筋的抗拉强度设计值；

A_{cor}——方格网式或螺旋式间接钢筋内表面范围以内的混凝土核心面积，应大于混凝土局部受压面积 A_l，且其重心应与 A_l 的重心重合；计算中按同心、对称原则取值；

ρ_v——间接钢筋的体积配筋率；

n_l、A_{sl}——方格网沿 l_1 方向的钢筋根数、单根钢筋的截面面积；

n_2、A_{s2}——方格网沿 l_2 方向的钢筋根数、单根钢筋的截面面积；

A_{ssl}——单根螺旋式间接钢筋的截面面积；

d_{cor}——螺旋式间接钢筋内表面范围内的混凝土截面直径；

s——方格网式或螺旋式间接钢筋的间距，宜取 30～80mm；

β_{cor}——配置间接钢筋的局部受压承载力提高系数，计算中当以 $A_{cor} > A_b$（A_b 如图 4-12 所示）应取 $A_{cor} = A_b$，当 A_{cor}不大于混凝土局部受压面积 A_l 的 1.25 倍时，β_{cor}取 1.0。

间接钢筋应配置在图 4-12 所规定的高度 h 范围内，对方格网式钢筋不应少于 4 片；对螺旋式钢筋不应少于 4 圈。对柱接头，h 尚不应小于 15d，d 为柱的纵向钢筋直径。

间接配筋的构件局部受压区截面尺寸和承载力必须同时满足。

当只采用纵筋和箍筋的非间接钢筋配筋时可按局部受压面上仅有局部荷载作用式

$$F_l \leqslant \omega\beta_l f_{cc} A_l \tag{4-49}$$

和局部受压面上尚有非局部荷载作用式

$$F_l \leqslant \omega\beta_l (f_{cc} - \sigma) A_l \tag{4-50}$$

计算其局部受压承载力。

式中 F_l——局部受压面上作用的局部荷载或局部压力设计值；

A_l——局部受压面积；

ω——荷载分布的影响系数：当局部受压面上的荷载为均匀分布时，取 $\omega = 1$；当局部荷载为非均匀分布时（如梁、过梁等的端部支承面），取 $\omega = 0.75$；

σ——非局部荷载设计值产生的混凝土压应力；

β_l——混凝土局部受压时的强度提高系数。

【例 4-8】 已知构件局部受压面积为 230mm × 220mm，焊接钢筋网片为 480mm × 420mm，钢筋直径为 φ6，两方向的钢筋分别为 10 根和 8 根（$f_y = 210\text{N/mm}^2$），网片间距 s = 50mm，混凝土强度等级为 C35（$f_c = 16.7\text{N/mm}$），承受轴向力设计值 $F_l = 2200\text{kN}$。

求：验算局部受压承载力。

【解】 （1）确定受压面积

混凝土局部受压面积 $A_l = A_{ln} = 230\text{mm} \times 220\text{mm} = 50600\text{mm}^2$

方格网式钢筋范围内的混凝土核心面积 $A_{cor} = 480\text{mm} \times 420\text{mm} = 201600\text{mm}^2$

根据图 4-7 的规定，局部受压的计算面积

$$A_b = (3 \times 220)\text{mm} \times (2 \times 220 + 230)\text{mm} = 660 \times 670\text{mm}^2 = 442200\text{mm}^2$$

（2）求 β_c、α、β_l、β_{cor}

因混凝土强度等级小于 C50，取混凝土强度影响系数 $\beta_c = 1.0$。

应用式（4-44）得

$$\beta_l = \sqrt{\frac{A_b}{A_l}} = \sqrt{\frac{442200}{50600}} = 2.96$$

$$\beta_{cor} = \sqrt{\frac{A_{cor}}{A_l}} = \sqrt{\frac{201600}{50600}} = 1.996$$

（3）计算间接钢筋体积配筋率 ρ_v

应用式（4-46）得

$$\rho_v = \frac{n_1 A_{sl} l_1 + n_2 A_{s2} l_2}{A_{cor} s} = \frac{8 \times 28.3 \times 420 + 10 \times 28.3 \times 480}{480 \times 420 \times 50} = 0.0229$$

（4）验算截面限制条件

应用式（4-43）

$$1.35\beta_c\beta_l f_c A_{ln}=1.35\times1.0\times2.79\times16.7\times50600\text{N}=3182767.83\text{N}$$

$$=3183\text{kN}>F_l=2200\text{kN}\quad \text{满足要求。}$$

（5）验算局部受压承载力

应用式（4-45）

$$0.9(\beta_c\beta_l f_c+2\alpha\rho_v\beta_{cor}f_y)A_{ln}$$

$$=[0.9(1.0\times2.79\times16.7+2\times1.0\times0.0229\times2\times210)\times50600]\text{N}$$

$$=2997853\text{N}=2998\text{kN}>F_l=2200\text{kN}\quad \text{满足要求。}$$

5 其他结构构件计算

5.1 单向板与双向板

混凝土板应按下列原则进行计算：

1）两对边支承的板应按单向板计算。

2）四边支承的板应按下列规定计算：

①当长边与短边长度之比小于或等于2.0时，应按双向板计算。

②当长边与短边长度之比大于2.0，但小于3.0时，宜按双向板计算。

③当长边与短边长度之比大于或等于3.0时，可按沿短边方向受力的单向板计算，并应沿长边方向布置构造钢筋。

现浇混凝土板的尺寸宜符合下列规定：

1）板的跨厚比：钢筋混凝土单向板不大于30，双向板不大于40；无梁支承的有柱帽板不大于35，无梁支承的无柱帽板不大于30。预应力板可适当增加；当板的荷载、跨度较大时宜适当减小。

2）现浇钢筋混凝土板的厚度不应小于表5-1规定的数值。

表5-1 现浇钢筋混凝土板的最小厚度 （单位：mm）

板的类别		最小厚度
单向板	屋面板	60
	民用建筑楼板	60
	工业建筑楼板	70
	行车道下的楼板	80
双向板		80
密肋楼盖	面板	50
	肋高	250
悬臂板（根部）	悬臂长度不大于500mm	60
	悬臂长度1200mm	100
无梁楼板		150
现浇空心楼盖		200

5.2 梁内的附加钢筋计算

5.2.1 梁内纵向钢筋的净间距

钢筋混凝土梁纵向受力钢筋的直径，当梁高 $h \geqslant 300$mm 时，不应小于10mm；当梁高 h

<300mm 时，不应小于 8mm。梁上部纵向钢筋水平方向的净间距（钢筋外边缘之间的最小距离）不应小于 30mm 和 1.5d（d 为钢筋的最大直径）；下部纵向钢筋水平方向的净间距不应小于 25mm 和 d。梁的下部纵向钢筋配置多于两层时；两层以上钢筋水平方向的中距应比下面两层的中距增大一倍。各层钢筋之间的净间距不应小于 25mm 和 d。

伸入梁支座范围内的纵向受力钢筋根数不应少于两根。

5.2.2 集中荷载作用点的附加钢筋计算

位于梁下部或梁截面高度范围内的集中荷载，应全部由附加横向钢筋（箍筋、吊筋）承担，附加横向钢筋宜采用箍筋。箍筋应布置在长度为 s 的范围内，此处，$s=2h_1+3b$（图 5-1）。

附加横向钢筋所需的总截面面积应符合下列规定：

$$A_{sv} \geqslant \frac{F}{f_{yv}\sin\alpha} \tag{5-1}$$

式中 A_{sv}——承受集中荷载所需的附加横向钢筋总截面面积；当采用附加吊筋时，A_{sv} 应为左、右弯起段截面面积之和；

F——作用在梁的下部或梁截面高度范围内的集中荷载设计值；

α——附加横向钢筋与梁轴线间的夹角。

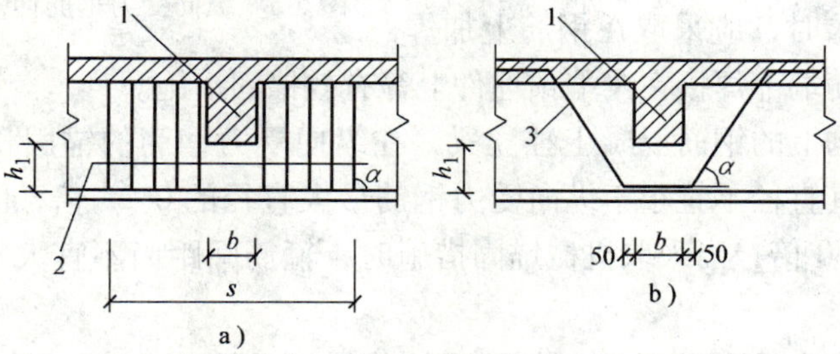

图 5-1 梁截面高度范围内有集中荷载作用时附加横向钢筋的位置

a）附加箍筋 b）附加吊筋

1—传递集中荷载的位置 2—附加箍筋 3—附加吊筋

5.2.3 梁内弯折处的附加钢筋计算

当构件的内折角处于受拉区时，应增设箍筋（图 5-2）。该箍筋应能承受未在受压区锚固的纵向受拉钢筋的合力，且在任何情况下不应小于全部纵向钢筋合力的 35%。由箍筋承受的纵向受拉钢筋的合力可按下列公式计算：

1）未在受压区锚固的纵向受拉钢筋的合力 N_{sl} 为：

$$N_{sl}=2f_yA_{sl}\cos\frac{\alpha}{2} \tag{5-2}$$

2）全部纵向受拉钢筋合力 N_{s2} 的 35% 为：

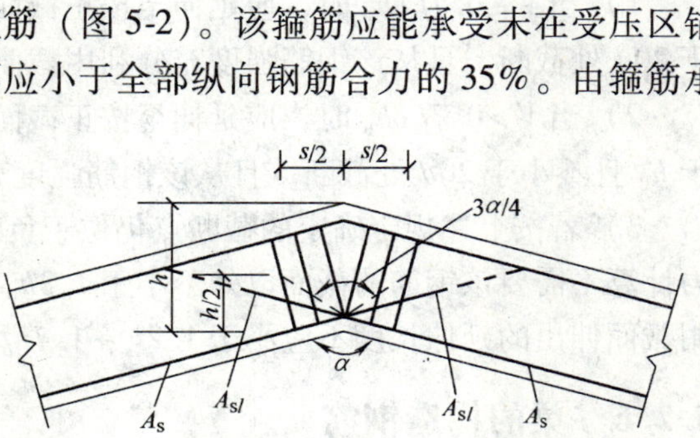

图 5-2 钢筋混凝土梁内折角处配筋

$$N_{s2}=0.7f_yA_s\cos\frac{\alpha}{2} \tag{5-3}$$

式中 A_s——全部纵向受拉钢筋的截面面积；

A_{sl}——未在受压区锚固的纵向受拉钢筋的截面面积；

α——构件的内折角。

按上述条件求得的箍筋应设置在长度 s 范围内，此处，$s=h\tan(3\alpha/8)$。

5.2.4 梁简支端下部纵筋的锚固长度

钢筋混凝土简支梁和连续梁简支端的下部纵向受力钢筋，其伸入梁支座范围内的锚固长度 l_{as}（图 5-3）应符合下列规定：

1. 当 $V\leqslant 0.7f_tbh_0$ 时

$$l_{as}\geqslant 5d \tag{5-4}$$

2. 当 $V>0.7f_tbh_0$ 时

带肋钢筋 $l_{as}\geqslant 12d$ (5-5)

光面钢筋 $l_{as}\geqslant 15d$ (5-6)

此处，d 为纵向受力钢筋的最大直径。

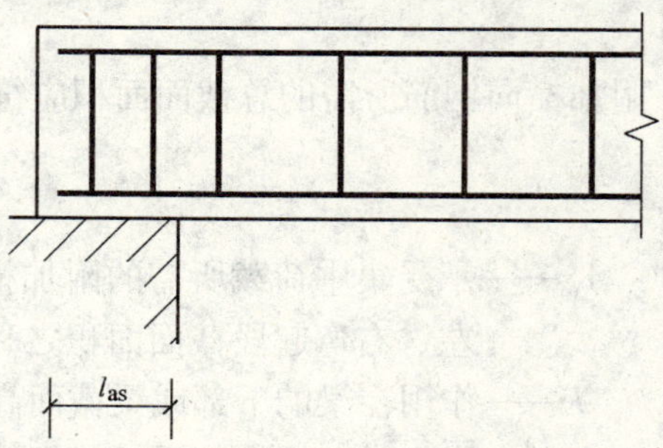

图 5-3 纵向受力钢筋伸入梁简支支座的锚固

如纵向受力钢筋伸入梁支座范围内的锚固长度不符合上述要求时，应采取在钢筋上加焊锚固钢板，或将钢筋端部焊接在梁端预埋件上等有效锚固措施。

支承在砌体结构上的钢筋混凝土独立梁，在纵向受力钢筋的锚固长度 l_{as} 范围内应配置不少于两个箍筋，其直径不宜小于纵向受力钢筋最大直径的 0.25 倍，间距不宜大于纵向受力钢筋最小直径的 10 倍；当采取机械锚固措施时，箍筋间距尚不宜大于纵向受力钢筋最小直径的 5 倍。

注：对混凝土强度等级为 C25 及以下的简支梁和连续梁的简支端，当距支座边 1.5h 范围内作用有集中荷载，且 $V>0.7f_tbh_0$ 时，对带肋钢筋宜采取附加锚固措施，或取锚固长度 $l_{as}\geqslant 15d$。

5.2.5 纵向受拉钢筋截断时的延伸长度

钢筋混凝土梁支座截面负弯矩纵向受拉钢筋不宜在受拉区截断。当必须截断时，应符合以下规定：

1）当 $V\leqslant 0.7f_tbh_0$ 时，应延伸至按正截面受弯承载力计算不需要该钢筋的截面以外不小于 $20d$ 处截断，且从该钢筋强度充分利用截面伸出的长度不应小于 $1.2l_a$。

2）当 $V>0.7f_tbh_0$ 时，应延伸至按正截面受弯承载力计算不需要该钢筋的截面以外不小于 h_0 且不小于 $20d$ 处截断，且从该钢筋强度充分利用截面伸出的长度不应小于 $1.2l_a+h_0$。

3）若按上述规定确定的截断点仍位于负弯矩受拉区内，则应延伸至按正截面受弯承载力计算不需要该钢筋的截面以外不小于 $1.3h_0$ 且不小于 $20d$ 处截断，且从该钢筋强度充分利用截面伸出的延伸长度不应小于 $1.2l_a+1.7h_0$。

5.2.6 梁的构造钢筋

1）梁内架立钢筋的直径，当梁的跨度小于 4m 时，不宜小于 8mm；当梁的跨度为 4～

6m 时，不宜小于 10m；当梁的跨度大于 6m 时，不宜小于 12mm。

2）当梁的腹板高度 $h_w \geqslant 450$mm 时，在梁的两个侧面应沿高度配置纵向构造钢筋，每侧纵向构造钢筋（不包括梁上、下部受力钢筋及架立钢筋）的截面面积不应小于腹板截面面积 bh_w 的 0.1%，且其间距不宜大于 200mm。此处，腹板高度 h_w 按“对矩形截面，取有效高度，对 T 形截面，取有效高度减去翼缘高度；对 I 形截面，取腹板净高”。

3）对钢筋混凝土薄腹梁或需作疲劳验算的钢筋混凝土梁，应在下部二分之一梁高的腹板内沿两测配置直径为 8～14mm、间距为 100～150mm 的纵向构造钢筋，并应按下密上疏的方式布置。在上部二分之一梁高的腹板内，纵向构造钢筋可按上述 2）的规定配置。

【例 5-1】 一梁板结构，经计算得出次梁结传给主梁的全部集中力设计值 $F = 191.4$kN，试计算其吊筋，且吊筋采用 HRB335 级钢筋。

【解】 由 $A_{sb} = \dfrac{F}{2f_y \sin\alpha} = \dfrac{191400}{2 \times 300 \times 0.707}\text{mm}^2 = 451.2\text{mm}^2$

吊筋采用 2 Φ 18，$A_{sb} = 509\text{mm}^2 > 451.2\text{mm}^2$

【例 5-2】 一折梁截面尺寸为 $b \times h = 250\text{mm} \times 500\text{mm}$，内折角 $\alpha = 170°$，采用 C20 混凝土纵向受拉钢筋为 HRB335 级，4 Φ 20，拟采用 HPB300 级钢筋增设箍筋，问如何选取？

【解】（1）计算参数

$h_0 = (500 - 50)\text{mm} = 450\text{mm}$

$f_{yv} = 270\text{N/mm}^2$，$f_y = 300\text{N/mm}^2$

（2）由式（5-3）全部纵向受拉筋合力的 35% 为

$$N_{s2} = 0.7 f_y A_s \cos\frac{\alpha}{2} = 0.7 \times 300 \times 1256 \times \cos\frac{170°}{2}\text{N} = 22988.199\text{N}$$

$$\frac{A_{sv}}{S} = \frac{nA_{sv1}}{S} = \frac{N_{s2} - 0.7f_t bh_0}{1.25 f_{yv} h_0} = \frac{22988.199 - 0.7 \times 1.1 \times 250 \times 450}{1.25 \times 270 \times 450}$$

$= -0.42 < 0$，所以只须按构造配筋。

间距 $S = h\tan(3\alpha/8) = 500 \times \tan(3 \times 170°/8)\text{m} = 1013.9\text{m}$

而 $\dfrac{1013.9}{5}\text{m} = 202.78\text{m}$

故取用为 6ϕ8@150。

【例 5-3】 已知矩形混凝土简支梁，作用有均布荷载设计值 68kN/m（已含梁自重）梁净跨 $l_n = 5300$mm，计算跨度为 5500mm，截面尺寸为 $bh = 250\text{mm} \times 550\text{mm}$，混凝土为 C20，$f_c = 10\text{N/mm}^2$，$f_t = 1.1$，受拉钢筋采用 HRB335 级钢筋，$f_y = 300\text{N/mm}^2$，求纵向受拉筋锚固长度。

【解】 求支座边缘的剪力设计值。

$$V_A = \frac{1}{2} q l_n = \frac{1}{2} \times 68 \times 5.3\text{kN} = 180.2\text{kN}$$

而 $0.7 f_t b h_0 = 0.7 \times 1.1 \times 250 \times 500\text{kN} = 96.25\text{kN} < V_A$

故 $l_{as} \geqslant 12d$（由正截面受弯已算得配筋为 6 Φ 22 拉筋），$12 \times 22\text{mm} = 264\text{mm}$，取用为 300mm。

5.3 梁柱节点的计算

框架梁顶层边节点配筋率的限制：框架梁顶层边节点梁端负弯矩钢筋与柱外侧受拉钢筋处于平衡受力状态。当梁上部端节点配筋率过高时将引起顶层端节点核心区混凝土的斜压破坏。故框架顶层端节点处梁上部纵向钢筋的截面面积 A_s 应按式（5-7）计算：

$$A_s \leqslant \frac{0.35\beta_c f_c b_b h_0}{f_y} \tag{5-7}$$

式中 b_b——梁腹板宽度；

h_0——梁截面有效高度。

1）梁纵向钢筋在框架中间层端节点的锚固应符合下列要求：

①梁上部纵向钢筋伸入节点的锚固：

当采用直线锚固形式时，锚固长度不应小于 l_a，且应伸过柱中心线，伸过的长度不宜小于 $5d$，d 为梁上部纵向钢筋的直径。

当柱截面尺寸不满足直线锚固要求时，梁上部纵向钢筋可采用钢筋端部加机械锚头的锚固方式。梁上部纵向钢筋宜伸至柱外侧纵向钢筋内边，包括机械锚头在内的水平投影锚固长度不应小于 $0.4l_{ab}$（图 5-4a）。

梁上部纵向钢筋也可采用 90°弯折锚固的方式，此时梁上部纵向钢筋应伸至柱外侧纵向钢筋内边并向节点内弯折，其包含弯弧在内的水平投影长度不应小于 $0.4l_{ab}$，弯折钢筋在弯折平面内包含弯弧段的投影长度不应小于 $15d$（图 5-4b）。

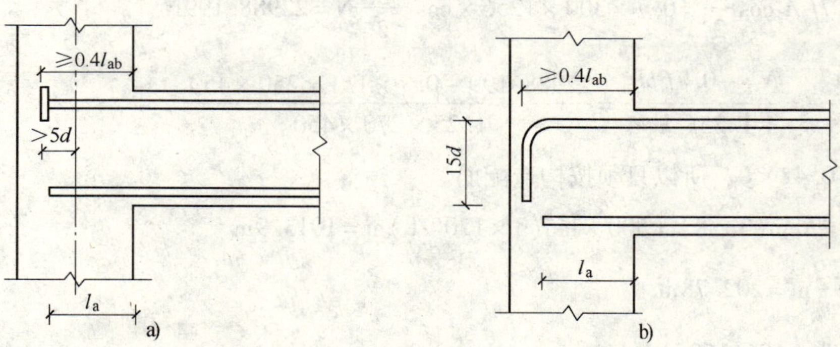

图 5-4 梁上部纵向钢筋在中间层端节点内的锚固

a）钢筋端部加锚头锚固 b）钢筋末端 90°弯折锚固

②框架梁下部纵向钢筋伸入端节点的锚固：

当计算中充分利用该钢筋的抗拉强度时，钢筋的锚固方式及长度应与上部钢筋的规定相同。

当计算中不利用该钢筋的强度或仅利用该钢筋的抗压强度时，伸入节点的锚固长度应分别符合下述 2）中间节点梁下部纵向钢筋锚固的规定。

2）框架中间层中间节点或连续梁中间支座，梁的上部纵向钢筋应贯穿节点或支座。梁的下部纵向钢筋宜贯穿节点或支座。当必须锚固时，应符合下列锚固要求：

①当计算中不利用该钢筋的强度时，其伸入节点或支座的锚固长度对带肋钢筋不小于

12d，对光面钢筋不小于 15d，d 为钢筋的最大直径。

②当计算中充分利用钢筋的抗压强度时，钢筋应按受压钢筋锚固在中间节点或中间支座内，其直线锚固长度不应小于 $0.7l_a$。

③当计算中充分利用钢筋的抗拉强度时，钢筋可采用直线方式锚固在节点或支座内，锚固长度不应小于钢筋的受拉锚固长度 l_a（图 5-5a）。

④当柱截面尺寸不足时，宜按上述 1）中第①款的规定采用钢筋端部加锚头的机械锚固措施，也可采用 90°弯折锚固的方式。

⑤钢筋可在节点或支座外梁中弯矩较小处设置搭接接头，搭接长度的起始点至节点或支座边缘的距离不应小于 $1.5h_0$（图 5-5b）。

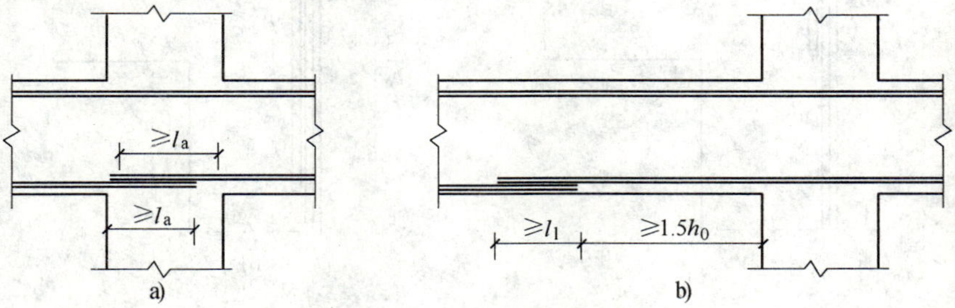

图 5-5　梁下部纵向钢筋在中间节点或中间支座范围的锚固与搭接

a）下部纵向钢筋在节点中直线锚固　b）下部纵向钢筋在节点或支座范围外的搭接

3）柱纵向钢筋应贯穿中间层的中间节点或端节点，接头应设在节点区以外。

柱纵向钢筋在顶层中节点的锚固应符合下列要求：

①柱纵向钢筋应伸至柱顶，且自梁底算起的锚固长度不应小于 l_a。

②当截面尺寸不满足直线锚固要求时，可采用 90°弯折锚固措施。此时，包括弯弧在内的钢筋垂直投影锚固长度不应小于 $0.5l_{ab}$，在弯折平面内包含弯弧段的水平投影长度不宜小于 12d（图 5-6a）。

③当截面尺寸不足时，也可采用带锚头的机械锚固措施。此时，包含锚头在内的竖向锚固长度不应小于 $0.5l_{ab}$（图 5-6b）。

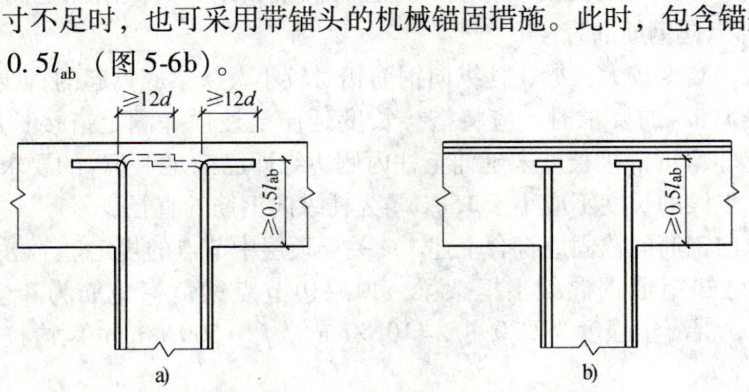

图 5-6　顶层节点中柱纵向钢筋在节点内的锚固

a）柱纵向钢筋 90°弯折锚固　b）柱纵向钢筋端头加锚板锚固

④当柱顶有现浇楼板且板厚不小于 100mm 时，柱纵向钢筋也可向外弯折，弯折后的水平投影长度不宜小于 12d。

4）顶层端节点柱外侧纵向钢筋可弯入梁内作梁上部纵向钢筋；也可将梁上部纵向钢筋与柱外侧纵向钢筋在节点及附近部位搭接，搭接可采用下列方式：

①搭接接头可沿顶层端节点外侧及梁端顶部布置，搭接长度不应小于 $1.5l_{ab}$（图 5-7a）。其中，伸入梁内的柱外侧钢筋截面面积不宜小于其全部截面面积的 65%；梁宽范围以外的柱外侧钢筋宜沿节点顶部伸至柱内边锚固。当柱外侧纵向钢筋位于柱顶第一层时，钢筋伸至柱内边后宜向下弯折不小于 $8d$ 后截断（图 5-7a），d 为柱纵向钢筋的直径；当柱外侧纵向钢筋位于柱顶第二层时，可不向下弯折。当现浇板厚度不小于 100mm 时，梁宽范围以外的柱外侧纵向钢筋也可伸入现浇板内，其长度与伸入梁内的柱纵向钢筋相同。

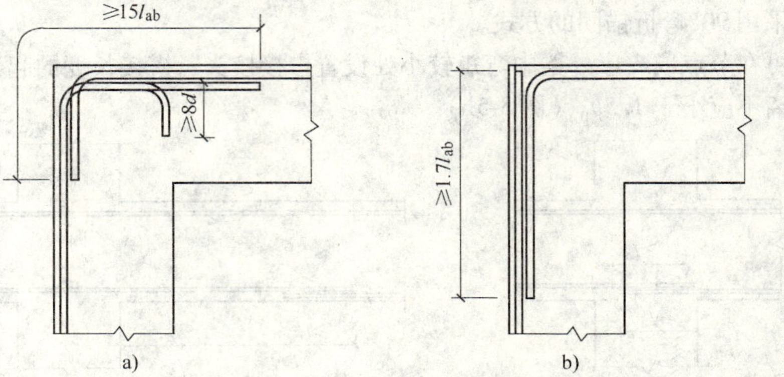

图 5-7　顶层端节点梁、柱纵向钢筋在节点内的锚固与搭接

a）搭接接头沿顶层端节点外侧及梁端顶部布置　b）搭接接头沿节点外侧直线布置

②当柱外侧纵向钢筋配筋率大于 1.2% 时，伸入梁内的柱纵向钢筋应满足上述第①款规定且宜分两批截断，截断点之间的距离不宜小于 $20d$，d 为柱外侧纵向钢筋的直径。梁上部纵向钢筋应伸至节点外侧并向下弯至梁下边缘高度位置截断。

③纵向钢筋搭接接头也可沿节点柱顶外侧直线布置（图 5-7b），此时，搭接长度自柱顶算起不应小于 $1.7l_{ab}$。当梁上部纵向钢筋的配筋率大于 1.2% 时，弯入柱外侧的梁上部纵向钢筋应满足上述第①款规定的搭接长度，且宜分两批截断，其截断点之间的距离不宜小于 $20d$，d 为梁上部纵向钢筋的直径。

④当梁的截面高度较大，梁、柱纵向钢筋相对较小，从梁底算起的直线搭接长度未延伸至柱顶即已满足 $1.5l_{ab}$ 的要求时，应将搭接长度延伸至柱顶并满足搭接长度 $1.7l_{ab}$ 的要求；或者从梁底算起的弯折搭接长度未延伸至柱内侧边缘即已满足 $1.5l_{ab}$ 的要求时，其弯折后包括弯弧在内的水平段的长度不应小于 $15d$，d 为柱纵向钢筋的直径。

⑤柱内侧纵向钢筋的锚固应符合上述 3）关于顶层中节点的规定。

【例 5-4】 已知矩形钢混凝土框架梁，顶层边节点梁负弯矩筋为 4 Φ 22，梁截面为 250mm × 500mm，混凝土强度为 C20（$f_c = 10\text{N/mm}^2$，$f_y = 300\text{N/mm}^2$）请校核其端节点是否超筋。

【解】 4 Φ 22，$A_s = 1520\text{mm}^2$

$$而\ A_s \leqslant \frac{0.35\beta_c f_c b_b h_0}{f_y} = \frac{0.35 \times 1 \times 10 \times 250 \times 450}{300}\text{mm}^2 = 1312.5\text{mm}^2$$

而 $1520\text{mm}^2 > 1312.5\text{mm}^2$

所以超筋，而 3 Φ 22，$A_s = 1140\text{mm}^2 < 1312.5\text{mm}^2$

所以锚入柱中的应为 3 Φ 22，而 1 Φ 22 在梁端截断。

5.4 墙

当竖向构件截面的长边（长度）大于其短边（厚度）的4倍时，宜按墙的要求进行设计。墙的混凝土强度等级不宜低于C20。支撑预制楼（屋面）板的墙的厚度不应小于140mm；对剪力墙结构，墙的厚度尚不宜小于楼层高度的1/25；对框架—剪力墙结构，墙的厚度尚不宜小于楼层高度的1/20。

当采用预制板时，支承墙的厚度应满足墙内竖向钢筋贯通的要求。

钢筋混凝土剪力墙在平行于墙面的水平荷载或竖向荷载作用下，宜根据结构分析内力分别按偏心受压或偏心受拉进行正截面承载力计算，以及对斜截面进行斜截面受剪承载力计算。在集中荷载作用处，尚应按局部受压承载力计算。

在承载力计算中，剪力墙的翼缘计算宽度可取下列四者中的最小值：

1）剪力墙的间距。

2）门窗洞间翼墙的宽度。

3）剪力墙厚度加两侧各6倍翼墙厚度。

4）剪力墙墙肢总高度的1/10。

对于房屋高度不大于10m且不超过3层的墙，其截面厚度不应小于120mm，其水平与竖和分布钢筋的配筋率均不宜小于0.15%。

墙中配筋构造应符合下列要求：

1）墙竖向分布钢筋可在同一高度搭接，搭接长度不应小于$1.2l_a$。

2）墙水平发布钢筋的搭接长度不应小于$1.2l_a$。同排水平分布钢筋的搭接接头之间以及上、下相邻水平分布钢筋的搭接接头之间，沿水平方向的净间距不宜小于500mm。

3）墙中水平分布钢筋应伸至墙端，并向内水平弯折$10d$，d为钢筋直径。

4）端部有翼墙或转角的墙，内墙两侧和外墙内侧的水平分布钢筋应伸至翼墙或转角外边，并分别向两侧水平弯折$15d$。在转角墙处，外墙外侧的水平分布钢筋应在墙端外角处弯入翼墙，并与翼墙外侧的水平分布钢筋搭接。

5）带边框的墙，水平和竖向分布钢筋宜分别贯穿柱、梁或锚固在柱、梁内。

1. 剪力墙的剪压比值

钢筋混凝土剪力墙的受剪截面应按下式计算：

$$V \leqslant 0.25\beta_c f_c bh \tag{5-8}$$

式中 V——剪力设计值；

β_c——混凝土强度影响系数；

b——矩形截面的宽度或T形、I形截面的腹板宽度（墙的厚度）；

h——截面高度（墙的长度）。

2. 钢筋混凝土剪力墙在偏心受压时的斜截面受剪承载力

应按下式计算：

$$V \leqslant \frac{1}{\lambda - 0.5}\left(0.5 f_t b h_0 + 0.13 N \frac{A_w}{A}\right) + f_{yv}\frac{A_{sh}}{s_v}h_0 \tag{5-9}$$

式中 N——与剪力设计值V相应的轴向压力设计值，当$N > 0.2f_c bh$时，取$N = 0.2f_c bh$；

A——剪力墙的截面面积，其中，翼缘的有效面积可按上述剪力墙翼缘计算宽度确定；

A_w——T形、I形截面剪力墙腹板的截面面积，对矩形截面剪力墙，取 $A_w = A$；

A_{sh}——配置在同一水平截面内的水平分布钢筋的全部截面面积；

s_v——水平分布钢筋的竖向间距；

λ——计算截面的剪跨比：$\lambda = M/(Vh_0)$；当 $\lambda < 1.5$ 时，取 $\lambda = 1.5$，当 $\lambda > 2.2$ 时，取 $\lambda = 2.2$；此处，M 为与剪力设计值 V 相应的弯矩设计值；当计算截面与墙底之间的距离小于 $h_0/2$ 时，λ 应按距墙底 $h_0/2$ 处的弯矩值与剪力值计算。

当剪力设计值 V 不大于式（5-9）中右边第一项时，水平分布钢筋应按后文所述按构造要求配置。

3. 钢筋混凝土剪力墙在偏心受拉时的斜截面受剪承载力

应按下式计算：

$$V \leqslant \frac{1}{\lambda - 0.5}\left(0.5 f_t b h_0 - 0.13 N \frac{A_w}{A}\right) + f_{yv} \frac{A_{sh}}{s_v} h_0 \tag{5-10}$$

式中 N——与剪力设计值 V 相应的轴向拉力设计值；

λ——计算截面的剪跨比，按式（5-9）确定。

当式（5-9）、式（5-10）右边的计算值小于 $f_{yv}\frac{A_{sh}}{s_v}$ 时，取等于 $f_{yv}\frac{A_{sh}}{s_v}h_0$。

4. 平行于剪力墙墙长的洞口连梁

钢筋混凝土剪力墙中的洞口连梁，其正截面受弯承载力可按一般受弯梁（$l_0/h \geqslant 5.0$）计算；剪力墙洞口连梁的受剪截面当跨高比 $l_n/h > 2.5$ 时，其斜截面受剪承载力宜符合下列规定计算：

$$V \leqslant 0.7 f_t b h_0 + f_{yv} \frac{A_{sv}}{s} h_0 \tag{5-11}$$

（对跨高比 $l_n/h \leqslant 2.5$ 的洞口连梁，其受剪截面控制条件、斜截面受剪承载力计算方法和配筋构造要求可按专门规定确定。）

墙洞口连梁应沿全长配置箍筋，箍筋直径应不小于6mm，间距不宜大于150mm。在顶层洞口连梁纵向钢筋伸入墙内的锚固长度范围内，应设置间距不大于150mm的箍筋，箍筋直径宜与跨内箍筋直径相同。同时，门窗洞边的竖向钢筋应满足受拉钢筋锚固长度的要求。

墙洞口上、下两边的水平钢筋除应满足洞口连梁正截面受弯承载力的要求外，尚不应少于两根直径不小于12mm的钢筋。对于计算分析中可忽略的洞口，洞边钢筋截面面积分别不宜小于洞口截断的水平分布钢筋总截面面积的一半。纵向钢筋自洞口边伸入墙内的长度不应小于受拉钢筋的锚固长度。

5. 剪力墙墙肢两端的暗柱配筋

剪力墙墙肢两端应设置暗柱，并在暗柱内配置竖向受力钢筋，其与墙内竖向分布钢筋共同用于墙的正截面受弯承载力计算。每端的竖向受力钢筋不宜小于4根直径为12mm的钢筋或2根直径为16mm的钢筋。沿该竖向钢筋方向宜配置直径不小于6mm、间距为250mm的拉筋。

6. 剪力墙墙体分布筋

钢筋混凝土剪力墙的水平和竖向分布钢筋的配筋率$\rho_{sh}$$\left(\rho_{sh}=\dfrac{A_{sh}}{bs_v}\right.$，$s_v$ 为水平分布钢筋的间距$\left.\right)$和$\rho_{sv}$$\left(\rho_{sv}=\dfrac{A_{sv}}{bs_h}\right.$，$s_h$ 为竖向分布钢筋的间距$\left.\right)$不应小于0.2%。结构中重要部位的剪力墙，其水平和竖向分布钢筋的配筋率宜适当提高。墙水平及竖向分布钢筋直径不宜小于8mm，间距不宜大于300mm。可利用焊接钢筋网片进行墙内配筋。

【例5-5】 已知20层的剪力墙结构住宅，非抗震设计，建筑结构安全等级为二级，取重要系数$\gamma_0=1.0$，某底层矩形截面剪力墙墙肢$b_w=200\text{mm}$，$h_w=4020\text{mm}$，混凝土强度等级为C40，层高为3600mm，墙体分布筋和端部暗柱筋为HPB335级，请给剪力墙配筋，截面控制内力设计值为$M=376.9\times10^6\text{N}\cdot\text{mm}$，$N=4018.6\times10^3\text{N}$，$V=811.2\times10^3\text{N}$。

【解】 （1）确定有关计算参数

$f_c=19.1\text{N/mm}^2$，$f_t=1.71\text{N/mm}^2$，$f_y=300\text{N/mm}^2$，$\beta_c=1.0$，$\beta_1=0.8$，$\xi_b=0.55$，$f_{yw}=270\text{N/mm}^2$

剪力墙截面尺寸可按抗震设计时构造边缘构件取用，故有 $h_c=\max(b_w,400\text{mm})$，取 $h_c=400\text{mm}$

故 $a_s=a_s'=400/2\text{mm}=200\text{mm}$

$$h_{w0}=h_w-a_s=(4020-200)\text{mm}=3820\text{mm}$$

（2）验算墙体厚度是否满足规定

$b_w=200\text{mm}>140\text{mm}$，且$\dfrac{H}{b_w}=\dfrac{3600}{200}=18<25$，满足要求。

（3）斜截面受剪承载力计算

1）截面控制条件的验算

$$\begin{aligned}0.25\beta_c f_c b_w h_{w0}&=0.25\times1.0\times19.1\times200\times3820\text{N}\\&=3648.1\times10^3\text{N}>\gamma_0 V=1.0\times811.2\times10^3\text{N}\\&=811.2\times10^3\text{N}，满足要求。\end{aligned}$$

2）斜截面受剪承载力的计算

按式（5-9）

$$\lambda=\frac{M}{Vh_{w0}}=\frac{376.9\times10^6}{811.2\times10^3\times3820}=0.12<1.5 \text{ 取 } \lambda=1.5$$

$0.2f_c b_w h_w=0.2\times19.1\times200\times4020\text{N}=3071.28\times10^3\text{N}$

矩形截面 $A_w=A_s$

所以
$$\frac{A_s}{S}=\frac{\left[\left(\gamma_0 V-(0.5f_t b_w h_{w0}+0.13N\dfrac{A_w}{A}\right)\right]}{f_{yw}h_{w0}}$$

$$=\frac{[1.0\times811.2\times10^3-(0.5\times1.71\times200\times3820+0.13\times3071.28\times10^3\times1.0)]}{270\times3820}\text{mm}$$

$$=-241.29\times10^3\text{mm}/1031.4\times10^3\text{mm}<0$$ 按构造配置水平分布筋即可。

取水平、竖向分布筋均匀 $\phi 10@200$，则

$$\rho=\frac{A_s h}{b_w S}=\frac{A_s V}{b_w S}=\frac{2\times 78.5}{200\times 200}=0.39\%$$

$\rho_{min}=0.2\%$，且直径≥8mm，间距<300mm，满足要求。

5.5 叠合式受弯构件计算

1. 预制构件和叠合构件的正截面受弯承载力计算

弯矩设计值应按下列规定取用：

预制构件：

$$M_1=M_{1G}+M_{1Q} \tag{5-12}$$

叠合构件的正弯矩区段：

$$M=M_{1G}+M_{2G}+M_{2Q} \tag{5-13}$$

叠合构件的负弯矩区段：

$$M=M_{2G}+M_{2Q} \tag{5-14}$$

式中 M_{1G}——预制构件自重、预制楼板自重和叠合层自重在计算截面产生的弯矩设计值；

M_{2G}——第二阶段面层、吊顶等自重在计算截面产生的弯矩设计值；

M_{1Q}——第一阶段施工活荷载在计算截面产生的弯矩设计值；

M_{2Q}——第二阶段可变荷载在计算截面产生的弯矩设计值，取本阶段施工活荷载和使用阶段可变荷载在计算截面产生的弯矩设计值中的较大值。

在计算中，正弯矩区段的混凝土强度等级，按叠合层取用；负弯矩区段的混凝土强度等级，按计算截面受压区的实际情况取用。

2. 预制构件和叠合构件的斜截面受剪承载力计算

剪力设计值应按下列公式取用：

预制构件

$$V_1=V_{1G}+V_{1Q} \tag{5-15}$$

叠合构件

$$V=V_{1G}+V_{2G}+V_{2Q} \tag{5-16}$$

式中 V_{1G}——预制构件自重、预制楼板自重和叠合层自重在计算截面产生的剪力设计值；

V_{2G}——第二阶段面层、吊顶等自重在计算截面产生的剪力设计值；

V_{1Q}——第一阶段施工活荷载在计算截面产生的剪力设计值；

V_{2Q}——第二阶段可变荷载在计算截面产生的剪力设计值，取本阶段施工活荷载和使用阶段可变荷载在计算截面产生的剪力设计值中的较大值。

在计算中，叠合构件斜截面上混凝土和箍筋的受剪承载力设计值 V_{cs} 应取叠合层和预制构件中较低的混凝土强度等级进行计算，且不低于预制构件的受剪承载力设计值；对预应力混凝土叠合构件，不考虑预应力对受剪承载力的有利影响，取 $V_p=0$。

3. 叠合面的受剪承载力计算

$$V\leqslant 1.2f_t bh_0+0.85f_{yv}\frac{A_{sv}}{s}h_0 \tag{5-17}$$

此处，混凝土的抗拉强度设计值 f_t 取叠合层和预制构件中的较低值。

对不配箍筋的叠合板，其叠合面的受剪强度应符合下列公式的要求：

$$\frac{V}{bh_0} \leqslant 0.4(\mathrm{N/mm^2}) \tag{5-18}$$

4. 纵向受拉钢筋中的应力计算

1）钢筋混凝土叠合式受弯构件在荷载准永久组合下，其纵向受拉钢筋的应力应按下列公式计算：

$$\sigma_{sq} \leqslant 0.9f_y \tag{5-19}$$

$$\sigma_{sq} = \sigma_{s1k} + \sigma_{s2q} \tag{5-20}$$

2）在弯矩 M_{1GK} 作用下，预制构件纵向受拉钢筋的应力 σ_{s1k} 可按下列公式计算：

$$\sigma_{s1k} = \frac{M_{1Gk}}{0.87A_s h_{01}} \tag{5-21}$$

式中 h_{01}——预制构件截面有效高度。

3）在弯矩 M_{2k} 作用下，叠合构件纵向受拉钢筋中的应力增量 σ_{s2k} 可按下列公式计算：

$$\sigma_{s2k} = \frac{0.5\left(1+\frac{h_1}{h}\right)M_{2k}}{0.87A_s h_0} \tag{5-22}$$

当 $M_{1Gk} < 0.35M_{1u}$ 时，式（5-22）中的 $0.5\left(1+\frac{h_1}{h}\right)$ 值应取等于 1.0；此处 M_{1u} 为预制构件正截面受弯承载力设计值，应按相关规定计算，但式中应取等号，并以 M_{1u} 代替 M。

5. 叠合构件的最大裂缝宽度

钢筋混凝土叠合构件应验算裂缝宽度，按荷载准永久组合或标准组合并考虑长期利用影响的最大裂缝宽度 ω_{max} 按下式计算：

钢筋混凝土构件：

$$w_{max} = 2\frac{\psi(\sigma_{s1k} + \sigma_{s2q})}{E_s}\left(1.9c + 0.08\frac{d_{eq}}{\rho_{te1}}\right) \tag{5-23}$$

$$\psi = 1.1 - \frac{0.65f_{tk1}}{\rho_{te1}\sigma_{s1k} + \rho_{te}\sigma_{s2q}} \tag{5-24}$$

预应力混凝土构件：

$$w_{max} = 1.6\frac{\psi(\sigma_{s1k} + \sigma_{s2k})}{E_s}\left(1.9c + 0.08\frac{d_{eq}}{\rho_{te1}}\right) \tag{5-25}$$

$$\psi = 1.1 - \frac{0.65f_{tk1}}{\rho_{te1}\sigma_{s1k} + \rho_{te}\sigma_{s2k}} \tag{5-26}$$

式中 d_{eq}——受拉区纵向钢筋的等效直径；

ρ_{te1}、ρ_{te}——按预制构件、叠合构件的有效受拉混凝土截面面积计算的纵向受拉钢筋配筋率；

f_{tk1}——预制构件的混凝土抗拉强度标准值，按表 1-1 采用。

6. 叠合构件刚度计算

叠合式受弯构件按荷载准永久组合或标准组合并考虑荷载长期作用影响的刚度可按下列

公式计算：

钢筋混凝土构件：

$$B=\frac{M_q}{\left(\frac{B_{s2}}{B_{s1}}-1\right)M_{1Gk}+\theta M_q}B_{s2} \tag{5-27}$$

预应力混凝土构件：

$$B=\frac{M_k}{\left(\frac{B_{s2}}{B_{s1}}-1\right)M_{1Gk}+(\theta-1)M_q+M_k}B_{s2} \tag{5-28}$$

$$M_k=M_{1Gk}+M_{2k} \tag{5-29}$$

$$M_q=M_{1Gk}+M_{2Gk}+\psi_q M_{2Qk} \tag{5-30}$$

式中 θ——考虑荷载长期作用对挠度增大的影响系数；

M_k——叠合构件按荷载效应的标准组合计算的弯矩值；

M_q——叠合构件按荷载效应的准永久组合计算的弯矩值；

B_{s1}——预制构件的短期刚度；

B_{s2}——叠合构件第二阶段的短期刚度；

ψ_q——第二阶段可变荷载的准永久值系数。

7. 短期刚度

荷载准永久组合或标准组合下叠合式受弯构件正弯矩区段内的短期刚度，可按下列公式计算：

1）钢筋混凝土叠合构件：

①预制构件的短期刚度 B_{s1}，可按下列公式计算：

$$B_{s1}=\frac{E_sA_sh_0^2}{1.15\psi+0.2+\frac{6\alpha_E\rho}{1+3.5\gamma_f'}} \tag{5-31}$$

②叠合构件第二阶段的短期刚度可按下列公式计算：

$$B_{s2}=\frac{E_sA_sh_0^2}{0.7+0.6\frac{h_1}{h}+\frac{45\alpha_E\rho}{1+3.5\gamma_f'}} \tag{5-32}$$

式中 α_E——钢筋弹性模量与叠合层混凝土弹性模量的比值：$\alpha_E=E_s/E_{c2}$

2）预应力混凝土叠合构件

①预制构件的短期刚度 B_{s1}，可按下列公式计算：

$$B_{s1}=0.85E_cI_0 \tag{5-33}$$

②叠合构件第二阶段的短期刚度可按下列公式计算：

$$B_{s2}=0.7E_{c1}I_0 \tag{5-34}$$

式中 E_{c1}——预制构件的混凝土弹性模量；

I_0——叠合构件换算截面的惯性矩，此时，叠合层的混凝土截面面积应按弹性模量比换算成预制构件混凝土的截面面积。

叠合梁除应符合普通梁的构造要求外，尚应符合下列规定：

1）预制梁的箍筋应全部伸入叠合层，且各肢伸入叠合层的直线段长度不宜小于 $10d$（d

为箍筋直径）。

2）在承受静力荷载为主的叠合梁中，预制构件的叠合面可采用凹凸不小于6mm的自然粗糙面。

3）叠合层混凝土的厚度不宜小于100mm，叠合层混凝土强度等级不应低于C30。

【例5-6】 钢筋混凝土叠合梁（图5-8）的计算跨度 $l_0=6\text{m}$；预制梁截面尺寸为：$b=250\text{mm}$，$h_1=600\text{mm}$（$h_{01}=560\text{mm}$），$b'_f=450\text{mm}$，$h'_f=100\text{mm}$，叠合梁截面高度 $h=800\text{mm}$（$h_0=760\text{mm}$）。叠合前，承受预制梁自重、预制板自重和后浇混凝土自重等恒荷载 $g_{1k}=19\text{kN/m}$，施工活荷载 $q_{1k}=11\text{kN/m}$。叠合后，承受的恒荷载除 g_{1k} 外，还增加面层自重等恒荷载 $g_{2k}=4.5\text{kN/m}$；在施工阶段，承受的活荷载与叠合前相同；在使用阶段，承受活荷载 $q_{2k}=42\text{kN/m}$，准永久系数 $\psi_q=0.5$，裂缝宽度限值 $\omega_{max}=0.3\text{mm}$，挠度限值 $\Delta=\dfrac{l_0}{300}$。混凝土强度等级均为C25（$f_c=11.9\text{N/mm}^2$，$f_t=1.27\text{N/mm}^2$，$f_{tk}=1.78\text{N/mm}^2$），纵向钢筋采用HRB335级钢筋。试对该叠合梁进行挠度验算。

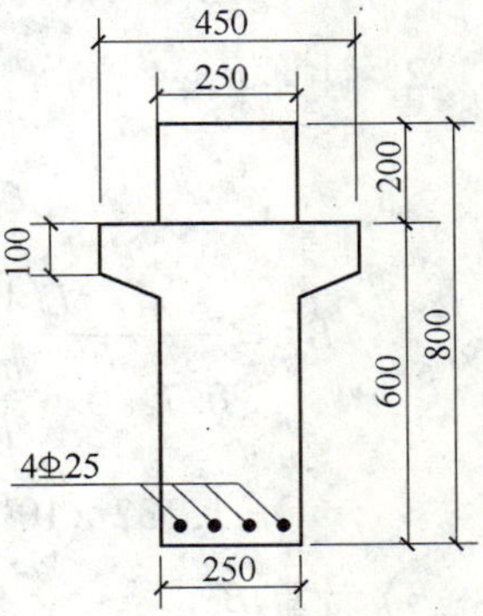

图5-8 钢筋混凝土叠合梁

【解】（1）叠合构件横截面受弯承载力计算。

由于施工活荷载比使用活荷载小很多,故只须按使用阶段进行计算。

$$M_{2Gk}=\frac{1}{8}\times4.5\times6^2\text{kN}\cdot\text{m}=20.25\text{kN}\cdot\text{m}$$

$$M_{2Qk}=\frac{1}{8}\times42\times6^2\text{kN}\cdot\text{m}=189\text{kN}\cdot\text{m}$$

$$M_{1G}=1.2\times85.5\text{kN}\cdot\text{m}=102.6\text{kN}\cdot\text{m}$$

$$M_{2G}=1.2\times20.25\text{kN}\cdot\text{m}=24.3\text{kN}\cdot\text{m}$$

$$M_{2Q}=1.4\times189\text{kN}\cdot\text{m}=264.6\text{kN}\cdot\text{m}$$

$$M=M_{1G}+M_{2G}+M_{2Q}=(102.6+24.3+264.6)\text{kN}\cdot\text{m}=391.5\text{kN}\cdot\text{m}$$

$$\alpha_s=\frac{391.5\times10^6}{11.9\times250\times760^2}=0.2278$$

查表得 $\gamma_s=0.869$，则

$$A_s=\frac{391.5\times10^6}{300\times0.869\times760}\text{mm}^2=1976\text{mm}^2$$

选用4 Φ 25，$A_s=1964\text{mm}^2$。

（2）挠度验算

1）计算 B_{s1}

$$E_c=2.8\times10^4\text{N/mm}^2$$

$$\alpha_E=\frac{2.0\times10^5}{2.8\times10^4}=7.143$$

$$\rho_1=\frac{1964}{250\times560}=0.014$$

$$\psi_1 = 1.1 - \frac{0.65 f_{tk1}}{\rho_{te1}\sigma_{s1k}} = 1.1 - \frac{0.65\times1.78}{0.0262\times94.1} = 0.631$$

$$B_{s1} = \frac{E_s A_s h_{01}^2}{1.15\psi_1 + 0.2 + 6\alpha_E\rho_1} = \frac{2.0\times10^5\times1964\times560^2}{1.15\times0.631+0.2+6\times7.143\times0.014}\text{N}\cdot\text{mm}^2$$

$$= 8.074\times10^{13}\text{N}\cdot\text{mm}^2 = 8.074\times10^4\text{kN}\cdot\text{m}^2$$

2）计算 B_{s2}

$$\rho = \frac{1964}{250\times760} = 0.0103$$

$$B_{s2} = \frac{E_s A_s h_0^2}{0.7 + 0.6\dfrac{h_1}{h} + 4.5\alpha_E\rho} = \frac{2.0\times10^5\times1964\times760^2}{0.7+0.6\times\dfrac{600}{800}+4.5\times7.143\times0.0103}\text{N}\cdot\text{mm}^2$$

$$= 1.532\times10^{14}\text{N}\cdot\text{mm}^2 = 1.532\times10^5\text{kN}\cdot\text{m}^2$$

3）计算 B

$$M_k = M_{1Gk} + M_{2k} = (85.5 + 209.25)\text{kN}\cdot\text{m} = 294.75\text{kN}\cdot\text{m}$$

$$M_q = M_{1Gk} + M_{2Gk} + 0.5\times M_{2Qk} = (85.5 + 20.25 + 0.5\times189)\text{kN}\cdot\text{m}$$

$$= 200.25\text{kN}\cdot\text{m}$$

$$\theta = 2.0$$

$$B = \frac{M_k}{M_q(\theta-1) + M_k + \left(\dfrac{B_{s2}}{B_{s1}} - 1\right)M_{1Gk}}B_{s2}$$

$$= \frac{294.75}{200.25\times(2-1) + 294.75 + \left(\dfrac{1.532\times10^5}{8.074\times10^4} - 1\right)\times90}\times1.532\times10^5\text{kN}\cdot\text{m}^2$$

$$= 0.512\times1.532\times10^5\text{kN}\cdot\text{m}^2 = 7.84\times10^4\text{kN}\cdot\text{m}^2$$

4）计算 Δ

$$\Delta = \frac{5M_k l_0^2}{48B} = \frac{5\times294.75\times6^2}{48\times7.84\times10^4}\text{m} = 0.0141\text{m} = 14.1\text{mm}$$

$$\frac{\Delta}{l_0} = \frac{14.1}{6000} = \frac{1}{426} < \frac{1}{300}\ （满足要求）$$

5.6 深受弯构件计算

5.6.1 深梁相关计算

$l_0/h<5.0$ 的简支钢筋混凝土单跨梁或多跨连续梁宜按深受弯构件进行设计。其中，$l_0/h\leqslant2$ 的简支钢筋混凝土单跨梁和 $l_0/h\leqslant2.5$ 的简支钢筋混凝土多跨连续梁称为深梁，此处，h 为梁截面高度；l_0 为梁的计算跨度，可取支座中心线之间的距离和 $1.15l_n$（l_n 为梁的净跨）

两者中的较小值。

（1）不出现斜裂缝的钢筋混凝土深梁计算

$$V_k \leqslant 0.5 f_{tk} b h_0 \tag{5-35}$$

式中 V_k——按荷载效应的标准组合计算的剪力值。

（2）深梁中钢筋的配筋率 深梁的纵向受拉钢筋配筋率 $\rho\left(\rho=\dfrac{A_s}{bh}\right)$、水平分布钢筋配筋率 $\rho_{sh}\left(\rho_{sh}=\dfrac{A_{sh}}{bh_v}\right.$，$s_v$ 为水平分布钢筋的间距$\left.\right)$和竖向分布钢筋配筋率 $\rho_{sv}\left(\rho_{sv}=\dfrac{A_{sv}}{bs_h}\right.$，$s_h$ 为竖向分布钢筋的间距$\left.\right)$不宜小于表 5-2 规定的数值。

表 5-2 深梁中钢筋的最小配筋百分率 （单位:%）

钢筋种类	纵向受拉钢筋	水平分布钢筋	竖向分布钢筋
HPB300	0.25	0.25	0.20
HRB400、HRBF400、RRB400、HRB335、HRBF335	0.20	0.20	0.15
HRB500、HRBF500	0.15	0.15	0.10

注：当集中荷载作用于连续深梁上部 1/4 高度范围内且 l_0/h 大于 1.5 时，竖向分布钢筋最小配筋百分率应增加 0.05。

（3）深梁承受集中荷载作用时的附加吊筋计算 当有集中荷载作用于深梁下部 3/4 高度范围内时，该集中荷载应全部由附加吊筋承受，吊筋应采用竖向吊筋或斜向吊筋。

竖向吊筋的水平分布长度 s 应按下列公式确定（图 5-9a、b）：

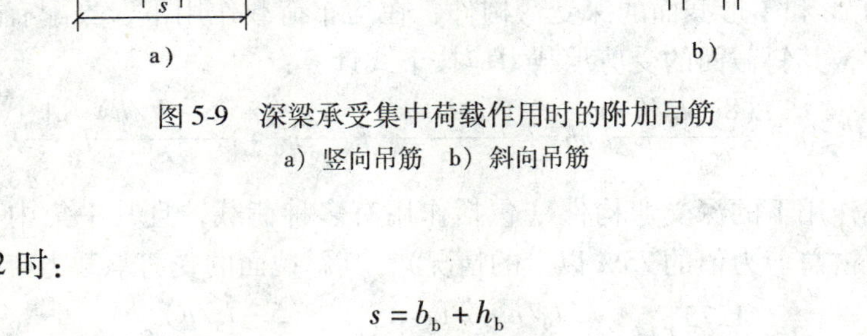

图 5-9 深梁承受集中荷载作用时的附加吊筋

a）竖向吊筋 b）斜向吊筋

当 $h_1 \leqslant h_b/2$ 时：

$$s = b_b + h_b \tag{5-36}$$

当 $h_1 > h_b/2$ 时：

$$s = b_b + 2h_1 \tag{5-37}$$

式中 b_b——传递集中荷载构件的截面宽度；

h_b——传递集中荷载构件的截面高度；

h_1——从深梁下边缘到传递集中荷载构件底边的高度。

5.6.2 正截面受弯承载力与斜截面受剪承载力计算

1）钢筋混凝土深受弯构件的正截面受弯承载力应按下式计算：

$$M \leqslant f_y A_s z \tag{5-38}$$

$$z = \alpha_d (h_0 - 0.5x) \tag{5-39}$$

$$\alpha_d = 0.80 + 0.04 \frac{l_0}{h} \tag{5-40}$$

当 $l_0 < h$ 时，取内力臂 $z = 0.6l_0$。

式中 x——截面受压区高度，按式（2-2）计算；当 $x < 0.2h_0$ 时，取 $x = 0.2h_0$；

h_0——截面有效高度：$h_0 = h - a_s$，其中 h 为截面高度；当 $l_0/h \leqslant 2$ 时，跨中截面 a_s，取 $0.1h$，支座截面 a_s 取 $0.2h$；当 $l_0/h > 2$ 时，a_s 按受拉区纵向钢筋截面重心至受拉边缘的实际距离取用。

2）钢筋混凝土深受弯构件的受剪截面应按下式计算：

当 $h_w/b \leqslant 4$ 时

$$V \leqslant \frac{1}{60}(10 + l_0/h)\beta_c f_c b h_0 \tag{5-41}$$

当 $h_w/b \geqslant 6$ 时

$$V \leqslant \frac{1}{60}(7 + l_0/h)\beta_c f_c b h_0 \tag{5-42}$$

当 $4 < h_w/b < 6$ 时，按线性内插法取用。

式中 V——剪力设计值；

l_0——计算跨度，当 $l_0 < 2h$ 时，取 $l_0 = 2h$；

b——矩形截面的宽度以及T形、I形截面的腹板厚度；

h、h_0——截面高度、截面的有效高度；

h_w——截面的腹板高度：对矩形截面，取有效高度 h_0；对T形截面，取有效高度减去翼缘高度；对I形和箱形截面，取腹板净高；

β_c——混凝土强度影响系数。

3）矩形、T形和I形截面的深受弯构件，在均布荷载作用下，当配有竖向分布钢筋和水平分布钢筋时，其斜截面的受剪承载力应按下式计算：

$$V \leqslant 0.7\frac{(8 - l_0/h)}{3} f_t b h_0 + \frac{(l_0/h - 2)}{3} f_{yv} \frac{A_{sv}}{s_h} h_0 + \frac{(5 - l_0/h)}{6} f_{yh} \frac{A_{sh}}{s_v} h_0 \tag{5-43}$$

对集中荷载作用下的深受弯构件（包括作用有多种荷载，且其中集中荷载对支座截面所产生的剪力值占总剪力值的75%以上的情况），其斜截面的受剪承载力应按下式计算：

$$V \leqslant \frac{1.75}{\lambda + 1} f_t b h_0 + \frac{(l_0/h - 2)}{3} f_{yv} \frac{A_{sv}}{s_h} h_0 + \frac{(5 - l_0/h)}{6} f_{yh} \frac{A_{sh}}{s_v} h_0 \tag{5-44}$$

式中 λ——计算剪跨比：当 $l_0/h \leqslant 2.0$ 时，取 $\lambda = 0.25$；当 $2.0 < l_0/h < 5.0$ 时，取 $\lambda = a/h_0$，其中，a 为集中荷载到深受弯构件支座的水平距离；λ 的上限值为$(0.92l_0/h - 1.58)$，下限值为（$0.42l_0/h - 0.58$）；

l_0/h——跨高比，当 $l_0/h<2.0$ 时，取 $l_0/h=2.0$。

【例 5-7】 已知简支深梁的跨度，高度如图 5-10 所示梁宽 $b=250\text{mm}$ 混凝土强度为 C30，给向受拉钢筋采用 HRB335 级竖向和水平钢筋采用 HPB300 级，跨中弯矩设计值。$M=3900\times10^6\text{N}\cdot\text{mm}$，支座剪力设计值 $V=2750\times10^3\text{N}$，求梁纵向受拉钢筋 A_s。

【解】（1）计算跨度 l_0

$1.15l_n=1.15\times5300\text{mm}=6095\text{mm}$，$l_c=6000\text{mm}$，

取 $l_0=6000\text{mm}$

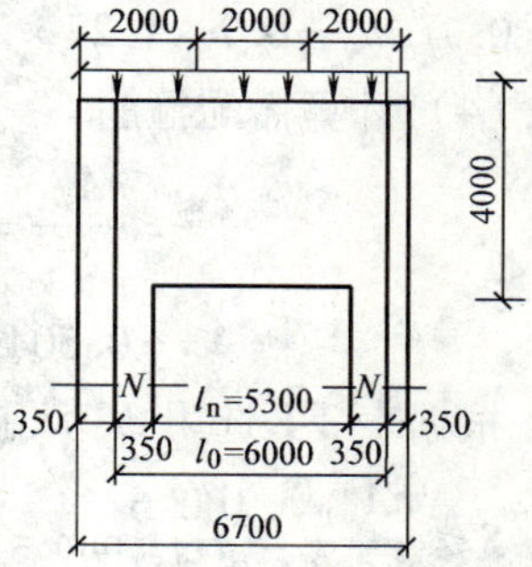

图 5-10 简支深梁的跨度、宽度

（2）求纵向受拉钢筋 A_s

$l_0/h=6000/4000=1.5$ 取 $a_s=0.1h\text{mm}=400\text{mm}$

所以 $h_0=(6000-400)\text{mm}=5600\text{mm}$

$\alpha_d=0.8+0.04\dfrac{l_n}{h}=0.8+0.04\times1.5=0.86$

先令 $x=0.2h_0=0.2\times5600\text{mm}=1120\text{mm}$

$$z=\alpha_d(h_0-0.5x)=0.86\times(5600-0.5\times1120)\text{mm}=4334.4\text{mm}$$

由公式 $M\leqslant f_yA_sz$ 得受拉钢筋面积：

$$A_s=\frac{M}{f_yz}=\frac{3900\times10^6}{300\times4334.4}\text{mm}^2=3000\text{mm}^2$$

将 $A_s=3000\text{mm}^2$ 代入式 $x=\dfrac{f_yA_s}{\alpha_1f_cb}=\dfrac{300\times3000}{1.0\times14.3\times250}\text{mm}$

$$=251.7\text{mm}<0.2h_0=1120\text{mm}$$

根据表 2-1 可以采用 12 Φ 18，$A_s=3054\text{mm}$，分 6 层分布在梁底 $0.2h$ 范围内，6×2 Φ 18，$S'=150\text{mm}$

配筋率 $\rho=A_s/bh=\dfrac{3050}{250\times4000}=0.31\%>\rho_{min}=0.20\%$，满足要求。

【例 5-8】 已知矩形截面简支梁，计算跨度 $l_0=3.9\text{m}$，截面尺寸 $b\times h=200\text{mm}\times500\text{mm}$，承受静载标准值及活载标准值分别为 $g_k=20\text{kN/m}$（不含自重），$q_k=40\text{kN/m}$，采用 C25 混凝土箍筋用 HPB300 级钢筋，求反配箍筋时的数量。

【解】 $f_c=11.9\text{N/mm}^2$，$f_t=1.27\text{N/mm}^2$，$f_{yv}=270\text{N/mm}^2$，$h_0=h-a_s=(500-35)\text{mm}=465\text{mm}$

（1）剪力计算

梁中剪力最大值

$$V_{max}=\frac{1}{2}(\gamma_Gg_k+\gamma_Qq_k)l_0$$

$$=\frac{1}{2}\times[1.2\times(20+25\times0.2\times0.5)+1.4\times40]\times3.9\text{kN}$$

$$=161.85\text{kN}$$

（2）验算截面控制条件

$h_w=h_0=465\text{mm}$

$\frac{h_w}{b}=\frac{465}{200}=2.33<4$

$0.25f_c bh_0=0.25\times11.9\times200\times465\text{kN}=276.7\text{kN}>V=161.85\text{kN}$，满足条件。

（3）是否需计算配筋

$0.7f_t bh_0=0.7\times1.27\times200\times465\text{kN}=82.7\text{kN}<161.85\text{kN}$　需计算配筋。

（4）计算需配箍筋

$$\frac{A_{sv}}{S}=\frac{nA_{sv1}}{S}=\frac{V-0.7f_t bh_0}{1.25f_{yv}h_0}=\frac{161.85\times10^3-82.7\times10^3}{1.25\times270\times465}\text{mm}^2/\text{mm}$$

$$=0.504\text{mm}^2/\text{mm}$$

根据表 2-1 选用 $\phi8$ 双肢箍，$A_{sv}=2\times50.3\text{mm}^2=100.6\text{mm}^2$

$S\leqslant\frac{nA_{sv1}}{0.504}=\frac{100.6}{0.504}\text{mm}=199.6\text{mm}$，取 $S=200\text{mm}$，故选用 $\phi8@200$ 双肢箍。

5.7 牛腿

柱牛腿（当 $a\leqslant h_0$ 时）的截面尺寸（见图 5-11）。

1）牛腿的裂缝控制要求：

$$F_{vk}\leqslant\beta\left(1-0.5\frac{F_{hk}}{F_{vk}}\right)\frac{f_{tk}bh_0}{0.5+\frac{a}{h_0}} \tag{5-45}$$

式中 F_{vk}——作用于牛腿顶部按荷载效应标准组合计算的竖向力值；

F_{hk}——作用于牛腿顶部按荷载效应标准组合计算的水平拉力值；

β——裂缝控制系数：对支承吊车梁的牛腿，取 0.65；对其他牛腿，取 0.80；

a——竖向力的作用点至下柱边缘的水平距离，此时应考虑安装偏差 20mm；当考虑 20mm 安装偏差后的竖向力作用点仍位于下柱截面以内时，取 $a=0$；

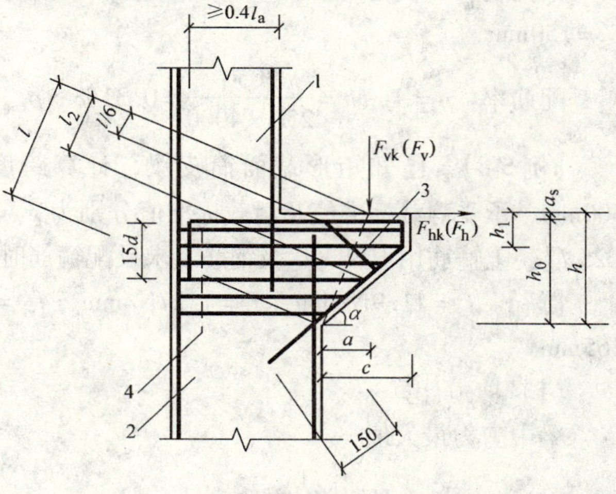

图 5-11　牛腿的外形及钢筋配置

1—上柱　2—下柱　3—弯起钢筋　4—水平箍筋

b——牛腿宽度；

h_0——牛腿与下柱交接处的垂直截面有效高度：$h_0=h_1-a_s+c\tan\alpha$，当 $\alpha>45°$时，取 $\alpha=45°$，c 为下柱边缘到牛腿外边缘的水平长度。

2）牛腿的外边缘高度，不应小于 $h/3$，且不应小于 200mm。

3）在牛腿顶面的受压面上，由竖向力 F_{vk}所引起的局部压应力不应超过 $0.75f_c$。

4）牛腿顶面纵向（水平）钢筋计算：在牛腿中，由承受竖向力所需的受拉钢筋截面面积和承受水平拉力所需的锚筋截面面积所组成的纵向受力钢筋的总截面面积按下式计算：

$$A_s \geqslant \frac{F_v a}{0.85 f_y h_0} + 1.2\frac{F_h}{f_y} \tag{5-46}$$

此处，当 $a < 0.3h_0$ 时，取 $a = 0.3h_0$。

式中 F_v——作用在牛腿顶部的竖向力设计值；

F_h——作用在牛腿顶部的水平拉力设计值。

沿牛腿顶部配置的纵向受力钢筋，宜采用 HRB400 级或 HRB500 级热轧带肋钢筋。全部纵向受力钢筋及弯起钢筋宜沿牛腿外边缘向下伸入下柱内 150mm 后截断（图 5-11）。

承受竖向力所需的纵向受力钢筋的配筋率，按牛腿有效截面计算不应小于 0.2% 及 $0.45f_t/f_y$，也不宜大于 0.6%，钢筋数量不宜少于 4 根，直径不宜小于 12mm。

牛腿应设置水平箍筋，箍筋直径宜为 6～12mm，间距宜为 100～150mm；在上部 $2h_0/3$ 范围内的箍筋总截面面积不宜小于承受竖向力的受拉钢筋截面面积的 1/2。

当牛腿的剪跨比不小于 0.3 时，宜设置弯起钢筋。弯起钢筋宜采用 HRB400 级或 HRB500 级热轧带肋钢筋，并宜使其与集中荷载作用点到牛腿斜边下端点连线的交点位于牛腿上部 $l/6 \sim l/2$ 之间的范围内，l 为该连线的长度（图 5-11）。弯起钢筋截面面积不宜小于承受竖向力的受拉钢筋截面面积的 1/2，且不宜少于两根直径 12mm 的钢筋。纵向受拉钢筋不得兼作弯起钢筋。

【例 5-9】 如图 5-12 所示，牛腿在吊车竖向荷载（$F_{vs} = 581.11\text{kN}$，$F_v = 803.48\text{kN}$，中级工作制）水平拉力（$F_{hs} = 18.45\text{kN}$，$F_h = 25.83\text{kN}$），共同作用下的 c、c_1、a、h、h_1 及配筋量。假设牛腿高度 $b = 400\text{mm}$，采用 C30 级混凝土，$f_c = 15\text{N/mm}^2$，$f_{tk} = 2.0\text{N/mm}^2$；纵向受力钢筋采用 HRB335 级钢筋，$f_y = 300\text{N/mm}^2$。

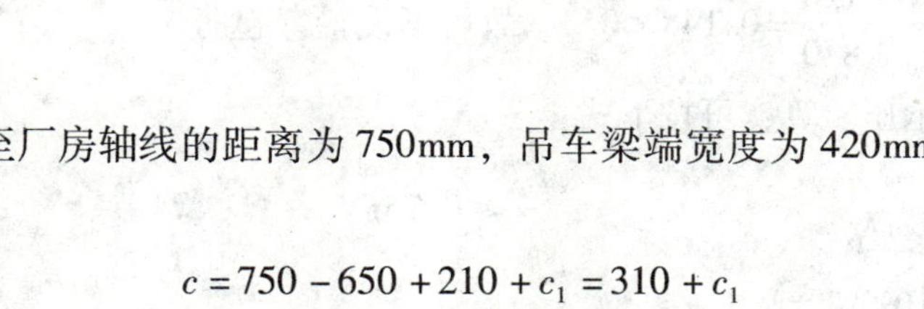

图 5-12 截面配筋

确定牛腿尺寸：

吊车梁中心线至厂房轴线的距离为 750mm，吊车梁端宽度为 420mm，所以牛腿从下柱边缘伸出长度为：

$$c = 750 - 650 + 210 + c_1 = 310 + c_1$$

取 $c_1 = 90\text{mm}$，则 $c = 400\text{mm}$。

吊车梁中心线至下柱边缘的距离为 750mm－650mm＝100mm，考虑 20mm，安装偏差 $a = 120\text{mm}$。

按下式计算牛腿截面高度：

$$F_{vs} \leqslant \beta\left(1-0.5\frac{F_{hs}}{F_{vs}}\right)\frac{f_{tk}bh_0}{0.5+\dfrac{a}{h_0}}$$

取 $\beta=0.70$，$f_{tk}=2.0\text{N/mm}^2$，$581.11\times10^3\leqslant0.70\times\left(1-0.5\times\dfrac{18.45\times10^3}{581.11\times10^3}\right)\times\dfrac{2.0\times400\times h_0}{0.5+120/h_0}$

求得 $h_0\geqslant706.2\text{mm}$。

取 $h=850\text{mm}$，$h_0=810\text{mm}$；$h_1=500\text{mm}$，则 $\alpha=45°$，且 $h_1=500\text{mm}>\dfrac{1}{3}h=283\text{mm}$。

牛腿纵向受力钢筋的计算：

$$A_s\geqslant\frac{F_v a}{0.85f_y h_0}+1.2\frac{F_h}{f_y}$$

$a=120\text{mm}<0.3h_0=243\text{mm}$，故计算时取用 $a=243\text{mm}$。

$$A_s\geqslant\frac{803.48\times10^3\times243}{0.85\times300\times810}\text{mm}^2+1.2\times\frac{25.83\times10^3}{300}\text{mm}^2=1048.59\text{mm}^2$$

根据表 2-1，选用 6 Φ16，$A_s=1206\text{mm}^2$，其中 4 Φ16，$A_s=804\text{mm}^2$，为承受竖向力所需的纵向拉钢筋，符合不宜小于 4 Φ 12 的规定，纵向受拉钢筋按全截面计算的配筋率：

$$\frac{804}{400\times850}\times100\%=0.236\%$$

$$0.2\%<0.236\%<0.6\% \quad 符合要求。$$

另外，2 Φ16 为承受水平拉力的锚筋，应焊在预埋件上，符合不少于 2 Φ12 的构造要求。

水平箍筋、弯起钢筋的确定：箍筋采用 10 Φ8，间距 100mm；在 $\dfrac{2h_0}{3}=\left(\dfrac{2}{3}\times810\right)\text{mm}=540\text{mm}$ 以内的水平箍筋总截面面积为 $10\times50.3\text{mm}^2=503\text{mm}^2>\dfrac{1}{2}\times840\text{mm}^2=420\text{mm}^2$，满足要求。

牛腿的剪跨比 $\dfrac{a}{h_0}=\dfrac{120}{810}=0.148<0.3$　故可不设置弯起筋。

牛腿顶面局部承压验算：可按下式：

$$\frac{F_{vs}}{A}\leqslant0.75f_c$$

$\dfrac{F_{vs}}{A}=\dfrac{581.11\times10^3}{400\times420}\text{N/mm}^2=3.46\text{N/mm}^2<0.75\times15\text{N/mm}^2=11.25\text{N/mm}^2$　满足要求。

牛腿配筋图见图 5-13a、b。

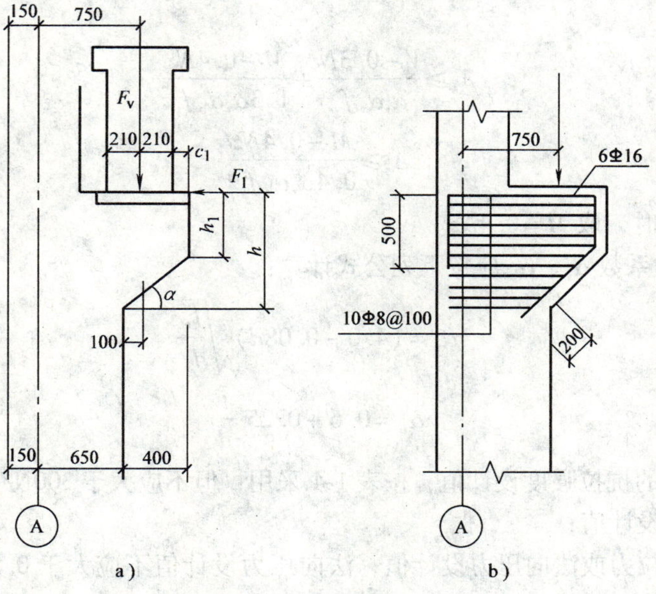

图 5-13　牛腿的计算

5.8　预埋件及吊环

5.8.1　直锚筋预埋件

由锚板和对称配置的直锚筋所组成的受力预埋件，其锚筋的总截面面积应符合下列规定（图 5-14）：

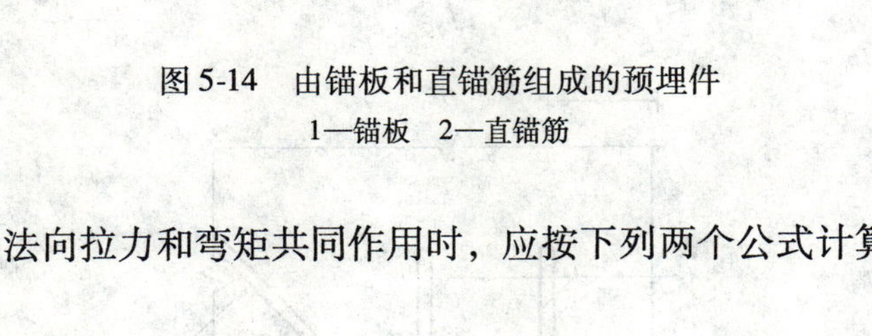

图 5-14　由锚板和直锚筋组成的预埋件
1—锚板　2—直锚筋

1）当有剪力、法向拉力和弯矩共同作用时，应按下列两个公式计算，并取其中的较大值：

$$A_s \geqslant \frac{V}{\alpha_r \alpha_v f_y} + \frac{N}{0.8\alpha_b f_y} + \frac{M}{1.3\alpha_r \alpha_b f_y z} \tag{5-47}$$

$$A_s \geqslant \frac{N}{0.8\alpha_b f_y} + \frac{M}{0.4\alpha_r \alpha_b f_y z} \tag{5-48}$$

2）当有剪力、法向压力和弯矩共同作用时，应按下列两个公式计算，并取其中的较大值：

$$A_s \geqslant \frac{V-0.3N}{\alpha_r \alpha_v f_y} + \frac{M-0.4Nz}{1.3\alpha_r \alpha_b f_y z} \tag{5-49}$$

$$A_s \geqslant \frac{M-0.4Nz}{0.4\alpha_r \alpha_b f_y z} \tag{5-50}$$

当 $M < 0.4Nz$ 时，取 $M = 0.4Nz$。

上述公式中的系数 α_v、α_b 应按下列公式计算：

$$\alpha_v = (4.0 - 0.08d)\sqrt{\frac{f_c}{f_y}} \tag{5-51}$$

$$\alpha_b = 0.6 + 0.25\frac{t}{d} \tag{5-52}$$

式中 f_y——锚筋的抗拉强度设计值，按表1-4采用，但不应大于300N/mm^2；

V——剪力设计值；

N——法向拉力或法向压力设计值，法向压力设计值不应大于 $0.5f_cA$，此处，A 为锚板的面积；

M——弯矩设计值；

α_r——锚筋层数的影响系数；当锚筋按等间距布置时：两层取1.0；三层取0.9；四层取0.85；

α_v——锚筋的受剪承载力系数；

d——锚筋直径；

α_b——锚板的弯曲变形折减系数；

t——锚板厚度；

z——沿剪力作用方向最外层锚筋中心线之间的距离。

5.8.2 弯折锚筋预埋件

由锚板和对称配置的弯折锚筋及直锚筋共同承受剪力的预埋件（图5-15），其弯折锚筋的截面面积 A_{sb} 应符合下列规定：

$$A_{sb} \geqslant 1.4\frac{V}{f_y} - 1.25\alpha_v A_s \tag{5-53}$$

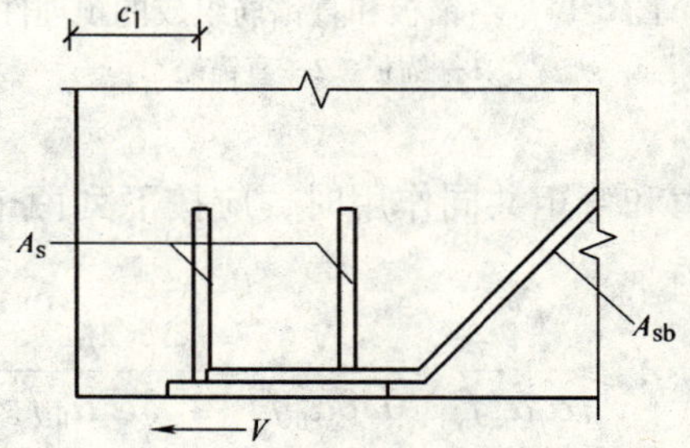

图5-15 由锚板和弯折锚筋及直锚筋组成的预埋件

式中系数 α_v 按照式（5-51）取用，当 $\alpha_v > 0.7$ 时，取 $\alpha_v = 0.7$。当直锚筋按构造要求设置时，取 $A_s = 0$。

注：弯折锚筋与钢板之间的夹角不宜小于15°，也不宜大于45°。

5.8.3 吊环

预制构件的吊环应采用 HPB300 级钢筋制作。吊环埋入混凝土的深度不应小于 $30d$ 并应焊接或绑扎在钢筋骨架上。在构件的自重标准值作用下，每个吊环按两个截面计算的吊环应力不应大于65N/mm²。当在一个构件上设有 4 个吊环时，设计时应仅取 3 个吊环进行计算。

【例 5-10】 钢筋混凝土梁重 2.3t，拟采用两个吊钩起吊，试计算选用吊钩截面。

【解】 由 $\sigma = \dfrac{9800G}{nA} \leqslant [\sigma]$

$$A_s = \frac{9800G}{[\sigma]n} = \frac{9800 \times 2.3}{50 \times 4}\text{mm}^2 = 112.7\text{mm}^2$$

根据表 2-1 选用 ϕ12mm 钢筋吊环，$A = 113.1\text{min}^2 > 112.7\text{mm}^2$ 即可。

6　正常使用极限状态验算

6.1　正常使用极限状态验算的一般规定

混凝土结构构件应根据其使用功能及外观要求，按下列规定进行正常使用极限状态的验算：

1）对需要控制变形的构件，应进行变形验算。

2）对不允许出现裂缝的构件，应进行混凝土拉应力验算。

3）对允许出现裂缝的构件，应进行受力裂缝宽度验算。

4）对有舒适度要求的楼盖结构，应进行竖向自振频率验算。

对于正常使用极限状态，钢筋混凝土构件、预应力混凝土构件应分别按荷载的准永久组合并考虑长期作用的影响或标准组合并考虑长期作用的影响，采用下列极限状态设计表达式进行验算：

$$S \leqslant C \tag{6-1}$$

式中　S——正常使用极限状态荷载组合的效应设计值；

C——结构构件达到正常使用要求所规定的变形、应力、裂缝宽度和自振频率的限值。

6.2　结构构件正截面的受力裂缝控制等级

结构构件正截面的受力裂缝控制等级分为三级，等级划分及要求应符合下列规定：

一级——严格要求不出现裂缝的构件，按荷载标准组合计算时，构件受拉边缘混凝土不应产生拉应力。

二级——一般要求不出现裂缝的构件，按荷载标准组合计算时，构件受拉边缘混凝土拉应力不应大于混凝土抗拉强度的标准值。

三级——允许出现裂缝的构件；对钢筋混凝土构件，按荷载准永久组合并考虑长期作用影响计算时，构件的最大裂缝宽度不应超过表6-1规定的最大裂缝宽度限值。对预应力混凝土构件，按荷载标准组合并考虑长期作用的影响计算时，构件的最大裂缝宽度不应超过表6-1规定的最大裂缝宽度限值；对二a类环境的预应力混凝土构件，尚应按荷载准永久组合计算，构件受拉边缘混凝土的拉应力不应大于混凝土的抗拉强度标准值。

6.3　裂缝宽度验算

1）钢筋混凝土和预应力混凝土构件，应按下列规定进行受拉边缘应力或正截面裂缝宽度验算：

①一级裂缝控制等级构件，在荷载标准组合下，受拉边缘应力应符合下列规定：

$$\sigma_{ck}-\sigma_{pc}\leqslant 0 \tag{6-2}$$

②二级裂缝控制等级构件，在荷载标准组合下，受拉边缘应力应符合下列规定：

$$\sigma_{ck}-\sigma_{pc}\leqslant f_{tk} \tag{6-3}$$

表 6-1　结构构件的裂缝控制等级及最大裂缝宽度的限值　　（单位：mm）

环境类别	钢筋混凝土结构		预应力混凝土结构	
	裂缝控制等级	w_{lim}	裂缝控制等级	w_{lim}
一	三级	0.30(0.40)	三级	0.20
二 a		0.20		0.10
二 b			二级	—
三 a、三 b			一级	—

注：1. 表中的规定适用于采用热轧钢筋饿钢筋混凝土构件和采用预应力钢丝、钢绞线及热处理钢筋的预应力混凝土构件；当采用其他类别的钢丝或钢筋时，其裂缝控制要求可按专门标准确定。

2. 对处于年平均相对湿度小于60%地区一类环境下的受弯构件，其最大裂缝宽度限值可采用括号内的数值。

3. 在一类环境下，对钢筋混凝土屋架、托架及需作疲劳验算的吊车梁，其最大裂缝宽度限值应取为0.2mm；对钢筋混凝土屋面梁和托梁，其最大裂缝宽度限值应取为0.3mm。

4. 在一类环境下，对预应力混凝土屋架、托架及双向板体系，应按二级裂缝控制等级进行验算；对一类环境下的预应力混凝土屋面梁、托梁、单向板，应按表中二 a 类环境的要求进行验算；在一类和二 a 类环境下需作疲劳验算的预应力混凝土吊车梁，应按裂缝控制等级不低于二级的构件进行验算。

5. 表中规定的预应力混凝土构件的裂缝控制等级和最大裂缝宽度限值仅适用于正截面的验算；预应力混凝土构件的斜截面裂缝控制验算应符合本书第6章的要求。

6. 对于烟囱、筒仓和处于液体压力下的结构构件，其裂缝控制要求应符合专门标准的有关规定。

7. 对于处于四、五类环境下的结构构件，其裂缝控制要求应符合专门标准的有关规定。

8. 表中的最大裂缝宽度限值用于验算荷载作用引起的最大裂缝宽度。

③三级裂缝控制等级时，钢筋混凝土构件的最大裂缝宽度可按荷载准永久组合并考虑长期作用影响的效应计算，预应力混凝土构件的最大裂缝宽度可按荷载标准组合并考虑长期作用影响的效应计算。最大裂缝宽度应符合下列规定：

$$\omega_{max}\leqslant\omega_{min} \tag{6-4}$$

对环境类别为二 a 类的预应力混凝土构件，在荷载准永久组合下，受拉边缘应力尚应符合下列规定：

$$\sigma_{cq}-\sigma_{pc}\leqslant f_{tk} \tag{6-5}$$

式中　σ_{ck}、σ_{cq}——荷载标准组合、准永久组合下抗裂验算边缘的混凝土法向应力；

σ_{pc}——扣除全部预应力损失后在抗裂验算边缘混凝土的预压应力；

f_{tk}——混凝土轴心抗拉强度标准值；

ω_{max}——按荷载的标准组合或准永久组合并考虑长期作用影响计算的最大裂缝宽度；

ω_{min}——最大裂缝宽度限值。

2）在矩形、T形、倒T形和I形截面的钢筋混凝土受拉、受弯和偏心受压构件及预应力混凝土轴心受拉和受弯构件中，按荷载标准组合或准永久组合并考虑长期作用影响的最大裂缝宽度（mm）可按下列公式计算：

$$w_{\max}=\alpha_{\mathrm{cr}}\varphi\frac{\sigma_{\mathrm{s}}}{E_{\mathrm{s}}}\left(1.9c_s+0.08\frac{d_{\mathrm{eq}}}{\rho_{\mathrm{te}}}\right) \tag{6-6}$$

$$\varphi=1.1-0.65\frac{f_{\mathrm{tk}}}{\rho_{\mathrm{te}}\sigma_{\mathrm{s}}} \tag{6-7}$$

$$d_{\mathrm{eq}}=\frac{\sum n_i d_i^2}{\sum n_i v_i d_i} \tag{6-8}$$

$$\rho_{\mathrm{te}}=\frac{A_{\mathrm{s}}+A_{\mathrm{p}}}{A_{\mathrm{te}}} \tag{6-9}$$

式中 α_{cr}——构件受力特征系数，按表 6-2 采用；

φ——裂缝间纵向受拉钢筋应变不均匀系数：当 $\varphi<0.2$ 时，取 $\varphi=0.2$；当 $\varphi>1$ 时，取 $\varphi=1$；对直接承受重复荷载的构件，取 $\varphi=1$；

σ_{s}——按荷载准永久组合计算的钢筋混凝土构件纵向受拉钢筋的应力或按标准组合计算的预应力混凝土构件纵向受拉钢筋的等效应力，按 2）计算；

E_{s}——钢筋弹性模量，按表 6-3 采用；

c_s——最外层纵向受拉钢筋外边缘至受拉区底边的距离（mm）：当 $c_s<20$ 时，取 $c_s=20$；当 $c_s>65$ 时，取 $c_s=65$；

ρ_{te}——按有效受拉混凝土截面面积计算的纵向受拉钢筋配筋率；对无粘结后强构件，仅取纵向受拉普通钢筋计算配筋率；在最大裂缝宽度计算中，当 $\rho_{\mathrm{te}}<0.01$ 时，取 $\rho_{\mathrm{te}}=0.01$；

A_{te}——有效受拉混凝土截面面积：对轴心受拉构件，取构件截面面积；对受弯、偏心受压和偏心受拉构件，取 $A_{\mathrm{te}}=0.5bh+(b_{\mathrm{f}}-b)h_{\mathrm{f}}$，此处，$b_{\mathrm{f}}$、$h_{\mathrm{f}}$ 为受拉翼缘的宽度、高度；

A_{s}——受拉区纵向普通钢筋截面面积；

A_{p}——受拉区纵向预应力钢筋截面面积；

d_{eq}——受拉区纵向钢筋的等效直径（mm）；对无粘结后张构件，仅为受拉区纵向受拉普通钢筋的等效直径；

d_i——受拉区第 i 种纵向钢筋的公称直径（mm）；对于有粘结预应力钢绞线束的直径取为 $\sqrt{n_1}d_{\mathrm{p1}}$，其中 d_{p1} 为单根钢绞线的公称直径，n_1 为单束钢绞线根数；

n_i——受拉区第 i 种纵向钢筋的根数；对于有粘结预应力钢绞线，取为钢绞线束数；

v_i——受拉区第 i 种纵向钢筋的相对粘结特性系数，按表 6-4 采用。

注：1. 对承受起重机荷载但不需作疲劳验算的受弯构件，可将计算求得的最大裂缝宽度乘以系数 0.85；

2. 对配置表层钢筋网片的梁，计算得的最大裂缝宽度可适当折减，折减系数可取 0.7；

3. 对 $e_0/h_0\leq0.55$ 的偏心受压构件，可不验算裂缝宽度。

表 6-2 构件受力特征系数

类 型	α_{cr}	
	钢筋混凝土构件	预应力混凝土构件
受弯、偏心受压	2.1	1.5
偏心受拉	2.4	—
轴心受拉	2.7	2.2

表 6-3　钢筋弹性模量　　（单位：N/mm^2）

牌号或种类	弹性模量 $E_s(\times 10^5)$
HPB300 钢筋	2.10
HRB335、HRB400、HRB500 钢筋 HRBF335、HRBF400、HRBF500 钢筋 RRB400 钢筋 预应力螺纹钢筋	2.00
消除应力钢丝、中强度预应力钢丝	2.05
钢绞线	1.95

注：必要时可采用实测的弹性模量。

表 6-4　钢筋的相对粘结特性系数

钢筋类别	非预应力钢筋		先张法预应力钢筋			后张法预应力钢筋		
	光圆钢筋	带肋钢筋	带肋钢筋	螺旋肋钢丝	钢绞线	带肋钢筋	钢绞线	光面钢丝
v_i	0.7	1.0	1.0	0.8	0.6	0.8	0.5	0.4

注：对环氧树脂涂层带肋钢筋，其相对粘结特性系数应按表中系数的 0.8 倍取用。

3）在荷载准永久组合或标准组合下，钢筋混凝土的构件受拉区纵向钢筋的应力或预应力混凝土构件受拉区纵向钢筋的等效应力可按下列公式计算：

钢筋混凝土构件受拉区纵向普通钢筋的应力

轴心受拉构件

$$\sigma_{sq}=\frac{N_q}{A_s} \tag{6-10}$$

偏心受拉构件

$$\sigma_{sq}=\frac{N_q e'}{A_s(h_0-a'_s)} \tag{6-11}$$

受弯构件

$$\sigma_{sq}=\frac{M_q}{0.87h_0A_s} \tag{6-12}$$

偏心受压构件

$$\sigma_{sq}=\frac{N_q(e-z)}{A_s z} \tag{6-13}$$

$$z=\left[0.87-0.12(1-\gamma'_f)\left(\frac{h_0}{e}\right)^2\right]h_0 \tag{6-14}$$

$$e=\eta_s e_0+y_s \tag{6-15}$$

$$\gamma'_f=\frac{(b'_f-b)h'_f}{bh_0} \tag{6-16}$$

$$\eta_s = 1 + \frac{1}{4000e_0/h_0}\left(\frac{l_0}{h}\right)^2 \tag{6-17}$$

式中　A_s——受拉区纵向普通钢筋截面面积：对轴心受拉构件，取全部纵向钢筋截面面积；对偏心受拉构件，取受拉较大边的纵向普通钢筋截面面积；对受弯、偏心受压构件，取受拉区纵向钢筋截面面积；

N_q、M_q——按荷载准永久组合计算的轴向力值、弯矩值；

e'——轴向拉力作用点至受压区或受拉较小边纵向普通钢筋合力点的距离；

e——轴向压力作用点至纵向受拉普通钢筋合力点的距离；

e_0——荷载准永久组合下的初始偏心距，取为 M_q/N_q；

z——纵向受拉普通钢筋合力点至截面受压区合力点的距离，且不大于 $0.87h_0$；

η_s——使用阶段的轴向压力偏心距增大系数，当 $l_0/h \leqslant 14$ 时，取 $\eta_s = 1.0$；

y_s——截面重心至纵向受拉普通钢筋合力点的距离；

γ'_f——受压翼缘截面面积与腹板有效截面面积的比值；

b'_f、h'_f——分别为受压区翼缘的宽度、高度；在式（6-16）中，当 $h'_f > 0.2h_0$ 时，取 $h'_f = 0.2h_0$。

4）预应力混凝土构件受拉区纵向钢筋的等效应力：

轴心受拉构件

$$\sigma_{sk} = \frac{N_k - N_{p0}}{A_p + A_s} \tag{6-18}$$

受弯构件

$$\sigma_{sk} = \frac{M_k - N_{p0}(z - e_p)}{(\alpha_1 A_p + A_s)z} \tag{6-19}$$

$$e = e_p + \frac{M_k}{N_{p0}} \tag{6-20}$$

$$e_p = y_{ps} - e_{p0} \tag{6-21}$$

式中　A_p——受拉区纵向预应力筋截面面积：对轴心受拉构件，取全部纵向预应力筋截面面积；对受弯构件，取受拉区纵向预应力筋截面面积；

N_{p0}——计算截面上混凝土法向预应力等于零时的预加力；

N_k、M_k——按荷载标准组合计算的轴向力值、弯矩值；

z——受拉区纵向普通钢筋和预应力筋合力点至截面受压区合力点的距离；

α_1——无粘结预应力筋的等效折减系数，取 $\alpha_1 = 0.3$；对灌浆的后张预应力筋，取 $\alpha_1 = 1.0$；

e_p——计算截面上混凝土法向预应力等于零时的预加力 N_{p0} 的作用点至受拉区纵向预应力筋和普通钢筋合力点的距离；

y_{ps}——受拉区纵向预应力和普通钢筋合力点的偏心距；

e_{p0}——计算截面上混凝土法向预应力等于零时的预加力 N_{p0} 作用点的偏心距。

5）在荷载标准组合和准永久组合下，抗裂验算时截面边缘混凝土的法向应力应按下列公式计算：

①轴心受拉构件：

$$\sigma_{ck}=\frac{N_k}{A_0} \tag{6-22}$$

$$\sigma_{cq}=\frac{N_q}{A_0} \tag{6-23}$$

②受弯构件：

$$\sigma_{ck}=\frac{M_k}{W_0} \tag{6-24}$$

$$\sigma_{cq}=\frac{M_q}{W_0} \tag{6-25}$$

③偏心受拉和偏心受压构件：

$$\sigma_{ck}=\frac{M_k}{W_0}+\frac{N_k}{A_0} \tag{6-26}$$

$$\sigma_{cq}=\frac{M_q}{W_0}+\frac{N_q}{A_0} \tag{6-27}$$

式中 A_0——构件换算截面面积；

W_0——构件换算截面受拉边缘的弹性抵抗矩。

6）预应力混凝土受弯构件应分别对截面上的混凝土主拉应力和主压应力进行验算：

①混凝土主拉应力

一级裂缝控制等级构件，应符合下列规定：

$$\sigma_{tp}\leqslant 0.85f_{tk} \tag{6-28}$$

二级裂缝控制等级构件，应符合下列规定：

$$\sigma_{tp}\leqslant 0.95f_{tk} \tag{6-29}$$

②混凝土主压应力

对一、二级裂缝等级构件，均应符合下列规定：

$$\sigma_{cp}\leqslant 0.60f_{ck} \tag{6-30}$$

式中 σ_{tp}、σ_{cp}——混凝土的主拉应力、主压应力。

此时，应选择跨度内不利位置的截面，对该截面的换算截面重心处和截面宽度突变处进行验算。

注：对允许出现裂缝的吊车梁，在静力计算中应符合式（6-29）和式（6-30）的规定。

7）混凝土主拉应力和主压应力应按下列公式计算：

$$\left.\begin{matrix}\sigma_{tp}\\ \\ \sigma_{cp}\end{matrix}\right\}=\frac{\sigma_x+\sigma_y}{2}\pm\sqrt{\left(\frac{\sigma_x-\sigma_y}{2}\right)+\tau^2} \tag{6-31}$$

$$\sigma_x=\sigma_{pc}+\frac{M_k y_0}{I_0} \tag{6-32}$$

$$\tau=\frac{(V_k-\Sigma\sigma_{pe}A_{pb}\sin\alpha_p)S_0}{I_0 b} \tag{6-33}$$

式中 σ_x——由预加力和弯矩值 M_k 在计算纤维处产生的混凝土法向应力；

σ_y——由集中荷载标准值 F_k 产生的混凝土竖向压应力；

τ——由剪力值 V_k 和弯起预应力筋的预加力在计算纤维处产生的混凝土剪应力；当计算截面上有扭矩作用时，尚应计入扭矩引起的剪应力；对超静定后张法预应力混凝土结构构件，在计算剪应力时，尚应计入预加力引起的次剪力；

σ_{pc}——扣除全部应力损失后，在计算纤维处由预加力产生的混凝土法向应力；

y_0——换算截面重心至计算纤维处的距离；

I_0——换算截面惯性矩；

V_k——按荷载标准组合计算的剪力值；

S_0——计算纤维以上部分的换算截面面积对构件换算截面重心的面积矩；

σ_{pe}——弯起预应力筋的有效预应力；

A_{pb}——计算截面上同一弯起平面内的弯起预应力筋的截面面积；

α_p——计算截面上弯起预应力筋的切线与构件纵向轴线的夹角。

注：式（6-31）、式（6-32）中的 σ_x、σ_y、σ_{pe} 和 $M_k y_0/I_0$，当为拉应力时，以正值代入；当为压应力时，以负值代入。

8）对预应力混凝土吊车梁，在集中力作用点两侧各 0.6h 的长度范围内，由集中荷载标准值 F_k 产生的混凝土竖向压应力和剪应力的简化分布可按图 6-1 确定，其应力的最大值可按下列公式计算：

$$\sigma_{y,\max} = \frac{0.6F_k}{bh} \tag{6-34}$$

$$\tau_F = \frac{\tau^l - \tau^r}{2} \tag{6-35}$$

$$\tau^l = \frac{V_k^l S_0}{I_0 b} \tag{6-36}$$

$$\tau^r = \frac{V_k^r S_0}{I_0 b} \tag{6-37}$$

式中 τ^l、τ^r——位于集中荷载标准值 F_k 作用点左侧、右侧 0.6h 处截面上的剪应力；

τ_F——集中荷载标准值 F_k 作用截面上的剪应力；

V_k^l、V_k^r——分别为集中荷载标准值 F_k 作用点左侧、右侧截面上的剪力标准值。

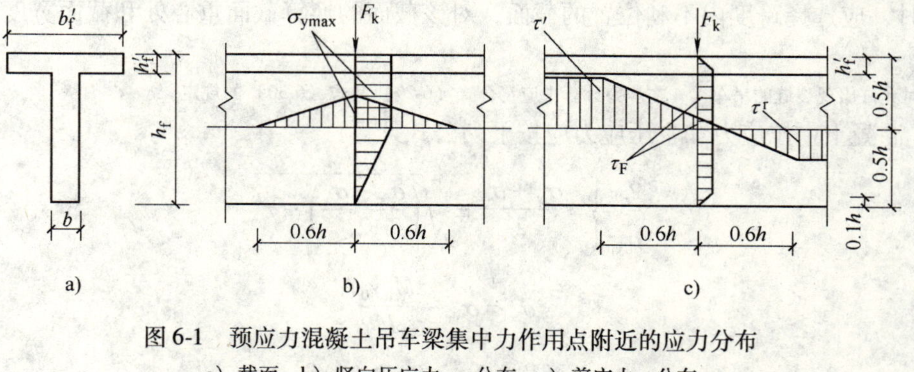

图 6-1 预应力混凝土吊车梁集中力作用点附近的应力分布

a）截面 b）竖向压应力 σ_y 分布 c）剪应力 τ 分布

验算最大裂缝宽度的步骤：

1）按荷载准永久组合成标准组合计算弯矩 M。

2）计算纵向受拉钢筋应力 σ_s。

3）计算有效配筋率 ρ_{te}。

4）计算受拉钢筋的应力不均匀系数 φ。

5）计算最大裂缝宽度 W_{max}。

6）验算 $W_{max} \leqslant W_{lim}$。

【例 6-1】 验算矩形梁的裂缝宽度，已知某教学楼的一根钢筋混凝土简支梁，计算跨度 $l=5\text{m}$ 截面尺寸 $b=240\text{mm}$，$h=640\text{mm}$，混凝土强度等级为 C25（$E_c=2.80\times10^4\text{N/mm}^2$），按正截面承载力计算已配置了热轧钢筋 HRB400，4 ⌽ 20（$E_s=2\times10^5\text{N/mm}^2$，$A_s=1256\text{mm}^2$），梁所承受的永久荷载准值（包括梁自重）$g_k=18.6\text{kN/m}$，可变荷载值 $q_k=15\text{kN/m}$。保护层厚度 25mm。

求：验算其裂缝宽度。

【解】（1）按荷载的准永久组合计算弯矩 M_q

$$M_q=\frac{1}{8}(g_k+q_k)l_0^2=\frac{1}{8}\times(18.6+15)\times5^2\text{kN}\cdot\text{m}=105\text{kN}\cdot\text{m}$$

（2）计算纵向受拉钢筋的应力 σ_s

$$\sigma_s=\frac{M_q}{0.87h_0A_s}=\frac{105\times10^6}{0.87\times615\times1256}\text{N/mm}^2=156.24\text{N/mm}^2$$

（3）计算有效配筋率 ρ_{te}

$$A_{te}=0.5bh=0.5\times240\times640\text{mm}^2=76800\text{mm}^2$$

$$\rho_{te}=A_s/A_{te}=1256/76800=0.0164>0.01,\text{取}\rho_{te}=0.0164$$

（4）计算受拉钢筋应变的不均匀系数 φ

$$\varphi=1.1-\frac{0.65f_{tk}}{\rho_{te}\sigma_{sk}}=1.1-\frac{0.65\times1.78}{0.0164\times156.24}=0.65\begin{matrix}>0.2\\<1.0\end{matrix}$$ 故取 $\varphi=0.65$。

（5）计算最大裂缝宽度 w_{max}

混凝土保护层厚度 $c=25\text{mm}>20\text{mm}$，HRB400 级钢筋，

$$v=1.0,d_{eq}=\frac{d}{v}=20\text{mm}$$

$$w_{max}=2.1\varphi\frac{\sigma_s}{E}\left(1.9c+0.08\frac{d_{eq}}{\rho_{te}}\right)=2.1\times0.65\times\frac{156.24}{2\times10^5}\left(1.9\times25+0.08\times\frac{20}{0.0164}\right)\text{mm}$$

$$=0.155\text{mm}$$

（6）最大裂缝宽度限值的取值见表 6-1。最大裂缝宽度的限值 $w_{lim}=0.2\text{mm}$，$w_{max}=0.155\text{mm}\leqslant w_{lim}=0.2\text{mm}$，裂缝宽度满足要求。

【例 6-2】 轴拉构件的裂缝宽度验算，已知某屋架下弦按轴心受拉构件设计，截面尺寸为 220mm×140mm，保护层厚度 $c=25\text{mm}$，配置 4 ⌽ 16HRB400 级钢筋，混凝土强度等级 C45，荷载准永久组合的轴向拉力 $N_q=145\text{kN}$，环境类别为二 a 类。

求：验算最大裂缝宽度。

【解】（1）查表 1-2，混凝土为 C45 时的保护层最小厚度为 25mm，满足要求。

（2）f_{tk} 的取值见表 6-5。得 $f_{tk}=2.51\text{N/mm}^2$ 要表 6-3 得 $E_s=2.0\times10^5\text{N/mm}^2$。

表 6-5 混凝土强度标准值 （单位：N/mm²）

强度种类	混凝土强度等级													
	C15	C20	C25	C30	C35	C40	C45	C50	C55	C60	C65	C70	C75	C80
f_{ck}	10.0	13.4	16.7	20.1	23.4	26.8	29.6	32.4	35.5	38.5	41.5	44.5	47.4	50.2
f_{tk}	1.27	1.54	1.78	2.01	2.20	2.39	2.51	2.64	2.74	2.85	2.93	2.99	3.05	3.11

（3）A_s 的取值见表 2-1。得 $A_s=804\text{mm}^2$。

（4）查表 6-4 对非预应力的带肋钢筋的相对粘结特性系数 $v=1.0$。

应用式（6-8）得

$$d_{eq}=\frac{d}{v}=\frac{1.6}{1.0}\text{mm}=1.6\text{mm}$$

（5）有效受拉混凝土截面面积对轴心受拉构件，取构件截面面积，故

$$A_{te}=220\times140\text{mm}^2=30800\text{mm}^2$$

应用式（6-9）得

$$\rho_{te}=\frac{A_s}{A_{te}}=\frac{804}{30800}=0.0261>0.01$$

取 $\rho_{te}=0.0261$

（6）应用式（6-10）得

$$\sigma_{sq}=\frac{N_q}{A_s}=\frac{145000}{804}\text{N/mm}^2=180.35\text{N/mm}^2$$

（7）应用式（6-7），求裂缝间纵向受拉钢筋应变不均匀系数

$$\varphi=1.0-0.65\frac{f_{tk}}{\rho_{te}\sigma_{sq}}=1.1-\frac{0.65\times2.51}{0.0261\times180.35}=0.753\ \begin{matrix}<1.0\\>0.2\end{matrix}$$

（8）查表 6-2 得钢筋混凝土受拉构件的受力特征系数 $\alpha_{cr}=2.7$。

（9）应用式（6-6）求最大裂缝宽度

$$w_{max}=\alpha_{cr}\varphi\frac{\sigma_{sq}}{E_s}\left(1.9c+0.08\frac{d_s}{\rho_{te}}\right)=2.7\times0.753\times\frac{180.35}{2\times10^5}\times\left(1.9\times25+0.08\times\frac{16}{0.0261}\right)\text{mm}$$

$$=0.1769\text{mm}\approx0.177\text{mm}$$

（10）最大裂缝宽度限值的取值见表 6-1。对钢筋混凝土屋架，其最大裂缝宽度限值应取为 0.2mm。

$$\omega_{max}=0.177\text{mm}<0.2\text{mm},\text{满足要求。}$$

【例 6-3】 偏心受拉构件的裂缝宽度验算，已知 15m 跨空腹屋架下弦的截面尺寸 $b\times h=240\text{mm}\times180\text{mm}$，混凝土强度等级为 C35，对称配置 HRB335 级钢筋 8 Φ20，混凝土保护层厚度 $c=30\text{mm}$，按荷载准永久组合计算的轴向拉力 $N_q=260\text{kN}$ 和弯矩 $M_q=6.24\text{kN}\cdot\text{m}$。室内为正常环境。

试验算最大裂缝宽度。

【解】 $d_{eq}=20\text{mm}$，$A_s=1256\text{mm}^2$，

C35 混凝土，$f_{tk}=2.20\text{N/mm}^2$，HRB335 级钢筋 $E_s=2.0\times10^5\text{N/mm}^2$。

$$A_{te}=0.5\times b\times h=0.5\times240\times180\text{mm}^2=21600\text{mm}^2$$

$$\rho_{te}=A_s/A_{te}=1256/21600=0.0581$$

$$a_s=a_s'=c+d/2=(30+20/2)\text{mm}=40\text{mm}$$

$$h_0=h-a_s=(180-40)\text{mm}=140\text{mm}$$

$$e_0=M_q/N_q=6240000\text{N}\cdot\text{mm}/260000\text{N}=24\text{mm}$$

$$e'=e_0+h/2-a_s'=(24+180/2-40)\text{mm}=74\text{mm}$$

$$\sigma_{sq}=\frac{N_q e'}{A_s(h_0-a_s')}=\frac{260000\times74}{1256\times(140-40)}\text{N/mm}^2=153.2\text{N/mm}^2$$

$$\varphi=1.1-\frac{0.65f_{tk}}{\rho_{te}\sigma_{sq}}=1.1-0.65\times\frac{2.20}{0.0581\times153.2}=0.939$$

查表 6-1　$\alpha_{cr}=2.4$

所以　$$w_{max}=\alpha_{cr}\varphi\frac{\sigma_{sq}}{E_s}\left(1.9c+0.08\frac{d_{eo}}{\rho_{te}}\right)$$

$$=2.4\times0.939\times\frac{153.2}{2.0\times10^5}\times\left(1.9\times40+0.08\times\frac{20}{0.0581}\right)\text{mm}=0.179\text{mm}$$

根据表 6-1 注 3 的规定，$\omega_{lim}=0.2\text{mm}$，$\omega_{max}=0.179<\omega_{lim}=0.2\text{mm}$，满足要求。

6.4　受弯构件的挠度验算

在等截面构件中，可假定各同号弯矩值区段内的钢度相等，并采用该区段内最大弯矩处的较小钢度计算。对两端固定的混凝土梁或连续梁其支座刚度不大于跨中界面钢度的两倍，或者不小于跨中截面刚度的一半时，该跨也可按等刚度构件进行计算，其构件刚度取跨中最大弯矩截面处的最小刚度。

钢筋混凝土受弯构件的最大挠度应按荷载的准永久组合，预应力混凝土受弯构件的最大挠度应按荷载的标准组合，并均应考虑荷载长期作用的影响进行计算，所求得的挠度计算值不应超过表 6-6 中的规定。

表 6-6　受弯构件的挠度限值

构件类型	挠度限值
吊车梁：手动吊车；电动吊车	$l_0/500$　$l_0/600$
屋盖、楼盖及楼梯构件：	
当 $l_0<7\text{m}$ 时	$l_0/200$　$(l_0/250)$
当 $7m\leqslant l_0\leqslant9\text{m}$ 时	$l_0/250$　$(l_0/300)$
当 $l_0>9\text{m}$ 时	$l_0/300$　$(l_0/400)$

注：1. 表中 l_0 为构件的计算跨度。
2. 表中括号内的数值适用于使用上对挠度有较高要求的构件。
3. 如果构件制作时预先起拱，且使用上也允许，则在验算挠度时，可将计算所得的挠度值减去起拱值；对预应力混凝土构件，尚可减去预加力所产生的反拱值。
4. 计算悬臂构件的挠度限值时，其计算跨度 l_0 按实际悬臂长度的 2 倍取用。

1. 各类构件的刚度

矩形、T 形、倒 T 形和 I 形截面受弯构件的刚度 B 按下式计算：

（1）采用荷载标准组合时

$$B=\frac{M_k}{M_q(\theta-1)+M_k}B_s \tag{6-38}$$

（2）采用荷载准永久组合时

$$B=\frac{B_s}{\theta}$$

式中 M_k——按荷载效应的标准组合计算的弯矩，取计算区段内的最大弯矩值；

M_q——按荷载效应的准永久组合计算的弯矩，取计算区段内的最大弯矩值；

B_s——荷载效应的标准组合作用下受弯构件的短期刚度，按式（5-31）计算；

θ——考虑荷载长期作用对挠度增大的影响系数，按3取用。

2. 钢筋混凝土受弯构件短期刚度

上述构件在荷载效应的标准组合作用下，受弯构件的短期刚度 B_s 可按式（5-31）计算。

3. 预应力混凝土受弯构件短期刚度

按裂缝控制等级要求的荷载组合作用下，预应力混凝土受弯构件 B_s 可按下列公式计算。

1）要求不出现裂缝的构件

参见5.5叠合式受弯构件计算中式（5-33）。

2）允许出现裂缝的构件

$$B_s=\frac{0.85E_cI_0}{\kappa_{cr}+(1-\kappa_{cr})\omega} \tag{6-39}$$

$$\kappa_{cr}=\frac{M_{cr}}{M_k} \tag{6-40}$$

$$\omega=\left(1.0+\frac{0.21}{\alpha_E\rho}\right)(1+0.45\gamma_f)-0.7 \tag{6-41}$$

$$M_{cr}=(\sigma_{pc}+\gamma f_{tk})W_0 \tag{6-42}$$

$$\gamma_f=\frac{(b_f-b)h_f}{bh_0} \tag{6-43}$$

式中 α_E——钢筋弹性模量与混凝土弹性模量的比值,即 E_s/E_c；

ρ——纵向受拉钢筋配筋率,对钢筋混凝土受弯构件,取为 $A_s/(bh_0)$；对预应力混凝土受弯构件，取为 $(a_1A_p+A_s)/(bh_0)$，对灌浆的后张预应力筋，取 $\alpha_1=1.0$，对无粘结后张预应力筋，取 $a_1=0.3$；

I_0——换算截面惯性矩；

γ_f——受拉翼缘截面面积与腹板有效截面面积的比值；

b_f、h_f——受拉区翼缘的宽度、高度；

κ_{cr}——预应力混凝土受弯构件正截面的开裂弯矩 M_{cr} 与弯矩 M_k 的比值，当 $\kappa_{cr}>1.0$ 时，取 $\kappa_{cr}=1.0$；

σ_{pc}——扣除全部预应力损失后，由预加力在抗裂验算边缘产生的混凝土预压应力；

γ——混凝土构件的截面抵抗矩塑性影响系数。

注：对预压时预拉区出现裂缝的构件，B_s 应降低10%。

4. 混凝土构件的截面抵抗矩塑性影响系数 γ

混凝土构件的截面抵抗矩塑性影响系数 γ 可按下列公式计算：

$$\gamma=\left(0.7+\frac{120}{h}\right)\gamma_{m} \tag{6-44}$$

式中　γ_m——混凝土构件的截面抵抗矩塑性影响系数基本值，可按表 6-7 取用；

h——截面高度（mm）。

表 6-7　截面抵抗矩塑性影响系数基本值 γ_m

项次	1	2	3		4		5
截面形状	矩形截面	翼缘位于受压区的 T 形截面	对称 I 形截面或箱形截面		翼缘位于受拉区的倒 T 形截面		圆形和环形截面
			$b_f/b\leq2$、h_f/h 为任意值	$b_f/b>2$、$h_f/h<0.2$	$b_f/b\leq2$、h_f/h 为任意值	$b_f/b>2$、$h_f/h<0.2$	
γ_m	1.55	1.50	1.45	1.35	1.50	1.40	$1.6-0.24r_l/r$

注：1. 对 $b_f'>b_f$ 的 I 形截面，可按项次 2 与项次 3 之间的数值采用；对 $b_f'<b_f$ 的 I 形截面，可按项次 3 与项次 4 之间的数值采用。

2. 对于箱形截面，b 系指各肋宽度的总和。

3. r_l 为环形截面的内环半径，对圆形截面取 r_l 为零。

5. 荷载长期作用对钢筋混凝土受弯构件挠度增大的影响系数 θ 值

当 $\rho'=0$ 时，取 $\theta=2.0$。

当 $\rho'=\rho$ 时，取 $\theta=1.6$。

当 ρ' 为中间数值时，θ 按线性内插法取用。此处，$\rho'=A_s'/(bh_0)$，$\rho=A_s/(bh_0)$。

对翼缘位于受拉区的倒 T 形截面，θ 应增加 20%。

【例 6-4】　在某室内正常环境中，已知矩形截面简支梁 $b\times h=260\text{mm}\times480\text{mm}$，计算跨度 $l_0=7.0\text{m}$，混凝土强度等级为 C45。配 4 ⏀20、HRB335 级纵向受拉钢筋，$A_s=256\text{mm}^2$。混凝土保护层厚度 $c=25\text{mm}$。均布荷载，其中静载 $g_k=12\text{kN/m}$（包括自重），活载 $q_k=8\text{kN/m}$，楼面活载的准永久数 $\varphi_q=0.5$。

试验算使用阶段梁的挠度。

【解】（1）确定 M_k、M_q：

按荷载效应标准组合计算的最大弯矩

$$M_k=\frac{1}{8}g_kl_0^2+q_kl_0^2=\left(\frac{1}{8}\times12\times7^2+\frac{1}{8}\times8\times7^2\right)\text{N}\cdot\text{mm}=122.5\times10^6\text{N}\cdot\text{mm}$$

按荷载效应的准永久组合

$$M_q=\frac{1}{8}g_kl_0^2+0.5\times\frac{1}{8}q_kl_0^2=98\times10^6\text{N}\cdot\text{mm}$$

（2）计算有关参数

$$a_s=(25+20/2)\text{mm}=35\text{mm};h_0=h-a_s=(480-35)\text{mm}=445\text{mm}$$

$$\alpha_E=E_s/E_c=2.0\times10^5/(3.0\times10^4)=6.67$$

C40 混凝土　$f_{tk}=2.51\text{N/mm}^2$

$$\rho_{te}=A_s/A_{te}=1256/(0.5\times250\times500)=0.02>0.01$$

$$\sigma_{ss}=\frac{M_k}{0.87h_0A_s}=\frac{122.5\times10^6}{0.87\times445\times1256}\text{N/mm}^2=251.92\text{N/mm}^2$$

$$\varphi = 1.1 - \frac{0.65 f_{tk}}{\rho_{te}\sigma_{ss}} = 1.1 - \frac{0.65 \times 2.51}{0.0201 \times 251.92} = 0.778 \quad \begin{matrix} > 0.2 \\ < 1.0 \end{matrix}$$

（3）求 B_s

$$\gamma_f' = 0, B_s = \frac{E_s A_s h_0^2}{1.154 + 0.2 + [6\alpha_E \rho / (1 + 3.5\gamma_f')}$$

$$= \frac{2.0 \times 10^5 \times 1256 \times 445^2}{1.15 \times 0.778 + 0.2 + 6 \times 6.67 \times 0.0108} \text{N} \cdot \text{mm}^2$$

$$= \frac{49.74 \times 10^{12}}{1.527} \text{N} \cdot \text{mm}^2 = 32.57 \times 10^{12} \text{N} \cdot \text{mm}^2$$

（4）求受弯构件的刚度 B

$$\rho' = 0, \theta = 2.2$$

$$B = \frac{M_k}{M_0(\theta - 1) + K_k} B_s = \frac{122.5}{98 \times (2 - 1) + 122.5} \times 32.57 \times 10^{12} \text{N} \cdot \text{mm}^2 = 18.09 \times 10^{12} \text{N} \cdot \text{mm}^2$$

（5）计算梁的挠度并验算

$$f = \frac{5}{48} \cdot \frac{M_k l_0^2}{B} = \frac{5}{48} \times \frac{122.5 \times 10^6 \times 7000 \times 7000}{18.09 \times 10^{12}} \text{mm} = 34.56 \text{mm}$$

查表 6-6 挠度限值为 $l_0/200 = 7000\text{mm}/200 = 35\text{mm}$，$f = 34.56\text{mm} < l_0/200 = 35\text{mm}$ 满足要求。

【例 6-5】 圆孔板的挠度验算，已知图 6-2 所示八孔空心板为 C25 等级混凝土，$f_{tk} = 1.78\text{N/mm}$，配置 9ϕ16、HPB300 级受力钢筋，保护层厚度 $c = 10\text{mm}$，计算跨度 $l_0 = 3.04\text{m}$；承受荷载标准组合 $M_k = 4.47\text{kN} \cdot \text{m}$，荷载准永久组合 $M_q = 2.91\text{kN} \cdot \text{m}$。

试验算挠度。

【解】（1）按截面形心位置、面积和对形心轴惯性矩不变的条件，将圆孔换算成 $b_h \times h_h$ 的矩形孔，即

$$\frac{\pi d^2}{4} = b_h h_h, \ \frac{\pi d^4}{64} = \frac{b_h h_h^3}{12}$$

则
$$h_h = \frac{\sqrt{3}}{2} d = \frac{\sqrt{3}}{2} \times 78\text{mm} = 67.55\text{mm}$$

$$b_h = \frac{\pi}{2\sqrt{2}} d = \frac{3.14}{2\sqrt{3}} \times 78\text{mm} = 70.7\text{mm}$$

于是，可将圆孔板截面换算成工形截面。换算后的工形截面尺寸如图 6-2 所示。

$$\frac{\pi d^2}{4} = b_h h_h, \ \frac{\pi d^4}{64} = \frac{b_h h_h^3}{12}$$

$$h_h = \frac{\sqrt{3}}{2} d = \frac{\sqrt{3}}{2} \times 78\text{mm} = 67.55\text{mm}$$

$$b_h = \frac{\pi}{2\sqrt{3}} d = \frac{3.14}{2\sqrt{3}} \times 78\text{mm} = 70.7\text{mm}$$

$$\frac{h'_f}{h_0}=\frac{30.4}{107}=0.284>0.2$$

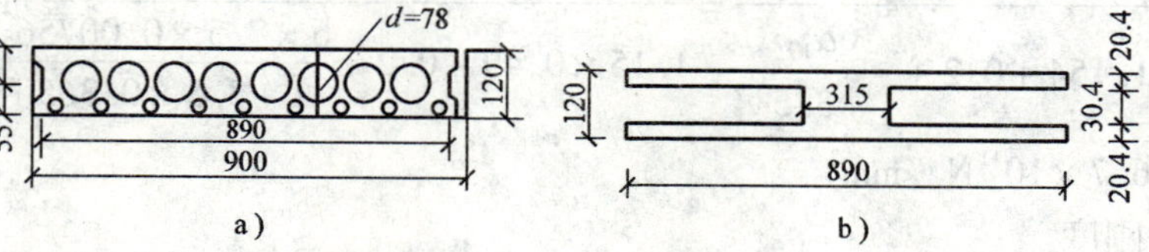

图6-2　多孔板及其换算截面

当 $h'_f>0.2h_0$ 时，$h'_f=0.2h_0$，$h_0=21.4\text{mm}$

(2) 短期刚度计算

根据表6-8混凝土弹性模量表，得 $E_c=2.8\times10^4\text{N/mm}^2$

表6-8　混凝土弹性模量　（单位：10^4N/mm^2）

混凝土强度等级	C15	C20	C25	C30	C35	C40	C45	C50	C55	C60	C65	C70	C75	C80
E_c	2.20	2.55	2.80	3.00	3.15	3.25	3.35	3.45	3.55	3.60	3.65	3.70	3.75	3.80

查表6-3得 $E_s=2.1\times10^5\text{N/mm}^2$

根据 $\alpha_E=\dfrac{E_s}{E_c}$

$$\alpha_E=\frac{E_s}{E_c}=\frac{2.1\times10^5}{2.8\times10^4}=7.5$$

A_s 的取值见表2-1。$A_s=9\times28.3\text{mm}^2=254.7\text{mm}^2$

$$\rho=\frac{A_s}{bh_0}=\frac{254.7}{315\times107}=0.00756$$

应用式（6-9）得

$$\rho_{te}=\frac{A_s}{0.5bh+(b_f-b)h_f}=\frac{254.7}{0.5\times315\times120+(890-315)\times20.4}$$
$$=0.00832<0.01,\text{取}\ \rho_{te}=0.01$$

应用式（6-12）得

$$\sigma_{sk}=\frac{M_k}{0.84h_0A_s}=\frac{4.47\times10^6}{0.87\times107\times254.7}\text{N/mm}^2=189\text{N/mm}^2$$

应用式（6-7）得

$$\varphi=1.1-0.65\frac{f_{tk}}{\rho_{te}\sigma_{sk}}=1.1-\frac{0.65\times1.78}{0.01\times189}=0.49\ \begin{matrix}>0.2\\>1\end{matrix}$$

根据式 $\gamma'_f=\dfrac{(b'_f-b)h'_f}{bh_0}$　得

$$\gamma'_f=\frac{(b'_t-b)h'_t}{bh_0}=\frac{(890-315)\times21.4}{315\times107}=0.365$$

代入式（5-31）

$$B_s=\frac{E_sA_sh_0^2}{1.154+0.2+\dfrac{6\alpha_E\rho}{1+3.5\gamma_f'}}=\frac{2.1\times10^5\times254.7\times107^2}{1.15\times0.49+0.2+\dfrac{6\times7.5\times0.00756}{1+3.5\times0.365}}\text{N}\cdot\text{mm}^2$$

$$=6.7\times10^{11}\text{N}\cdot\text{mm}^2$$

（3）计算刚度

因$\rho'=0$，取$\theta=2$，代入式（6-38）

$$B=\frac{M_k}{M_q(\theta-1)+M_k}B_k=\frac{4.47}{2.91\times(2-1)+4.47}\times6.7\times10^{11}\text{N}\cdot\text{mm}^2$$

$$=4.06\times10^{11}\text{N}\cdot\text{mm}^2$$

（4）挠度计算

$$f=\frac{5}{48}\frac{M_kl_0^2}{B}=\frac{5}{48}\times\frac{4.47\times10^6\times3040^2}{4.06\times10^{11}}\text{mm}=101.75\times\frac{5}{48}\text{mm}=10.6\text{mm}$$

（5）挠度限值

查表6-6得

$$[f]=\frac{l_0}{200}=\frac{3040}{200}\text{mm}=15.2\text{mm}$$

$$f=10.6\text{mm}<[f]=15.2\text{mm}\quad \text{满足要求。}$$

7 模板工程施工计算

7.1 混凝土模板用量计算

7.1.1 展开面积

在现浇钢筋混凝土结构施工中，常需估算模板的耗用量，即计算每 $1m^3$ 混凝土结构的展开面积用量，其计算如下：

$$U=\frac{A}{V} \tag{7-1}$$

式中 U——每 $1m^3$ 混凝土结构的模板（展开面积）用量（m^2/m^3）；

A——模板的展开面积（m^2）；

V——混凝土的体积（m^3）。

7.1.2 各种截面柱模板

各种截面柱模板的计算公式见表 7-1，正方形或圆形截面柱每 $1m^3$ 混凝土的模板用量 U 值见表 7-2，矩形截面柱子每 $1m^3$ 混凝土的模板用量 U 值见表 7-3。

表 7-1 各种截面柱模板的计算公式

截面类型	计算公式
正方形截面柱	边长为 $a\times a$ 时，模板用量按下式计算 $U_1=\frac{4}{a}$ (7-2) 式中 U_1——正方形截面柱每 $1m^3$ 混凝土的模板用量（m^2/m^3） a——柱长、短边长度（m）
圆形截面柱	直径为 d 时，模板用量按下式计算： $U_2=\frac{4}{d}$ (7-3) 式中 U_2——圆形截面柱每 $1m^3$ 混凝土的模板用量（m^2/m^3） d——柱直径（m）
矩形截面柱	边长为 $a\times b$ 时，模板用量按下式计算： $U_3=\frac{2(a+b)}{a\cdot b}$ (7-4) 式中 U_3——矩形截面柱每 $1m^3$ 混凝土的模板用量（m^2/m^3） a、b——柱长、短边长度（m）

表 7-2　正方形或圆形截面柱每 $1m^3$ 混凝土的模板用量 U 值

柱横截面尺寸 $a\times a/(m\times m)$	模板用量 $U=4/a/(m^2/m^3)$	柱横截面尺寸 $a\times a/(m\times m)$	模板用量 $U=4/a/(m^2/m^3)$
0.3×0.3	13.33	0.9×0.9	4.44
0.4×0.4	10.00	1.0×1.0	4.00
0.5×0.5	8.00	1.1×1.1	3.64
0.6×0.6	6.67	1.3×1.3	3.08
0.7×0.7	5.71	1.5×1.5	2.67
0.8×0.8	5.00	2.0×2.0	2.00

表 7-3　矩形截面柱子每 $1m^3$ 混凝土的模板用量 U 值

柱横截面尺寸 $a\times b$ /(m×m)	模板用量 $U=\frac{2(a+b)}{ab}/(m^2/m^3)$	柱横截面尺寸 $a\times b$ /(m×m)	模板用量 $U=\frac{2(a+b)}{ab}/(m^2/m^3)$
0.4×0.3	11.67	0.8×0.6	5.83
0.5×0.3	10.67	0.9×0.45	6.67
0.6×0.3	10.00	0.9×0.60	6.56
0.7×0.35	8.57	1.0×0.50	6.00
0.8×0.40	7.50	1.0×0.70	4.86

7.1.3　主梁和次梁模板

钢筋混凝土主梁和次梁，每 $1m^3$ 混凝土的模板用量按下式计算：

$$U_4=\frac{2h+b_1}{b_1h} \tag{7-5}$$

式中　U_4——主梁或次梁每 $1m^3$ 混凝土的模板用量（m^2/m^3）；

b_1——主梁或次梁宽度（m）；

h——主梁或次梁高度（m）；

常用矩形截面主梁及次梁的 U 值见表 7-4。

表 7-4　矩形截面主梁及次梁每 $1m^3$ 混凝土的模板用量 U 值

梁截面尺寸 $h\times b$ /(m×m)	模板用量 $U=\frac{2h+b}{hb}/(m^2/m^3)$	梁截面尺寸 $h\times b$ /(m×m)	模板用量 $U=\frac{2h+b}{hb}/(m^2/m^3)$
0.30×0.2	13.33	0.80×0.40	6.25
0.40×0.2	12.50	1.00×0.50	5.00
0.50×0.25	10.00	1.20×0.60	4.17
0.60×0.30	8.33	1.40×0.70	3.57

7.1.4　楼板模板

钢筋混凝土楼板，每 $1m^3$ 混凝土的模板用量按下式计算：

$$U_5 = \frac{1}{d_1} \tag{7-6}$$

式中　U_5——楼板每 $1m^3$ 混凝土的模板用量（m^2/m^3）；

d_1——楼板的厚度（m）。

肋形楼板的厚度，一般为 0.06～0.14m。无梁楼板的厚度为 0.17～0.22m，其模板用量 U 值见表 7-5。

表 7-5　肋形楼板和无梁楼板每 $1m^3$ 混凝土的模板用量 U 值

板厚/m	模板用量 $U=1/d/(m^2/m^3)$	板厚/m	模板用量 $U=1/d/(m^2/m^3)$
0.06	16.67	0.14	7.14
0.08	12.50	0.17	5.88
0.10	10.00	0.19	5.26
0.12	8.33	0.22	4.55

7.1.5　墙模板

混凝土或钢筋混凝土墙，每 $1m^3$ 混凝土的模板用量按式（7-7）计算：

$$U_6 = \frac{2}{d_2} \tag{7-7}$$

式中　U_6——墙每 $1m^3$ 混凝土的模板用量（m^2/m^3）；

d_2——墙厚度（m）。

常用的墙厚与相应的模板用量 U 值见表 7-6。

表 7-6　墙每 $1m^3$ 混凝土的模板用量 U 值

墙厚/m	模板用量 $U=\frac{2}{d}/(m^2/m^3)$	墙厚/m	模板用量 $U=\frac{2}{d}/(m^2/m^3)$
0.06	33.33	0.18	11.11
0.08	25.00	0.20	10.00
0.10	20.00	0.25	8.00
0.12	16.67	0.30	6.67
0.14	14.29	0.35	5.71
0.16	12.50	0.40	5.00

【例 7-1】　某工程，钢筋混凝土柱截面为 0.5m×0.5m 和 0.6m×0.3m，梁高度 h＝0.5m，宽度 b＝0.3m，楼板厚 d_1＝0.2m，墙厚 d_2＝0.5m，试分别计算每 $1m^3$ 混凝土的柱、梁、楼板和墙的模板用量。

【解】　正方形柱模板按式（7-2）得

$$U = \frac{4}{a} = \frac{4}{0.5} m^2/m^3 = 8m^2/m^3$$

矩形截面柱模板按式（7-4）得

$$U=\frac{2(a+b)}{ab}=\frac{2(0.6+0.3)}{0.6\times 0.3}\mathrm{m^2/m^3}=10\mathrm{m^2/m^3}$$

梁模板按式（7-5）得

$$U=\frac{2h+b_1}{b_1h}=\frac{2\times 0.5+0.3}{0.3\times 0.5}\mathrm{m^2/m^3}=8.67\mathrm{m^2/m^3}$$

楼板模板按式（7-6）计算，得：

$$U=\frac{1}{d_1}=\frac{1}{0.2}\mathrm{m^2/m^3}=5\mathrm{m^2/m^3}$$

墙模板按式（7-7）得

$$U=\frac{2}{d_2}=\frac{2}{0.5}\mathrm{m^2/m^3}=4\mathrm{m^2/m^3}$$

7.2 组合钢模板连接件及支承件计算

7.2.1 模板拉杆

模板拉杆用于连接内、外两组模板，保持内、外模板的间距，承受混凝土侧压力对模板荷载，使模板有足够的刚度和强度。拉杆形式多采用圆杆式［通称对拉螺栓（见图7-1）或穿墙螺栓］，分组合式和整体式两种。前者由内、外拉杆和顶帽组成；后者为自制的通长螺栓，通常采用Q235圆钢制作。

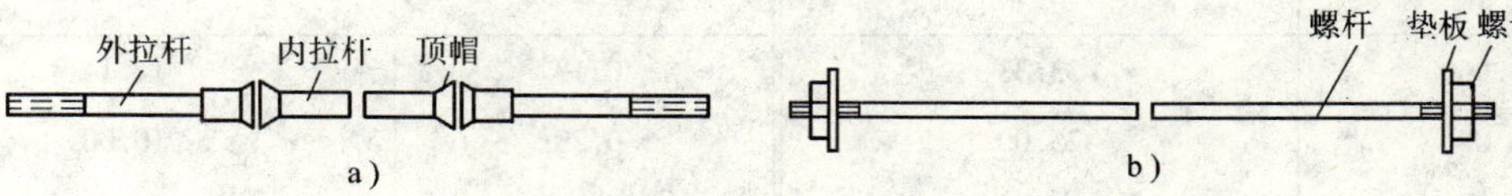

图7-1　对拉螺栓形式
a）组合式　b）整体式

模板拉杆的计算公式如下：

$$P=FA \tag{7-8}$$

式中　P——模板拉杆承受的拉力（N）；

F——混凝土的侧压力（$\mathrm{kN/m^2}$）；

A——模板拉杆分担的受荷面积（$\mathrm{m^2}$），其值为$A=a\times b$。

表7-7、表7-8、表7-9为按式（7-8）编制的对拉螺栓拉力计算表，已知F、a、b，可直接查出P值。

表 7-7　对拉螺栓拉力计算表（$F=30kN/m^2$）　　（单位：N）

b/m ＼ a/m	0.45	0.50	0.55	0.60	0.65	0.70	0.75
0.45	6075	—	—	—	—	—	—
0.50	6750	7500	—	—	—	—	—
0.55	7425	8250	9075	—	—	—	—
0.60	8100	9000	9900	10800	—	—	—
0.65	8775	9750	10725	11700	12675	—	—
0.70	9450	10500	11550	12600	13650	14700	—
0.75	10125	11250	12375	13500	14625	15750	16875
0.80	10800	12000	13200	14400	15600	16800	18000
0.85	11475	12750	14025	15300	16575	17850	19125
0.90	12150	13500	14850	16200	17550	18900	20250

注：当混凝土侧压力 $F\neq30kN/m^2$ 时，对拉螺栓的拉力 $P'=\dfrac{PF'}{F}$，F'为实际的混凝土侧压力；P 为由表 7-7 中查出之值。当 $F=40kN/m^2$ 和 $60kN/m^2$ 时，可查表 7-8 和表 7-9。其中，a 为模板拉杆的横向间距（m）；b 为模板拉杆的纵向间距（m）。

表 7-8　对拉螺栓拉力计算表（$F=40kN/m^2$）　　（单位：N）

b/m ＼ a/m	0.45	0.50	0.55	0.60	0.65	0.70	0.75
0.45	8100	—	—	—	—	—	—
0.50	9000	10000	—	—	—	—	—
0.55	9900	11000	12100	—	—	—	—
0.60	10800	12000	13200	14400	—	—	—
0.65	11700	13000	14300	15600	16900	—	—
0.70	12600	14000	15400	16800	18200	19600	—
0.75	13500	15000	16500	18000	19500	21000	22500
0.80	14400	16000	17600	19200	20800	22400	24000
0.85	15300	17000	18700	20400	22100	23800	25500
0.90	16200	18000	19800	21600	23400	25200	27000

注：同表 7-7。

表 7-9　对拉螺栓拉力计算表（$F=60kN/m^2$）　　（单位：N）

b/m \ a/m	0.45	0.50	0.55	0.60	0.65	0.70	0.75
0.45	12150	—	—	—	—	—	—
0.50	13500	15000	—	—	—	—	—
0.55	14850	16500	18150	—	—	—	—
0.60	16200	18000	19800	21600	—	—	—
0.65	17550	19500	21450	23400	25350	—	—
0.70	18900	21000	23100	25200	27300	29400	—
0.75	20250	22500	24750	27000	29250	31500	33750
0.80	21600	24000	26400	28800	31200	33600	36000
0.85	22950	25500	28050	30600	33150	35700	38250
0.90	24300	27000	29700	32400	35100	37800	40500

注：同表 7-7 注。当 $F=50kN/m^2$ 时，可取表 7-8 和表 7-9 的平均值。

表 7-10 为常用对拉螺栓力学性能表，可根据计算或查出的 P 值选用螺栓直径。

表 7-10　对拉螺栓力学性能表

螺栓直径/mm	螺纹内径/mm	净面积/mm²	质量/(kg/m)	容许拉力/N
12	9.85	75	0.89	12900
14	11.55	105	1.21	17800
16	13.55	144	1.58	24500
18	14.93	174	2.00	29600
20	16.93	225	2.46	38200
22	18.93	282	2.98	47900

7.2.2　支承钢楞

钢楞用于支承钢模板，加强其整体刚度。钢楞材料有钢管、矩形钢管、内卷边槽钢和槽钢等多种形式。钢楞常用各种型钢力学性能见表 7-11。

表 7-11　各种型钢力学性能表

规格/mm		截面积 A/mm²	质量/(kg/m)	截面惯性矩 I_x/mm⁴	截面最小抵抗矩 W_x/mm³
扁钢	−70×5	350	2.75	14.29×10^4	4.08×10^3
角钢	∟75×25×3.0	291	2.28	17.17×10^4	3.76×10^3
	∟80×35×3.0	330	2.59	22.49×10^4	4.17×10^3
钢管	ϕ48×3.0	424	3.33	10.78×10^4	4.49×10^3
	ϕ48×3.5	489	3.84	12.19×10^4	5.08×10^3
	ϕ51×3.5	522	4.10	14.81×10^4	5.18×10^3

（续）

规格/mm		截面积 A/mm^2	质量/(kg/m)	截面惯性矩 I_x/mm^4	截面最小抵抗矩 W_x/mm^3
矩形钢管	□60×40×2.5	457	3.59	21.88×10^4	7.29×10^3
	□80×40×2.0	452	3.55	37.13×10^4	9.28×10^3
	□100×50×3.0	864	6.78	112.12×10^4	22.42×10^3
冷弯槽钢	[80×40×3.0	450	3.53	43.92×10^4	10.98×10^3
	[100×50×3.0	570	4.47	88.52×10^4	12.20×10^3
内卷边槽钢	C80×40×15×3.0	508	3.99	48.92×10^4	12.23×10^3
	C100×50×20×3.0	658	5.16	100.28×10^4	20.06×10^3
槽钢	[8	1024	8.04	101.30×10^4	25.30×10^3

钢楞系直接支承在钢模板上，承受模板传递的多点集中荷载。为简化计算，通常按均布荷载计算。其计算原则是：

1）连续钢楞跨度不同时，按不同跨数有关公式进行计算。钢楞带悬臂时，应另行验算悬臂端的弯矩和挠度，取最大值。

2）每块钢模板上宜有两处支承，每个支承上有两根钢楞。

3）长度1500mm、1200mm和900mm的钢模板内楞间距 a，一般分别取750mm、600mm和450mm。外钢楞最大间距取决于抗弯强度及挠度的控制值，但不宜超过2000mm。

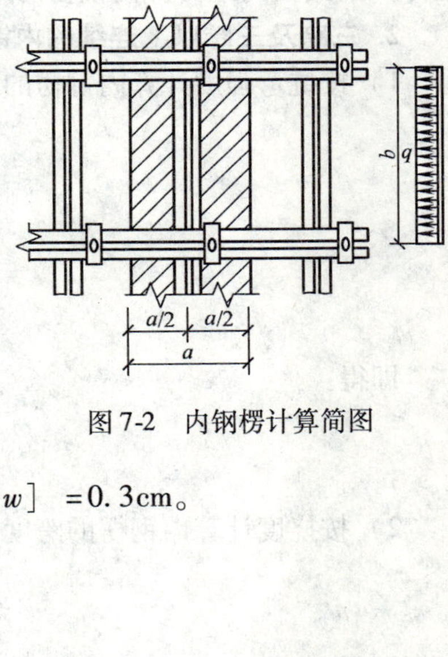

图7-2　内钢楞计算简图

4）热轧钢楞的强度设计值 $f=215N/mm^2$，冷弯型钢钢楞的容许应力［f］$=160N/mm^2$，钢楞的容许挠度［w］$=0.3cm$。

1. 单跨及两跨连续的内钢楞计算（见图7-2）

1）按抗弯强度计算内钢楞的跨度 b 即得：

$$q=Fa$$

$$M_{max}=\frac{qb^2}{8}=\frac{Fab^2}{8W}\leqslant f$$

即得：

$$b\leqslant\sqrt{\frac{8fW}{Fa}} \tag{7-9}$$

式中　F——混凝土侧压力（N/mm^2）；

q——均布荷载（N/mm）；

a——内钢楞间距（mm）；

b——外钢楞间距（或内钢楞的跨度）(mm)；

f——钢材抗拉、抗弯强度设计值（N/mm^2）；

W——双根内钢楞的截面最小抵抗矩（mm^3）。

2）按挠度计算内钢楞的跨度 b：

$$w_{max}=\frac{5qb^4}{384EI}=\frac{5Fab^4}{384EI}\leqslant[w]$$

即得：

$$b\leqslant\sqrt[4]{\frac{384[w]EI}{5Fa}} \tag{7-10}$$

式中 w_{max}——内钢楞最大挠度（mm）；

$[w]$——内钢楞容许挠度值（mm）；

EI——双根内钢楞的抗弯刚度（$N\cdot mm^2$）。

同样，根据以上计算公式，可以计算出在不同混凝土侧压力作用下，外钢楞（或模板拉杆）的最大间距（即内钢楞的最大跨度）。

2. 三跨及三跨以上连续的内钢楞计算

1）按抗弯强度计算内钢楞的跨度 b：

$$q=Fa$$

$$M_{max}=\frac{qb^2}{10}=\frac{Fab^2}{10}$$

$$\sigma_{max}=\frac{M_{max}}{W}=\frac{Fab^2}{10W}\leqslant f$$

即得：

$$b\leqslant\sqrt{\frac{10fW}{Fa}} \tag{7-11}$$

2）按挠度计算内钢楞的跨度 b：

$$w_{max}=\frac{qb^4}{150EI}=\frac{Fab^4}{150EI}\leqslant[w]$$

即得：

$$b\leqslant\sqrt[4]{\frac{150[w]EI}{Fa}} \tag{7-12}$$

同样，根据以上计算公式，可以计算出在不同混凝土侧压力作用下，外钢楞（模板拉杆）的最大间距。

7.2.3 柱箍

柱箍又称柱夹箍，用于直接支承柱模板并保证其刚度。柱箍可用扁钢、角钢、钢管和槽钢等数种。材质多用 Q235 钢，常用柱箍规格及适用范围见表 7-12，其材料的力学性能见表 7-11。

表 7-12 柱箍规格及适用范围

规格/mm		夹板长度/mm	质量/(kg/根)	适用柱宽范围/mm
扁钢	-70×5	1100	3.02	300~700
角钢	∟75×25×3	1000	2.28	300~600
	∟80×35×3	150	2.98	300~700
钢管	ϕ48×3.6	1200	4.61	300~700
	ϕ51×3.5	1200	4.92	300~700
冷弯槽钢	[80×40×3	1500	5.30	500~1000
	[100×50×3	1650	7.38	500~1200
内卷边槽钢	[80×40×15×3	1800	7.18	500~1000
	[100×50×20×3	1800	9.29	600~1200

柱箍直接支承在钢模板上，承受钢模板传递的均布荷载，同时还承受其他两侧钢模板上混凝土侧压力引起的轴向拉力。计算如图 7-3 所示，柱箍间距按以下计算：

1. 按抗弯强度计算柱箍间距

$$q = Fl_1$$

$$M_{\max} = \frac{ql_2^2}{8} = \frac{Fl_1l_2^2}{8}$$

$$\sigma_1 = \frac{M_{\max}}{W} = \frac{Fl_1l_2^2}{8W}$$

$$N = q\frac{l_3}{2} = \frac{Fl_1l_3}{2A}$$

$$\sigma_2 = \frac{N}{A} = \frac{Fl_1l_3}{2A}$$

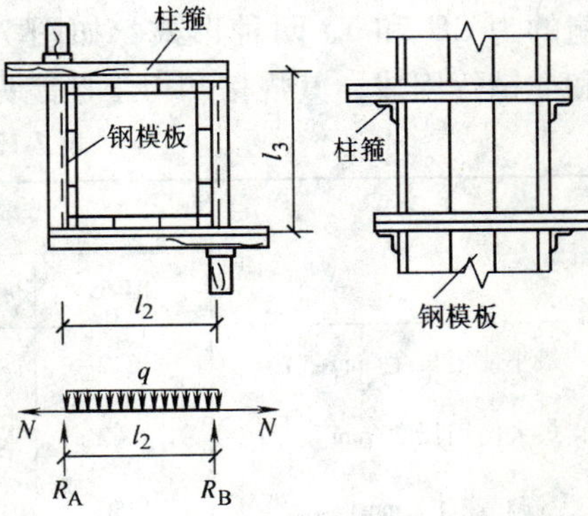

图 7-3 柱箍计算简图

$$\sigma_{\max} = \sigma_1 + \sigma_2 \leqslant f$$

即得：

$$l_1 \leqslant \frac{8fWA}{F(l_2^2A + 4l_3W)} \tag{7-13}$$

式中 F——混凝土侧压力（N/mm^2）；

q——均布荷载（N/mm）；

l_1——柱箍间距（mm）；

l_2——长边柱箍跨距（=长边柱距+两侧钢模板肋高）(mm)；

l_3——短边柱箍跨距（=短边柱宽+两侧钢模板肋高）(mm)；

σ_1——柱箍受弯曲应力（MPa）；

N——柱箍受轴向拉力（N）；

A——柱箍面积（mm^2）；

σ_2——柱箍受轴向应力（MPa）；

$\sigma_{\max}$——柱箍受总应力（MPa）。

2. 按挠度计算柱箍间距

$$w_{\max}=\frac{5ql_2^4}{384EI}=\frac{5Fl_1l_2^4}{384EI}\leqslant[w]$$

即得：

$$l_1\leqslant\frac{384[w]EI}{5Fl_2^4} \tag{7-14}$$

式中 EI——柱箍抗弯刚度（$N\cdot mm^2$）。

其余字母同上。

根据以上计算结果取最小值，即为柱箍间距。

采用以上计算公式，可以计算出在不同混凝土侧压力作用下，不同柱宽时的柱箍最大间距。矩形柱的柱箍按长边计算。

7.2.4 钢管支撑

钢管支撑又称钢支撑，用于梁、板等水平模板的支撑。钢管支撑的规格形式较多，使用较普遍的为 CH 和 YJ 两种形式，如图 7-4 所示，由顶板、底板、套管、插管、调节螺管、转盘和插销等组成，其规格和力学性能见表 7-13 和表 7-14。

表 7-13 钢管支撑规格表

项目		型号					
		CH-65	CH-75	CH-90	YJ-18	YJ-22	YJ-27
最小使用长度/mm		1812	2212	2712	1820	2220	2720
最大使用长度/mm		3062	3462	3962	3090	3490	3990
调节范围/mm		1250	1250	1250	1270	1270	1270
螺栓调节范围/mm		170	170	170	70	70	70
容许荷重	最小长度时/N	20000	20000	20000	20000	20000	20000
	最大长度时/N	15000	15000	15000	15000	15000	15000
质量/kg		12.4	13.2	14.8	13.87	14.99	16.39

表 7-14 钢管支撑力学性能表

项目		直径/mm		壁厚/mm	截面积 A/mm^2	惯性矩 l/mm^4	回转半径 i/mm
		外径	内径				
CH 型	插管	48.6	43.8	2.4	348	9.32×10^4	16.4
	套管	60.5	55.7	2.4	438	18.51×10^4	20.6
YJ 型	插管	48	43	2.5	357	9.28×10^4	16.1
	套管	60	55.4	2.3	417	17.38×10^4	20.4

钢支撑可按两端铰接的轴心受压构件进行计算，在插管拉伸至最大使用长度时，钢支撑的受力情况最不利，其计算如下：

1. 钢支撑受压稳定计算（见图7-4）

$$[N] = \varphi A_2 f \qquad (7\text{-}15)$$

式中 $[N]$——钢支撑的容许荷载（N）；

φ——轴心受压构件的稳定系数；

A_2——套管截面积（mm^2）；

f——钢材承压强度设计值，取215N/mm^2。

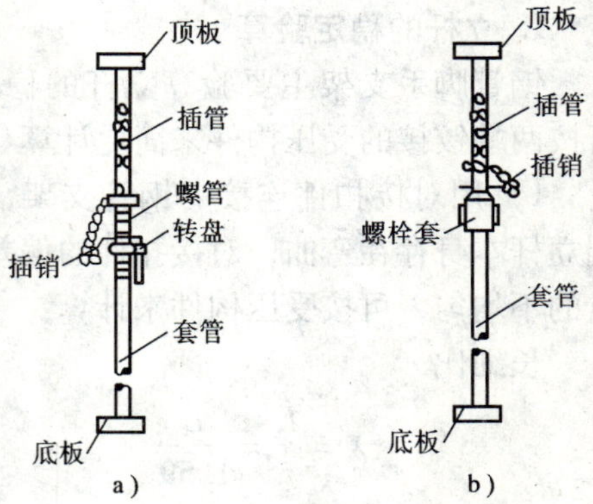

图7-4 钢管支撑型式

a）CH型 b）YJ型

2. 钢管壁受压强度计算

$$[N]_1 = f_{ce} A \qquad (7\text{-}16)$$

式中 $[N]_1$——管壁承受的容许荷载（N）；

f_{ce}——管壁端面承压强度设计值，取320N/mm^2；

A——两个插销孔的管壁受压面积（mm^2）；$A = 2a \times d$；

a——插管壁厚（mm）；

d——插销直径（mm）。

3. 插销受剪力计算

$$[N]_2 = 2A_0 f_v \qquad (7\text{-}17)$$

式中 $[N]_2$——插销承受容许荷载（N）；

f_v——钢材抗剪强度设计值，取125N/mm^2；

A_0——插销截面积（mm^2）。

7.2.5 钢管脚手支架

钢管脚手支架多用于层高较大的梁、板和框架结构的模板支架。它由钢管、扣件、底座和调节杆等组成。钢管一般用外径48mm、壁厚3～3.5mm的焊接钢管，长度有2m、3m、4m、5m等几种。扣件按用途有直角扣件、回转扣件和对接扣件三种；按使用材质分有玛钢扣件和钢板扣件两种，其容许荷载见表7-15。底座安在立杆的下部，有可调螺栓式和固定套管式两种。

表7-15 扣件质量和容许荷载表

项目		直角扣件	回转扣件	对接扣件
玛钢扣件	质量/kg	1.25	1.50	1.60
	容许荷载/N	6000	5000	2500
钢板扣件	质量/kg	0.69	0.70	1.00
	容许荷载/N	6000	5000	2500

钢管脚手支架连接方式有用扣件对接和扣件搭接两种，如图7-5所示。前者由立杆直接传力；后者荷载直接支承在横杆上。其计算如下：

1. 立杆的稳定验算

钢管脚手支架主要验算立杆的稳定性，可按两端铰接的受压构件来简化计算。

1）用对接扣件连接的钢管支架，考虑到立杆本身存在弯曲，对接扣件的偏差和荷重的不均匀，可按受压构件来计算：

长细比

$$\lambda = \frac{L}{i} = \frac{L}{1.59}$$

$$[N] = \varphi A f \tag{7-18}$$

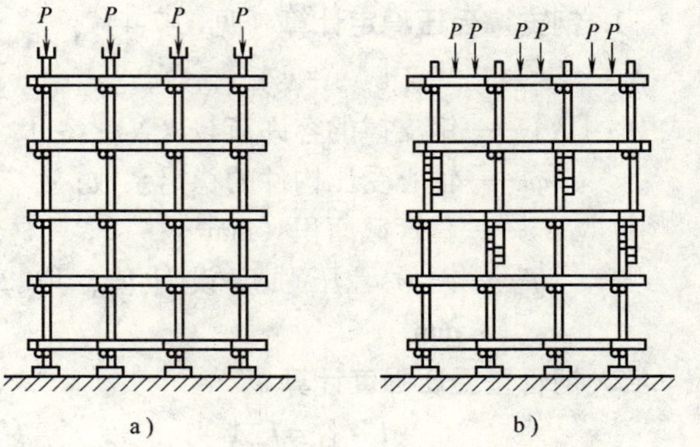

图7-5　钢管脚手支架计算简图

a）对接连接　b）搭接连接

式中　f——钢材强度设计值，取215N/mm^2；

L——计算长度，取横杆的步距（mm）；

λ——立杆长细比；

$[N]$——立杆容许荷载（N）；

φ——轴心受压杆件稳定系数，由$\lambda = \frac{L}{i}$查有关表计算求得；

A——立杆的净截面积（mm^2）。

按上式计算出不同步距的［N］值，见表7-16。

表7-16　立杆容许荷载［N］　（单位：kN）

横杆步距 L/mm	φ48×3 钢管		φ48×3.5 钢管	
	对接立杆	搭接立杆	对接立杆	搭接立杆
1000	31.7	12.2	35.7	13.9
1250	29.2	11.6	33.1	13.0
1500	26.8	11.0	30.3	12.4
1800	24.0	10.2	27.2	11.6

2）用回转扣件搭接的钢管支架可按式（7-18）算出立杆的容许荷载［N］。

2. 横杆的强度和刚度验算

当模板直接放在顶端横杆上时，横杆承受均布荷载。当顶端横杆上先放两根檩条，再放模板时，则横杆承受集中荷载。横杆可视作连续梁，其抗弯强度和挠度的近似计算公式如下：

在均布荷载作用下：

$$\sigma_{max} = \frac{M_{max}}{W} = \frac{ql^2}{10W} \leqslant f \tag{7-19}$$

$$w_{max} = \frac{ql^4}{150EI} \leqslant [w] \tag{7-20}$$

在两点集中荷载作用下：

$$\sigma_{max}=\frac{M_{max}}{W}=\frac{Pl}{3.5W}\leqslant f \tag{7-21}$$

$$w_{max}=\frac{Pl^3}{55EI}\leqslant[w] \tag{7-22}$$

式中　q——均布荷载（N/mm）；

P——集中荷载（N）；

l——立杆的间距（mm）；

$[w]$——容许挠度，为3mm；

M_{max}——横杆的最大弯矩（N·mm）；

W——横杆的截面抵抗矩（mm^3）；

σ_{max}——横杆的最大应力（N/mm^2）；

w_{max}——横杆的最大挠度（mm）。

【例7-2】 已知：混凝土对楼板的侧压力为$25kN/m^2$，拉杆横向间距为0.9m，纵向间距为0.6m，试选用对拉螺栓直径。

【解】 按式（7-8）计算拉杆承受的拉力：

$$P=25000\times0.9\times0.6N=13500N$$

亦可查表7-7，$P=16200kN/m^2$

$$P'=16200\times25/30N=13500N$$

查表7-10，选用M14螺栓其允许拉力为17800N，大于13500N，可以满足模板支护要求。

【例7-3】 某楼混凝土墙尺寸：长3.95m，高2.9m，施工时温度为25℃，混凝土浇筑速度为5m/h，混凝土重力密度$\gamma=25kN/m^3$，采用结合式钢模支撑，试选用内外钢楞规格。

【解】 由 $F=0.22\gamma_c\left(\frac{200}{T+15}\right)\beta_1\beta_2V^{\frac{1}{2}}$

取 $\beta_1=\beta_2=1$

则 $F=0.22\times25\times\left(\frac{200}{25+15}\right)\times1\times1\times\sqrt{5}kN/m^2=61.49kN/m^2$

选用2［100×50×3mm冷弯槽钢作内、外钢楞，内钢楞竖向布置，取间距$a=1050mm$，根据墙高，内钢楞的最长跨度，按三跨以上连续梁计算。

（1）按抗弯强度计算内钢楞的容许跨度b

已知：$I=2\times88.52\times10^4mm^4=177.04\times10^4mm^4$

$W=2\times12.2\times10^3mm^3=24.4\times10^3mm^3$

$E=2.1\times10^5N/mm^2$

$f=215N/mm^2$

由式（7-11）得：$b\leqslant\sqrt{\frac{10fW}{Fa}}\leqslant\sqrt{\frac{10\times215\times24.4\times10^3}{61.49\times10^{-3}\times900}}mm\leqslant974mm$

即 $b=970mm$

（2）按挠度计算内钢楞的容许跨度b

由式（7-12）得

$$b \leqslant \sqrt[4]{\frac{150[w]EI}{Fa}} \leqslant \sqrt[4]{\frac{150 \times 3 \times 2.1 \times 10^5 \times 177.04 \times 10^4}{61.49 \times 10^{-3} \times 900}} \mathrm{mm} \leqslant 1319\mathrm{mm}$$

按以上计算，内钢楞跨度取 900mm（间距为 1050mm）；外钢楞采用内钢楞同一规格，间距 300mm。

【例 7-4】 某写字间框架柱截面为 500mm × 700mm，净高为 3.6m，施工气温为 25℃，混凝土浇筑速度为 4m/h，混凝土坍落度为 5.0cm，采用组合钢模，试选用柱箍并确定间距。

【解】 由题意取 $\gamma_c = 25\mathrm{kN/m^3}$，$\beta_1 = \beta_2 = 1$

由式 $F = 0.22\gamma_c t_0 \beta_1 \beta_2 V^{\frac{1}{2}} = 0.22 \times 25 \times \dfrac{200}{25+15} \times 1 \times 1 \times \sqrt{4}\mathrm{kN/m^2} = 55\mathrm{kN/m^2}$

选用冷弯槽钢［80 × 40 × 3.0 及钢管作柱箍，$A = 450\mathrm{mm^2}$，$I = 43.92 \times 10^4\mathrm{mm^4}$，$W = 10.98 \times 10^3\mathrm{mm^3}$

取 $f = 215\mathrm{N/mm^2}$　$[w] = 3\mathrm{mm}$

（1）按抗弯强度计算需要柱箍跨度 l_1

由式（7-13）得

$$l_1 = \frac{8fWA}{F(l_2^2 A + 4l_3 W)} = \frac{8 \times 215 \times 10.98 \times 10^3 \times 450}{55 \times 10^{-3}(800^2 \times 450 + 4 \times 600 \times 10.98 \times 10^2)}\mathrm{mm} = 532\mathrm{mm}$$

（2）按挠度计算需要柱箍间距 l_1

由式（7-14）得：

$$l_1 = \frac{384[w]EI}{5Fl_2^4} = \frac{384 \times 3 \times 2.1 \times 10^5 \times 43.92 \times 10^4}{5 \times 55 \times 10^{-3} \times 800^4}\mathrm{mm} = 943\mathrm{mm}$$

按以上计算取二者最小值，柱箍间距取 450mm，共用 $\dfrac{3600}{450} + 1 = 9$ 道柱箍。

【例 7-5】 采用 CH-65 型钢支撑，其最大使用长度为 3.06m，钢支撑中中无水平拉杆，插销壁厚为 2.4mm，插销直径为 12mm，求钢支撑的容许荷载。

【解】（1）钢支撑受压稳定计算

轴心受压构件的稳定系数 φ 见表 7-17。得 $\varphi = 0.241$

查表（7-13）得 $A_2 = 438\mathrm{mm^2}$，$f = 215\mathrm{N/mm^2}$

代入式（7-15）得

$$[N] = \varphi A_2 f = 0.241 \times 438 \times 215\mathrm{N} = 22695\mathrm{N}$$

（2）钢管壁水受压强计算

两个插销孔的管壁受压面积：$A = 2a \times d = 2 \times 2.4 \times 12\mathrm{mm^2} = 57.6\mathrm{mm^2}$，$f_{ce} = 320\mathrm{N/mm^2}$

代入式（7-16）得：$[N]_1 = f_{ce}A = 320\mathrm{N/mm^2} \times 57.6\mathrm{mm^2} = 18432\mathrm{N}$

（3）插销受剪计算

插销截面积计算　$A_0 = \pi r^2 = \left(\dfrac{12}{2}\right)^2 \pi\mathrm{mm^2} = 113\mathrm{mm^2}$

f_v 取 $125\mathrm{N/mm^2}$。

代入式（7-17）得：$[N]_2 = f_v 2A_0 = 125 \times 2 \times 113\mathrm{N} = 28250\mathrm{N}$

根据验算，取三项中最少容许值作为 CH-65 钢支撑以最大使用长度时的容许荷载。

表 7-17　a 类截面轴心受压构件的稳定系数 φ

$\lambda\sqrt{\frac{f_y}{235}}$	0	1	2	3	4	5	6	7	8	9
0	1.000	1.000	1.000	1.000	0.999	0.999	0.998	0.998	0.997	0.996
10	0.995	0.994	0.993	0.992	0.991	0.989	0.988	0.986	0.985	0.983
20	0.981	0.979	0.977	0.976	0.974	0.972	0.970	0.968	0.966	0.964
30	0.963	0.961	0.959	0.957	0.955	0.952	0.950	0.948	0.946	0.944
40	0.941	0.939	0.937	0.934	0.932	0.929	0.927	0.924	0.921	0.919
50	0.916	0.913	0.910	0.907	0.904	0.900	0.897	0.894	0.890	0.886
60	0.883	0.879	0.875	0.871	0.867	0.863	0.858	0.854	0.849	0.844
70	0.839	0.834	0.829	0.824	0.818	0.813	0.807	0.801	0.795	0.789
80	0.783	0.776	0.770	0.763	0.757	0.750	0.743	0.736	0.728	0.721
90	0.714	0.706	0.699	0.691	0.684	0.676	0.668	0.661	0.653	0.645
100	0.638	0.630	0.622	0.615	0.607	0.600	0.592	0.585	0.577	0.570
110	0.563	0.555	0.548	0.541	0.534	0.527	0.520	0.514	0.507	0.500
120	0.494	0.488	0.481	0.475	0.469	0.463	0.457	0.451	0.445	0.440
130	0.434	0.429	0.423	0.418	0.412	0.407	0.402	0.397	0.392	0.387
140	0.383	0.378	0.373	0.369	0.364	0.360	0.356	0.351	0.347	0.343
150	0.339	0.335	0.331	0.327	0.323	0.320	0.316	0.312	0.309	0.305
160	0.302	0.298	0.295	0.292	0.289	0.285	0.282	0.279	0.276	0.273
170	0.270	0.267	0.264	0.262	0.259	0.256	0.253	0.251	0.248	0.246
180	0.243	0.241	0.238	0.236	0.233	0.231	0.229	0.226	0.224	0.222
190	0.220	0.218	0.215	0.213	0.211	0.209	0.207	0.205	0.203	0.201
200	0.199	0.198	0.196	0.194	0.192	0.190	0.189	0.187	0.185	0.183
210	0.182	0.180	0.179	0.177	0.175	0.174	0.172	0.171	0.169	0.168
220	0.166	0.165	0.164	0.162	0.161	0.159	0.158	0.157	0.155	0.154
230	0.153	0.152	0.150	0.149	0.148	0.147	0.146	0.144	0.143	0.142
240	0.141	0.140	0.139	0.138	0.136	0.135	0.134	0.133	0.132	0.131
250	0.130	—	—	—		—			—	—

注：1. 表中的 φ 系按下列公式算得：

当 $\lambda_n=\frac{\lambda}{\pi}\sqrt{f_y/E}\leqslant 0.215$ 时，$\varphi=1-a_1\lambda_n^2$；

当 $\lambda_n>0.215$ 时，$\varphi=\frac{1}{2\lambda_n^2}[(a_2+a_3\lambda_n+\lambda_n^2)-\sqrt{(a_2+a_3\lambda_n+\lambda_n^2)-4\lambda_n^2}]$

式中，a_1、a_2、a_3 为系数，根据表 7-18、表 7-19 的截面分类，按表 7-20 采用。

2. 当构件的 $\lambda\sqrt{f_y/235}$ 值超出表 7-17 ~ 表 7-22 的范围时，则 φ 值按注 1 所列的公式计算。

表 7-18　轴心受压构件的截面分类（板厚 $t<40$mm）

截面形式	对 x 轴	对 y 轴
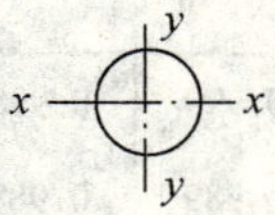 轧制	a类	a类
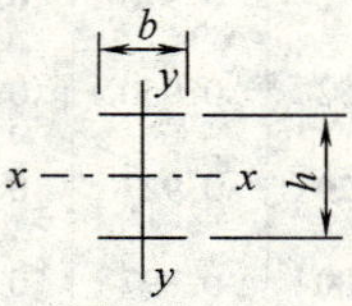 轧制，$b/h\leqslant0.8$	a类	b类
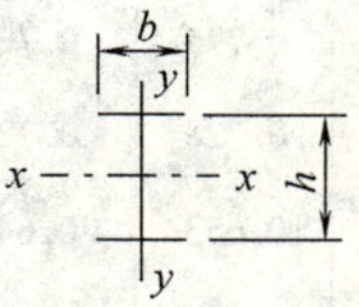 轧制，$b/h>0.8$	b类	b类
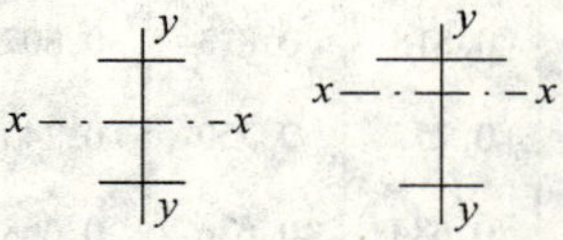 焊接，翼缘为焰切边		
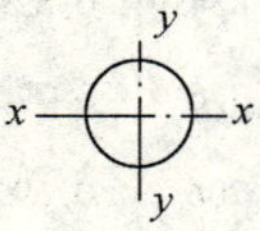 焊接		
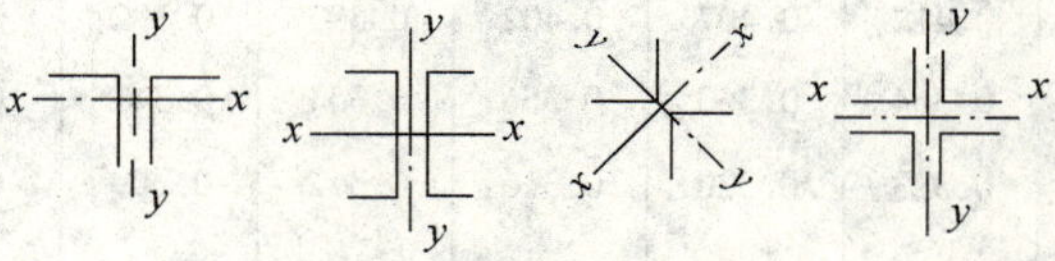 轧制		
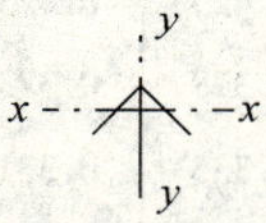 轧制等边角钢		
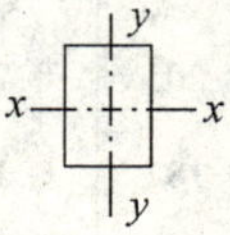 轧制，焊接（板件宽厚比 >20）		
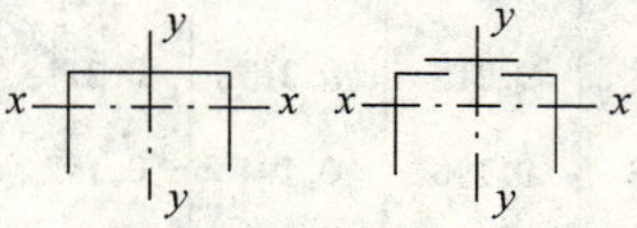 轧制或焊接		
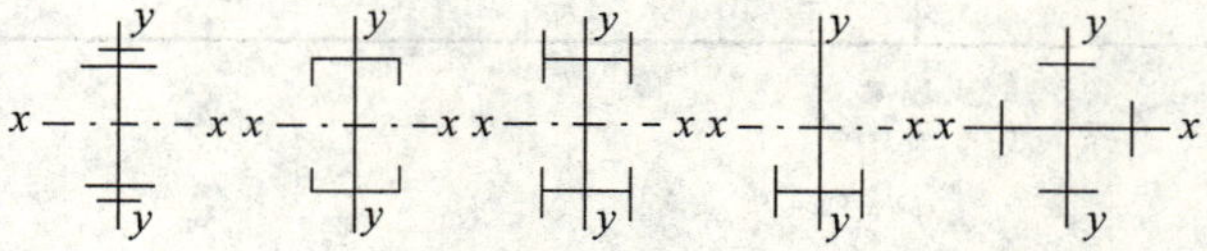 焊接		
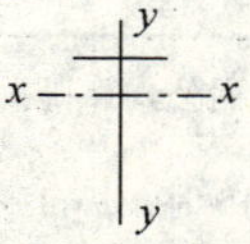 轧制截面和翼缘为焰切边的焊接截面		

（续）

<table>
<tr><th colspan="2">截面形式</th><th>对 x 轴</th><th>对 y 轴</th></tr>
<tr><td>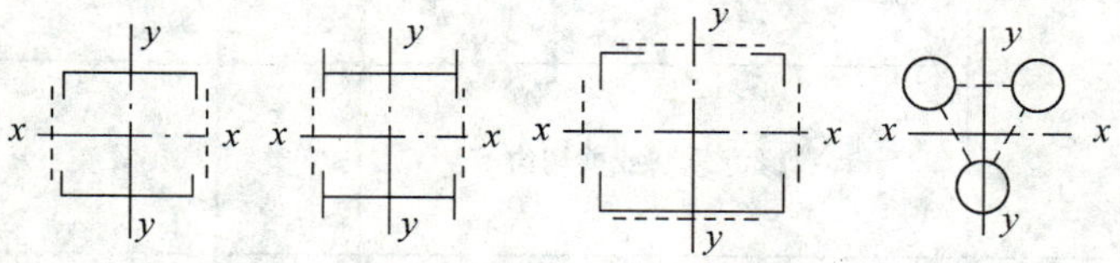
格构式</td><td>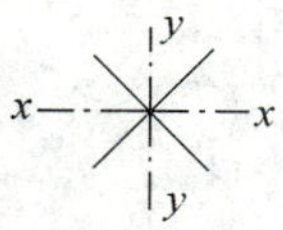
焊接，板件边缘焰切</td><td>b 类</td><td>b 类</td></tr>
<tr><td colspan="2">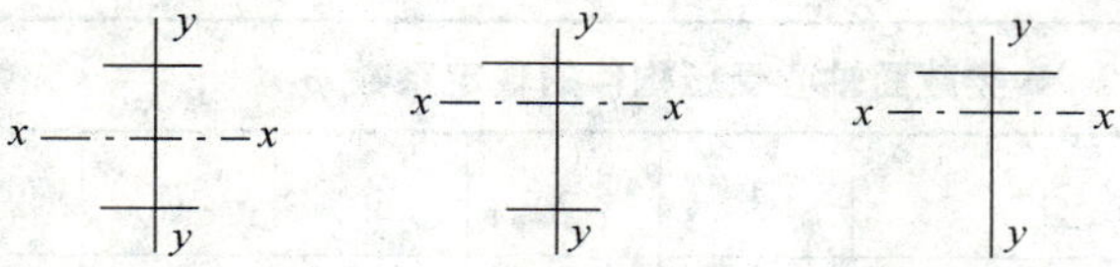
焊接，翼缘为轧制或剪切边</td><td>b 类</td><td>c 类</td></tr>
<tr><td>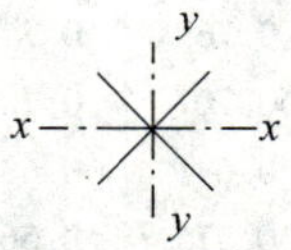
焊接，板件边缘轧制或剪切</td><td>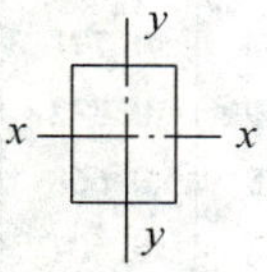
焊接，板件宽厚比≤20</td><td>c 类</td><td>c 类</td></tr>
</table>

表 7-19　轴心受压构件的截面分类（板厚 $t \geqslant 40$mm）

<table>
<tr><th colspan="2">截面形式</th><th>对 x 轴</th><th>对 y 轴</th></tr>
<tr><td rowspan="2">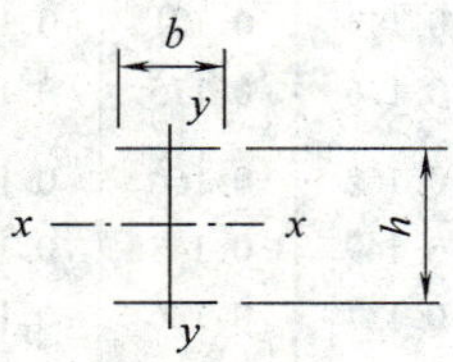
轧制工字形或 H 形截面</td><td>$t < 80$mm</td><td>b 类</td><td>c 类</td></tr>
<tr><td>$t \geqslant 80$mm</td><td>c 类</td><td>d 类</td></tr>
</table>

（续）

截面形式		对 x 轴	对 y 轴
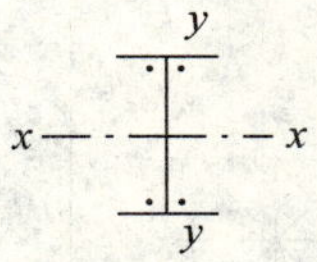 焊接工字形截面	翼缘为焰切边	b类	b类
	翼缘为轧制或剪切边	c类	d类
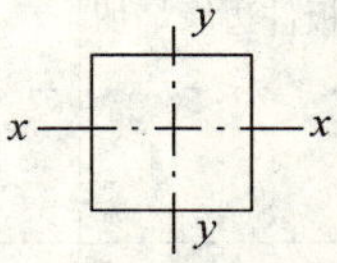 焊接箱形截面	板件宽厚比>20	b类	b类
	板件宽厚比≤20	c类	c类

表 7-20　b类截面轴心受压构件的稳定系数 φ

$\lambda\sqrt{\frac{f_y}{235}}$	0	1	2	3	4	5	6	7	8	9
0	1.000	1.000	1.000	0.999	0.999	0.998	0.997	0.996	0.995	0.994
10	0.992	0.991	0.989	0.987	0.985	0.983	0.981	0.978	0.976	0.973
20	0.970	0.967	0.963	0.960	0.957	0.953	0.950	0.945	0.943	0.939
30	0.936	0.932	0.929	0.925	0.922	0.918	0.914	0.910	0.906	0.903
40	0.899	0.895	0.891	0.887	0.882	0.878	0.874	0.840	0.865	0.861
50	0.856	0.852	0.847	0.842	0.838	0.833	0.828	0.823	0.848	0.813
60	0.807	0.802	0.797	0.791	0.786	0.780	0.774	0.769	0.763	0.757
70	0.751	0.745	0.739	0.732	0.726	0.720	0.714	0.707	0.701	0.694
80	0.688	0.681	0.675	0.668	0.661	0.655	0.648	0.641	0.635	0.628
90	0.621	0.614	0.608	0.601	0.594	0.588	0.581	0.575	0.568	0.561
100	0.555	0.549	0.542	0.536	0.529	0.523	0.517	0.511	0.505	0.499
110	0.493	0.487	0.481	0.475	0.470	0.464	0.458	0.453	0.447	0.442
120	0.437	0.432	0.426	0.421	0.416	0.411	0.406	0.402	0.397	0.392
130	0.387	0.383	0.378	0.374	0.370	0.365	0.361	0.357	0.353	0.349
140	0.345	0.341	0.337	0.333	0.329	0.326	0.322	0.318	0.315	0.311
150	0.308	0.304	0.301	0.298	0.295	0.291	0.288	0.285	0.282	0.279
160	0.276	0.273	0.270	0.267	0.265	0.262	0.259	0.256	0.254	0.251
170	0.249	0.246	0.244	0.241	0.239	0.236	0.234	0.232	0.229	0.227
180	0.225	0.223	0.220	0.218	0.216	0.214	0.212	0.210	0.208	0.206
190	0.204	0.202	0.200	0.198	0.197	0.195	0.193	0.191	0.190	0.188
200	0.186	0.184	0.183	0.181	0.180	0.178	0.176	0.175	0.173	0.172
210	0.170	0.169	0.167	0.166	0.165	0.163	0.162	0.160	0.159	0.158
220	0.156	0.155	0.154	0.153	0.151	0.150	0.149	0.148	0.146	0.145
230	0.144	0.143	0.142	0.141	0.140	0.138	0.137	0.136	0.135	0.134
240	0.133	0.132	0.131	0.130	0.129	0.128	0.127	0.126	0.125	0.124
250	0.123	—	—	—	—	—	—	—	—	—

注：见表1-17。

表 7-21　c 类截面轴心受压构件的稳定系数 φ

$\lambda\sqrt{\frac{f_y}{235}}$	0	1	2	3	4	5	6	7	8	9
0	1.000	1.000	1.000	0.999	0.999	0.998	0.997	0.996	0.995	0.993
10	0.992	0.990	0.988	0.986	0.983	0.981	0.978	0.976	0.973	0.970
20	0.966	0.959	0.953	0.947	0.940	0.934	0.928	0.921	0.915	0.909
30	0.902	0.896	0.890	0.884	0.877	0.871	0.865	0.858	0.852	0.846
40	0.839	0.833	0.826	0.820	0.814	0.807	0.801	0.794	0.788	0.781
50	0.775	0.768	0.762	0.755	0.748	0.742	0.735	0.729	0.722	0.715
60	0.709	0.702	0.695	0.689	0.682	0.676	0.669	0.662	0.656	0.649
70	0.643	0.636	0.629	0.623	0.616	0.610	0.604	0.597	0.591	0.584
80	0.578	0.572	0.566	0.559	0.553	0.547	0.541	0.535	0.529	0.523
90	0.517	0.511	0.505	0.500	0.494	0.488	0.483	0.477	0.472	0.467
100	0.463	0.458	0.454	0.449	0.445	0.441	0.436	0.432	0.428	0.423
110	0.419	0.415	0.411	0.407	0.403	0.399	0.395	0.391	0.387	0.383
120	0.379	0.375	0.371	0.367	0.364	0.360	0.356	0.353	0.349	0.346
130	0.342	0.339	0.335	0.332	0.328	0.325	0.322	0.319	0.315	0.312
140	0.309	0.306	0.303	0.300	0.297	0.294	0.291	0.288	0.285	0.282
150	0.280	0.277	0.274	0.271	0.269	0.266	0.264	0.261	0.258	0.256
160	0.254	0.251	0.249	0.246	0.244	0.242	0.239	0.237	0.235	0.233
170	0.230	0.228	0.226	0.224	0.222	0.220	0.218	0.216	0.214	0.212
180	0.210	0.208	0.206	0.205	0.203	0.201	0.199	0.197	0.196	0.194
190	0.192	0.190	0.189	0.187	0.186	0.184	0.182	0.181	0.179	0.178
200	0.176	0.175	0.173	0.172	0.170	0.169	0.168	0.166	0.165	0.163
210	0.162	0.161	0.159	0.158	0.157	0.156	0.154	0.153	0.152	0.151
220	0.150	0.148	0.147	0.146	0.145	0.144	0.143	0.142	0.140	0.139
230	0.138	0.137	0.136	0.135	0.134	0.133	0.132	0.131	0.130	0.129
240	0.128	0.127	0.126	0.125	0.124	0.124	0.123	0.122	0.121	0.120
250	0.119	—	—	—	—	—	—	—	—	—

注：见表 1-17。

表 7-22　d 类截面轴心受压构件的稳定系数 φ

$\lambda\sqrt{\frac{f_y}{235}}$	0	1	2	3	4	5	6	7	8	9
0	1.000	1.000	0.999	0.999	0.998	0.996	0.994	0.992	0.990	0.987
10	0.984	0.981	0.978	0.974	0.969	0.965	0.960	0.955	0.949	0.944
20	0.937	0.927	0.918	0.909	0.900	0.891	0.883	0.874	0.865	0.857
30	0.848	0.840	0.831	0.823	0.815	0.807	0.799	0.790	0.782	0.774
40	0.766	0.759	0.751	0.743	0.735	0.728	0.720	0.712	0.705	0.697
50	0.690	0.683	0.675	0.668	0.661	0.654	0.646	0.639	0.632	0.625
60	0.618	0.612	0.605	0.598	0.591	0.585	0.578	0.572	0.565	0.559
70	0.552	0.546	0.540	0.534	0.528	0.522	0.516	0.510	0.504	0.498
80	0.493	0.487	0.481	0.476	0.470	0.465	0.460	0.454	0.449	0.444
90	0.439	0.434	0.429	0.424	0.419	0.414	0.410	0.405	0.401	0.397
100	0.394	0.390	0.387	0.383	0.380	0.376	0.373	0.370	0.366	0.363
110	0.359	0.356	0.353	0.350	0.346	0.343	0.340	0.337	0.334	0.331
120	0.328	0.325	0.322	0.319	0.316	0.313	0.310	0.307	0.304	0.301
130	0.299	0.296	0.293	0.290	0.288	0.285	0.282	0.280	0.277	0.275
140	0.272	0.270	0.267	0.265	0.262	0.260	0.258	0.255	0.253	0.251
150	0.248	0.246	0.244	0.242	0.240	0.237	0.235	0.233	0.231	0.229
160	0.227	0.225	0.223	0.221	0.219	0.217	0.215	0.213	0.212	0.210
170	0.208	0.206	0.204	0.203	0.201	0.199	0.197	0.196	0.194	0.192
180	0.191	0.189	0.188	0.186	0.184	0.183	0.181	0.180	0.178	0.177
190	0.176	0.174	0.173	0.171	0.170	0.168	0.167	0.166	0.164	0.163
200	0.162	—	—	—	—	—	—	—	—	—

注：见表 1-17。

【例 7-6】 现浇钢筋混凝土楼板，平面尺寸为 3.3m × 4.9m，楼板厚 100mm，楼层高 4.5m，用组合钢模板及钢管支架支模，试计算钢管支架。（见图 7-6）

【解】 模板支架的荷载

模板及配件自重力　750N/m^2

钢管支架自重力　250N/m^2

新浇筑混凝土重力　2500N/m^2

施工荷载　2500N/m^2

合计力值为　6000N/m^2

钢管立于内、外钢楞交叉处，每区格面积为 1.4m × 1.5m = 2.1m^2

每根立柱承受的荷载为 2.1 × 6000N = 12600N

设用 ϕ48 × 3mm 钢管，A = 424mm^2

钢管回转半径为 $i=\sqrt{\dfrac{d^2+d_1^2}{4}}=\sqrt{\dfrac{48^2+42^2}{4}}\text{mm}=31.89\text{mm}$

采用立柱 12 根，各主柱间布置双向水平撑，上下共两道，并适当布置垂直剪力撑。

按强度计算，支柱的受压应力为：$\sigma=\dfrac{N}{A}=\dfrac{12600}{424}\text{N/mm}^2=29.7\text{N/mm}^2$

按稳定性计算，支柱的受压应力为：

长细比 $\lambda=\dfrac{l}{i}=\dfrac{1500}{31.89}=47.04$

轴心受压构件的稳定系数见表 7-17，得 $\varphi=0.681$

由式（7-18）得 $\sigma=\dfrac{N}{\varphi A}=\dfrac{12600}{0.681\times424}\text{N/m}^2=44\text{N/m}^2<f=215\text{N/m}^2$。

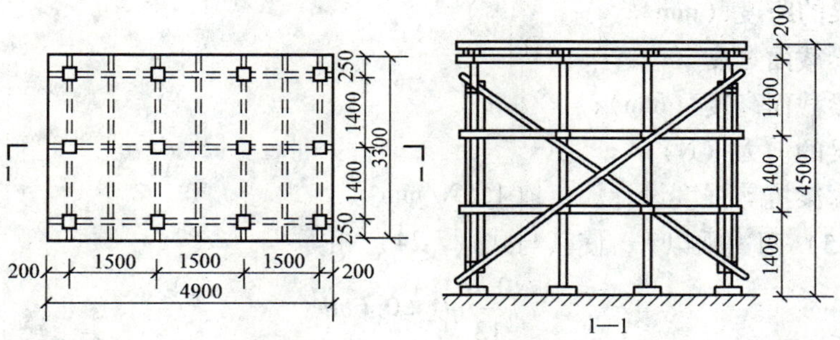

图 7-6　用钢管脚手架作楼板模板支架

7.3　模板构件临界长度的计算

7.3.1　计算原理

在模板构件计算中，对每一模板构件均需一一计算其弯矩、剪力和挠度，并用容许抗弯强度设计值、抗剪强度设计值和挠度值来验算确定支承（座）的最大安全距离（跨距），计算较为繁琐，需要花费较多时间和精力，实际上这三个条件必有一项起控制作用，如若预先已知某一类型荷载下，哪一个条件起控制作用，只需按起控制作用的条件进行分析计算，则可有效地简化计算工作量，节省时间。

根据经验，一般可用计算支座之间的临界长度（跨距）这一方法来判断弯矩与剪力、弯矩与挠度、剪力与挠度由哪一项起控制作用，以下简介其判别方法。

设以均布荷载的三跨连续矩形木梁为例进行分析，并已知木梁的 f_m、f_v、E、［w］值，其他荷载类型、跨型及模板类型可采用同类方法类推。

7.3.2　梁按弯矩与剪力的临界长度

已知弯矩　　　　　　　　　$M=f_mW$

则 $$\frac{1}{10}ql^2 = 13\,\frac{bh^2}{6} \tag{7-23}$$

移项得 $$bh^2 = \frac{0.6}{13}ql^2 \tag{7-24}$$

又知 $$V = f_v\,\frac{bh}{1.5},\ 0.6ql = 1.5\,\frac{bh}{1.5}$$

$$bh = 0.6ql \tag{7-25}$$

式中 M——梁承受的弯矩（N·mm）；

f_m——木梁抗弯强度设计值，取13N/mm²；

W——梁的净截面抵抗矩（mm），对矩形截面为$\frac{bh^2}{6}$；

q——梁上均布荷载（N/mm）；

l——梁的跨度（mm）；

b——梁截面宽度（m）；

h——梁截面高度（mm）；

V——梁的剪力（N）；

f_v——木梁抗剪强度设计值，取1.5N/mm²。

将式（7-25）两边乘以h，使其与式（7-24）相等：

则 $$\frac{0.6}{13}ql^2 = 0.6qlh$$

移项化简得 $$\frac{l}{h} = 13.0 \tag{7-26}$$

当$\frac{l}{h} = 13.0$时，梁的抗弯与抗剪是等强的；当$\frac{l}{h} < 13.0$时，抗剪控制；当$\frac{l}{h} > 13.0$时，抗弯控制。

7.3.3 梁按弯矩与挠度的临界长度

已知挠度

$$w = \frac{0.677ql^4}{100EI} \leqslant [w]$$

$$\frac{0.677ql^4 \times 12}{100 \times 9.5 \times 10^3 \times bh^2} = \frac{1}{400}$$

移项化简得

$$bh^3 = 0.00342ql^3 \tag{7-27}$$

将式（7-24）两边乘以h，使其与式（7-27）相等

则

$$\frac{0.6}{13}ql^2h = 0.00342ql^3$$

移项化简得

$$\frac{l}{h}=13.5 \tag{7-28}$$

当$\frac{l}{h}<13.5$时，抗弯控制；当$\frac{l}{h}>13.5$时，挠度控制。

式中　E——弹性模量，取$9.5\times10^3\text{N/mm}^2$；

$[w]$——受弯构件的容许挠度，取$l/400$；

w——木梁的挠度（mm）；

I——木梁的截面惯性矩（mm^4）；

l——梁的跨度（mm）；

h——梁截面高度（mm）。

7.3.4　梁按剪力与挠度的临界长度

将式（7-25）两边乘以h^2，使其与式（7-27）相等，则

$$0.6qlh^2=0.0342ql^3$$

移项化简得

$$\frac{l}{h}=13.3 \tag{7-29}$$

当$\frac{l}{h}<13.3$时，抗剪控制；当$\frac{l}{h}>13.3$时，挠度控制。

式中　l——梁的跨度（mm）；

h——梁截面高度（mm）；

q——梁上均布荷载（N/mm）。

当f_m、f_v、E一定时，根据不同的［w］值，可以算出不同的l/h，列于表7-23中，以供应用。

表7-23　木梁按弯曲应力、剪应力和挠度的临界长度

容许挠度[w]	临界长度比(l/h)		
	弯矩对剪力	弯矩对挠度	剪刀对挠度
$l/250$	13.0	21.6	16.7
$l/400$	13.0	15.5	13.3
$l/500$	13.0	10.8	11.8

注：1. 表中木材取$f_m=13\text{N/mm}^2$；$f_v=1.5\text{N/mm}^2$；$E=9.5\times10^4\text{N/mm}^2$。

2. 荷载图示：均布荷载的三跨连续梁。

【例7-7】　已知某梁的长度为7.2m，梁高0.6m。问：该梁为抗弯控制还是抗剪控制？

【解】　根据式（7-26）得$\frac{l}{h}=\frac{7.2}{0.6}=12.0$

由式（7-26）得知：抗弯控制与抗剪控制的临界长高比为13.0，故该梁为抗剪控制。

【例7-8】　已知某梁的长度为12.5m，梁高为0.9m。

问：该梁抗弯控制还是按挠度控制？

【解】 根据式（7-28）得：$\frac{l}{h}=\frac{12.5}{0.9}=13.89$

由式（7-28）得知：抗弯控制与挠度控制的临界长高比为13.5，故该梁应按挠度控制。

【例7-9】 已知其梁的长度为9m，梁高0.71m。问：该梁应按抗剪控制还是挠度控制？

【解】 根据式（7-29）得

$$\frac{l}{h}=\frac{9}{0.71}=12.68$$

由式（7-29）得知抗剪与挠度控制的临界长高比为13.3，故该梁应按抗剪控制。

7.4 模板承受侧压力计算

7.4.1 最大侧压力

混凝土作用于模板的侧压力，一般随混凝土的浇筑高度而增加，当浇筑高度达到某一临界值时，侧压力就不再增加，此时的侧压力即为新浇筑混凝土的最大侧压力。侧压力达到最大值的浇筑高度称为混凝土的有效压头。

采用内部振捣器时，新浇筑的混凝土作用于模板的最大侧压力，可按下列二式计算，并取二式中的较小值：

$$F=0.22\gamma_c t_0\beta_1\beta_2 v^{\frac{1}{2}} \tag{7-30}$$

$$F=\gamma_c H \tag{7-31}$$

式中 β_1——外加剂影响修正系数，不掺外加剂时取1.0；掺具有缓凝作用的外加剂时取1.2；

β_2——混凝土坍落度影响修正系数，当坍落度小于30mm时，取0.85；50～90mm时，取1.0；110～150mm时，取1.15；

F——新浇筑混凝土对模板的最大侧压力（kN/m^2）；

γ_c——混凝土的重力密度（kN/m^3）；

t_0——新浇混凝土的初凝时间（h），可按实测确定。当缺乏试验资料时，可采用$t_0=200/(T+15)$计算；

T——混凝土的温度（℃）；

v——混凝土的浇筑速度（m/h）；

H——混凝土侧压力计算位置处至新浇筑混凝土顶面的总高度（m）。

7.4.2 有效压头高度

混凝土侧压力的计算分布图形如图7-7所示，有效压头高度按下式计算：

$$h=\frac{F}{\gamma_c} \tag{7-32}$$

式中 h——有效压头高度（m）。

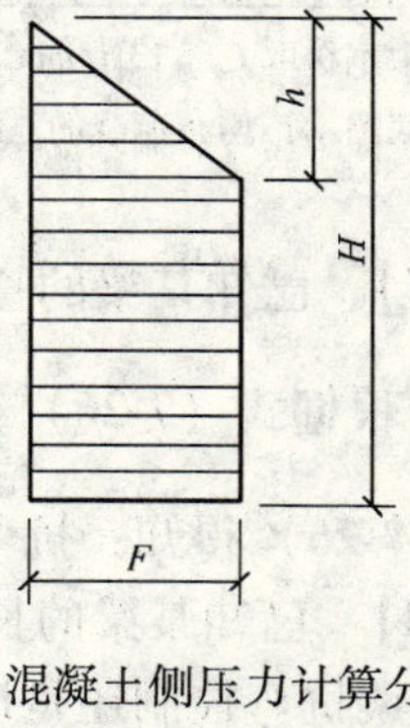

图7-7 混凝土侧压力计算分布图形

【例 7-10】 已知某混凝土墙高 $H=4.4\text{m}$，采用坍落度为 30mm 的普通混凝土的重力密度 $\gamma_c=25\text{kN/m}^3$，浇筑速度 2.5m/h，浇筑入模温度 $T=20℃$，求作用于模板的最大侧压力及有效压力高度。

【解】 由式（7-30）得，已知 $\beta_1=1.0$；$\beta_2=0.85$

$$F=0.22\gamma_c t_0\beta_1\beta_2 v^{\frac{1}{2}}=0.22\times25\times\left(\frac{200}{20+15}\right)\times1.0\times0.85\times\sqrt{2.5}\text{kN/m}^2=42.23\text{kN/m}^2$$

由式（7-31）得，$F=\gamma_c H=25\times4.4\text{kN/m}^2=110\text{kN/m}^2$

取最小值，故最大侧压力为 42.2kN/m^2

有效压头高度由式（7-32）计算：$h=\dfrac{F}{\gamma_c}=\dfrac{42.2}{25}\text{m}=1.7\text{m}$

7.5 现浇混凝土模板简易计算

7.5.1 梁模板计算

1. 木模底板

梁木模板的底板（如图 7-8）多支承在顶撑或楞木上（顶撑或楞木的间距为 1.0m 左右），一般按连续梁计算，底模上所受荷载按均布荷载考虑，底板按强度和刚度计算需要的厚度，可按下式计算：

（1）按强度要求：

$$M=\frac{1}{10}q_1l^2=[f_m]\frac{1}{6}b_1h^2$$

$$h=\frac{1}{4.65}\sqrt{\frac{q_1}{b_1}} \tag{7-33}$$

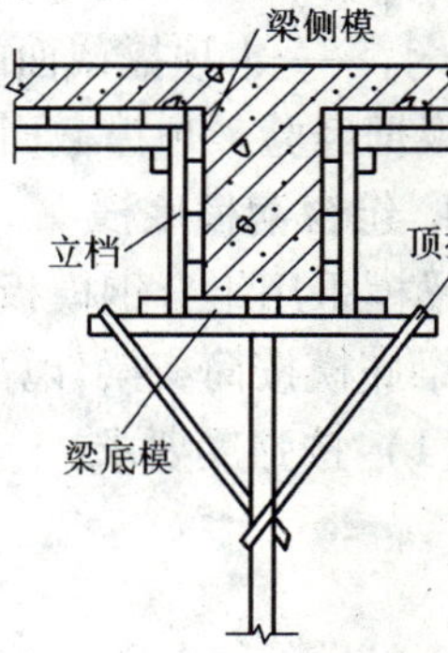

图 7-8 梁木底模

式中 M——计算最大弯矩；

$[f_m]$——木材抗弯强度设计值；采用松木模板取 13N/mm^2；

q_1——作用在梁底模板上的均布荷载（N/cm）；

l——计算跨度，对底板为顶撑间距；

h——底板厚度（mm）；

b_1——梁底板宽度（mm）。

（2）按刚度要求：

$$w=\frac{q_1l^4}{150EI}=\frac{l}{250}$$

$$h=\frac{1}{7.8}\sqrt[3]{\frac{q_1}{b_1}} \tag{7-34}$$

式中 w——容许挠度值，梁模板不得超过 $l/250$；

E——木材弹性模量，取（9～10）$\times10^3\text{N/mm}^2$；

I——底板截面惯性矩。

h 取二式中的较大值。

2. 木模侧板

梁侧模板受到浇筑混凝土时侧压力的作用，侧压力计算见 7.4.1 节。

梁侧模支承在竖向立档上，其支承条件由立档的间距所决定，一般按三~四跨连续梁计算，求出最大弯矩和挠度，然后用底板同样方法，按强度和刚度要求确定其侧板厚度。

3. 木模顶撑

木顶撑（立柱）主要承受梁底板或楞木传来竖向荷载的作用，一般按两端铰接的轴心受压杆件进行设计或验算。当顶撑中部无拉条，其计算长度 $l_0 = l$；当顶撑中间两个方向设水平拉条时，计算长度 $l_0 = l/2$。

木顶撑间距一般取 1.0m 左右，顶撑头截面为 50mm ×100mm，顶撑立柱截面为 100mm ×100mm，顶撑承受两根顶撑之间的梁荷载，按下式进行强度和稳定性验算：

（1）按强度要求：

$$\frac{N}{A_0} \leqslant f_c \tag{7-35}$$

（2）按稳定性要求：

$$\frac{N}{\varphi A_0} \leqslant f_c \tag{7-36}$$

式中 N——轴向压力，即两根顶撑之间承受的荷载；

f_c——木材顺纹抗压强度设计值（N/mm^2）；

A_0——木顶撑截面的计算面积，当木材无缺口时，$A_0 = A$。

根据经验，顶撑截面尺寸的选定一般以稳定性来控制。

4. 组合钢模底模

梁模采用组合钢模板时，多用钢管脚手支模，由梁模、小楞、大楞和立柱组成（图 7-9），梁底模按简支梁计算，按强度和刚度的要求，允许的跨度按下式计算：

（1）按强度要求：

$$M = \frac{1}{8} q_1 l^2 [f] \tag{7-37}$$

$$l = 41.5 \sqrt{\frac{W}{q_1}} \tag{7-38}$$

（2）按刚度要求：

$$w = \frac{5 q_1 l^4}{384 E_1 I} = \frac{l}{250} \tag{7-39}$$

$$l = 43 \sqrt[3]{\frac{1}{q_1}} \tag{7-40}$$

式中 M——计算最大弯矩（N · mm）；

q_1——作用在梁底模上的均布荷载（N/mm）；

l——计算跨距，对底板为顶撑立柱纵向间距（mm）；

$[f]$——钢材的抗拉、抗压、抗弯设计强度，Q235 钢取

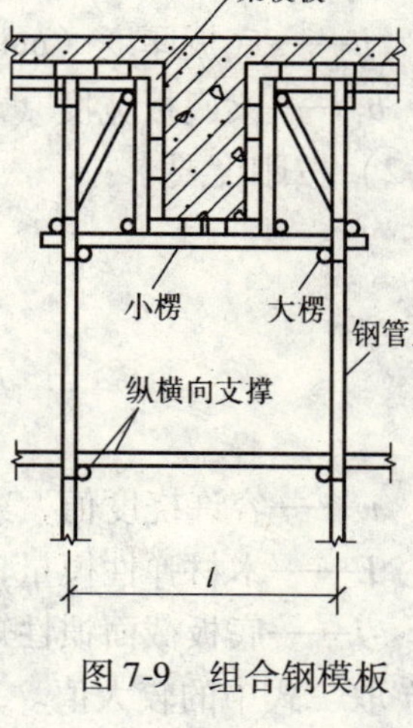

图 7-9 组合钢模板

215N/mm²；

W——钢管截面抵抗矩，$W=\frac{\pi}{32}\left(\frac{d^4-d_1^4}{d}\right)$，$\phi48\times3.5$mm 钢管，$W=1840\text{mm}^3$；

d——钢管外径（mm）；

d_1——钢管内径（mm）；

w——容许挠度值，梁模板挠度不允许超过 $l/250$；

E——钢材弹性模量，取 2.6×10^5（N/mm^2）；

I——钢管截面惯性矩，$I=\frac{\pi}{64}$（$d^4-d_1^4$），$\phi48\times3.5$ 钢管，$I=44176\text{mm}^4$。

5. 组合钢模钢管小楞

小楞间距一般取 30cm、40cm、50cm、60cm，小楞按简支梁计算。在计算刚度时，梁作用在小楞上的荷载，可简化为一个集中荷载，按强度和刚度要求，容许的跨度按下式计算：

（1）按强度要求：

$$M=\frac{1}{8}Pl\left(2-\frac{b}{l}\right) \tag{7-41}$$

$$l=860\frac{W}{P}+\frac{b}{2} \tag{7-42}$$

（2）按刚度要求：

$$w=\frac{Pl_2}{48EI}=\frac{l}{250} \tag{7-43}$$

$$l=223.4\sqrt{\frac{I}{P}} \tag{7-44}$$

式中　M——计算最大弯矩（N·mm）；

P——作用在小楞上的集中荷载（N）；

l——计算跨距，对小楞为顶撑立柱横向间距（mm）；

b——梁宽度（mm）；

w——容许挠度值，小楞挠度不得超过 $l/250$。

其他符号意义同组合钢模底模。

6. 组合钢模钢管大楞

大楞用 $\phi48\times3.5$mm 钢管，按连续梁计算，承受小楞传来的集中荷载，为简化计算，转换为均布荷载，精度满足要求，大楞按强度和刚度要求，容许的跨度按下式计算：

（1）按强度要求：

$$M=\frac{1}{10}q_2l^2=[f]W \tag{7-45}$$

$$l=1989\sqrt{\frac{1}{q_2}} \tag{7-46}$$

（2）按刚度要求：

$$w=\frac{q_2l^4}{150EI}=\frac{l}{250} \tag{7-47}$$

$$l = 1902\sqrt[3]{\frac{1}{q_2}} \tag{7-48}$$

式中 M——计算最大弯矩（N·mm）；

q_2——小楞作用在大楞上的均布荷载（N/mm）；

l——大楞计算跨距（mm）。

其他符号意义同组合钢模底模。

7. 钢管立柱

立柱多用 $\phi48\times3.5$mm 钢管，其连接有对接和搭接两种，前者的偏心假定为 1D，即为 48mm；后者的偏心假定为 2D，即为 96mm，立柱一般由稳定性控制，按下式计算：

$$N = \varphi_1 A_1 [f] \tag{7-49}$$

$$N = 105135\varphi_1 \tag{7-50}$$

式中 N——钢管立柱容许荷载（N）；

φ_1——钢构件轴心受压稳定系数；

A_1——钢管净截面积（mm^2），$\phi48\times3.5$mm 钢管 $A_1 = 489mm^2$；

D——钢管直径（mm）。

其他符号意义同组合钢模底模。

7.5.2 柱模板计算

1. 构造与荷载

柱模板的一般构造如图 7-10 所示，柱模板主要承受混凝土的侧压力和倾倒混凝土的振动荷载，荷载计算与梁的侧模板相同。浇筑混凝土时倾倒混凝土的振动荷载按 2kPa 采用。

2. 柱箍及拉紧螺栓

柱箍为模板的支撑和支承，其间距 s 由柱的侧模板刚度来控制。按两跨连续梁计算，其挠度按下式计算，并应满足以下条件：

$$w = \frac{K_f^4}{100E_t I} \leqslant [w] = \frac{s}{400} \tag{7-51}$$

整理得

$$s = \sqrt[3]{\frac{E_t I}{4K_f q}} \tag{7-52}$$

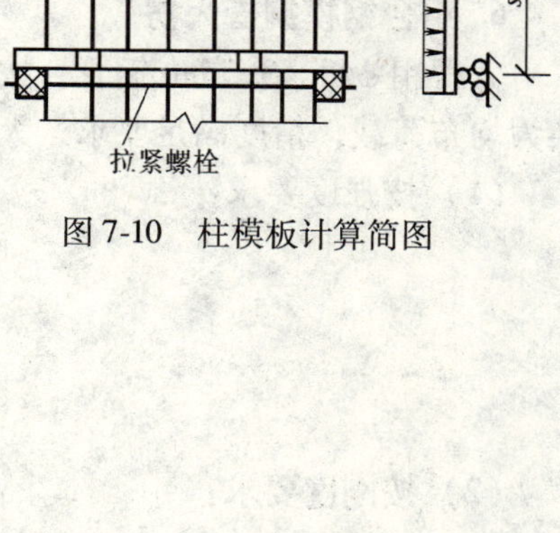

图 7-10 柱模板计算简图

式中 s——柱箍的间距；

w——柱箍的挠度；

$[w]$——柱模的允许挠度值；

E_t——木材的弹性模量，$E_t = (9\sim12)\times10^3 N/mm^2$；

I——柱模板截面的惯性；

K_f——系数，两跨连续梁，$K_f = 0.521$；

q——侧压力线荷载，如模板每块拼板宽为 100mm，则 $q = 0.1F$。

柱箍的截面选择如图 7-11 所示，对于长边，假定设置钢拉杆，则按悬臂简支梁计算；不设钢拉杆，则按简支梁计算。其最大弯矩按下式计算：

$$M_{\max}=(1-4\lambda^2)\frac{q_1d^2}{8} \quad (7\text{-}53)$$

式中 $M_{\max}$——柱箍长、短边最大弯矩；

d——长边跨中长度；

q_1——作用于长边上的线荷载。

柱箍长边需要的截面抵抗矩：

$$W_1=\frac{M_{\max}}{f_m} \quad (7\text{-}54)$$

式中 W_1——柱箍长、短边截面抵抗矩；

f_m——木材抗弯强度设计值，可提高 15%，采用松木取 $13\times1.15\text{N/mm}^2=14.95\text{N/mm}^2$。

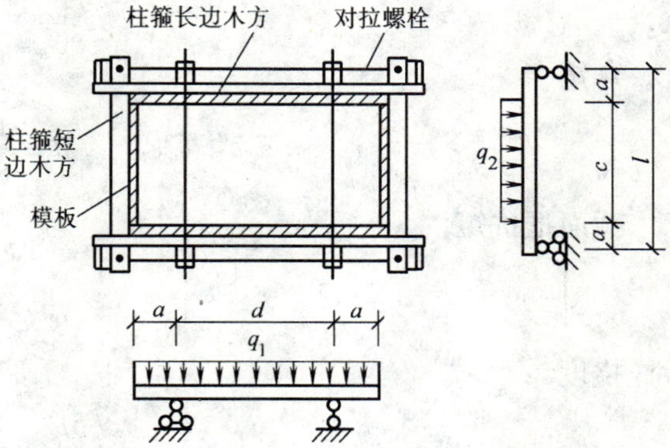

图 7-11 柱箍长、短边计算简图

对于短边按简支梁计算，其最大弯矩由下式计算：

$$M_{\max}=(2-\eta)\frac{q_2cl}{8} \quad (7\text{-}55)$$

式中 η——c 与 l 的比值，即 $\eta=\frac{c}{l}$；

q_2——作用于短边上的线荷载；

c——短边线荷载分布长度；

l——短边计算长度。

柱箍短边需要的截面抵抗矩：

$$W_2=\frac{M_{\max}}{f_m} \quad (7\text{-}56)$$

式中 W_2——柱箍长、短边截面抵抗矩。

柱箍的做法有两种：1）单根方木用矩形钢箍加楔块夹紧；2）两根方木中间用螺栓夹紧。螺栓受到的拉力等于箍柱处的反力。

拉紧螺栓的拉力和需要的截面积按下式计算：

$$N=\frac{1}{2}q_3l_1 \quad (7\text{-}57)$$

$$A_0=\frac{N}{f} \quad (7\text{-}58)$$

式中 q_3——作用于柱箍上的线荷载；

l_1——柱箍的计算长度；

A_0——螺栓需要的截面面积；

f——钢材抗拉强度设计值，采用 HPB235 级钢筋，$f=215\text{N/mm}^2$。

3. 模板截面尺寸

模板按简支梁考虑，模板承受的弯矩 M、需要的截面惯性矩、挠度控制值分别按下式计算：

弯矩

$$M=\frac{1}{8}ql_2 \tag{7-59}$$

截面抵抗矩

$$W=\frac{M}{f_m} \tag{7-60}$$

挠度

$$w_A=\frac{5l_4}{384EI}\leqslant[w]=\frac{l}{400} \tag{7-61}$$

式中 W——模板的截面抵抗矩；

w_A——模板的挠度；

M——模板承受的弯矩。

7.5.3 墙模板计算

1. 墙木（钢）模板

墙模板构件包括模板（钢模或木模）、内楞（钢或木）、外楞（钢或木）及对拉螺栓等墙侧模板受到浇筑混凝土时侧压力的作用，侧压力的计算见 7.4 节。

当墙侧采用木模板时，支承在内楞上一般按三跨连续梁计算，按强度和刚度要求，容许的跨度按下式计算：

（1）按强度要求：

$$M=\frac{1}{10}q_1l^2[f_m]\times\frac{1}{6}bh^2$$

$$l=4.65h\sqrt{\frac{b}{q_1}} \tag{7-62}$$

式中 M——计算最大弯矩（N·mm）；

q_1——作用在模板上的侧压力（N/mm）；

l——计算跨度（mm）；

$[f_m]$——木材抗弯强度设计值，采用松木模板取 13N/mm²；

b——侧板宽度（mm）；

h——侧板厚度（mm）。

（2）按刚度要求

$$w=\frac{q_1l_4}{150EI}=\frac{l}{400}$$

$$l=6.67h\sqrt[3]{\frac{b}{q_1}} \tag{7-63}$$

式中 w——容许挠度值，墙模板不得超过 $l/400$；

E——弹性模量，木材取$(9\sim10)\times10^3\mathrm{N/mm^2}$；钢材取$2.6\times10^5\mathrm{N/mm^2}$；

I——墙模板截面惯性矩（mm）。

当墙侧模采用组合钢模板时，板长为120cm或150cm，墙头用U形卡连接，板的跨度不宜大于板长，一般取600～1050mm，可不进行计算。

2. 墙模板内外木（钢）楞

内楞承受模板、墙模板作用的荷载，按多跨连续梁计算，其允许跨度按下式计算：

对木楞：

（1）按强度要求：

$$M=\frac{1}{10}q_2l^2=[f_\mathrm{m}]W$$

$$l=11.4\sqrt{\frac{W}{q^2}} \tag{7-64}$$

（2）按刚度要求：

$$w=\frac{q_2l^4}{150EI}=\frac{l}{400}$$

$$l=15.3\sqrt[3]{\frac{I}{q^2}} \tag{7-65}$$

对钢楞：

按强度要求：

$$M=\frac{1}{10}q_2l^2=[f]W$$

$$l=46.4\sqrt{\frac{W}{q^2}} \tag{7-66}$$

按刚度要求：

$$w=\frac{q_2l^4}{150EI}=\frac{l}{400}$$

$$l=21.3\sqrt[3]{\frac{I}{q^2}} \tag{7-67}$$

式中 M——内楞计算最大弯矩（N·mm）；

q_2——作用在内楞上的荷载（N/mm）；

l——内楞计算跨矩（mm）；

W——内楞截面抵抗矩（$\mathrm{mm^3}$）；

w——容许挠度值，对内楞不超过$l/400$；

I——内楞的截面惯性矩（$\mathrm{mm^4}$）；

$[f]$——钢材的抗拉、抗压、抗弯强度设计值，采用Q235钢，取$215\mathrm{N/mm^2}$。其他符号意义同墙模板。

外钢楞的作用主要是加强各部分的连接及模板的整体刚度，不是一种受力构件，可不进行计算。

3. 对拉螺栓

对拉螺栓一般设在外钢楞相交处，直接承受内、外楞传来的集中荷载，其允许拉力按下式计算：

$$N = A_1[f] \tag{7-68}$$

或

$$N = 215A_1 \tag{7-69}$$

式中　N——对拉螺栓允许拉力（N）；

A_1——对拉螺栓净截面积（mm^2）；

$[f]$——钢材抗拉强度设计值，取 $215N/mm^2$。

【例 7-11】 某楼梁长 5m，截面尺寸为 600mm × 400mm，采用木模支模模板底楞木和顶撑间距为 0.76m，已知竖向总荷载为 5.0kN/m，试求底板需要的厚度。

【解】 按强度要求，底板需要的厚度由式（7-33）得

$$h = \frac{l}{4.65}\sqrt{\frac{q_1}{b_1}} = \frac{760}{4.65}\sqrt{\frac{5}{400}}\text{mm} = 18.3\text{mm}$$

按刚度要求，底板需要的厚度由式（7-34）得

$$h = \frac{l}{7.8}\sqrt[3]{\frac{q_1}{b_1}} = \frac{760}{7.8}\sqrt[3]{\frac{5}{400}}\text{mm} = 22.6\text{mm}$$

取二者的较大值 $h = 22.6$mm，用 25mm。

【例 7-12】 某楼矩形梁长 7m，截面尺寸 600mm × 300mm，离地高 4.0m，采用组合钢模，用钢管脚平架支模，已知梁底模承受的均布荷载，$q_1 = 5.0$kN/m，试计算确定底（小）楞间距、（跨距）大楞跨距和验算钢管立柱承载力。

【解】（1）底模计算

梁底模选用 P2515 型组合钢模板

$$I_x = 25.38 \times 10^4\text{mm}^4, W_x = 5.78 \times 10^3\text{mm}^2$$

按强度要求允许楞间距由式（7-38）得：

$$l = 41.5\sqrt{\frac{W}{q_1}} = 41.5 \times \sqrt{\frac{5.78 \times 10^3}{5}}\text{mm} = 1411\text{mm}$$

按钢度要求允许底楞间距，由式（7-40）

$$l = 43\sqrt[3]{\frac{I}{q_1}} = 43 \times \sqrt[3]{\frac{25.38 \times 10^4}{5}}\text{mm} = 1592\text{mm}$$

取二者较小值，$l = 1411$mm，用 750mm。

（2）钢管大楞计算

钢管大楞选用 $\phi 48 \times 3.5$mm 钢管，作用在大楞上的均布荷载

$$q_2 = \frac{1}{2}q_1 = \frac{1}{2} \times 5\text{kN/m} = 2.5\text{kN/m}$$

按强度计算容许跨度，由式（7-46）得

$$l = 1989\sqrt{\frac{1}{q_2}} = 1989\sqrt{\frac{1}{2.5}}\text{mm} = 1257\text{mm}$$

按钢度计算容许跨度，由式（7-48）得

$$l = 1902\sqrt[3]{\frac{1}{q_2}} = 1902\sqrt[3]{\frac{1}{2.5}}\text{mm} = 1401\text{mm}$$

取二者较小值 $l = 1257$mm，用1200mm。

（3）钢管小楞计算

钢管小楞选用 $\phi 48 \times 3.5$mm 钢管

作用在小楞上的集中荷载为：5×0.75kN $= 3.75$kN

按强度计算容许跨度，由式（7-42）得

$$l = 860\frac{W}{P} + \frac{b}{2} = 860 \times \frac{5.08 \times 10^3}{3.75 \times 10^3}\text{mm} + \frac{300}{2}\text{mm} = 1315\text{mm}$$

按钢度计算容许跨度，由式（7-44）得

$$l = 223.4\sqrt{\frac{I}{P}} = 223.4\sqrt{\frac{12.18 \times 14^4}{3.75 \times 10^3}}\text{mm} = 1273\text{mm}$$

取二者较小值 $l = 1273$mm，用1000mm。

（4）钢管主柱计算

钢管主柱采用 $\phi 48 \times 3.5$mm，$A = 489\text{mm}^2$

钢管使用长度 $l = 4000$mm，在中间设水平横杆，取 $l_0 = \frac{l}{2} = 2000$mm，$i = \frac{1}{4}\sqrt{48^2 + 41^2}$ mm $= 15.78$mm

$$\lambda = \frac{l_0}{i} = \frac{2000}{15.78} = 126.7$$

查表7-21，φ 值为0.453，由式（7-50）

容许荷载为 $N = 105135\varphi = 105135 \times 0.453\text{N} = 47626\text{N}$

钢管承受的荷载 $N = \frac{1}{2} \times 1.2 \times 5\text{kN} = 3\text{kN} < 47.63\text{kN}$

故满足要求。

【例7-13】 墙厚为300m，高5m，每节模板高2.5m，采取分节浇筑混凝土每节浇筑高度为2.5m，浇筑速度 $v = 2$m/h，混凝土重力密度 $\gamma_c = 25\text{kN/m}^3$，浇筑温度 $T = 30$℃，采用厚25mm木模板，试计算确定内楞的间距。

【解】 取 $\beta_1 = \beta_2 = 1$，由式（7-30）墙模受到的侧压力为

$$F = 0.22\gamma_c\left(\frac{200}{T+15}\right)\beta_1\beta_2 v^{\frac{1}{2}} = 0.22 \times 25 \times \left(\frac{200}{30+15}\right) \times 1 \times 1 \times \sqrt{2}\text{kN/m}^2 = 34.56\text{kN/m}^2$$

$$F' = \gamma_c H = 25 \times 2.5\text{kN/m}^2 = 62.5\text{kN/m}^2$$

取二者中的较小值，$F = 34.56\text{kN/m}^2$ 作为计算值，并考虑振动荷载 4kN/m^2，则总侧压力 $F = (34.56 + 4)\text{kN/m}^2 = 38.56\text{kN/m}^2$，作用于模板的线荷载 $q = 38.56 \times 1.0\text{kN/m} = 38.56\text{kN/m}$

按强度要求需要内楞的间距，由式（7-62）得：

$$l = 4.65h\sqrt{\frac{b}{q_1}} = 4.65 \times 25 \times \sqrt{\frac{1000}{38.56}}\text{mm} = 592\text{mm}$$

按刚度要求需要内楞的间距，由式（7-63）得

$$l=6.67h\sqrt[3]{\frac{b}{q_1}}=6.67\times25\times\sqrt[3]{\frac{1000}{38.56}}\text{mm}=493.04\text{mm}$$

取二者中的较小值 $l=493.04$mm，用 450mm。

7.6 大模板计算

7.6.1 构造与荷载

在高层民用建筑剪力墙结构体系中，常采用大模板作为现浇混凝土墙的侧模。一般是一片墙用一块或二块大钢模板成形。大模板的构造见图 7-12，由 5mm 厚钢面板、槽钢或角钢横肋、小扁钢或型钢小纵肋、两根槽钢组合的大纵肋和穿墙螺栓等组成。

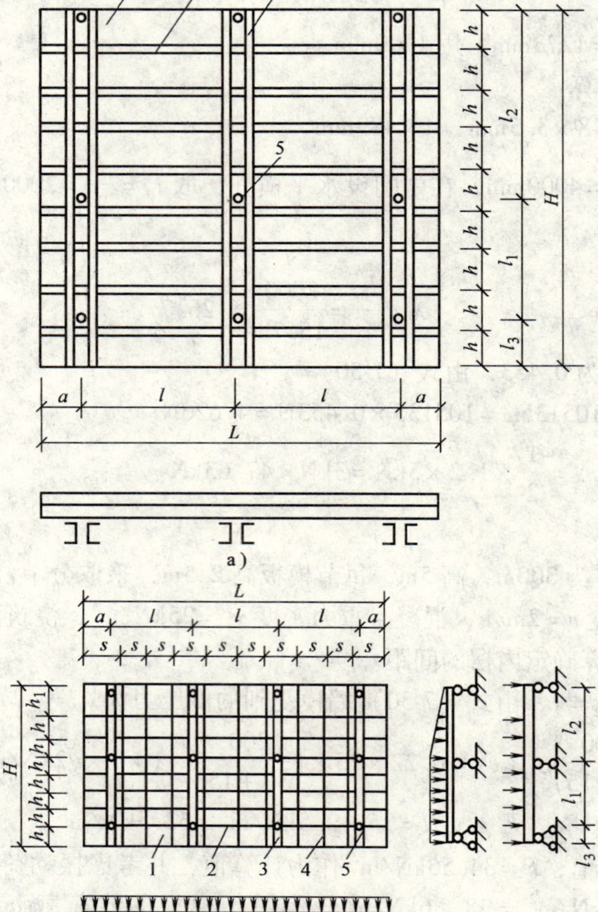

图 7-12 大模板构造
a）单向板构造的大模板 b）双向板构造的大模板
1—面板 2—横肋 3—大纵肋 4—小纵肋 5—穿墙螺栓

计算包括以下各项：

大模板主要承受混凝土的侧压力，根据大量试验研究，当大模板的高度 $H=2.5\sim3.0\text{m}$ 时，侧压力的分布图形可用图 7-13 表示。当最大侧压力 $F=50\text{kN/m}^2$ 时，在 2.1m 以上按三角形分布，2.1m 以下按矩形分布。

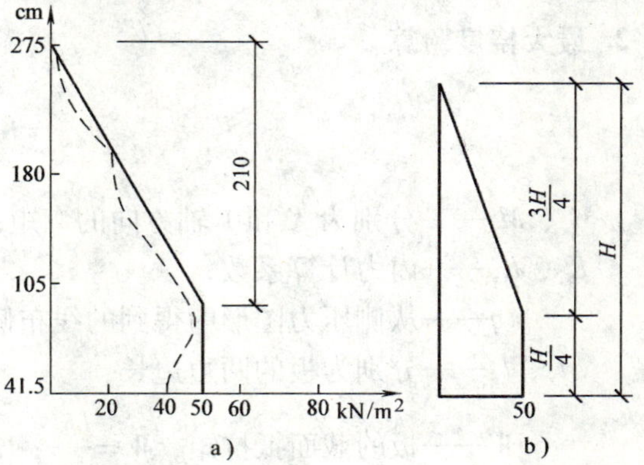

图 7-13　侧压力分布图形

a）侧压力试验分布规律　b）简化压力试验分布规律

7.6.2　钢面板

大模板的面板被纵横肋分成多个小方格或长方格，根据方格长宽尺寸的比例，可把面板当作单向板或双向板考虑。当作为单向板考虑时，可将板视作三跨或四跨连续梁计算；当作为四边支承在纵横肋上的双向板计算时，计算简图视荷载分布、周边的嵌固程度而有所不同。如图 7-14 所示。

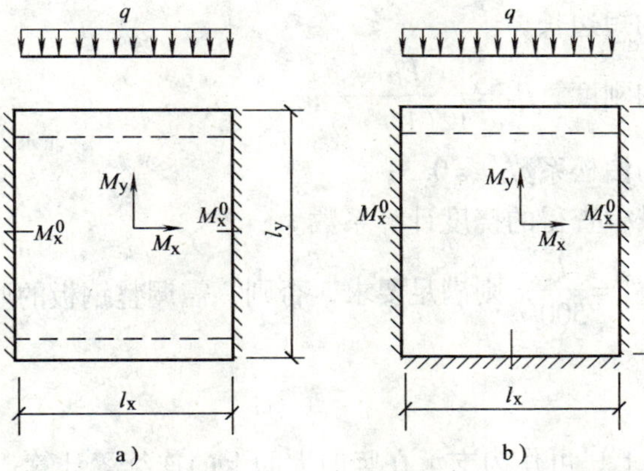

图 7-14　双向钢面板计算简图

a）两边嵌固、两边简支　b）三边嵌固、一边简支

1. 最大的正应力 σ_{max}

应用附录中的计算表格，由 l_x/l_y 的比值可分别查出板的跨中和支座的弯矩。

跨中两个方向的弯矩分别为：

$$M_x=K_xql_x^2;M_y=K_yql_y^2 \tag{7-70}$$

支座边上的弯矩分别为：

$$M_x=K_xql_x^2;M_y=K_yql_y^2 \tag{7-71}$$

查表时应注意泊松系数 ν 取值的不同，若按 $\nu=0$ 的情况查取，而实际 $\nu\neq0$（一般钢材的 ν 值为 0.3），求跨中弯矩时需进行修正。即：

$$M_x^{(\nu)}=M_x+\nu M_y;M_y^{(\nu)}=M_y+\nu M_x \tag{7-72}$$

板的正应力按下式验算：

$$\sigma = \frac{M_{max}}{W} \leqslant f \tag{7-73}$$

2. 最大挠度验算

$$w_{max} = K_t \frac{Fl^4}{B_0} \tag{7-74}$$

式中 M_x、M_y——分别为 X 和 Y 轴方向的弯矩；

K_x、K_y——内力计算系数；

q——从侧压力图形中得到的线布侧压力；

l_x、l_y——分别为板的两边边长；

W——板的截面抵抗矩，$W = \frac{bh^2}{6}$；

b——板单位宽度，取 $b = 1m$；

h——钢板的厚度；

w_{max}——板的最大挠度；

F——混凝土的最大侧压力，$F = 50kN/m^2$；

l——面板的短边长；

B_0——构件的刚度，$B_0 = \frac{Eh^3}{12(1-v^2)}$；

ν——钢板的泊松系数 $\nu = 0.3$；

K_t——从附录中查得的挠度计算系数。

计算得到的 $w_{max} \leqslant [w] = \frac{l}{500}$，则满足要求，否则，需调整钢板的厚度间距。

7.6.3 钢横筋

横肋支承在竖向大肋上，可作为支承在竖向大肋上的连续梁计算，其跨度等于竖向大肋的间距（图 7-15）。

横肋上的荷载为：$q = Fh_1$

式中 F——混凝土的最大侧压力，$F = 50kN/m^2$；

h_1——横肋之间的水平距离（m）。

横肋的弯矩、剪力可用一般的结构力学分析方法，如弯矩分配法、三弯矩方程或查表法直接求得，以其最大弯矩和剪力值进行强度和挠度验算。

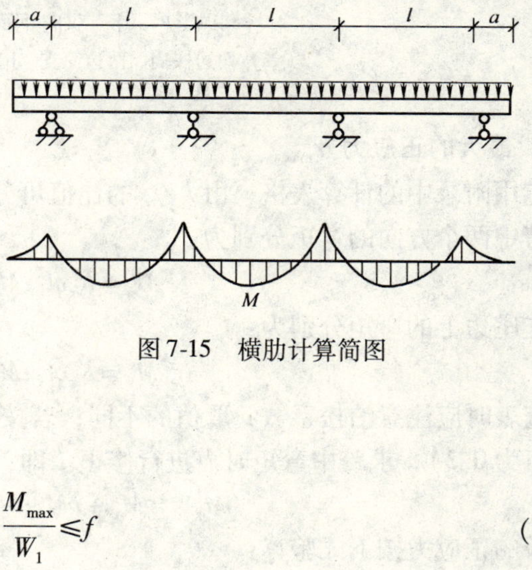

图 7-15 横肋计算简图

1. 强度验算

$$\sigma = \frac{M_{max}}{W_1} \leqslant f \tag{7-75}$$

2. 挠度验算

悬臂部分挠度：

$$w=\frac{qa^4}{8EI}\leqslant[w]=\frac{a}{500} \tag{7-76}$$

跨中部分挠度：

$$w=\frac{ql^4}{384EI}(5-24\lambda^2)\leqslant\frac{l}{500} \tag{7-77}$$

式中 M_{max}——由计算或查表求得的横肋最大弯矩值；

W_1——横肋的截面抵抗矩；

q——横肋上的荷载，$q=Fh_1$；

a——悬臂部分长度；

I——横肋的截面惯性；

l——跨中部分的长度；

λ——悬臂部分的长度与跨中部分长度之比，即 $\lambda=a/l$；

E——钢材的弹性模量，取 $2.1\times10^5\text{N/mm}^2$。

7.6.4 钢竖向横肋

竖向大肋通常用两根槽钢制成。力将内外模板连成整体，在大肋上每隔一段穿上螺栓固定（图 7-16），因此计算时，可把竖向大肋视作支承在穿墙螺栓上的两跨连续梁肋承受横肋传来的集中荷载。为简化计算，常把集中荷载化为均布荷载。

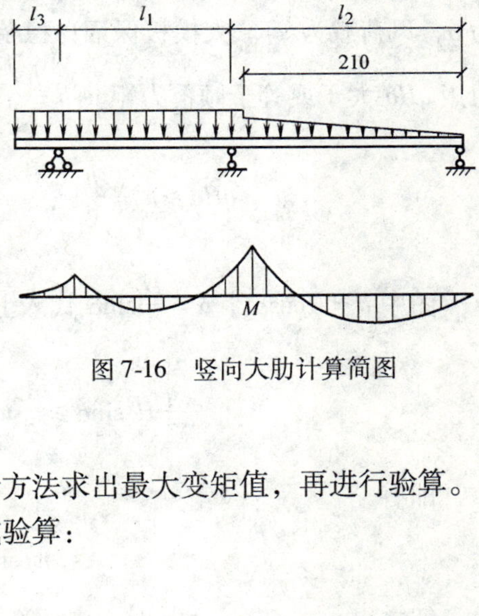

图 7-16　竖向大肋计算简图

大肋下部荷载：

$$q_1=Fl_1 \tag{7-78}$$

大肋上部荷载：

$$q_2=\frac{q_1l_2}{2100} \tag{7-79}$$

已知荷载分布、支承情况后，可按一般力学分析方法求出最大变矩值，再进行验算。

对挠度的验算，与横肋验算方法相同，可按下式验算：

悬臂部分挠度：

$$W_A=\frac{q_1l_3^4}{8EI}\leqslant\frac{l_3}{500} \tag{7-80}$$

跨中部分挠度：

$$W_A=\frac{ql^4}{384EI}(5-24\lambda^2)\leqslant\frac{l}{500} \tag{7-81}$$

式中 q——横肋上的荷载，$q=Fh_1$；

I——横肋的截面惯性；

λ——悬臂部分的长度与跨中部分长度之比，即 $\lambda=a/l$；

l_1——竖向大肋的水平距离；

l_2——上部穿墙螺栓的竖向间距；

2100——侧压力分布图中距顶部2.1m处的三角形分布侧压力的距离；

E——钢材的弹性模量，取$2.1\times10^5\text{N/mm}^2$；

l_3——悬臂部分长度。

为保证大模板在使用期间变形不致太大，应将面板的计算挠度值与横肋（或向大肋）的计算挠度值进行组合叠加，要求组合后的挠度值，小于模板制作允许差，板面平整度$w\leqslant$3mm的质量要求。

7.6.5 大模板稳定性简易分析与计算

1. 自稳角分析与计算方法及公式

大模板的稳定性主要取决于模板的自稳角。为保证支架的稳定性，不致使其右边倾覆（图7-17），在设计支架时应使$b\geqslant a$；为了保证模板在风载作用下不致向左倾覆，就应使模板面板与垂直方向的夹角α控制在一个合适的范围内，这个角度称为大模板的自稳角。

2. 自稳角分析与计算

自稳角计算时，取1m宽的板带，假定模板自重为q，风荷载为w_k。大模板保证自稳条件是：抗倾覆力矩qHa大于或等于倾覆力矩$w_k h\dfrac{h}{2}$，即：

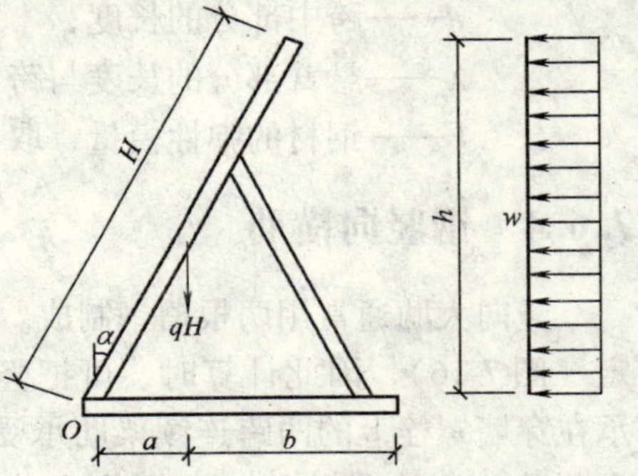

图7-17 大模板稳定性分析与计算简图

$$qHa\geqslant w_k h\frac{h}{2} \tag{7-82}$$

图中$h=H\cos\alpha$，$a=\dfrac{H}{2}\sin\alpha$代入上式得：

$$\frac{q}{2}H^2\sin\alpha\geqslant\frac{1}{2}w_k H^2\cos^2\alpha\geqslant\frac{1}{2}w_k H^2(1-\sin^2\alpha) \tag{7-83}$$

即有

$$w_k\sin^2\alpha+q\sin\alpha-w_k=0 \tag{7-84}$$

解之得

$$\sin\alpha=\frac{-q\pm\sqrt{q^2+4w_k^2}}{2w_k} \tag{7-85}$$

则有

$$\alpha=\arcsin\left(\frac{-q\pm\sqrt{q^2+4w_k^2}}{2w_k}\right) \tag{7-86}$$

计算时，根据模板所在楼层高度与风力、模板自重，按式（7-86）即可确定全的自稳角，若计算的自稳角超过支架能够调节的最大倾角时，则应采取加缆风的措施以保证安全。

式中　α——自稳角，即大模板与垂直方向的夹角（°）；

q——模板自重（N/m^2）；

w_k——风荷载标准值（kN/m^2）；

H——模板高度（m）；

h——模板保持一定自稳角时的高度（m）。

7.6.6　风荷载计算方法及公式

垂直于建筑物表面上的风荷载标准值可按下式计算：

$$w_k = \beta_z \mu_s \mu_z w_0 \tag{7-87}$$

其中

$$\mu_z = \left(\frac{\alpha}{H_f}\right)^{2a} \times (35)^{0.32} \tag{7-88}$$

式中　w_0——基本风压（kN/m^2），按《建筑结构荷载规范》（GB 50009—2001）确定；

β_z——Z 高度的风振系数，按《建筑结构荷载规范》（GB 50009—2001）确定；

μ_s——风荷载体形系数，在放置矩形模板的情况下为 1.3；

μ_z——风压高度变化系数，可按式（7-88）计算，其中 $\alpha=0.12$ 时为 A 类，指海岸、湖岸、海岛地区；$\alpha=0.16$ 时为 B 类，指中小城市和大城市郊区 $\alpha=0.20$ 时为 C 类，指有密集建筑群的大城市市区；

H_f——风荷载换算高度，一般情况下为 20m。

风压高度变化系数 μ_z，亦可按表 7-24 查得。

表 7-24　风压高度变化系数 μ_z

离地面的高度/m	地面粗糙度类别		
	A	B	C
5	1.17	1.00	0.74
10	1.38	1.00	0.74
15	1.52	1.14	0.74
20	1.63	1.25	0.84
30	1.80	1.42	1.00
40	1.92	1.56	1.13
50	2.03	1.67	1.25
60	2.12	1.77	1.35
70	2.20	1.86	1.45
80	2.27	1.95	1.54

7.6.7　规范验算法

根据《建筑工程大模板技术规程》（JGJ 74—2003），对大模板的自稳角以模板与铅垂直线的夹角“α”表示，可按式（7-89）进行稳定性验算（图 7-18）。

$$\alpha \geqslant \arcsin\left[-p + (p^2 + 4K^2\omega_k^2)^{1/2}\right]/2K\omega_k \tag{7-89}$$

式中 α——大模板自稳角（°）；

p——大模板单位面积自重（kN/m²）；

K——抗倾倒系数，通常 $K=1.2$；

ω_k——风荷载标准值（kN/m²）。

$$w_k=\mu_s\mu_z v_f^2/1600 \tag{7-90}$$

式中 μ_s——风荷载体形系数，$\mu_s=1.3$；

μ_z——风压高度变化系数，大模板地面堆放时 $\mu_s=1$；

v_f——风速（m/s），根据本地区风力级数确定，风力 5 级：$v_f=8\sim10.7$；风力 6 级：$v_f=10.8\sim13.8$；风力 7 级：$v_f=13.9\sim17.1$；风力 8 级：$v_f=17.2\sim20.7$；风力 9 级：$v_f=20.8\sim24.4$。

当验算结果小于 10°时，取 $\alpha\geqslant10°$；当验算结果大于 20°时，取 $\alpha\leqslant20°$并采取辅助安全措施。

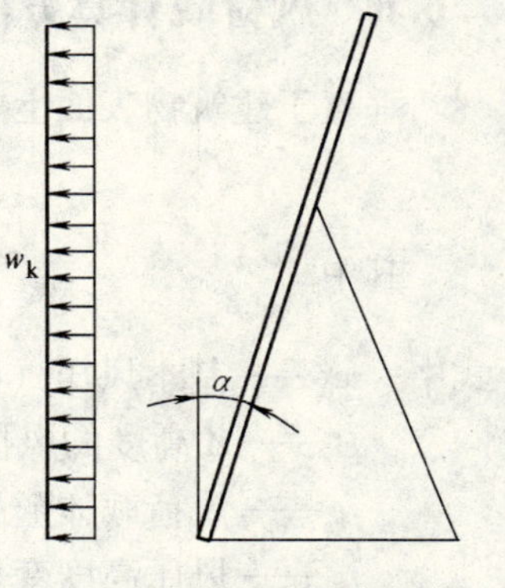

图 7-18 大模板自稳角示意

【例 7-14】 某高层建筑施工用大模板放在 20m 高楼面上，采用拼装式全钢大模板，自重力为 1.68kN/m²，该地区基本风压值为 0.35kN/m²，风振系数为 1.4，体形系数为 1.3，试求大模板的自稳角。

【解】 高度变化系数值查表 7-24 得 $\mu_z=0.84$，设计风荷载标准值由式（7-87）得：

$$\begin{aligned} w_k &= \beta_z\mu_s\mu_z w_0 \\ &= 1.4\times1.3\times0.84\times0.35\text{kN/m}^2 \\ &= 0.535\text{kN/m}^2 \end{aligned}$$

大模板自稳角由式（7-86）得：

$$\begin{aligned} \sin\alpha &= \frac{-1.68+\sqrt{1.68^2+4\times0.535^2}}{2\times0.535} \\ &= 0.2914 \end{aligned}$$

$$\alpha=16.94°$$

故知，支架的角度要大于 16.94°。

7.7 滑动模板操作平台计算

滑动模板操作平台是液压滑模提升时承受各种施工操作设备的主要平台，其形式通常有两种，当筒径在 10m 以内时，采用无井架上撑式空间结构（图 7-19）；当筒径在 10m 以上（或用于框架结构）且荷载较大时，多采用无井架下撑式空间结构（图 7-20）。由于平台为圆形空间结构体系，各杆件形状、截面、连接方式、刚度不一，精确计算较为困难，一般都化简为平面结构形式进行计算。

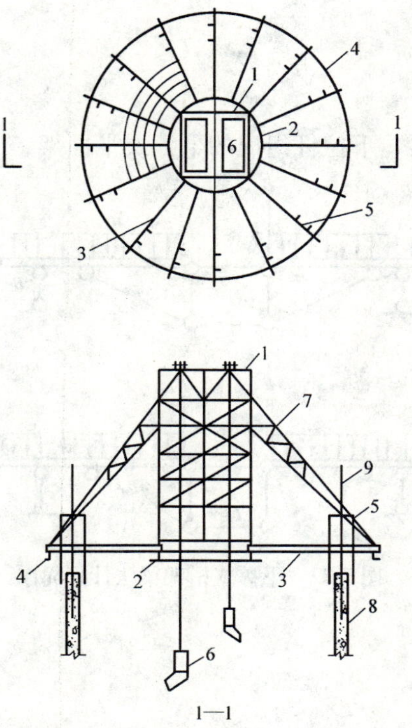

图 7-19　无井架上撑式操作平台

1—井架　2—内环梁　3—辐射梁

4—外环梁　5—提升梁　6—罐笼

7—井架斜撑　8—筒壁　9—支承杆

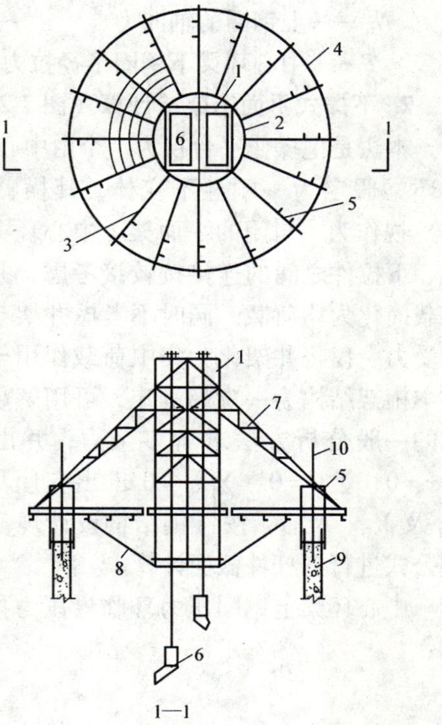

图 7-20　无井架下撑式操作平台

1—井架　2—内环梁　3—辐射梁

4—外环梁　5—提升架　6—罐笼

7—外架斜撑　8—下拉杆　9—筒壁　10—支承杆

1. 上撑式桁架梁法计算（图 7-21）

本法是把辐射状空间结构平台简化为一平面结构计算，将中心环梁与辐射梁、井架、井架斜撑视作一个梁式桁架。因此，整个结构为一个一次超静定混合式桁架结构，可用解超静定结构的一般性分析方法，由基本方程：$\sigma_1 x_1 + \Delta F_1 = 0$ 求解多余力 x_1，在确定辐射梁的内力 M、N、V 和变位 Δ 及各杆件内力 N 后，按钢结构设计规范中有关公式，进行各杆件的截面计算。

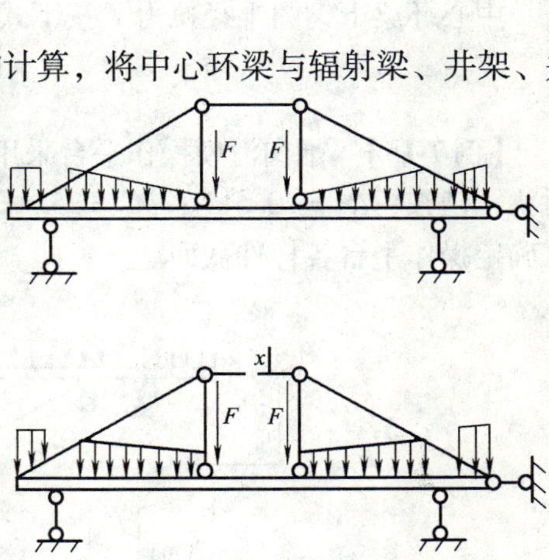

图 7-21　上撑式桁架梁

其中　M——桁架的弯矩；

N——桁架杆件的内力；

V——桁架的剪力；

F——作用于上钢圈上的集中力；

q——作用于辐射梁上的均布荷载；

Q_1——临界荷载（水平力在圆周单位长的分布值）；

R——环梁半径；

E、I——上钢圈弹性模量和截面惯性矩；

N_0——上钢圈的轴向力；

T——中心环梁下钢圈半径拉力。

2. 下撑式平面桁架法计算（图 7-22）

本法是把操作平台视为一个由中心环梁、辐射梁、下拉杆组成的下撑式平面架，并将中心环梁假定为一刚性不变体，其横截面（剖面）视作为一封闭的平面架。中心环梁、辐射梁、下拉件之间的连接按铰接考虑，并将平台荷载简化为均荷载。同时不考虑井架与平台共同受力，仅将井架化为集中荷载作用于环梁节点本桁架结构为一次超静定，可用解超静定结构的一般分析方法求解多余力，并由面力系 $\sum x=0$、$\sum y=0$、$\sum m=0$ 求出支座反力 R_A、R_B 及 M_D、N 后，按《钢结构设计规范》中有关公式进行各杆件截面计算。

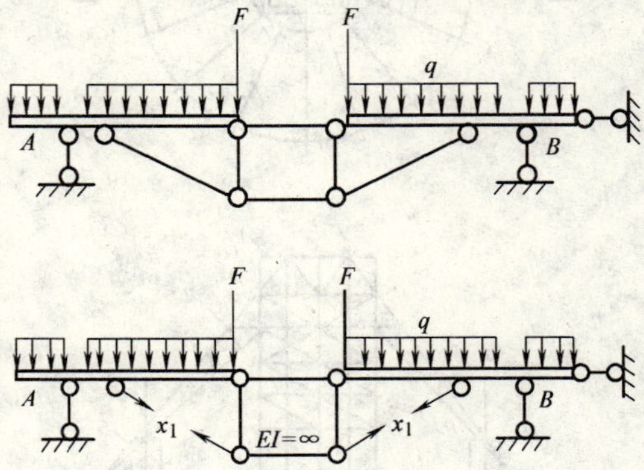

图 7-22　下撑式桁架梁法计算简图

中心环梁上钢圈压力环临界压力按下式计算：

$$Q_1=\frac{3EI}{R^3} \tag{7-91}$$

上钢圈的轴向力 N_0 按下式计算：

$$N_0=Q_1R=\frac{3EI}{R^2} \tag{7-92}$$

中心环梁下钢圈半径拉力 T 按下式计算：

$$T=N_0R \tag{7-93}$$

【例 7-15】 烟囱滑模操作平台采用无井架下撑式结构，尺寸如图 7-23 所示，设 48 根辐射梁，已知：$R_A=20.5\text{kN}$；$M_O=25.4\text{kN}\cdot\text{m}$；$N_{OF}=44.1\text{kN}$；$N_{OE}=40.4\text{kN}$；$N_{EF}=17.6\text{kN}$，试确定操作平台各杆件截面。

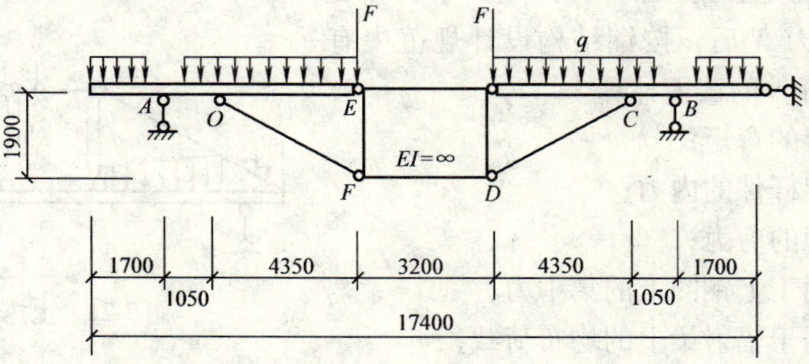

图 7-23　操作平台尺寸

【解】（1）辐射梁需要抵抗矩：

$$W=\frac{M}{f}=\frac{25.4\times10^5}{215}\text{mm}^3=118.14\times10^3\text{mm}^3$$

选用两根[14a 槽钢，$A=1850\times2\text{mm}^2=3700\text{mm}^2$，$W=80500\times2\text{mm}^3=161\times10^3\text{mm}^3>118.14\text{mm}^3$ 满足要求。

因 $\sigma=\dfrac{N}{A_n}=\dfrac{40.4\times10^3}{3700}\text{N/mm}^2=10.9\text{N/mm}^2<0.1f=21.5\text{N/mm}^2$

表明轴向力很小，故可以不考虑轴向力，强度可不验算。

（2）拉杆 OF 需要 $A=\dfrac{N}{f}=\dfrac{44.1\times10^3}{215\times1.05}\text{mm}^2=195\text{mm}^2$

选用 ϕ16mm 光圆钢筋（Q235），$A=210\text{mm}^2$ 满足要求。

（3）中心环梁截面计算

已知 $D=2.95\text{m}$

中心环梁上钢圈压力环单位长度作用压力

$$Q_1=\frac{48N_{DE}}{\pi D}=\frac{48\times40.4\times10^3}{3.14\times2.95}\text{N/m}=209.35\times10^3\text{N/m}$$

上钢圈需要惯性矩，$I=\dfrac{Q_1R^3}{3E}=\dfrac{209.35\times1475^3}{3\times2.1\times10^5}\text{mm}^4=106.64\times10^4\text{mm}^4$

选用上钢圈截面为 260mm×260mm 箱形截面，由 $d=12\text{mm}$ 钢板焊成，则 $I=\dfrac{260^4-236^4}{12}\text{mm}^4=122.3\times10^6\text{mm}^4>106.64\times10^4\text{mm}^4$，满足要求。

（4）下钢圈截面计算

下钢圈单位长度上拉力

$$Q=\frac{48N_{OF}\cos\alpha}{\pi D}=\frac{48\times44.1\times10^3\times0.916}{3.14\times2950}\text{N/mm}=209.3\text{N/mm}$$

钢圈拉力 $T=209.3\times\dfrac{2950}{2}\text{N}=308.718\times10^3\text{N}$

需要截面积 $A=\dfrac{308.718\times10^3}{170}\text{mm}=1816\text{mm}^2$

选用 1 根 16 号槽钢，$A=2515\text{mm}^2$，可满足要求。

（5）上、下环梁之间支撑截面计算

上、下环梁之间支撑需承受拖后总压力：$N=48N_{EF}=48\times17.6\text{kN}=844.8\text{kN}$

支撑需要截面积 $A=\dfrac{844.8\times10^3}{170}\text{mm}^2=4969\text{mm}^2$

选用 16 根∟70×6，$A=942.4\times16\text{mm}^2=15078\text{mm}^2$，单角钢 $i=13.8$，$l_0=1900\text{mm}$

$\lambda=\dfrac{1900}{13.8}=137.7$，$\varphi$ 的取值根据表 7-22，得 $\varphi=0.394$

$\sigma=\dfrac{844.8\times10^3}{0.394\times942.4\times16}\text{N/mm}^2=142\text{N/mm}^2<215\text{N/mm}^2$，满足要求。

支撑 EF 需与上、下环梁刚性连接。

7.8 滑动模板支撑杆允许承载力和需要数量计算

7.8.1 承载能力

支承杆是滑模施工中的传力和承力构件，一般用直径25mm的圆钢或螺纹钢制成。它的承载能力往往由其稳定性来控制，支承情况为下端固接在混凝土中，上端与穿过千斤顶的卡头铰接。

支承杆承载能力的计算有两种方法：

1. 按中心受压构件计算

每根支承杆的承载力 N 按下式计算：

$$N \leqslant \varphi A_f \tag{7-94}$$

式中 N——每根支承杆的承载能力；

A——支承杆的横截面面积；

φ——支承杆受压稳定系数，根据 $\lambda = \dfrac{l_0}{i}$ 查表求得；

l_0——计算长度（cm），$l_0 = 0.7l$；

l——千斤顶上卡头至新浇混凝土底面之间的距离；

i——回转半径，对圆截面 $i = \dfrac{d}{4}$；

d——支承杆的直径（cm）。

2. 按临界荷载计算

每根支承杆的允许承载力［P］按下式计算：

$$[P] = \frac{\alpha 40EI}{K_1(L_0 + 95)^2} \tag{7-95}$$

式中 ［P］——支承杆的允许承载力（kN）；

α——工作条件系数，取0.7～1.0，视施工操作水平、滑模平台结构情况确定。一般整体式刚性平台取0.7；分割式平台取0.8；采用工具式支承杆1.0；

E——支承杆弹性模量（kN/cm^2）；

I——支承杆截面惯性矩（cm^4）；

K_1——安全系数，取值应不小于2.0；

L_0——支承杆脱空长度，从混凝土上表面至千斤顶下卡头的距离（cm）。

上式适用于模板处于正常滑升状态，即从模板上口以下最多只有一个浇灌层高度尚未浇灌混凝土的情况。

7.8.2 需要数量

滑模需要支承杆最少数量（根）按下式计算：

$$n = \frac{P_1}{P_0 K_2} \tag{7-96}$$

式中　n——滑模需要支承杆数量（根）；

P_1——滑升模板分别处于滑升状态时，或浇筑混凝土堆重状态时，作用于支承杆的最大荷载进行比较，取其中较大值；

P_0——每根支承杆的承载能力，按（7-75）计算求得，取其中较小值；

K_2——工作条件系数，用液压千斤顶时，取 $K_2 = 0.8$；用螺栓千斤顶时，取 $K_2 = 0.67$。

【例 7-16】 某厂 120m 烟囱采用液压滑动模板施工，滑升时作用于支承杆上全部施工荷载 $P_1 = 360\text{kN}$，支承杆用直径 $d = 2.5\text{cm}$，$A = 4.909\text{cm}^2$，用 Q235 钢制作 $f = 215\text{N/mm}^2$，支承杆工作时的最大长度 $l = 150$，取 $K_1 = 2.0$，$K_2 = 0.8$，$\alpha = 0.7$，$E = 2.1 \times 10^4 \text{kN/cm}^2$，试求支承杆的允许承载力和需要支承杆的数量。

【解】 根据支承情况，取 $l_0 = 0.7l = 0.7 \times 150\text{cm} = 105\text{cm}$

$$i = \frac{d}{4} = \frac{2.5}{4}\text{cm} = 0.625\text{cm}$$

$$\lambda = \frac{l_0}{i} = \frac{105}{0.625} = 168$$

根据表 7-17 得稳定系数 $\varphi = 0.276$

支承杆的承载力按式（7-12）得：

$$N = \varphi A f = 0.276 \times 4.909 \times 21.5\text{kN} = 29\text{kN}$$

由式（7-113）计算每根支承杆的允许承载力：

取上、下卡头距离为 6cm，$L_0 = (150 - 6)\text{cm} = 144\text{cm}$，$I = \dfrac{\pi d^4}{64} = \dfrac{3.14 \times 2.5^4}{64}\text{cm}^4 = 1.92\text{cm}^4$

$$[P] = \frac{\alpha 40EI}{K_1(L_0 + 95)^2} = \frac{0.7 \times 40 \times 2.1 \times 10^4 \times 1.92}{2 \times (144 + 95)^2}\text{kN} = 10\text{kN}$$

取二者较小值　$P_0 = 10\text{kN}$

需要支承杆数量，按式（7-114）得：

$$n = \frac{P_1}{K_2 P_0} = \frac{360}{0.8 \times 10} = 45 \text{ 根}$$

故应使用 45 根直径 25mm 的支承杆。

7.9　预埋件的简易计算

在工业与民用建筑及临时工程中，广泛地应用预埋铁件作为钢筋混凝土结构连接件或支撑件。预埋铁件的计算，通常应用“剪力——摩擦”理论，即假定：

1）预埋铁件承受剪力时，由垂直于受剪面的锚筋阻止其变位，因混凝土法对钢筋握裹住，因而使锚筋实际是在受拉状态下工作。

2）受剪面不论采用哪种粘结形式，受剪钢筋的锚固长度大于或等于10倍直径时，即可充分发挥其作用，它的强度可认为已经达到屈服点σ_T，其极限抗剪力V可用下式表示：

$$V=\mu_0 A_s \sigma_T \tag{7-97}$$

式中 V——锚筋的极限抗剪力；

μ_0——相当于摩擦因数，随剪面的粘结形式而变化，愈粗糙，值愈大；

A_s——受剪钢筋的截面面积；

σ_T——钢筋的极限屈服强度。

由试验知，预埋铁件被破坏之前，剪切面先开裂，使锚筋受拉，剪切面将产生摩阻力来承担剪力，抗剪能力是由剪切面的摩擦所决定。

以下为几种常用的不同受力情况下的预埋件计算：

1. 承受剪切荷载的预埋件计算（图7-24a）

$$K_1 V_j \leqslant \mu(A_{s1}+A_{s2})f_{sv} \tag{7-98}$$

2. 承受纯弯荷载的预埋件计算（图7-24b）

$$K_2 M_j \leqslant h_0 A_{s1} f_{st} \tag{7-99}$$

3. 承受轴心拉剪荷载的预埋件计算（图7-24c）

$$K_3 F_f \leqslant \frac{A_s f_{st}}{\sin\alpha+\dfrac{\cos\alpha}{\mu_1\mu_2}} \tag{7-100}$$

4. 承受弯剪荷载的预埋件计算（图7-24d）

$$K_1 V_j \leqslant 1.5 A_{s1} f_{st1} + A_{s2} f_{st2} \tag{7-101}$$

$$K_2 M_j \leqslant 0.85 h_0 A_{s1} f_{st1} \tag{7-102}$$

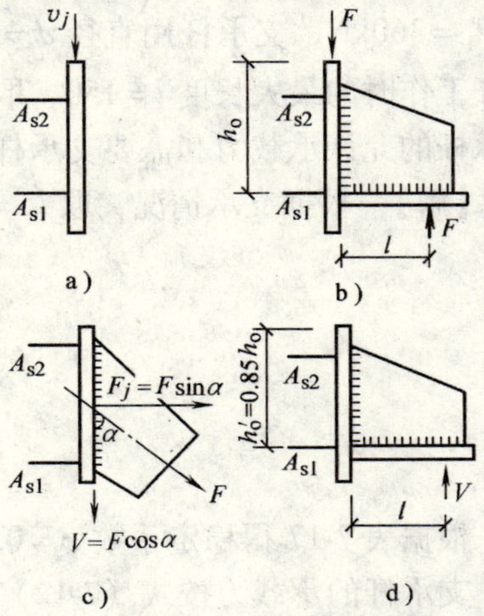

图7-24 预埋铁件计算简图

a）承受剪力荷载 b）承受纯弯荷载 c）承受轴心受拉荷载 d）承受弯剪荷载

式中 V_j——作用于预埋件的剪切荷载；

K_1——抗剪强度设计安全系数；

μ——摩擦因数，取$\mu=1$；

A_{s1}、A_{s2}——下部及上部钢筋截面面积，当为双排锚筋时，$A_{s1}=A_{s2}$；

f_{sv}——钢筋在混凝土中的抗剪强度设计值，取$0.7f_{st}$；

M_j——作用于预埋件的纯弯矩，$M_j=F_i$；

K_2——抗弯强度设计安全系数；

h_0——加荷牛腿顶点至受拉锚筋的距离；

f_{st}——锚筋抗拉强度设计值；

F_i——作用于预埋件的拉力；

K_3——抗拉剪强度设计安全系数；

A_s——总锚筋面积，为$A_{s1}+A_{s2}$；

α——外力F与预埋件的轴线夹角；

μ_1——摩擦因数，与角的大小有关，当$\alpha=30°$，$\mu_2=0.9$；$\alpha=45°$，$\mu_2=0.8$；$\alpha=60°$，$\mu_2=0.7$；

μ_2——摩擦因数，取$\mu_2=1$；

f_{st1}、f_{st2}——锚筋A_{s1}、A_{s2}的计算抗拉强度设计值。

7.10 地脚螺栓锚固强度和锚板锚固深度的计算

7.10.1 螺栓锚固强度

地脚螺栓的承载能力，是由地脚螺栓本身所具有的强度和它在混凝土中的锚固强度所决定的。前者在机械设备设计时，根据作用于地脚螺栓上的最不利荷载，通过选择螺栓钢材的材质（一般用Q235钢）和螺栓的直径来确定；后者则需根据有关经验资料进行验算或做地脚螺栓锚固深度的计算。在施工中，当地脚螺栓安装与钢筋、埋设管线相碰，需改变深度时，亦需进行此类验算。

地脚螺栓锚固强度的计算方法多按粘结力计算。

对于弯钩螺栓（包括直钩、弯折和鱼尾形螺栓），其锚固强度的计算，一般只考虑埋入混凝土基础内的螺杆表面与混凝土的粘结力，而不考虑螺栓端部的弯钩在混凝土基础内的锚固作用。锚固强度按下式计算：

$$F=\pi dh\tau_b \tag{7-103}$$

式中 F——锚固力，即作用于地脚螺栓上的轴向拔出力（N）；

d——地脚螺栓直径（mm）；

h——地脚螺栓在混凝土基础内的锚固深度或破坏锥体高度（mm）；

τ_b——混凝土与地脚螺栓表面的粘结强度和容许粘结强度（N/mm^2），一般在普通混凝土中，取 $\tau_b=2.5\sim3.5N/mm^2$。

锚固深度计算时，应考虑一定的安全度。

$$h\geqslant\frac{F}{\pi d[\tau_b]} \tag{7-104}$$

式中 $[\tau_b]$——混凝土与地脚螺栓表面的粘结强度和容许粘结强度（N/mm^2）。一般在普通混凝土中，取 $[\tau_b]=1.5\sim2.5N/mm^2$。

其他变量含义同上。

当 F 值未知时，则以地脚螺栓截面抗拉强度代替，即

$$F=\frac{\pi}{4}d^2f_y \tag{7-105}$$

则

$$h\geqslant\frac{df_y}{4[\tau_b]} \tag{7-106}$$

式中 f_y——地脚螺栓的抗拉强度（N/mm^2）：Q235号钢时，$f_y=215N/mm^2$。其余变量含义同上。

一般光圆螺栓在混凝土中的锚固深度为 $20\sim30d$；有弯钩时为 $15\sim20d$。

7.10.2 锚板锚固深度

死螺栓中的锚板螺栓以及活螺栓中的丁头螺栓、拧入螺栓和对拧螺栓的螺杆端部均带有锚板。计算时一般不考虑地脚螺栓与混凝土的粘结力，而均按锚板锚固强度计算。锚固能力

全由锚板通过基础混凝土承担。计算方法有以下三种：

1. 按冲切强度计算

假定螺栓承受的轴向拔出力 F 完全由锚板周边对混凝土的冲切而产生的内力来平衡。则锚固力 F 可由下式计算：

$$F \leqslant uh[\tau] \tag{7-107}$$

式中 u——锚板周长（mm）；

$[\tau]$——混凝土的容许剪切强度（N/mm^2）。

2. 按局部抗压强度计算

锚板通常采用正方形，假定其尺寸由基础混凝土的局部抗压强度决定，计算公式如下：

$$F \leqslant \left(b^2 - \frac{\pi d^2}{4}\right) f_c \tag{7-108}$$

若以 $F = \dfrac{\pi d^2}{4} f_y$ 代入，整理得：

$$b \geqslant \frac{d}{2}\sqrt{\pi\left(1 + \frac{f_y}{f_c}\right)} \tag{7-109}$$

式中 b——锚板边长（mm）；

f_c——混凝土的局部挤压强度设计值（N/mm^2）。

b 值一般按经验确定，不做计算。

3. 按锥体破坏计算

假定地脚螺栓到基础边缘有足够的距离，锚板螺栓在轴向力 F 作用下，地脚螺栓及其周围混凝土以圆台锥形从基础中拔出破坏，如图 7-25 所示，沿破裂面作用有切向应力 τ_s 和法向应力 σ_s，由力系平衡条件得下式：

$$F = A(\tau_s \sin\alpha + \sigma_s \cos\alpha) \tag{7-110}$$

$$A = \pi \frac{h}{\sin\alpha}(R + r) \tag{7-111}$$

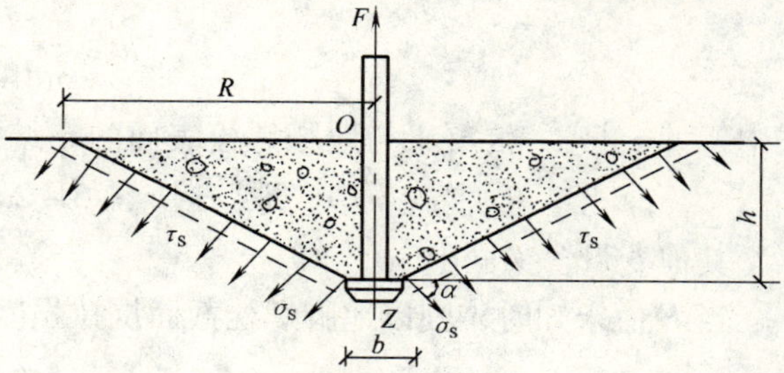

图 7-25 锚板螺栓计算简图

使

$$r = \frac{b}{\sqrt{\pi}},\ R = h\text{ctg}\alpha + r$$

式中 A——破坏锥体侧面积（mm^2）；

τ_s、σ_s——破坏锥体侧面的切向和法向平均应力（N/mm^2）；

α——破坏锥体母线与水平面的夹角（°）；

R、r——破坏锥体大小底面的半径（mm）。

且令

$$\sigma_F = \tau_s \sin\alpha + \alpha_s \cos\alpha$$

代入式（7-97）得

$$F=\frac{\sqrt{\pi}h}{\sin\alpha}(\sqrt{\pi}h\text{ctg}\alpha+2b)\sigma_{\text{F}} \tag{7-112}$$

由试验得出，当$\frac{b}{h}$在 0.19 ~1.9 时，$\alpha=21°$，$\sigma_{\text{F}}=0.0203f_{\text{cc}}$。

代入式（7-99）得：

$$\begin{aligned}F&=\frac{2\times0.0203}{\sin21°}\sqrt{\pi}f_{\text{cc}}\left(\frac{\sqrt{\pi}}{2}h_1^2\text{ctg}21°+bh_1\right)\\&=0.2f_{\text{cc}}(2.3h_1+bh)\end{aligned} \tag{7-113}$$

按式（7-113）计算时，尚应考虑材料的均质性、耐久性等各种安全使用因素，已知 F、b 值，即可求得螺栓需要锚固深度。按式（7-113），取 $b=5d$，安全系数为 2 考虑，一般算得的锚固深度 h 约为 $10d$ 左右。

【例 7-17】 地脚螺栓采用 Q235 钢，已知$[T_{\text{b}}]=3.0\text{MPa}$，试求螺栓需锚固的深度。

【解】 由式（7-107）得：$h=\frac{df_{\text{y}}}{4[T_{\text{b}}]}=\frac{210d}{4\times3.0}=17.5d$

故需锚固深度为 17.5 倍直径。

【例 7-18】 某设备基础带锚板地脚螺栓直径 $d=60\text{mm}$（图 7-25），锚板边长 340mm，埋深 940mm，设备基础采用 C20 混凝土，$f_{\text{c}}=10\text{N/mm}$，$f_{\text{cc}}=9.5\text{N/mm}^2$，$[\tau]=0.66\text{N/mm}^2$，试计算锚固力。

【解】 带锚板地脚螺栓的锚固力 F 按冲切强度

由式（7-108）得：$F=uh[\tau]=4\times340\times940\times0.66\text{N}=843.7\times10^3\text{N}$

按局部抗压强度，由式（7-109）得

$$F=\left(b^2-\frac{1}{4}\pi d^2\right)f_{\text{cc}}=\left(340^2-\frac{3.14\times60^2}{4}\right)\times9.5\text{N}=1071.35\times10^3\text{N}$$

按锥体破坏，取 $K=2$，由式（7-113）得：

$$\begin{aligned}F&=0.2f_{\text{c}}(2.3h^2+bh)\frac{1}{K}\\&=0.2\times10\times(2.3\times940^2+340\times940)\frac{1}{2}\text{N}\\&=2351.88\times10^3\text{N}\end{aligned}$$

取三者较小值，$F=843.7\times10^3\text{N}$，用 800kN。

8 钢筋工程施工计算

8.1 钢筋代换计算

8.1.1 普通钢筋代换

1. 代换基本原则

1）充分了解设计意图、构件特征、使用条件和代换钢筋性能，严格遵守现行设计、施工规范及有关技术规定。

2）对抗裂性要求高的构件（如吊车梁、薄腹梁、桁架下弦等)，不宜用 HPB235 级光面钢筋代换 HRB335 级，HRB400 级变形钢筋，以免裂缝开展过宽。

3）代换应符合配筋构造规定（如钢筋的最小直径、间距、根数、锚固长度和配筋百分率)。

4）梁内纵向受力钢筋与弯起钢筋应分别进行代换，以保证正截面与斜截面强度。

5）偏心受压构件或偏心受拉构件（如框架柱、有起重机的厂房柱、桁架上弦等）钢筋代换时，应按受力面（受压或受拉）分别代换，不得取整个截面配筋量计算。

6）同一截面内配置不同种类和直径的钢筋代换时，每根钢筋拉力差不宜过大（同品种钢筋直径差一般不大于 5mm)，以免构件受力不匀。

7）吊车梁等承受反复荷载的构件，必要时，应在钢筋代换后进行疲劳验算。

8）进行钢筋代换的效果，除应考虑代换后仍能满足结构各项技术性能要求之外，同时还要保证材料的经济性和加工操作的方便。

9）钢筋代换后，其用量不宜大于原设计用量的 5%，也不应低于原设计用量的 2%。

10）重要结构和预应力混凝土钢筋的代换应征得设计单位同意。

2. 等强度代换

当结构构件按强度控制时，可按强度相等的方法代换：

即

$$A_{s1} f_{y1} = A_{s2} f_{y2} \tag{8-1}$$

或

$$n_1 d_1^2 f_{y1} = n_2 d_2^2 f_{y2} \tag{8-2}$$

多种规格时：

$$\sum_{n_1} d_1^2 f_{y1} = \sum_{n2} d_2^2 f_{y2} \tag{8-3}$$

式中 A_{s1}、n_1、d_1、f_{y1}——原设计钢筋的计算截面面积（mm^2）、根数、直径（mm）、抗拉强度设计值；

A_{s2}、n_2、d_2、f_{y2}——拟代换钢筋的计算截面面积（mm^2）、根数、直径（mm）、抗拉强度设计值。

几种常用钢筋按等强度计算的截面面积换算见表 8-1，钢筋代换时不用计算，从该表可迅速查得结果。

表 8-1　钢筋按等强计算的截面面积换算表

直径/mm	在下列钢筋根数时钢筋按等强的截面面积/cm^2												质量/(kg/m)	直径/mm
	1			2			3			4				
	HPB235	HRB335	HRB400	HPB235	HRB335	HRB400	HPB235	HRB335	HRB400	HPB235	HRB335	HRB400		
	φ	Φ	Φ̶	φ	Φ	Φ̶	φ	Φ	Φ̶	φ	Φ	Φ̶		
	210	300	360	210	300	360	210	300	360	210	300	360		
	1.000	1.428	1.714	1.000	1.428	1.714	1.000	1.428	1.714	1.000	1.428	1.714		
8	0.503	0.718	0.862	1.005	1.435	1.723	1.508	2.153	2.585	2.011	2.872	3.447	0.395	8
9	0.636	0.908	1.090	1.272	1.816	2.180	1.909	2.726	3.272	2.545	3.634	4.362	0.499	9
10	0.785	1.121	1.345	1.571	2.243	2.693	2.356	3.364	4.038	3.142	4.487	5.385	0.617	10
12	1.131	1.615	1.939	2.262	3.230	3.877	3.393	4.845	5.816	4.524	6.460	7.754	0.888	12
14	1.539	2.198	2.638	3.079	4.397	5.277	4.618	6.595	7.915	6.158	8.794	10.555	1.208	14
16	2.011	2.872	3.447	4.021	5.742	6.892	6.032	8.614	10.339	8.042	11.484	13.784	1.578	16
18	2.545	3.634	4.362	5.089	7.267	8.723	7.634	10.901	13.085	10.179	14.536	11.950	1.998	18
20	3.142	4.487	5.385	6.283	8.972	10.769	9.425	13.459	16.154	12.566	17.944	21.538	2.466	20
22	3.801	5.428	6.515	7.603	10.857	13.032	11.404	16.285	19.546	15.205	21.713	26.061	2.984	22
25	4.909	7.010	8.414	9.817	14.019	16.826	14.726	21.029	25.240	19.635	28.039	33.654	3.853	25
28	6.153	8.786	10.546	12.315	17.586	21.108	18.473	26.379	31.663	24.630	35.172	42.216	4.834	28
32	8.043	11.485	13.786	16.085	22.969	27.570	24.127	34.453	41.354	32.170	45.939	55.139	6.313	32
36	10.179	14.536	17.447	20.385	29.110	34.940	30.536	43.605	52.339	40.715	58.141	69.786	7.990	36
40	12.561	17.937	21.530	25.133	35.890	43.078	37.699	53.834	64.616	50.265	71.778	86.154	9.865	40

直径/mm	在下列钢筋根数时钢筋按等强的截面面积/cm^2												质量/(kg/m)	直径/mm
	5			6			7			8				
	HPB235	HRB335	HRB400	HPB235	HRB335	HRB400	HPB235	HRB335	HRB400	HPB235	HRB335	HRB400		
	φ	Φ	Φ̶	φ	Φ	Φ̶	φ	Φ	Φ̶	φ	Φ	Φ̶		
	210	300	360	210	300	360	210	300	360	210	300	360		
	1.000	1.428	1.714	1.000	1.428	1.714	1.000	1.428	1.714	1.000	1.428	1.714		
8	2.513	3.589	4.307	3.016	4.307	5.169	3.519	5.025	6.032	4.021	5.742	6.892	0.395	8
9	3.181	4.542	5.452	3.817	5.451	6.542	4.453	6.359	7.632	5.089	7.267	8.723	0.499	9
10	3.927	5.608	6.731	4.712	6.729	8.076	5.498	7.851	9.424	6.283	8.972	10.769	0.617	10
12	5.655	8.075	9.693	6.786	9.690	11.631	7.917	11.305	13.570	9.048	12.921	15.508	0.888	12
14	7.697	10.991	13.193	9.236	13.189	15.831	10.776	15.388	18.470	12.315	17.586	21.108	1.208	14
16	10.053	14.356	17.231	12.064	17.227	20.678	14.074	20.098	24.123	16.085	22.969	27.570	1.578	16
18	12.723	18.168	21.807	15.268	21.803	26.169	17.813	25.437	30.531	20.358	29.071	34.894	1.998	18
20	15.708	22.431	26.924	18.850	26.918	32.309	21.991	31.403	37.693	25.133	35.890	43.078	2.466	20

（续）

直径/mm	在下列钢筋根数时钢筋按等强的截面面积/cm^2												质量/(kg/m)	直径/mm
	5			6			7			8				
	HPB235	HRB335	HRB400	HPB235	HRB335	HRB400	HPB235	HRB335	HRB400	HPB235	HRB335	HRB400		
	φ	Φ	Φ	φ	Φ	Φ	φ	Φ	Φ	φ	Φ	Φ		
	210	300	360	210	300	360	210	300	360	210	300	360		
	1.000	1.428	1.714	1.000	1.428	1.714	1.000	1.428	1.714	1.000	1.428	1.714		
22	19.007	27.142	32.578	22.808	32.570	39.093	26.609	37.998	45.608	30.411	43.427	52.124	2.984	22
25	24.544	35.049	42.068	29.452	42.057	50.481	34.361	49.068	58.895	39.270	56.078	67.309	3.853	25
28	30.788	43.965	52.771	36.945	52.757	63.324	43.103	61.551	73.879	49.260	70.343	84.432	4.834	28
32	40.212	57.423	68.923	48.255	68.908	82.709	56.297	80.392	96.493	64.340	91.878	110.279	6.313	32
36	50.894	72.677	87.232	61.073	87.212	104.679	71.251	101.746	122.124	81.430	116.282	139.571	7.990	36
40	62.830	89.721	107.691	75.398	107.668	129.232	87.965	125.614	150.772	100.531	143.558	172.310	9.865	40

注：表中换算系数：HRB335/HPB235 = 300/210 = 1.428；HRB400/HPB235 = 360/210 = 1.714；HPB235 = 360/210 = 1.714。

3. 等面积代换

当构件按最小配筋控制时，可按钢筋面积相等的方法进行代换：

即

$$A_{s1} = A_{s2} \tag{8-4}$$

$$n_1 d_1^2 = n_2 d_2^2 \tag{8-5}$$

式中符号意义同上。

4. 抗裂度、挠度验算

当结构构件按裂缝宽度或挠度控制时（如水池、水塔、贮液罐、承受水压作用的地下室墙、烟囱、贮仓、重型吊车梁及屋架、托架的受拉构件等的钢筋代换），如用同品种粗钢筋等强度代换细钢筋，或用光面钢筋代替变形钢筋，应按《混凝土结构设计规范》（GB 50010—2010）重新验算裂缝宽度，如代换后钢筋的总截面面积减小，应同时验算裂缝宽度和挠度。

8.1.2 冷轧扭钢筋代换

1. 钢筋代换

当结构构件的承载能力采用冷轧扭钢筋（Ⅰ型）代换 HPB235 级钢筋时，其截面面积应按下式计算：

$$A_s = 0.583A_1 \tag{8-6}$$

式中 A_s——冷轧扭钢筋截面面积（mm^2）；

A_1——HPB235 级钢筋截面面积（mm^2）。

冷轧扭钢筋与 HPB235 级钢筋单根抗拉强度设计值可按表 8-2 采用。

表 8-2　冷轧扭钢筋与 HPB235 级钢筋单根抗拉强度设计值

HPB235 级钢筋			冷轧扭钢筋（Ⅰ型）		
直径 d /mm	截面面积 A_s /mm^2	1 根钢筋抗拉强度设计值/kN	标志直径 d /mm	截面面积 A_s /mm^2	1 根钢筋抗拉强度设计值/kN
8	50.3	10.56	6.5	29.5	10.62
10	78.5	16.49	8	45.3	16.31
12	113.1	23.75	10	68.3	24.59
14	153.9	32.32	12	93.3	33.59
16	201.0	42.22	14	132.7	47.77

2. 每米板宽代换

每米板宽 HPB235 级钢筋改用冷轧扭钢筋（Ⅰ型）的代换，可按表 8-3 取用。例如原设计板配筋为 HPB235 级钢筋，直径为 10mm，间距为 150mm，查表知，可用直径为 8mm，间距为 150mm 冷轧扭钢筋（Ⅰ型）代换。

表 8-3　每米板宽 HPB235 级钢筋改用冷轧扭钢筋代换

HPB235 级钢筋			冷轧扭钢筋 A_1		
直径 d/mm	间距/mm	面积/mm^2	标志直径 d/mm	间距/mm	面积/mm^2
6.5	100	332	6.5	150	197
	150	221		200	148
	200	166		300	89
	250	132		—	—
	300	110		—	—
8	100	503	6.5	100	295
	150	335		150	197
	200	252		200	148
	250	201		250	118
	300	166		300	98
10	100	785	8	100	453
	150	524		150	302
	200	393		200	227
	250	314		250	181
	300	262		300	151
12	100	1131	10	100	683
	150	754		150	455
	200	565		200	342
	250	452		250	273
	300	373		300	228
14	100	1539	12	100	933
	150	1026		150	622
	200	770		200	467
	250	616		250	373
	300	513		300	311
16	100	2010	14	100	1327
	150	1340		150	885
	200	1005		200	664
	250	804		250	531
	300	670		300	442

【例 8-1】 某建筑工地，一主梁配筋为 6 Φ 20，因工地上只有Φ 22 钢筋，若需代换，则配筋多少才能合适？

【解】 由式（8-4）得：$A_{s1}=A_{s2}$

即 $n_1d_1^2=n_2d_2^2 \Rightarrow n_1=\dfrac{n_2d_2^2}{d_1^2}=\dfrac{6\times20^2}{22^2}=4.959$

取 $n_1=5$，选用 5 Φ 22。

8.2 钢筋用料计算

8.2.1 单位长度质量

1m 长钢筋的体积按下式计算：

$$V=\frac{\pi d^2}{4}1000=250\pi d^2 \tag{8-7}$$

1m 长钢筋的质量：

$$G=7850\times10^{-9}\times250\pi d^2=0.006165d^2 \tag{8-8}$$

式中 V——1m 长钢筋的体积；

π——圆周率，取 3.1416；

d——钢筋直径（mm）；

G——单位长度钢筋的质量（kg）；

7850×10^{-9}——钢材的密度（kg/mm^3）。

根据式（8-8）计算出的各种规格钢筋质量见表 8-4。对于长度大于 9m 的，按 10 倍、100 倍……从表中取值。

表 8-4 钢筋质量 （单位：kg）

钢筋直径 /mm	钢筋长度/m								
	1	2	3	4	5	6	7	8	9
4	0.099	0.198	0.297	0.396	0.495	0.594	0.693	0.792	0.891
5	0.154	0.308	0.462	0.616	0.77	0.924	1.078	1.232	1.386
6	0.222	0.444	0.666	0.888	1.11	1.332	1.554	1.776	1.998
8	0.395	0.79	1.185	1.58	1.795	2.37	2.765	3.16	3.555
9	0.499	0.998	1.497	1.996	2.495	2.994	3.493	3.992	4.491
10	0.617	1.234	1.851	2.468	3.085	3.702	4.319	4.936	5.533
12	0.888	1.776	2.664	3.552	4.44	5.328	6.216	7.104	7.992
14	1.21	2.42	3.63	4.84	6.05	7.26	8.47	9.68	10.89
16	1.58	3.16	4.74	6.32	7.9	9.48	11.06	12.64	14.28
18	2	4	6	8	10	12	14	16	18
20	2.47	4.94	7.41	9.88	12.35	14.82	17.29	19.76	22.23
22	2.98	5.96	8.94	11.92	14.9	17.88	20.86	23.84	26.82
25	3.85	7.7	11.55	15.4	19.25	23.1	26.95	30.8	34.65

（续）

钢筋直径/mm	钢筋长度/m								
	1	2	3	4	5	6	7	8	9
28	4.83	9.66	14.49	19.32	24.15	28.98	33.81	39.64	43.47
32	6.31	12.62	18.93	25.24	31.55	37.86	44.17	50.48	56.79
36	7.99	15.98	23.97	31.96	39.95	47.94	55.93	63.92	71.91
40	9.87	19.74	29.61	39.48	49.35	59.22	69.09	79.96	88.83

8.2.2 实际代换量

钢筋经代换后，钢筋的实际用量应按配料单的下料量结算，但考虑适当的损耗率，对单一规格钢筋代换，实际钢筋代换量可按下式计算：

$$W_2 = \frac{d_2^2}{d_1^2} W_1 \tag{8-9}$$

如已知原设计 n_1 根直径为 d_1 的钢筋以 n_2 根直径为 d_2 的钢筋代换，则代换后钢筋增加的质量，按下式计算：

$$G_2 - G_1 = 0.006165(l_2 n_2 d_2^2 - l_1 n_1 d_1^2) \tag{8-10}$$

式中　W_1——原设计图计算出的钢筋质量（kg）；

W_2——代换后的钢筋质量（kg）；

d_1——原设计的钢筋直径（mm）；

d_2——代换后的钢筋直径（mm）；

G_1——原设计的钢筋总质量（kg）；

G_2——所代换钢筋的总质量（kg）；

l_1——原设计钢筋的下料长度（m）；

l_2——所代换钢筋的下料长度（m）。

8.2.3 大面积配筋的质量估计

如图 8-1a 将一矩形面积分为 n 块宽度为 a 的矩形，则该矩形面积 A 应等于 nal，于是便有 $nl = \frac{A}{a}$。

设想矩形的各分割线为一些布置其上的钢筋，间距为 a，左右两端的混凝土保护层约为 $a/2$，则所有钢筋的总长 L 如图 8-1b 所示（略去钢筋两端头的保护层约 10mm），应当为 nl。在此基础上，可估算出该矩形面积 A 的配筋长度约为：

$$L = nl = \frac{A}{a} \tag{8-11}$$

式中　A——矩形或曲边形面积；

a——分块式钢筋间距；

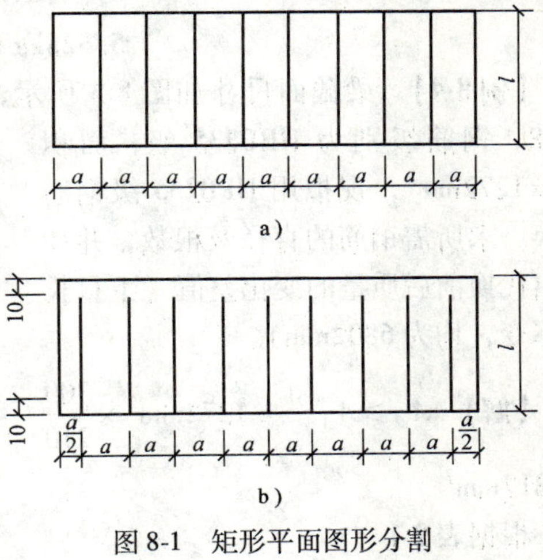

图 8-1　矩形平面图形分割

l——矩形宽度；

n——分割块数；

L——平面的全部配筋长度。

根据式（8-11）即可求出钢筋质量，在实际运算时，仅需 A 和 a 两个指标即可。

同样将图 8-2 曲边形平面图形予以分割，然后连接各分割线端头，使整个面积 A 分成若干个梯形或三角形（首尾两个是三角形），若将分割线看作钢筋，则有：

$$A = a\left(\frac{l_1}{2} + \frac{l_1 + l_2}{2} + \frac{l_2 + l_2}{2} + \cdots + \frac{l_{n-1} + l_n}{2} + \frac{l_n}{2}\right)$$

$$= a(l_1 + l_2 + l_3 + \cdots + l_{n-1} + l_n) \quad (8\text{-}12)$$

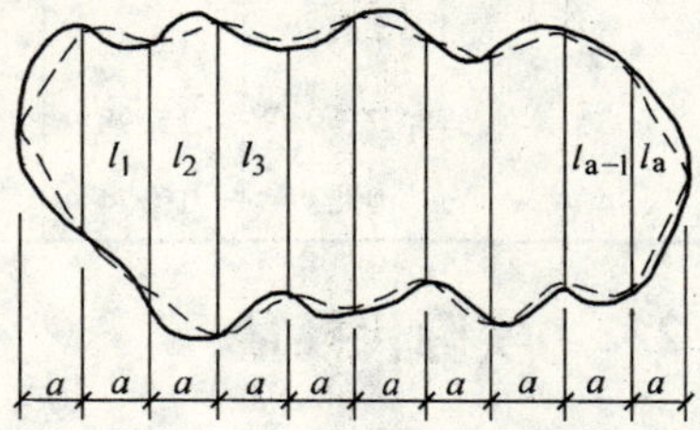

图 8-2　曲边形平面图形分割

则平面的全部配筋长度 L 应为：

$$L = l_1 + l_2 + l_3 + \cdots + l_{n-1} + l_n \quad (8\text{-}13)$$

故也有 $L = \dfrac{A}{a}$

式中符号意义同上。

【例 8-2】 原设计板配筋为冷轧钢筋 $\phi 12@100$，按等强度代换，可用 HPB235 级钢筋代换成多少方能合适？

【解】 原设计在 1200mm 宽板中可配 10 根 $\phi 12$ 冷轧扭钢筋，其强度由表 8-2 可知。

$$A_{s1} f_{y1} = 93.3 \times 33.59 \times 10 = 31339.47$$

由式（8-1）$A_{s1} f_{y1} = A_{s2} f_{y2}$ 可知

$$31339.47 = 32.32 A_{s2}$$

$A_{s2} = 969.7\text{mm}^2$，查表 8-3 可知采用 $\phi 14@100$。

【例 8-3】 某人从建筑工地回收一批直径为 12mm 的钢筋头，每根 800mm 长，共计 3000 根。问大约有多重？

【解】

$$0.8\text{m} \times 3000 = 2400\text{m}$$

$$\frac{2400}{6} = 400 \text{ 段}$$

$$5.328\text{kg} \times 400 = 2131.2\text{kg}$$

【例 8-4】 梁截面尺寸如图 8-3 所示，混凝土强度等级为 C25，原设计纵向受力筋为 $5\phi 18$，钢筋级别为 HRB335 级，面积 $A_{s1} = 1272\text{mm}^2$，现拟用 HPB235 级钢筋代换。求所需钢筋的直径及根数，并计算出代换前后质量的变化差值（下料长度不变，均为 6802mm）。

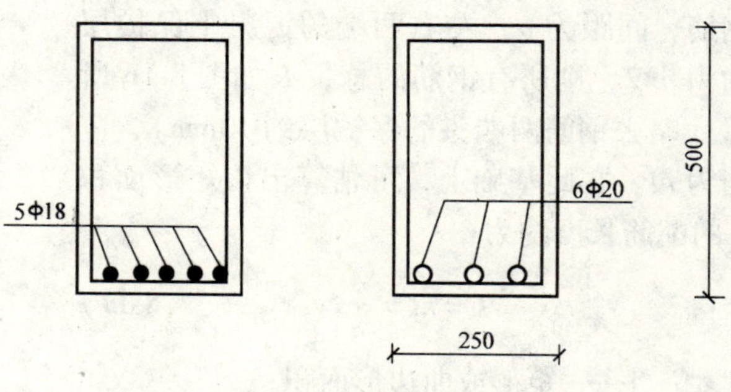

图 8-3　梁截面尺寸

【解】 $A_{s2} \geqslant A_{s1} \dfrac{f_{y1}}{f_{y2}} = 1272\text{mm}^2 \times \dfrac{300}{210}$

$= 1817\text{mm}^2$

根据表 2-1

选用 $6\phi20$ $A_s = 1884\text{mm}^2 > 1817\text{mm}^2$

由式（8-10）得

$$G_2 - G_1 = 0.006165 \times 6.802 \times (6 \times 20^2 - 5 \times 18^2)\text{kg} = 32.71\text{kg}$$

8.3 钢筋下料长度计算

8.3.1 钢筋下料长度基本计算

1. 下料长度

直钢筋下料长度 = 构件长度 − 保护层厚度 + 弯钩增加长度。

弯起钢筋下料长度 = 直段长度 + 斜段长度 + 弯钩增加长度 − 弯钩调整值。

箍筋下料长度 = 箍筋周长 + 弯钩增加长度 ± 弯曲调整值。

2. 弯钩增加长度

钢筋弯钩有半圆弯钩、直弯钩及斜弯钩三种形式（图 8-4），各种弯钩增加长度 l_z 按下式计算：

半圆弯钩

$$l_z = 1.071D + 0.571d + l_p \qquad (8\text{-}14)$$

直弯钩

$$l_z = 0.285D - 0.215d + l_p \qquad (8\text{-}15)$$

斜弯钩

$$l_z = 0.678D + 0.178d + l_p \qquad (8\text{-}16)$$

式中 D——圆弧弯曲直径，对 HPB235 级钢筋取 $2.5d$；HRB335 级钢筋取 $4d$；HPB400 级、RRB400 级钢筋取 $5d$；

d——钢筋直径；

l_p——弯钩的平直部分长度。

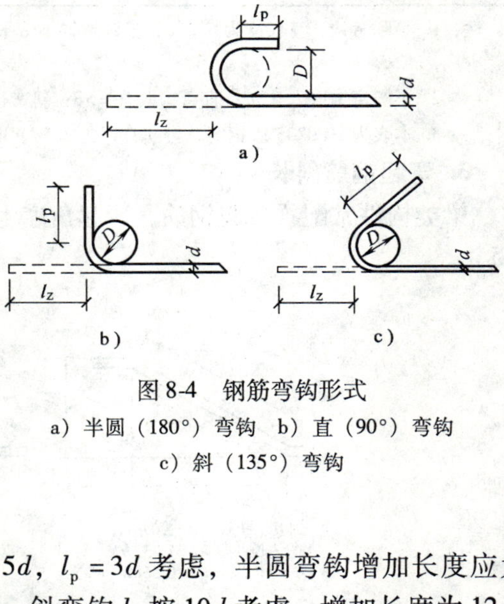

图 8-4 钢筋弯钩形式

a）半圆（180°）弯钩 b）直（90°）弯钩 c）斜（135°）弯钩

采用 HPB235 级钢筋，按圆弧弯曲直径为 $2.5d$，$l_p = 3d$ 考虑，半圆弯钩增加长度应为 $6.25d$；直弯钩 l_p 按 $5d$，考虑增加长度应为 $5.5d$；斜弯钩 l_p 按 $10d$ 考虑，增加长度为 $12d$。三种弯钩形式各种规格钢筋弯钩增加长度可参见表 8-5。

表 8-5 各种规格钢筋弯钩增加长度参考表

钢筋直径/mm	半圆弯钩/mm		半圆弯钩/mm（不带平直部分）		直弯钩/mm		斜弯钩/mm	
	1 个钩长	2 个钩长	1 个钩长	2 个钩长	1 个弯钩	2 个弯钩	1 个钩长	2 个钩长
6	40	75	20	40	35	70	75	150
8	50	100	25	50	45	90	95	190
9	60	115	30	60	50	100	110	220

（续）

钢筋直径/mm	半圆弯钩/mm		半圆弯钩/mm（不带平直部分）		直弯钩/mm		斜弯钩/mm	
	1 个钩长	2 个钩长	1 个钩长	2 个钩长	1 个弯钩	2 个弯钩	1 个钩长	2 个钩长
10	65	125	35	70	55	110	120	240
12	75	150	40	80	65	130	145	290
14	90	175	45	90	75	150	170	170
16	100	200	50	100				
18	115	225	60	120				
20	125	250	65	130				
22	140	275	70	140				
25	160	315	80	160				
28	175	350	85	190				
32	200	400	105	210				
36	225	450	115	230				

注：1. 半圆弯钩计算长度为 6.25d；半圆弯钩不带平直部分为 3.25d；直弯钩计算长度为 5.5d；斜弯钩计算长度为 12d。

2. 半圆弯钩取 $l_p=3d$；直弯钩取 $l_p=5d$；斜弯钩取 $l_p=10d$；直弯钩在楼板中使用时，其长度取决于楼板厚度。

3. 本表为 HPB235 级钢筋，弯曲直径为 2.5d，取尾数为 5 或 0 的弯钩增加长度。

3. 弯起钢筋斜长

梁类构件常配置弯起钢筋，弯起角度为 30°、45°和 60°三种，弯起钢筋的斜长系数如图 8-5。

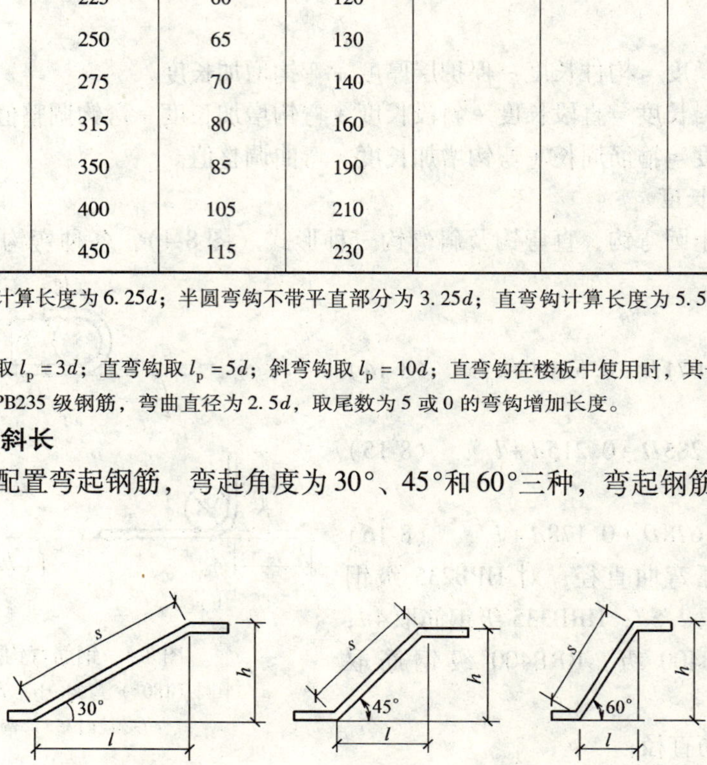

图 8-5 弯起钢筋斜长计算简图

4. 弯曲调整值

钢筋弯曲时，内皮缩短，外皮延长，只有中心线尺寸不变，故下料长度即为中心线尺寸。一般钢筋成形后量度尺寸都是沿直线量外皮尺寸；同时弯曲处又成圆弧，因此弯曲钢筋的量度尺寸大于下料尺寸，两者之间的差值称为“弯曲调整值”，即在下料时，下料长度应等于量度尺寸减去弯曲调整值。

不同级别钢筋弯折 90°和 135°时（图 8-6a、b）的弯曲调整值参见表 8-6。对一次弯折钢筋（图 8-6c）和弯起钢筋（图 8-6d）的弯曲直径 D 不应小于钢筋直径 d 的 5 倍，其弯折角度为 30°、45°、60°的弯曲调整值参见表 8-7。

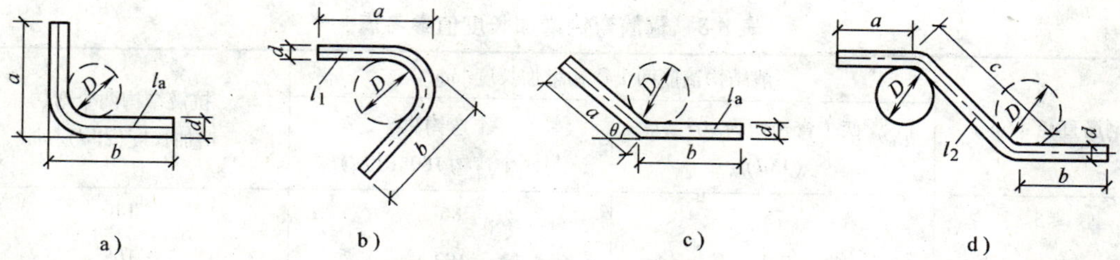

图 8-6　钢筋弯曲调整值计算简图

a）钢筋弯折 90°　b）钢筋弯折 135°　c）钢筋一次弯折 30°、45°、60°　d）钢筋弯曲 30°、45°、60°

a、b—量度尺寸　l_x—下料长度

表 8-6　钢筋弯折 90°和 135°时的弯曲调整值

弯折角度	钢筋级别	弯曲调整值	
		计算式	取　值
90°	HPB235 级 HRB335 级 HRB400 级	$\Delta = 0.125D + 1.215d$	$1.75d$ $2.08d$ 2.29
135°	HPB235 级 HRB335 级 HRB400 级	$\Delta = 0.822d - 0.178D$	$0.38d$ $0.11d$ $-0.07d$

注：1. 弯曲直径：HPB235 级钢筋 $D = 2.5d$；HRB335 级钢筋 $D = 4d$；HRB400 级、RRB400 级钢筋 $D = 5d$。

2. 弯曲图见图 8-6a）、b）。

表 8-7　钢筋一次弯折和弯起 30°、45°、60°的弯曲调整值

弯折角度	一次弯折的弯曲调整值		弯起钢筋的弯曲调整值	
	计算式	按 $D = 5d$	计算式	按 $D = 5d$
30°	$\Delta = 0.006D + 0.274d$	$0.3d$	$\Delta = 0.012D + 0.28d$	$0.34d$
45°	$\Delta = 0.022D + 0.436d$	$0.55d$	$\Delta = 0.043D + 0.457d$	$0.67d$
60°	$\Delta = 0.054D + 0.631d$	$0.9d$	$\Delta = 0.106D + 0.685d$	$1.23d$

注：弯曲图见图 8-6c）、d）。

5. 箍筋弯钩增加长度

箍筋的末端应做弯钩，用 HPB235 级钢筋或冷拔低碳钢丝制作的箍筋，其弯钩的弯曲直径应大于受力钢筋直径，且不小于箍筋直径的 2.5 倍；弯钩平直部分的长度，对一般结构，不宜小于箍筋直径的 5 倍，对有抗震要求的结构，不应小于箍筋的 10 倍。

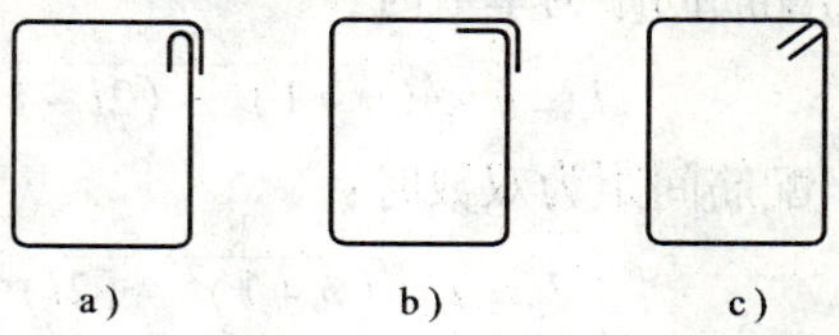

图 8-7　箍筋弯钩示意图

a）90°/180°　b）90°/90°　c）135°/135°

弯钩形式，可按图 8-7a）、b）加工，对有抗震要求和受扭的结构，可按图 8-7c）加工。

常用规格钢筋箍筋弯钩增加长度值可参见表 8-8。

表 8-8　箍筋弯钩增加长度值参考表

钢筋直径 d/mm	一般结构箍筋两个弯钩增加长度/mm		抗震结构两个弯钩增加长度($28d$)/mm
	两个弯钩均为 90°($15d$)	一个弯钩 90° 另一个弯钩 180°($17d$)	
≤5	75	85	140
6	90	102	168
8	120	136	224
10	150	170	280
12	180	204	336

注：箍筋一般用内皮尺寸标示，每边加上 $2d$，即成为外皮尺寸，表中已计入。

8.3.2　特殊形状钢筋下料长度计算

1. 变截面构件箍筋下料长度

变截面构件的箍筋下料长度（图 8-8），可用数学法根据比例关系进行计算，每根相邻钢筋的长短差 Δ 按下式计算：

$$\Delta = \frac{h_d - h_c}{n - 1} \tag{8-17}$$

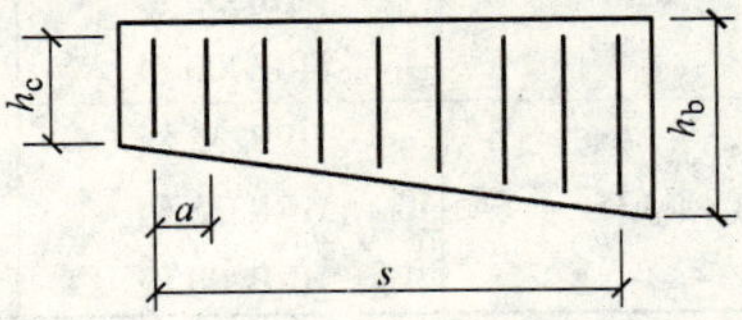

图 8-8　变截面构件箍筋下料长度计算简图

其中

$$n = \frac{s}{a} + 1 \tag{8-18}$$

式中　Δ——每根钢筋长短差；
h_d——箍筋的最大高度；
h_c——箍筋的最小高度；
n——箍筋个数；
s——最高箍筋与最低箍筋之间的总距离；
a——箍筋间距。

2. 圆形构件下料长度

（1）按弦长布置（图 8-9）　先根据下式算出钢筋所在处的弦长，再减去两端保护层厚度，即得钢筋下料长度。

当配筋间距为单数时：

$$l_i = a\sqrt{(n+1)^2 - (2i-1)^2} \tag{8-19}$$

当配筋间距为双数时：

$$l_i = a\sqrt{(n+1)^2 - (2i)^2} \tag{8-20}$$

其中

$$n = \frac{D}{a} - 1 \tag{8-21}$$

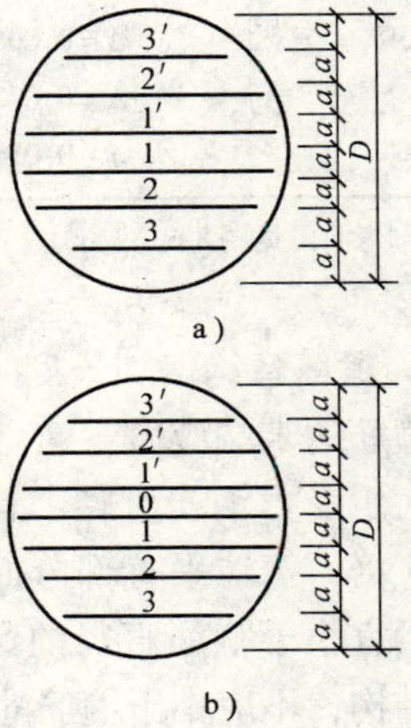

图 8-9　按弦长布置钢筋下料长度计算简图
a）按弦长单数间距布置
b）按弦长双数间距布置

式中　l_i——第 i 根（从圆心向两边数）钢筋所在的弦长；

i——序号数；

n——钢筋根数；

a——钢筋间距；

D——圆直径。

（2）按圆周布置（图 8-10） 一般按比例方法先求出每根钢筋的圆直径，再乘以圆周率所得的圆周长，即为圆形钢筋的下料长度。

3. 圆形切块下料长度

确定钢筋所在位置的弦与圆心间的距离（弦心距），弦长即可按下式计算：

$$K = \sqrt{D^2 - 4c^2} \tag{8-22}$$

图 8-10 按圆周布置下料长度计算

或

$$K = 2\sqrt{R^2 - c^2} \tag{8-23}$$

式中 K——圆形切块的弦长；

D——圆形切块的直径；

c——弦心距，即圆心至弦的垂线长度；

R——圆形切块的半径。

4. 螺旋箍筋下料长度

在圆柱形构件中，螺旋箍筋沿圆周表面缠绕，每米钢筋骨架长的螺旋箍筋长度可按下式计算（图 8-11）：

$$l = \frac{2000\pi a}{p}\left[1 - \frac{e^2}{4} - \frac{3}{64}(e^2)^2\right] \tag{8-24}$$

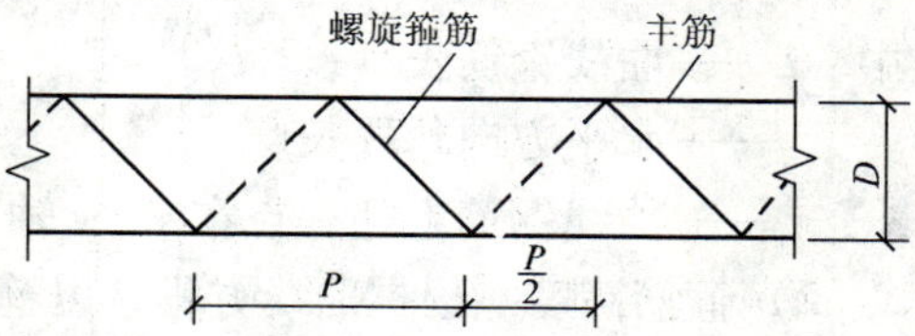

图 8-11 螺旋箍筋下料长度计算简图

其中

$$a = \frac{\sqrt{p^2 + 4D^2}}{4} \tag{8-25}$$

$$e^2 = \frac{4a^2 - D^2}{4a^2} \tag{8-26}$$

也可按以下简化公式计算：

$$l = \frac{1000}{p}\sqrt{(\pi D)^2 + p^2} + \frac{\pi d}{2} \tag{8-27}$$

$$l = \sqrt{H^2 + (\pi D n)^2} \tag{8-28}$$

式中 l——每 1m 钢筋骨架长的螺旋箍筋长度；

π——圆周率，取 3.1416；

p——螺距；

a——箍筋间距；

e——偏心距；

D——螺旋线的缠绕直径；

d——螺旋箍筋的直径，可采用箍筋中心距，即主筋外皮距离加上箍筋直径；

H——螺旋线起点到终点的垂直高度；

n——螺旋线的缠绕直径。

螺旋箍筋的长度也可根据勾股弦定理按下式计算（图 8-12）：

5. 曲线构件钢筋下料长度

曲线构件中曲线的走向和形状是以“曲线方程”确定的，钢筋下料长度分别按以下计算：

（1）曲线钢筋　根据曲线方程 $y=f(x)$，沿水平方向分段，每段长度 $l=x_i-x_{i-1}$（一般取 0.3 ~0.5m 为一段），求已知 x 值时的相应 y 值，然后用勾股弦定理计算每段斜长，再叠加即得曲线钢筋长度（近似值）（图 8-13）。

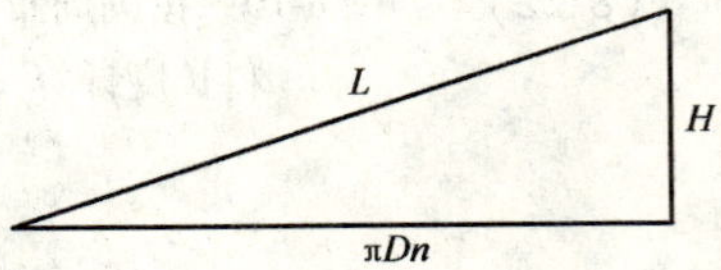

图 8-12　螺旋箍筋计算简图

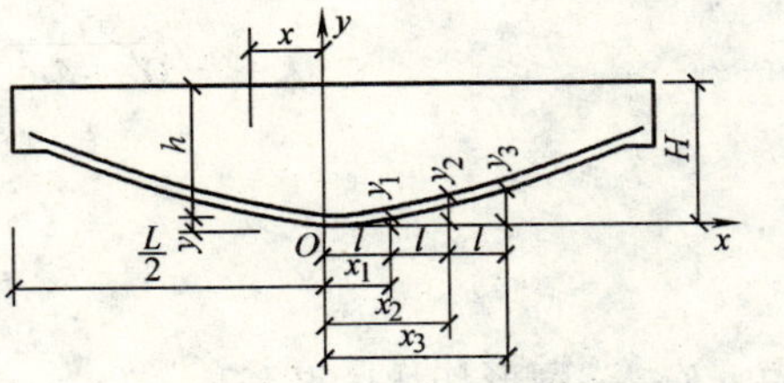

图 8-13　曲线钢筋下料长度计算简图

x_i、y_i—曲线钢筋上任一点在 x、y 轴上的投影距离

H—曲线构件高度　h—抛物线的矢高

l—抛物线的水平投影长度

$$L = 2\sum_{i=1}^{n}\sqrt{(y_i - y_{i-1})^2 + l^2} \tag{8-29}$$

式中　L——曲线钢筋长度；

l——水平方向每段长度；

x_i、y_i——曲线钢筋上任一点在 x、y 轴上的投影距离。

（2）箍筋高度　根据曲线方程，以箍筋间距确定的 x_i 值，求得 y_i 值，然后计算该处的梁高 $h_i=H-y_i$，再扣除上下层混凝土保护层厚度，即得箍筋高度。

抛物线钢筋下料长度 L（图 8-14），可按下式计算：

$$L = \left(1 + \frac{8h^2}{3l_1^2}\right) \tag{8-30}$$

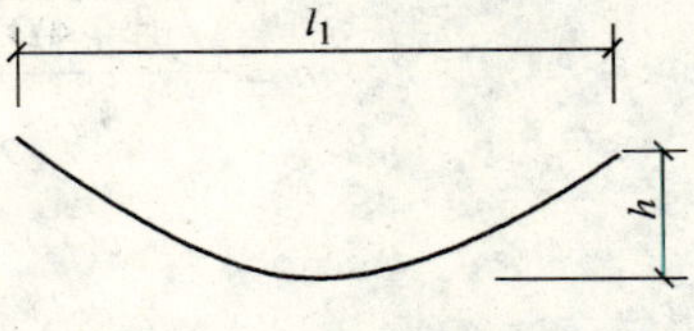

图 8-14　抛物线钢筋下料长度计算简图

式中符号意义向上。

【例 8-5】　某建筑物一层共 10 根 L_1 梁，如图 8-15 所示。请给出 L_1 的下料长度。

【解】　1）①号钢筋（混凝土保护层厚度取 25mm）钢筋外包尺寸。

$6240-2\times10=6220$mm（钢筋端部混凝土保护层厚度取 10mm）

下料长度 $L=6220+2\times6.25d_0=6220\text{mm}+2\times6.25\times20\text{mm}=6470\text{mm}$

2）②号钢筋，外包尺寸同①号筋为 6220mm。

下料长度 $L=6220\text{mm}+2\times6.25\times10\text{mm}=6345\text{mm}$

3）③号钢筋，外包尺寸分段计算。

端部平直段长：$(240+50+500-10)\text{mm}=780\text{mm}$

斜段长：$(500-2\times25)\times1.414\text{mm}=636\text{mm}$

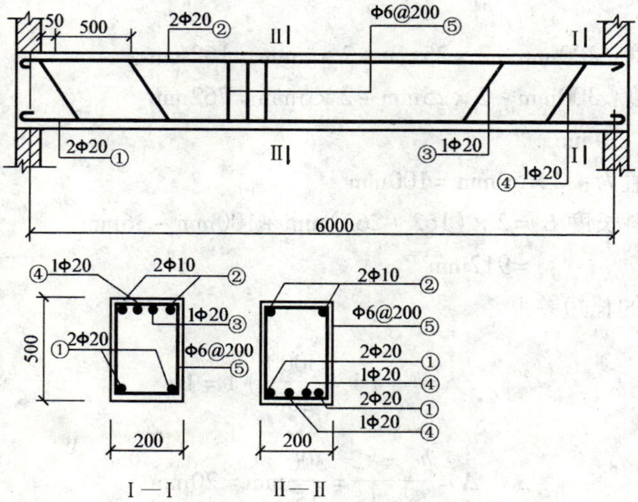

图 8-15　变截面构件箍筋下料长度计算简图

中间直段长：6220mm − 2 × (780 + 450) mm = 3760mm

③号下料长度 l = 外包尺寸 + 两端弯钩增长值 − 中部弯折量度值

$$= 2\times(780+636)+3760+2\times6.25d_0-4\times0.5d_0$$

$$= 6592\text{mm}+2\times6.25\times20\text{mm}-4\times0.5\times20\text{mm}$$

$$= 6592\text{mm}+250\text{mm}-40\text{mm}$$

$$= 6802\text{mm}$$

4）⑤号箍筋

外包尺寸：宽度：200mm − 2 × 25mm + 2 × 6mm = 162mm

高度：500mm − 2 × 25mm + 2 × 6mm = 462mm

弯钩增长值：50mm

⑤号钢筋两个弯钩的增长值为 2 × 50mm = 100mm

⑤号箍筋下料长度 L = 2 × (162 + 462) mm + 100mm − 36mm

= 1312mm

⑤号筋根数

$$n=\frac{\text{构件长度}-\text{两端保护层厚度}}{\text{箍筋间距}}+1$$

$$=\frac{6240-2\times10}{200}+1$$

$$=32.1$$

取 n = 32 根

【例 8-6】　一变截面梁如图 8-16 所示，箍筋为 $\phi6$@200，双肢箍截面为 $b\times h_c$ = 200mm × 300mm 和 $b\times h_d$ = 200mm × 600mm。试计算总箍筋下料长度。

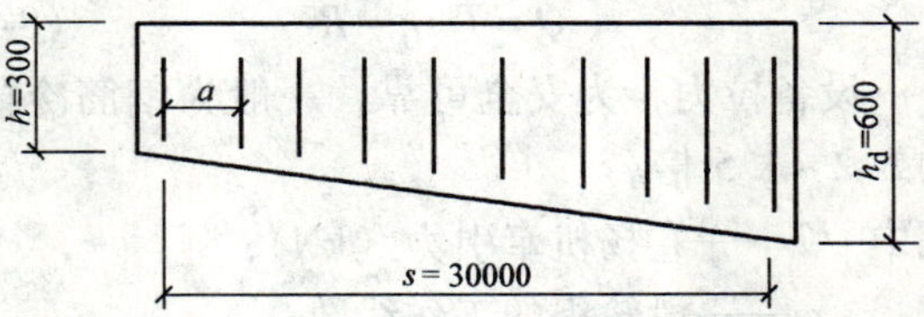

图 8-16　变截面梁

【解】（1）主筋保护层厚度取 25mm

（第一箍筋）

外包尺寸：宽度：200mm − 2 ×25mm + 2 ×6mm = 162mm

高度：300mm − 2 ×25mm + 2 ×6mm = 262mm

弯钩增长值为：50mm

两个弯钩增长值为：2 ×50mm = 100mm

则第一箍筋下料长度 L = 2 ×（162 + 262）mm + 100mm − 36mm

= 912mm

（2）每根钢筋的长短差

$$n = \frac{s}{a} + 1 = \frac{3000}{200} + 1 = 16$$

所以

$$\Delta = \frac{h_d - h_c}{n - 1} = \frac{300}{15}\text{mm} = 20\text{mm}$$

（3）下一根钢筋应比上一根钢筋长 40mm，则下一根钢筋下料长度为 1032mm + 32mm = 1064mm

（4）所以最后一根箍筋下料长度为 912mm + 600mm = 1512mm，所以总下料长度为 $L = \frac{(912 + 1512) \times 16}{2}\text{mm} = 19392\text{mm}$

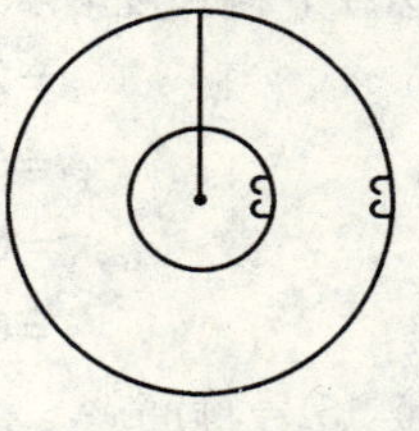

图 8-17　圆形受力柱截面

【例 8-7】　某圆柱形受力柱，圆截面直径为 820mm，如图 8-17 所示，由于工艺要求分两次浇筑，内外设两道 $\phi10@200$ 的箍筋，且每根搭接为 $12d$。

求：外道箍筋下料长度。

【解】（柱主筋保护层厚度为 35mm）

外包尺寸：（820 − 35 ×2 + 2 ×10）mm = 770mm

则外筋周长为 $S = \pi D = 3.14 \times 770\text{mm} = 2417.8\text{mm}$

则下料长度为：$L = 2417.8 + 12d + 2 \times 0.5 \times 10 = 2547.8\text{mm}$

8.4　钢筋冷拉施工计算

8.4.1　钢筋冷拉设备选用计算

1. 设备拉力

卷扬机冷拉设备的拉力 Q（kN）（见图 8-18），可按下式计算：

$$Q = Tm\eta - R \tag{8-31}$$

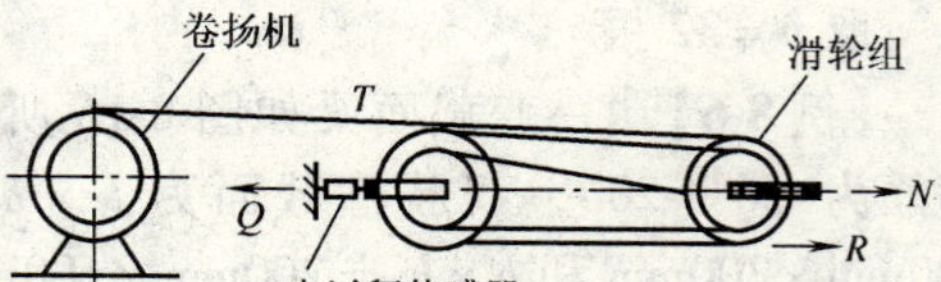

图 8-18　冷拉设备受力计算简图

设备拉力，为安全可靠，一般为钢筋冷拉力的 1.2 ~1.5 倍。

式中　T——卷扬机牵引力（kN）；

m——滑轮组的工作线数；

η——滑轮组总效率，查表 8-9；

R——设备阻力（kN），由冷拉小车与地面摩擦力和回程装置阻力组成，一般可取 5 ~10kN。

表 8-9　滑轮组总效率 η 和系数 α 值

滑轮组门数	工作线数 m	总效率 η	$\frac{1}{m\eta}$	$\alpha=\left(1-\frac{1}{m\eta}\right)$
3	7	0.88	0.16	0.84
4	9	0.85	0.13	0.87
5	11	0.83	0.11	0.89
6	13	0.80	0.10	0.90
7	15	0.77	0.09	0.91
8	17	0.74	0.08	0.92

2. 冷拉速度

钢筋冷拉速度 v（m/min），可按下式计算：

$$v=\frac{\pi Dn}{m} \tag{8-32}$$

式中　π——圆周率，取 3.1416；

D——卷扬机卷筒直径（m）；

n——卷扬机卷筒转速（r/min）。

钢筋冷拉速度 v，根据实践，一般不宜大于 1.0m/min（拉直细钢筋时可不受此限）。

3. 测力器负荷

测力器的负荷 P（kN），可按下列两式计算。

当测力器装在冷拉线尾端时：

$$P=N-R_0 \tag{8-33}$$

当测力器装在冷拉线前端时：

$$P=N+R_0-T=\alpha(N+R) \tag{8-34}$$

式中　N——钢筋冷拉力（kN）；

R_0——设备阻力，由尾端连接器及测力器等产生，根据实践经验，采用弹簧测力器及放大表盘时，一般为 5kN；

α——系数，查表 8-9。

8.4.2　钢筋冷拉力及伸长值计算

1. 冷拉力

钢筋冷拉采用控制应力法时，其冷拉力 N，可按下式计算：

$$N=\sigma_{con}A_s \tag{8-35}$$

采用的冷拉控制应力及最大冷拉率应符合表 8-10 的规定。

式中　N——钢筋冷拉力（N）；

σ_{con}——钢筋冷拉的控制应力（N/mm^2）；

A_s——钢筋冷拉前的截面面积（mm^2）。

表 8-10 钢筋冷拉的直径范围及冷拉参数

项次	钢筋级别	直径范围 /mm	冷拉应力/（N/mm^2）		最大冷拉率 γ （%）
			用以冷拉控制应力时	用以测定冷拉率时	
1	HPB235 级钢筋	6～12	280	310	10.0
2	HRB335 级钢筋	≤25	450	480	5.5
		28～40	430	460	
3	HRB400 级钢筋	8～40	500	530	5.0
4	HRB500 级钢筋	10～28	700	730	4.0

注：1. 表中 HRB500 级盘圆钢筋的冷拉率，已包括调整冷拉率 1% 在内。

2. 成束钢筋冷拉时，各根钢筋的下料长度的长短差不得超过构件长度的 0.1%，并不得大于 20mm。

3. HRB335 级钢筋直径大于 25mm 时，冷拉控制应力降为 $430N/mm^2$，测冷拉率时降为 $460N/mm^2$。

4. 采用控制冷拉率方法冷拉钢筋时，冷拉率必须由试验确定。

2. 冷拉伸长值

钢筋冷拉采用控制冷拉率法时，其冷拉伸长值 ΔL，可按下式计算：

$$\Delta L = \gamma L \tag{8-36}$$

式中 ΔL——钢筋冷拉伸长值；

γ——钢筋的冷拉率；

L——钢筋冷拉前的长度（mm）。

冷拉率必须由试验确定。测定同炉批钢筋冷拉率的冷拉应力应符合表 8-10 的规定，其试样不少于 4 个，并取其平均值作为该批钢筋实际采用的冷拉率。冷拉后的实际伸长值，还应扣除弹性回缩值。

8.4.3 钢筋冷拉率和弹性回缩率计算

1. 冷拉率

钢筋冷拉后，冷拉率可按下式计算：

$$\gamma = \frac{L_1 - L}{L} \tag{8-37}$$

式中 γ——钢筋冷拉率（%）；

L——钢筋或试件冷拉前量得的长度（mm）；

L_1——钢筋或试件在控制冷拉力下冷拉后量得的长度（mm）。

2. 弹性回缩率

钢筋冷拉后产生一定弹性回缩，其弹性回缩率可按下式计算：

$$\gamma_1 = \frac{L_1 - L_2}{L_1} \tag{8-38}$$

式中 γ_1——钢筋弹性回缩率（%）；

L_1——钢筋或试件在控制冷拉力下冷拉后量得的长度（mm）；

L_2——钢筋冷拉完毕放松，弹性回缩后量得的长度（mm）。

【例 8-8】 某冷拉设备，采用 60kN 卷扬机，其卷筒直径 $D = 400mm$，转速 $n = 8.7\ r/min$。

用6门滑轮组工作线数 $m=13$，实测张拉小车摩擦阻力 $F=10\text{kN}$。求设备能力及冷拉速度。

【解】 $S=60\text{kN}$，$m=13$，$n=8.7\text{r/min}$

查表8-10、表2-1得 $\sigma=430\text{N/mm}^2$，$A=804\text{mm}^2$（钢筋截面面积）

故设备能力 $Q=\dfrac{S}{K'}-F=\dfrac{60}{0.096}\text{kN}-10\text{kN}=615\text{kN}$

冷拉速度 $v=\dfrac{\pi Dn}{m}=\dfrac{3.14\times0.4\times8.7}{13}\text{m/min}=0.84\text{m/min}$

【例8-9】 冷拉一根直径为25mm、长30m的Ⅱ级钢筋。求所需拉力及伸长值。

【解】 查表8-10得其控制应力为 450N/mm^2，最大冷拉率为5.5%，则这根钢筋所需的拉力

$$P=450\times\left[\pi\frac{25^2}{4}\right]\text{kN}=221\text{kN}$$

$$\Delta l=\gamma L=30\times5.5\%\text{m}=1.65\text{m}$$

【例8-10】 一根长26m、直径为12mm钢筋，在控制拉应力为 280N/mm^2 的情况下测得长度为28m，放松冷却后，测得其长度为27.8m。求冷拉率及弹性回缩率。

【解】（1）冷拉率　由式（8-37）得 $\gamma=\dfrac{L_1-L}{L}=\dfrac{28-26}{26}=7.7\%$

（2）回缩率　由式（8-38）得 $\gamma_1=\dfrac{L_1-L_2}{L_1}=\dfrac{28-27.8}{28}=0.71\%$

8.5 《混凝土结构设计规范》（GB 50010—2010）有关钢筋的新规定

（1）混凝土结构的钢筋应按下列规定选用

1）纵向受力普通钢筋宜采用HRB400、HRB500、HRBF400、HRBF500钢筋，也可采用HPB300、HRB335、HRBF335、RRB400钢筋。

2）梁、柱纵向受力普通钢筋应采用HRB400、HRB500、HRBF400、HRBF500钢筋。

3）箍筋宜采用HRB400、HRBF400、HPB300、HRB500、HRBF500钢筋，也可采用HRB335、HRBF335钢筋。

4）预应力筋宜采用预应力钢丝、钢绞线和预应力螺纹钢筋。

（2）钢筋的强度标准值应具有不小于95%的保证率。

（3）普通钢筋的屈服强度标准值 f_{yk}、极限强度标准值 f_{stk} 应按表8-11采用；预应力钢丝、钢绞线和预应力螺纹钢筋的屈服强度标准值 f_{pyk}、极限强度标准值 f_{pyk} 应按表8-12采用。

表8-11　普通钢筋强度标准值　（单位：N/mm^2）

牌号	符号	公称直径 d/mm	屈服强度标准值 f_{yk}	极限强度标准值 f_{stk}
HPB300	Φ	6～22	300	420
HRB335 HRBF335	Φ $Φ^F$	6～50	335	455

（续）

牌号	符号	公称直径 d/mm	屈服强度标准值 f_{yk}	极限强度标准值 f_{stk}
HRB400 HRBF400 RRB400	Φ Φ^{F} Φ^{R}	6～50	400	540
HRB500 HRBF500	Φ Φ^{F}	6～50	500	630

表 8-12　预应力筋强度标准值　（单位：N/mm^2）

种类		符号	公称直径 d/mm	屈服强度标准值 f_{pyk}	极限强度标准值 f_{ptk}
中强度预应力钢丝	光面 螺旋肋	ϕ^{PM} ϕ^{HM}	5、7、9	620	800
				780	970
				980	1270
预应力螺纹钢筋	螺纹	ϕ^{T}	18、25、32、40、50	785	980
				930	1080
				1080	1230
消除应力钢丝	光面 螺旋肋	ϕ^{P} ϕ^{H}	5	—	1570
				—	1860
			7	—	1570
			9	—	1470
				—	1570
钢绞线	1×3 （三股）	ϕ^{S}	8.6、10.8、12.9	—	1570
				—	1860
				—	1960
	1×7 （七股）		9.5、12.7、15.2、17.8	—	1720
				—	1860
				—	1960
			21.6	—	1860

注：极限强度标准值为 $1960N/mm^2$ 的钢绞线作后张预应力配筋时，应有可靠的工程经验。

（4）普通钢筋及预应力筋在最大力下的总伸长率 δ_{gt} 不应小于表 8-13 规定的数值。

表 8-13　普通钢筋及预应力筋在最大力下的总伸长率限值

钢筋品种	普　通　钢　筋			预应力筋
	HPB300	HRB335、HRBF335、HRB400、HRBF400、HRB500、HRBF500	RRB400	
δ_{gt}（%）	10.0	7.5	5.0	3.5

(5) 普通钢筋和预应力筋的疲劳应力幅限值 Δf_{y}^{f} 和 Δf_{py}^{f} 应根据钢筋疲劳应力比值 ρ_{s}^{f}、ρ_{p}^{f}，分别按表 8-14、表 8-15 线性内插取值。

表 8-14　普通钢筋疲劳应力幅限值　（单位：N/mm^2）

疲劳应力比值 ρ_{s}^{f}	疲劳应力幅限值 Δf_{y}^{f}		疲劳应力比值 ρ_{s}^{f}	疲劳应力幅限值 Δf_{y}^{f}	
	HRB335	HRB400		HRB335	HRB400
0	175	175	0.5	115	123
0.1	162	162	0.6	97	106
0.2	154	156	0.7	77	85
0.3	144	149	0.8	54	60
0.4	131	137	0.9	28	31

注：当纵向受拉钢筋采用闪光接触对焊连接时，其接头处的钢筋疲劳应力幅限值应按表中数值乘以 0.8 取用。

表 8-15　预应力筋疲劳应力幅限值　（单位：N/mm^2）

疲劳应力比值 ρ_{p}^{f}	钢绞线 $f_{ptk}=1570$	消除应力钢丝 $f_{ptk}=1570$
0.7	144	240
0.8	118	168
0.9	70	88

注：1. 当 ρ_{sv}^{f} 不小于 0.9 时，可不作预应力筋疲劳验算。

2. 当有充分依据时，可对表中规定的疲劳应力幅限值作适当调整。

普通钢筋疲劳应力比值 ρ_{s}^{f} 应按下列公式计算：

$$\rho_{s}^{f}=\frac{\sigma_{s,min}^{f}}{\sigma_{s,max}^{f}} \tag{8-39}$$

式中　$\sigma_{s,min}^{f}$、$\sigma_{s,max}^{f}$——构件疲劳验算时，同一层钢筋的最小应力、最大应力。

预应力筋疲劳应力比值 ρ_{p}^{f} 应按下列公式计算：

$$\rho_{p}^{f}=\frac{\sigma_{p,min}^{f}}{\sigma_{p,max}^{f}} \tag{8-40}$$

式中　$\sigma_{p,min}^{f}$、$\sigma_{p,max}^{f}$——构件疲劳验算时，同一层预应力筋的最小应力、最大应力。

(6) 构件中的钢筋可采用并筋的配置形式。直径 28mm 及以下的钢筋并筋数量不应超过 3 根；直径 32mm 的钢筋并筋数量宜为 2 根；直径 36mm 及以上的钢筋不应采用并筋。并筋应按单根等效钢筋进行计算，等效钢筋的等效直径应按截面面积相等的原则换算确定。

(7) 当进行钢筋代换时，除应符合设计要求的构件承载力、最大力下的总伸长率、裂缝宽度验算以及抗震规定以外，尚应满足最小配筋率、钢筋间距、保护层厚度、钢筋锚固长度、接头面积百分率及搭接长度等构造要求。

(8) 当构件中采用预制的钢筋焊接网片或钢筋骨架配筋时，应符合国家现行有关标准的规定。

(9) 各种公称直径的普通钢筋、预应力筋的公称截面面积及理论质量应按表 8-16 ~ 表 8-18 采用。

表 8-16 钢筋的公称直径、公称截面面积及理论质量

公称直径 /mm	不同根数钢筋的公称截面面积/mm²									单根钢筋理论质量 /(kg/m)
	1	2	3	4	5	6	7	8	9	
6	28.3	57	85	113	142	170	198	226	255	0.222
8	50.3	101	151	201	252	302	352	402	453	0.395
10	78.5	157	236	314	393	471	550	628	707	0.617
12	113.1	226	339	452	565	678	791	904	1017	0.888
14	153.9	308	461	615	769	923	1077	1231	1385	1.21
16	201.1	402	603	804	1005	1206	1407	1608	1809	1.58
18	254.5	509	763	1017	1272	1527	1781	2036	2290	2.00(2.11)
20	314.2	628	942	1256	1570	1884	2199	2513	2827	2.47
22	380.1	760	1140	1520	1900	2281	2661	3041	3421	2.98
25	490.9	982	1473	1964	2454	2945	3436	3927	4418	3.85(4.10)
28	615.8	1232	1847	2463	3079	3695	4310	4926	5542	4.83
32	804.2	1609	2413	3217	4021	4826	5630	6434	7238	6.31(6.65)
36	1017.9	2036	3054	4072	5089	6107	7125	8143	9161	7.99
40	1256.6	2513	3770	5027	6283	7540	8796	10053	11310	9.87(10.34)
50	1963.5	3928	5892	7856	9820	11784	13748	15712	17676	15.42(16.28)

注：括号内为预应力螺纹钢筋的数值。

表 8-17 钢绞线的公称直径、公称截面面积及理论质量

种类	公称直径 /mm	公称截面面积 /mm²	理论质量 /(kg/m)	种类	公称直径 /mm	公称截面面积 /mm²	理论质量 /(kg/m)
1×3	8.6	37.7	0.296	1×7 标准型	12.7	98.7	0.775
	10.8	58.9	0.462		15.2	140	1.101
	12.9	84.8	0.666		17.8	191	1.500
1×7 标准型	9.5	54.8	0.430		21.6	285	2.237

表 8-18 钢丝的公称直径、公称截面面积及理论质量

公称直径/mm	公称截面面积/mm²	理论质量/(kg/m)
5.0	19.63	0.154
7.0	38.48	0.302
9.0	63.62	0.499

9　预应力混凝土工程计算

9.1　预应力混凝土台座计算

9.1.1　预应力墩式台座计算

1. 台座构造

墩式台座由传力墩、台座板、台面和横梁等组成（图9-1）。其构造通常采用传力墩与台座板、台面共同受力形式，依靠自重平衡张拉力并可减小台墩自重和埋深。

台座长度和宽度由场地大小、构件类型和产量等因素确定，一般长不大于150m，每组宽不大于2.0m，张拉力可达1000~2000kN。适于生产中小型构件或多层重叠浇筑的预应力混凝土构件。

2. 台座稳定性验算

（1）抗倾覆验算（图9-2）。

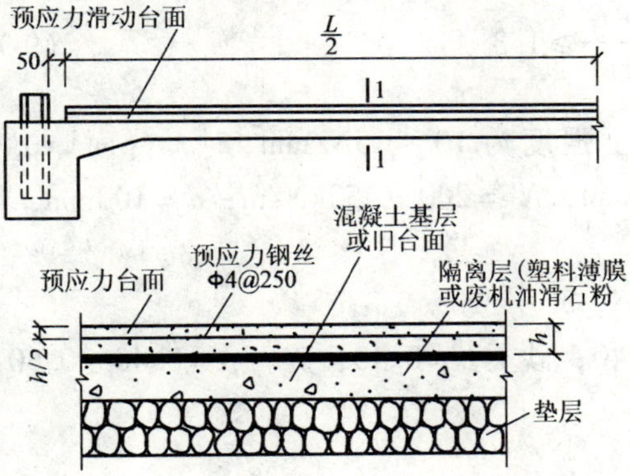

图9-1　墩式台座构造

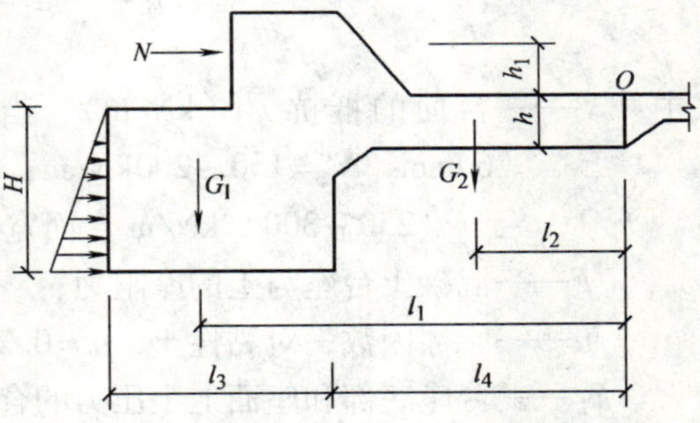

图9-2　抗倾覆计算简图

取台座绕 O 点的力矩，并忽略土压力的作用，则

平衡力矩　　$M_r = G_1 l_1 + G_2 l_2$

倾覆力矩　　$M_{ov} = N h_1$

抗倾覆力矩安全系数 K 应满足以下条件：

$$K = \frac{M_r}{M_{ov}} = \frac{G_1 l_1 + G_2 l_2}{N h_1} \geqslant 1.5 \tag{9-1}$$

式中　G_1——台座外伸部分的重力；

l_1——G_1 点至 O 点的水平距离；

G_2——台座部分的重力；

l_2——G_2 点至 O 点的水平距离；

N——预应力钢筋的张拉力；

h_1——N 作用点至 O 点的垂直距离。

（2）抗滑移验算（图 9-3）。

台座的抗滑移力

$$N_1 = N' + F + E_p' \tag{9-2}$$

其中

$$F = \mu(G_1 + G_2) \tag{9-3}$$

$$E_p' = \frac{(p_{ep} + p')(H-h)B}{2} \tag{9-4}$$

$$p_{ep} = \gamma H \tan^2\left(45° + \frac{\varphi}{2}\right) - \gamma H \tan^2\left(45° - \frac{\varphi}{2}\right) \tag{9-5}$$

$$p' = \frac{hp_{ep}}{H} \tag{9-6}$$

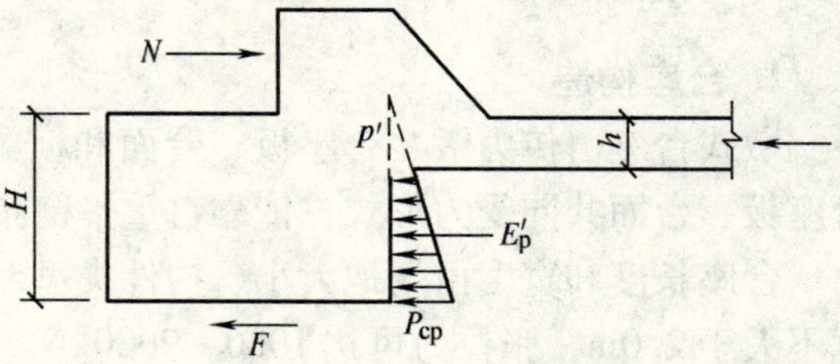

图 9-3　抗滑移计算简图

作用于台座上的滑动力为 N。

抗滑移安全系数 K 应满足以下条件：

$$K = \frac{N_1}{N} = \frac{N' + F + E'}{N} \geqslant 1.3 \tag{9-7}$$

式中　N'——台面的抵抗力（kN/m），当混凝土强度为 10 ~ 15N/mm² 时，台面厚 d = 60mm，N' = 150 ~ 200kN/m；d = 80mm，N' = 200 ~ 250kN/m；d = 100mm，N' =（250 ~ 300）kN/m 台面宽；

F——混凝土台座与土的摩阻力；

μ——摩擦因数，对黏性土，μ = 0.25 ~ 0.40；砂土 μ = 0.40；碎石 μ = 0.40 ~ 0.50；

E_p'——台座底部和座面上土压力的合力；

p_{ep}——台座后面的最大的土压力；

p'——台座板底部的土压力；

γ——土的重度；

φ——土的内摩擦角，粉质黏土 = 30°；细砂 = 20° ~ 30°；中砂 = 30° ~ 40°；

H——台座的埋设深度；

h——台座板厚度；

B——台座宽度。

3. 台座强度验算

（1）台座外伸部分（图 9-4）。

按偏心受压构件计算，如为大偏心，则按下式计算：

$$N \leqslant f_c bx + f_y' A_s' - f_y A_s \tag{9-8}$$

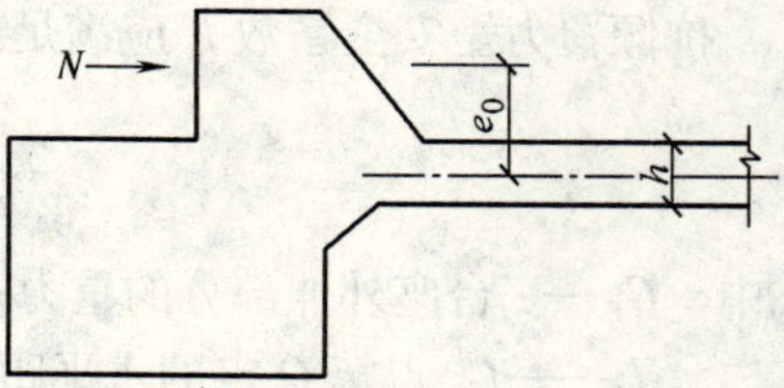

图 9-4　台座外伸部分

或

$$Ne \leqslant f_c bx\left(h_0 - \frac{x}{2}\right) + f_y{}'A_s'(h_0 - a_s') \tag{9-9}$$

$$e = \eta e_1 + \frac{h}{2} - a \tag{9-10}$$

式中 N——作用于外伸部分的轴力；

f_c——混凝土抗压强度设计值；

x——混凝土受压区高度；

b——截面的宽度；

h_0——截面的有效高度；

a_s'——合力点到截面近边的距离；

f_y——纵向受拉钢筋的强度设计值；

A_s、A_s'——纵向受拉及受压钢筋截面面积；

e——轴向力作用点至受拉钢筋合力点之间的距离；

η——偏心受压构件考虑挠曲影响的轴向力偏心距增大系数；

e_1——初始偏心距，$e_1 = e_0 + e_a$；

e_0——轴向力对截面重心的偏心距，$e_0 = M/N$；

e_a——附加偏心距，$e_a = 0.12\ (0.3h_0 - e_0)$，当 $e_0 \geqslant 0.3h_0$ 时，取 $e_a = 0$；

a——纵向受拉钢筋合力点到截面近边的距离；

M——钢梁最大弯矩。

（2）牛腿的配筋设计　牛腿计算简图如图 9-5 所示。包括纵向受拉钢筋、斜截面强度和抗裂度验算。

（3）钢横梁计算　钢横梁计算简图如图 9-6 所示。

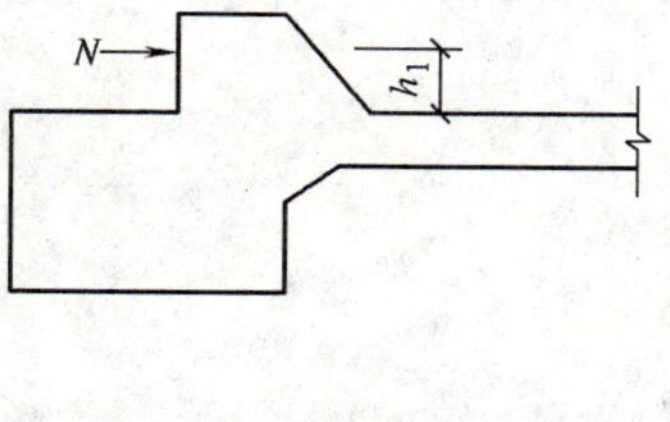

图 9-5　牛腿计算简图

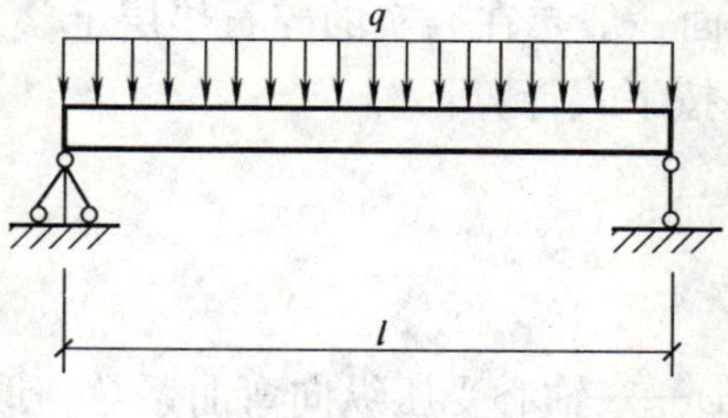

图 9-6　钢横梁计算简图

钢横梁按承受均布荷载的简支梁，其计算式为：

$$M = \frac{1}{8}ql^2 \tag{9-11}$$

在求得 M 值后，按下式验算或选用钢横梁：

$$W \geqslant \frac{M}{f} \tag{9-12}$$

钢横梁的剪应力按下式复核：

$$V = \frac{1}{2}ql \tag{9-13}$$

$$\tau = \frac{V}{A} \leqslant f_v \tag{9-14}$$

式中 M——钢梁最大弯矩；

q——承力钢板传给每根钢横梁的均布荷载；

l——横梁的跨度；

W——钢梁的截面抵抗矩；

f——钢材的抗拉、抗弯强度；

V——作用于钢横梁的剪力；

τ——钢横梁的剪应力；

f_v——钢材拉剪强度设计值；

A——钢横梁的截面面积。

钢横梁应有足够的刚度，以减少张拉预应力钢筋时的预应力损失，钢横梁的变形值按下式验算：

$$w_{max} = \frac{5ql^4}{384EI} \leqslant [w] = \frac{l}{400} \tag{9-15}$$

如不能满足时，应增强横梁的钢度。

式中 w_{max}——钢梁的挠度；

E——钢材的弹性模量；

I——钢梁的惯性矩；

$[w]$——钢梁的允许挠度，应小于 $l/400$。

4. 台面

台面一般是在夯实的碎石垫层上浇筑一层厚度为 6 ~ 10cm 的混凝土而成。其水平承载力 P 可按下式计算：

$$P = \frac{\varphi A f_c}{K_1 K_2} \tag{9-16}$$

式中 φ——轴心受压纵向弯曲系数，取 $\varphi = 1$；

A——台面截面面积；

f_c——混凝土轴心抗压强度设计值；

K_1——超载系数，取 1. 25；

K_2——考虑台面截面不均匀和其他影响因素的附加安全系数，取 1. 5。

9. 1. 2 预应力槽式台座计算

1. 台座构造

槽式台座（图 9-7）由锚固端柱、张拉端柱、传力柱、台面及上下横梁等受力构件组成。一般多做成装配式的，传力柱可分段制作，每段长 5 ~ 6m，总长度一般为 45 ~ 75m，宽度随构件外形及制作方式而定，一般不小于 2. 0m。它既可承受张拉力，又可作养生槽。适用于生产张拉力和倾覆力矩均较大的中型预应力构件，如吊车梁、屋架等。

2. 锚固端柱和张拉传力端柱

（1）抗倾覆稳定性验算（图9-8）

一般当吊车梁底部的部分预应力筋切断掉（如4根切断掉2根）时为最不利状态，此时产生的抗倾覆力矩最小。

①锚固端柱稳定性验算：设砖墙每米长重力为 q_1，传力柱每米长重力为 q_2；锚固端柱一段及基础板一半的重力为 G_1；张拉端柱一段及基础板一半的重力为 G_2；上横梁一半的重力为 G_3；下横梁一半的重力为 G_4。

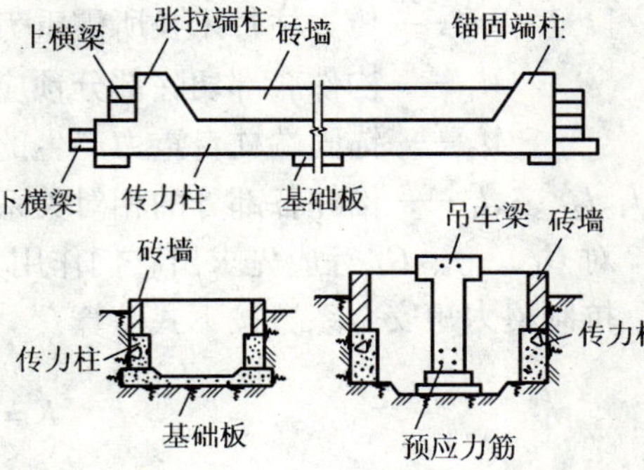

图9-7　槽式台座构造

又设上部预应力钢筋的压力为 N_1；下部除去断掉的预应力钢筋后剩下的预应力钢筋对1根端柱的压力为 N_2。

取端柱绕 C 点的力矩（图9-8a）进行倾覆稳定性验算：

倾覆力矩
$$M_{ov} = N_1\left(h - \frac{h_1}{2}\right) \tag{9-17}$$

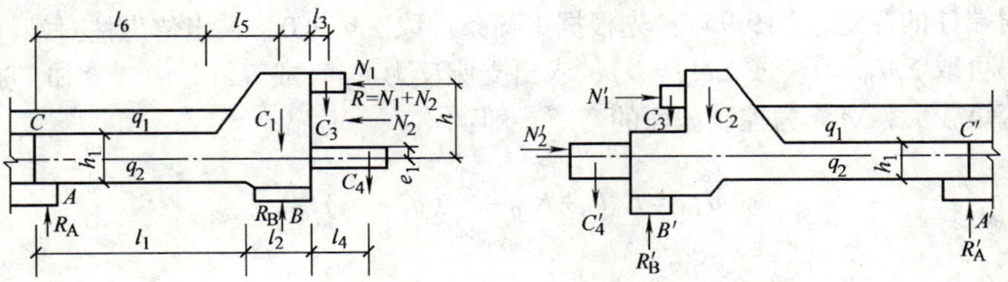

图9-8　槽式台座抗倾覆验算

a）锚固端柱　b）张拉端柱

平衡力矩

$$M_r = M_1 + M_2$$

$$= \left[N_2\left(\frac{h_1}{2} - e_1\right)\right] + \left[G_3(l_1 + l_2 + l_3) + G_4(l_1 + l_2 + l_3) + G_1(l_5 + l_6) + \frac{1}{2}(q_1 + q_2)l_6^2\right] \tag{9-18}$$

式中　M_{ov}——锚固、张拉端柱倾覆力矩（kN·m）；

N_1——上部张拉力（kN）；

M_r——锚固、张拉端平衡力矩（kN·m）；

N_2——下部张拉力（kN）；

G_1——锚固端柱一段及基础板一半的重力（kN）；

G_2——张拉端柱一段及基础板一半的重力（kN）；

G_3——上横梁一半重力（kN）；

G_4——下横梁一半重力（kN）；

q_1——砖墙每米长所需重力（kN·m）；

q_2——传力柱每米长所需重力（kN·m）；

M_1——构件底部切除部分预应力筋后剩余预应力筋产生的抗倾覆力矩；

M_2——锚固端柱自重力产生的抗倾覆力矩；

l_1、l_2、…、l_6——构件各部分的相对关系。

对 G_1、…、G_4 等应先求出它们作用力的位置，以确定 C 点的距离。

抗倾覆力矩安全系数按下式验算：

$$K=\frac{M_1+M_2}{M_{ov}}\geqslant 1.5 \tag{9-19}$$

式中 K——抗倾覆安全系数。

其余符号意义同上。

②张拉端柱稳定性验算（图9-8b）：取 C'点的力矩来进行抗倾覆稳定性验算，其具体方法与锚固端柱的计算相同。

（2）弯矩计算

①锚固端柱的弯矩（图9-9a）：先根据平衡条件取 $\Sigma M_c=0$，求出传力柱对端柱的反力 R 的位置 e_0，再取 $\Sigma M_B=0$（或 $\Sigma M_A=0$），求出支座反力 R_A（或 R_B）。由计算知，通常在1-1截面处的弯矩较大，可作为控制截面的弯矩，即：

$$M_{1\text{-}1}=R_A l_7+Re_0-\frac{1}{2}(q_1+q_2)l_6^2 \tag{9-20}$$

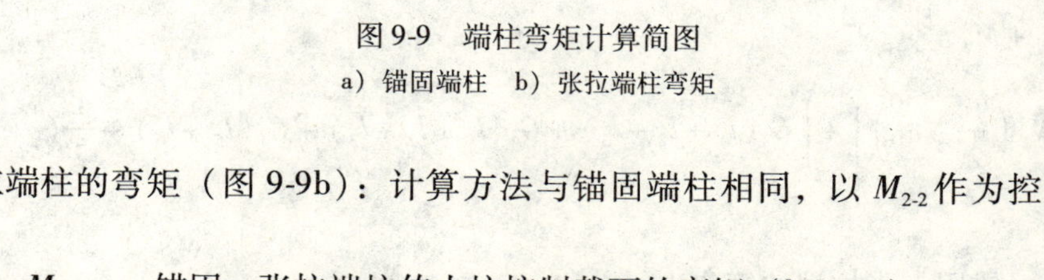

图9-9 端柱弯矩计算简图

a）锚固端柱 b）张拉端柱弯矩

②张拉端柱的弯矩（图9-9b）：计算方法与锚固端柱相同，以 $M_{2\text{-}2}$ 作为控制截面的弯矩。

式中 $M_{1\text{-}1}$、$M_{2\text{-}2}$——锚固、张拉端柱传力柱控制截面的弯矩（kN·m）。

其余符号意义同上。

（3）配筋计算 一般按钢筋混凝土偏心受压构件进行配筋。

3. 传力柱

传力柱计算分两种情况：1）在全部预应力钢筋产生的合力 R_1 作用下；2）下部部分预

应力筋切断掉后，在剩余预应力筋产生的合力 R_2 作用下。

在全部预应力筋产生的合力 R_1 作用下传力柱的受力情况及符号如图 9-10 所示。

用与端柱中“弯矩计算”相同的方法，求传力柱反力位置 e_0，取 $\Sigma M_E=0$ 求出底板反力 R_D。然后再求出最大弯矩所在截面 3-3 距 R_D 的距离 s，则最大弯矩 M_{3-3} 为：

$$M_{3-3}=R_D s+R_1 e_0-\frac{1}{2}(q_1+q_2)s^2 \tag{9-21}$$

式中 M_{3-3}——分别为锚固、张拉端柱传力柱控制截面的弯矩（kN · m）。

其余符号意义同上。

同理，可以求得切断掉部分的预应力筋后，剩下的预应力筋在传力柱上产生的最大弯矩值。

最后分别按上述两种情况，即：1）$N_1=R_1$ 和 M_{max}；2）$N_2=R_2$ 和 M_{max}的内力组合，按钢筋混凝土偏心受压构件计算进行截面配筋。

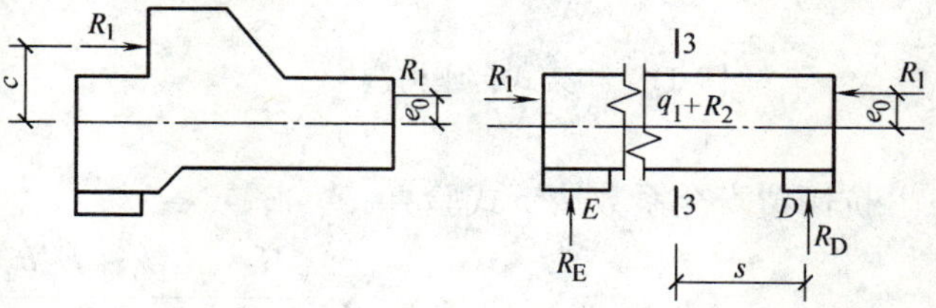

图 9-10 传力柱计算简图

4. 横梁

按两端支承于端柱上的简支梁计算，其最大弯矩 M 和剪力 V 由下式计算：

$$M=\frac{1}{4}Nl \tag{9-22}$$

$$V=\frac{N}{2} \tag{9-23}$$

式中 M——横梁最大弯矩（kN · m）；

V——横梁最大剪力（kN）；

N——作用于横梁中点的集中力，由于横梁由两片组成，$N=2N_1$（或 $2N_2$）；

l——横梁跨度，等于台座两根传力柱之间的距离。

根据求出之 M、V 值，按钢筋混凝土受弯构件进行截面计算配筋，其允许挠度不大于 2mm。一般下横梁的截面尺寸较大，实为 l 根深梁，因此要适当增设必要的构造配筋。

9.1.3 预应力构架台座计算

1. 台座构造

预应力构架式台座一般采用装配式的，由多个 1m 宽、重约 2. 4t 的三角形块体组成（图 9-11）。每 1 块体能承受的拉力约 130kN，可根据台座需要的张拉力，设置一定数量的块体组成。

适于生产张拉力不大的中小型构件。

2. 台座稳定性验算

（1）抗倾覆验算　设构架式台座（图 9-12）和上部土的自重力为 G_1，它的合力点距 O 点的距离为 l_1，土压力的合力为 E_p'，作用点距 O 点的垂直距离 h_2，则台座的抗倾覆力矩 $M_r=G_1 l_1+E_p' h_2$，预应力筋对台座的倾覆力矩 $M_{ov}=Nh_1$。

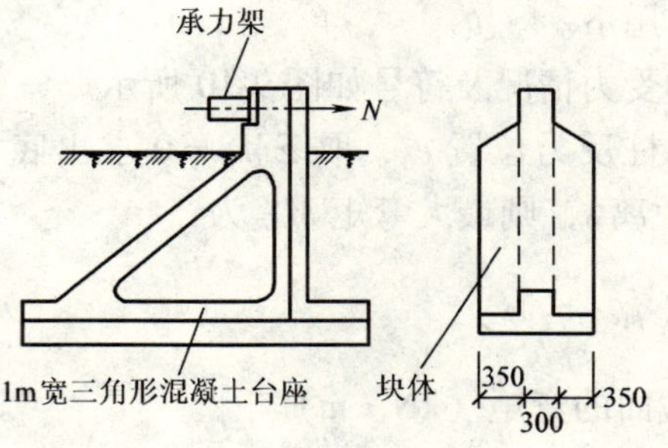

图 9-11　构架式台座构造

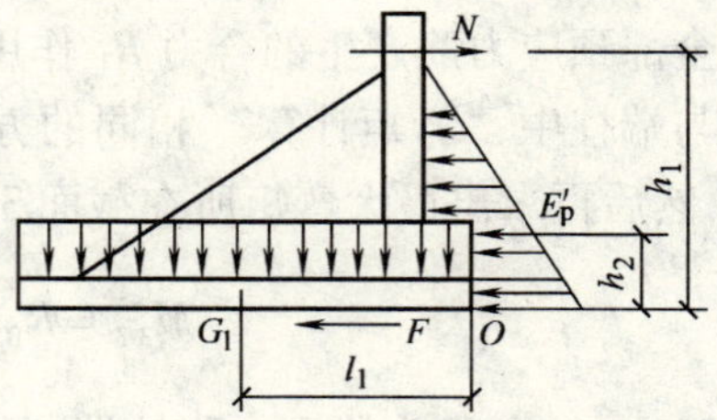

图 9-12　构架式台座计算简图

抗倾覆安全系数按下式验算

$$K=\frac{M_{\mathrm{r}}}{M_{\mathrm{ov}}}=\frac{G_1 l_1+E_{\mathrm{p}}{}' h_2}{N h_1}\geqslant 1.5 \tag{9-24}$$

式中　M_{ov}——预应力筋对台座的倾覆力矩（kN · m）；

N——预应力筋张拉力（kN）；

M_{r}——台座的抗倾覆力矩（kN · m）；

G_1——构架台座和上部土的自重力（kN）；

$E_{\mathrm{p}}{}'$——土压力的合力（kN），取值同墩式台座；

K——抗倾覆安全系数，一般取 1.5。

（2）抗滑移验算　台座总抗水平滑移力　$\Sigma P=E_{\mathrm{p}}{}'+F$

$E_{\mathrm{p}}{}'$、F 符号意义和取值方法与墩式台座相同，作用于台座的水平滑移力等于钢筋张拉力 N。抗滑移安全系数按下式验算

$$K_1=\frac{E_{\mathrm{p}}{}'+F}{N}\geqslant 1.3 \tag{9-25}$$

式中　$E_{\mathrm{p}}{}'$——土压力的合力（kN），取值同墩式台座；

N——台座抗水平滑移力（kN）；

F——台座与土的摩阻力（kN）；取值同墩式台座。

3. 台座内力及面

台座立柱、斜杆及底座的内力计算如图 9-13 所示。

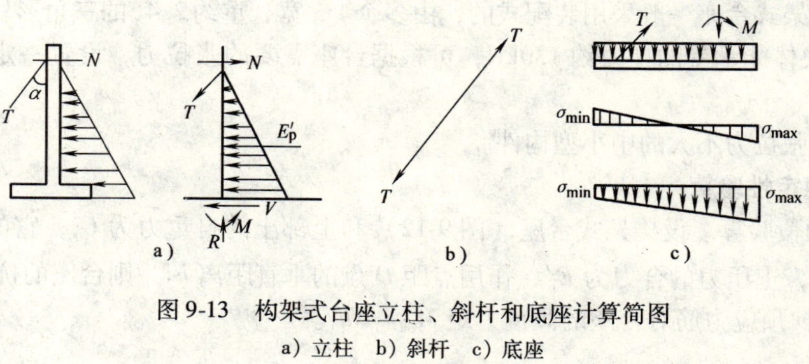

图 9-13　构架式台座立柱、斜杆和底座计算简图

a）立柱　b）斜杆　c）底座

立柱可简化视作1根悬臂梁来计算（图9-13a），作用在梁上的荷载有拉力N、土压力合力E'_p。应用结构力学方法求解一次超静定结构，可得到内力M、R、V，再据此进行截面设计对于斜杆，可按轴心受拉构件考虑。从立柱计算中，可得到支座反力R，则$T=R/\cos\alpha$，按照$\sigma=\frac{T}{A}\leqslant f$验算截面（图9-13b）。

对底座，可将立柱和斜拉杆求得的内力作为外荷载作用在其上面，再加上土体荷载、地基反力进行分析，可求出每一截面上的内力，据此进行截面设计。

对地基强度的验算（图9-13c），可按$\sigma_{\substack{max\\min}}=\frac{M}{W}\pm\frac{N'}{A}$求取地基应力，其值应小于地基设计强度值。

式中　M——作用于构架式台座的弯矩（kN·m）。

4. 钢梁

钢梁的计算与墩式台座相同。

9.1.4　预应力换埋式台座计算

1. 台座构造

预应力换埋式台座（图9-14）由立柱、横梁、挡板和砂床等组成。其特点是用砂床埋住挡板、立柱，以此来代替现浇混凝土墩，抵抗张拉时的倾覆力矩。它具有拆迁方便，可多次周转使用等优点。适用于临时性预制场生产预应力圆孔板和预应力折板等张拉力不大的中、小型构件。

2. 台座埋设深度

台座砂床深度计算简图如图9-15所示，将立柱和挡板视作一刚性挡土墙，设土面倾角α、墙背倾角β、墙背摩擦角δ均等于零，立柱和挡板的自重略去不计。台座张拉时产生的倾覆力矩将由立柱下部另一侧被动土压力产生的抗倾覆力矩平衡（因挡板与台面下的土不紧密接触，主动土压力可不考虑），由上图得（取单位宽度计算）。

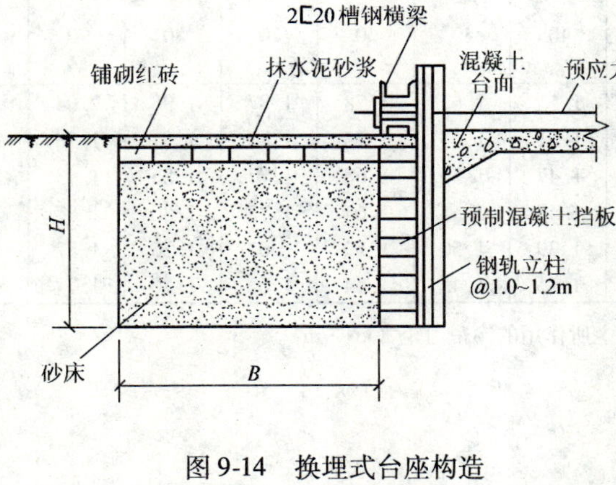

图9-14　换埋式台座构造

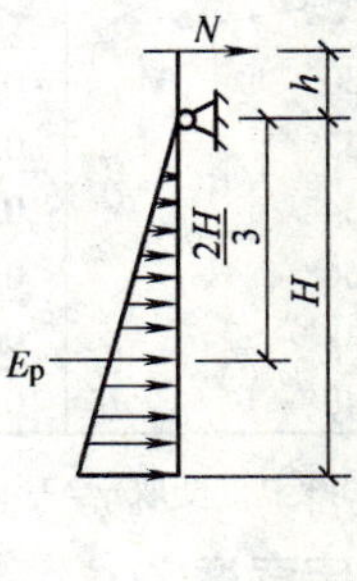

图9-15　砂床深度计算简图

$$M_{ov}=Nh$$

抗倾覆力矩M_r为：

$$M_r = E_p \frac{2H}{3} = \frac{1}{2}\gamma H^2 \tan^2\left(45° + \frac{\varphi}{2}\right)\frac{2}{3}H = \frac{1}{3}\gamma H^3 \tan^2\left(45° + \frac{\varphi}{2}\right)$$

令 $M_{ov} = M_r$，化简后乘以一安全系数 K 得：

$$H = \sqrt[3]{\frac{3KNh}{\gamma \tan^2\left(45° + \frac{\varphi}{2}\right)}} \tag{9-26}$$

式中 M_{ov}——每米台座张拉时产生的倾覆力矩（kN·m）；

M_r——台座产生的抗倾覆力矩（kN·m）；

E_p——被动土压力（kN）；

H——台座埋设深度（m）；

N——每米台座上的张拉力（kN/m）；

h——张拉力作用点距台面高度（m）；

K——倾覆安全系数，一般取 1.5；

γ——砂土单位重度（kN/m^3）；

φ——砂土的内摩擦角，可按表 9-1 取用。

表 9-1 砂类土内摩擦角计算值

砂土类别	孔隙比		
	0.41~0.50	0.51~0.60	0.61~0.70
砾砂和粗砂	41°	38°	36°
中砂	38°	36°	33°
细砂	36°	34°	30°

为使用方便，根据式（9-26）计算出不同值和不同张拉倾覆力矩的台座埋深见表 9-2，可供查用。

表 9-2 不同张拉倾覆力矩的台座埋深 （单位：m）

H / M_{ov} / φ	10	20	30	40	50	60	70	80	90	100
30°	0.98	1.23	1.41	1.55	1.67	1.78	1.87	1.96	2.04	2.11
32°	0.95	1.20	1.37	1.51	1.63	1.73	1.82	1.91	1.98	2.05
34°	0.93	1.17	1.34	1.47	1.59	1.68	1.77	1.85	1.93	2.00
36°	0.90	1.13	1.30	1.43	1.54	1.64	1.72	1.80	1.87	1.94
38°	0.87	1.10	1.26	1.39	1.50	1.59	1.67	1.75	1.82	1.88
40°	0.85	1.07	1.23	1.35	1.45	1.54	1.62	1.70	1.77	1.83

注：表中砂土重度取 $\gamma = 16kN/m^3$；M_{ov} 为每米台座上所作用的倾覆力矩（kN·m）。

3. 砂床宽度

砂床宽度计算简图如图 9-16 所示。

根据土压力原理，当 $\alpha = \beta = \delta = 0$ 时，挡板背后将被挤出的被动土楔与水平线成 $\left(\frac{\pi}{4} - \frac{\varphi}{2}\right)$ 的角度，由于砂床表面为水平面，它与滑面之间的夹角亦为 $\left(\frac{\pi}{4} - \frac{\varphi}{2}\right)$。砂床的最小宽

度 B 可由下式计算：

$$B=\frac{H}{\tan\left(\frac{\pi}{4}-\frac{\varphi}{2}\right)} \tag{9-27}$$

式中　B——砂床宽度（m）其他符号意义同上。

根据式（9-27）可算得：当 $\varphi=40°$时，$B=2.14H$；当 $\varphi=35°$时，$B=1.91H$；当 $\varphi=30°$时，$B=1.73H$。

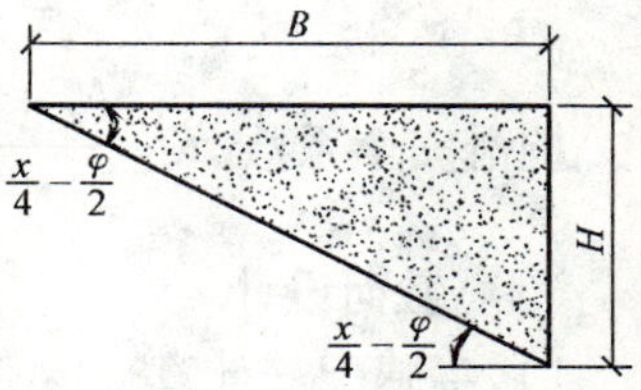

图 9-16　砂床宽度计算简图

【例 9-1】　预应力墩式台座尺寸如图 9-17 所示，已知张拉力 $N=100\text{kN}$，$G_1=200\text{kN}$，$G_2=100\text{kN}$。传力墩之间中离 $B=4.0\text{m}$，台墩用 C20 混凝土，Ⅰ级钢筋，台面厚度为 100mm，$N'=300\text{kN/m}$，$\mu=0.35$，地基为砂质粘土，$r=18\text{kN/m}^3$，$\varphi=30°$。试验算台座抗倾覆，抗滑移稳定性，并进行截面设计，确定钢梁截面。

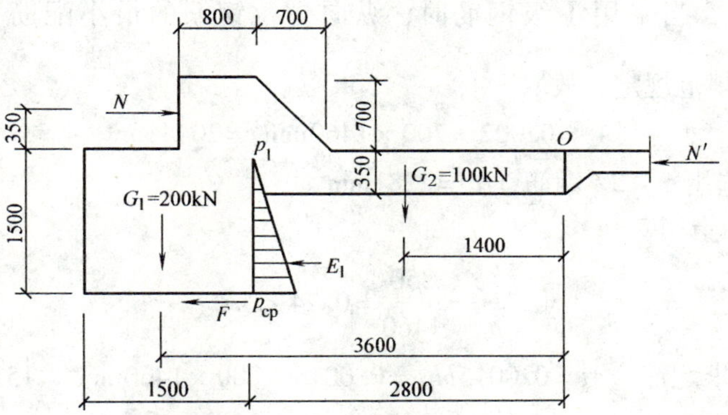

图 9-17　墩式台座计算尺寸

【解】　（1）抗倾覆验算

因埋置不深，且在开挖上方时后面土被扰动，可忽略压力作用。

平衡力矩 $M_1=G_1l_1+G_2l_2=200\times3.5\text{kN}\cdot\text{m}+100\times1.4\text{kN}\cdot\text{m}=840\text{kN}\cdot\text{m}$

倾覆力矩　$M=Nh_1=1000\times0.35\text{kN}\cdot\text{m}=350\text{kN}\cdot\text{m}$

抗倾覆安全系数　$K=\frac{M_1}{M}=\frac{840}{350}=2.4>1.5$ 安全

（2）抗滑移验算

$$N'=300\times4\text{kN}=1200\text{kN}$$

$$F'=\mu(G_1+G_2)=0.35\times(200+100)\text{kN}=105\text{kN}$$

台座底部的被动土压力

$$p_{\text{cp}}=rH\left[\tan^2\left(45°+\frac{\varphi}{2}\right)-\tan^2\left(45°-\frac{\varphi}{2}\right)\right]=1.8\times1.5(\tan^2 60°-\tan^2 30°)\text{kN/m}^2=72\text{kN/m}^2$$

$$p' = \frac{hp_{\mathrm{cp}}}{H} = \frac{0.35 \times 72}{1.5}\mathrm{kN/m^2} = 16.8\mathrm{kN/m^2}$$

$$E_{\mathrm{p}}' = \frac{(p_{\mathrm{cp}} + p')(H-h)B}{2} = \frac{(72+16.8)\times(1.5-0.35)\times 4}{2}\mathrm{kN} = 204\mathrm{kN}$$

抗滑安全系数 $K = \frac{N' + F' + E_{\mathrm{p}}'}{p} = \frac{1200+105+204}{1000} = 1.509 > 1.3$ 安全

（3）截面设计

1）牛腿配筋计算

$$h_0 = (1500-40)\mathrm{mm} = 1460\mathrm{mm}$$

$$A_{\mathrm{s}} = \frac{Nh_1}{0.85h_0 f_{\mathrm{y}}} = \frac{1000 \times 350 \times 10^3}{0.85 \times 1460 \times 210}\mathrm{mm^2} = 1343\mathrm{mm^2}$$

设计规范规定，当采用Ⅰ级钢筋时，纵向受拉钢筋的最小配筋率$\left(\frac{A_{\mathrm{s}}}{bh_0}\right)$不应小于0.2%，现$A_{\mathrm{s}}$小于规范规定，故取

$$A_{\mathrm{s}} = 0.002 \times 700 \times 1460\mathrm{mm^2} = 2044\mathrm{mm^2}$$

根据表2-1，选用6Φ22钢筋，$A_{\mathrm{s}} = 2281\mathrm{mm^2}$

2）弯起钢筋A_{s}计算

本台座 $\frac{h_1}{h_0} = \frac{350}{1460} = 0.24 < 0.3$

故应按规范要求配筋 $A_{\mathrm{s}} = 0.0015bh_0 = 0.0015 \times 700 \times 1460\mathrm{mm^2} = 1533\mathrm{mm^2}$

根据表2-1

选用6Φ18钢筋，$A_{\mathrm{s}} = 1526\mathrm{mm^2}$

3）牛腿采用水平箍筋ϕ10且双肢箍，间距100mm，满足《混凝土结构设计规范》（GB 50010—2010）要求$\left(规范要求：在牛腿上部\frac{1}{3}h_0的范围内水平箍筋总截面积不少于承受竖向力的受拉钢筋截面面积的\frac{1}{2}\right)$。

4）裂缝控制验算

$$N \leqslant \frac{\beta f_{\mathrm{tk}} bh_0}{0.5 + h_1/h_0}$$

式中 β——裂缝控制系数，取$\beta = 0.80$；

$$N = \frac{0.8 \times 1.1 \times 700 \times 1460}{0.5 + \frac{350}{1460}}\mathrm{N} = 1215801\mathrm{N} = 1215.8\mathrm{kN} > N = 1000\mathrm{kN} \text{ 安全}$$

5）台座板配筋计算

已知$h = 350\mathrm{mm}$，$h_0 = (350-35)\mathrm{mm} = 315\mathrm{mm}$，$a = 35\mathrm{mm}$，$b = 4000\mathrm{mm}$，$f_{\mathrm{cm}} = 11\mathrm{N/mm^2}$，$f_{\mathrm{y}} = 210\mathrm{N/mm^2}$

$$e_0=\frac{M}{N}=\frac{1000\times350}{1000}\text{mm}=350\text{mm}>0.3\times315\text{mm}=94.5\text{mm}$$

$\therefore e_a=0$

$\varphi=\dfrac{l_0}{h}=\dfrac{2800}{350}=8$，故不考虑挠度对纵向力偏心距的影响。

$$e=e_0+\frac{h}{2}-a=\left(350+\frac{350}{2}-35\right)\text{mm}=490\text{mm}$$

$$x=\frac{1000000}{4000\times11}\text{mm}=22.73\text{mm}$$

$$A_s=\frac{1000000\times490-11\times4000\times22.73\times\left(315-\dfrac{22.73}{2}\right)}{210\times(315-35)}\text{mm}^2=3169\text{mm}^2$$

选用26根 ϕ14钢筋，$A_s=4000\text{mm}^2$（上层钢筋在非牛腿部分弯至底部），底板箍筋用 ϕ6@300mm。

（4）钢横梁计算

钢梁承受的均布荷载 $q=\dfrac{1000}{3.3}\text{kN/m}=303.03\text{kN/m}$

$$M=\frac{1}{8}ql^2=\frac{1}{8}\times303.03\times3.3^2\text{kN}\cdot\text{m}=412.5\text{kN}\cdot\text{m}$$

钢梁的剪应力：$W=\dfrac{M}{f}=\dfrac{412.5\times10^4}{315}\text{mm}^3=1309.5\times10^3\text{mm}^3$

用16Mn钢，2 I 406，$W_x=1140\times10^3\times2\text{mm}^3=2280\times10^3\text{mm}^3>1309.5\times10^3\text{mm}^3$

钢梁的剪应力：$V=\dfrac{1}{2}ql=\dfrac{1}{2}\times303.03\times3.3\text{kN}=500.0\text{kN}$

钢梁的剪应力：$Z=\dfrac{V}{F}=\dfrac{500\times10^3}{9410\times2}\text{N/mm}^2=26.6\text{N/mm}^2<f_v=185\text{N/mm}^2$

钢梁变形值：$w_{\max}=\dfrac{5ql^4}{384EI}=\dfrac{5\times303.03\times3300^4}{384\times2\times10^5\times22780\times10^4\times2}\text{mm}$

$$=5.14\text{mm}<\frac{l}{400}=\frac{3300}{400}=8.3\text{mm}$$

因 $2\text{mm}<w_{\max}<8.3\text{mm}$，不能满足要求，改用 I56$b$，$I=68512\text{mm}^4$

重算　$w_{\max}=1.71\text{mm}<2\text{mm}$

故可满足要求。

【例9-2】 预应力槽式台座的构造尺寸如图9-18所示。已知上部预应力筋的张拉力 $N_1=160\text{kN}$，下部预应力筋的张拉力 $N_2=560\text{kN}$，砖砌体重度 $\gamma_1=18\text{kN/m}^3$，混凝土重度 $\gamma=$

$25kN/m^3$，试验算台座的稳定性和计算张拉端柱的轴力和控制弯矩。

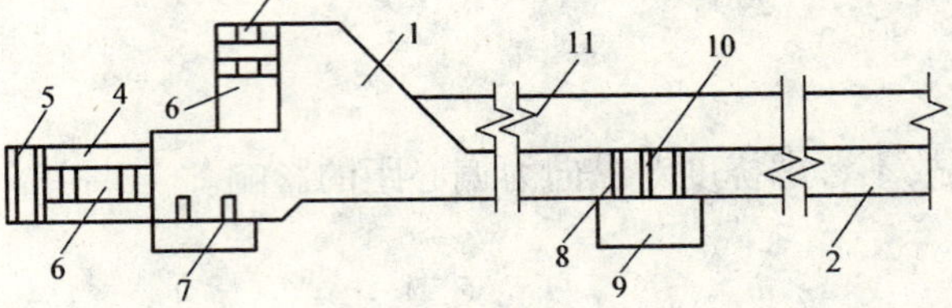

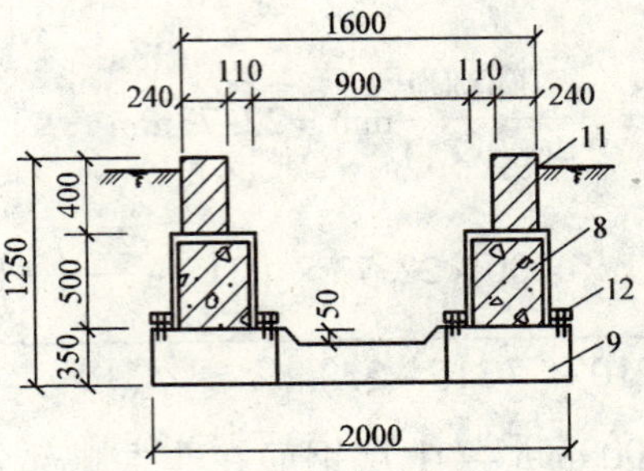

图 9-18 槽式台座构造及尺寸

1—张拉端柱 2—传力柱 3—上横梁 4—下横梁 5—钢梁
6—垫块 7—连接铁件 8—卡环 9—基础板 10—砂浆嵌缝
11—砖墙 12—锚固螺栓

【解】（1）台座自重

砖墙每 1m 长所受重力：$q_1 = 0.24 \times 0.4 \times 1 \times 18kN/m = 1.73kN/m$

混凝土传力柱每 1m 长所受重力：$q^2 = 0.5 \times 0.35 \times 1 \times 25kN/m = 4.37kN/m$

张拉端柱顶部（2.4m 长）一段及二分之一支座底板所受的重力，经计算 $G_1 = 26.5kN$

二分之一上横梁所受的重力 $G_3 = 2.6kN$

二分之一下横梁所受的重力 $G_4 = 7.0kN$

槽式台座张拉端柱受力简图如图 9-19 所示。

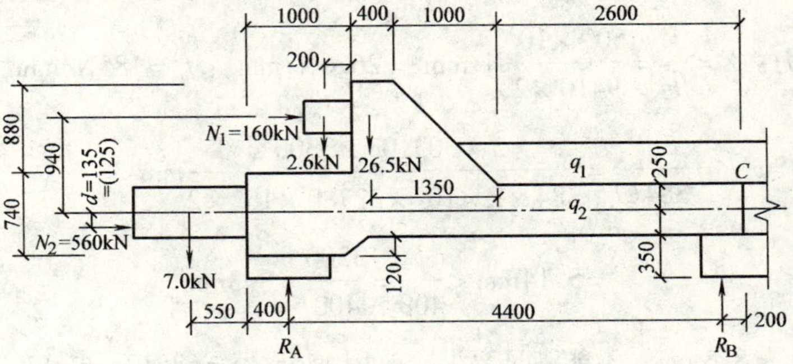

图 9-19 槽式台座张拉端柱受力简图

（2）抗倾覆验算

取 C 点为倾覆旋转中心，由式（9-17）得：

$$M_{OV}=N_1\left(h-\frac{h_1}{2}\right)=160\times\left(0.94-\frac{0.5}{2}\right)\text{kN}\cdot\text{m}=110\text{kN}\cdot\text{m}$$

平衡力矩，由式（9-18）

$$M_1=560(0.25+0.125)\text{kN}\cdot\text{m}=210\text{kN}\cdot\text{m}$$

$$M_2=\left[7\times5.5+2.6\times4.2+26.5\times3.95+(1.73+4.37)\frac{2.6^2}{2}\right]\text{kN}\cdot\text{m}=175\text{kN}\cdot\text{m}$$

由式（9-20）抗倾覆稳定安全系数为：

$$K=\frac{M_1+M_2}{M_{OV}}=\frac{210+175}{110}=3.5>1.5$$，可行。

（3）轴力及弯矩计算

张拉的合力（轴力）$N=(160+560)$ kN $=720$kN

合力离柱轴线距离　$e=0.112$m

根据平衡条件 $\Sigma M_c=0$，求得传力柱对端柱的反力 R 的位置　$e=0.06$m

张拉端柱弯矩计算简图如图 9-20 所示。

取 $\Sigma M_A=0$ 得

$$R_B\times4.4-26.5\times0.65-(1.73+4.37)\times2.6\left(\frac{2.6}{2}+2\right)$$

$$-2.6\times0.4-720\times0.112+720\times0.06=0$$

解之得　$R_B=24.6$kN

由式（9-20）知在 1-1 截面处的控制弯矩为：

$$M_{1\text{-}1}=\left[24.6(2.6-0.2)+720\times0.06-\frac{1}{2}(1.73+4.37)\times2.6^2\right]\text{kN}\cdot\text{m}=81.6\text{kN}\cdot\text{m}$$

故张拉端的轴力为 720kN；控制弯矩为 81.6kN · m。

【例 9-3】 预应力构架式台座尺寸如图 9-21 所示。已知作用于每 1m 台座上的张拉力 $N=45$kN，台座及土的得重力 $G_1=90$kN，土的重度 $\gamma=18\text{kN/m}^2$，内摩擦角 $\varphi=30°$，摩擦因数 $\mu=0.35$，试验算台座的抗倾覆和抗滑稳定性。

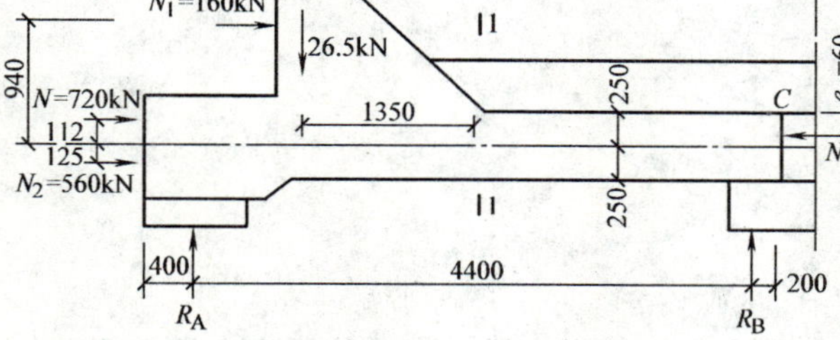

图 9-20　张拉端弯矩计算简图

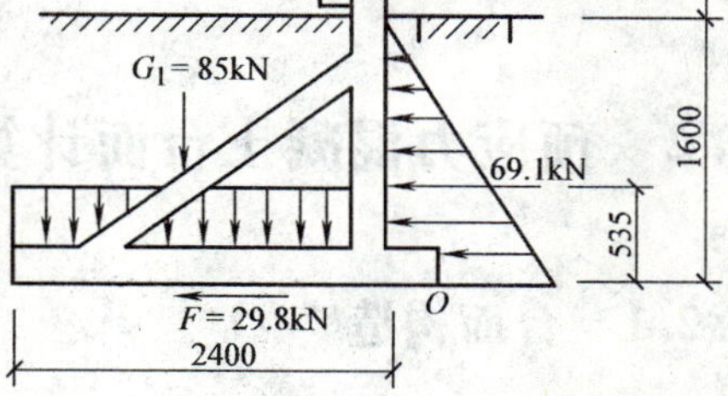

图 9-21　构架式台座尺寸

【解】 （1）抗倾覆验算

台座前土压力忽略不计，台座后面的最大土压力

$$E_p' = \frac{\gamma H^2}{2} \cdot \tan^2\left(45° + \frac{\varphi}{2}\right) = \frac{18 \times 1.6}{2} \times \tan^2\left(45° + \frac{30°}{2}\right) \text{kN} = 69.1\text{kN}$$

$$M_r = G_1 l_1 + E_p' h_2 = \left(90 \times 1.2 + 69.1 \times \frac{1.6}{3}\right) \text{kN} \cdot \text{m} = 144.85\text{kN} \cdot \text{m}$$

$$M_{ov} = Nh_1 = 45 \times 1.8\text{kN} \cdot \text{m} = 81\text{kN} \cdot \text{m}$$

由式（9-24）抗倾覆安全系数为

$$K = \frac{M_r}{M_{or}} = \frac{144.85}{81} = 1.788 > 1.5\text{，可以}$$

（2）抗滑移验算

台座高抗水平滑移力

$$\Sigma P = F + E_p' = 90 \times 0.35\text{kN} + 69.1\text{kN} = 100.6\text{kN}$$

由式（9-25）抗滑移安全系数为

$$K = \frac{E_p' + F}{N} = \frac{100.6}{45} = 2.236 > 1.3\text{，可以}$$

故台座抗倾覆和抗滑移稳定性均满足要求：

【例 9-4】 预应力换埋式台座，已知每米台座上的张拉力 $N = 60\text{kN}$，张拉力作用点距台面高度 $h = 0.7\text{m}$ 采用砂床，$r = 16\text{kN/m}^3$，内摩擦角 $\varphi = 36°$，试求台座的埋设深度和砂床宽度。

【解】 取 $k = 1.5$，由式（9-26）得

$$H = \sqrt[3]{\frac{3kNh}{r\tan^2\left(45° + \frac{\varphi}{2}\right)}} = \sqrt[3]{\frac{3 \times 1.5 \times 60 \times 0.7}{16 \times \tan^2\left(45° + \frac{36°}{2}\right)}}\text{m} = 1.45\text{m}$$

台式埋设宽度由式（9-27）得

$$B = \frac{H}{\tan\left(45° - \frac{\varphi}{2}\right)} = \frac{1.45}{\tan\left(45° - \frac{36°}{2}\right)}\text{m} = 2.84\text{m}$$

9.2 预应力混凝土台面计算

9.2.1 台面构造

普通混凝土台面由于受温差的影响，经常会发生开裂，导致台面使用寿命缩短和构件质量下降。为了解决这一问题，国内有些预制构件厂采用了预应力混凝土滑动台面。

预应力混凝土滑动台面的做法是，在原有的混凝土台面或新浇的混凝土基层上刷隔离剂，张拉预应力钢丝，浇筑混凝土面层。待混凝土达到放张强度后再切断钢丝，台面就发生滑动，这种台面可避免出现裂缝。预应力混凝土滑动台面构造如图 9-22 所示。

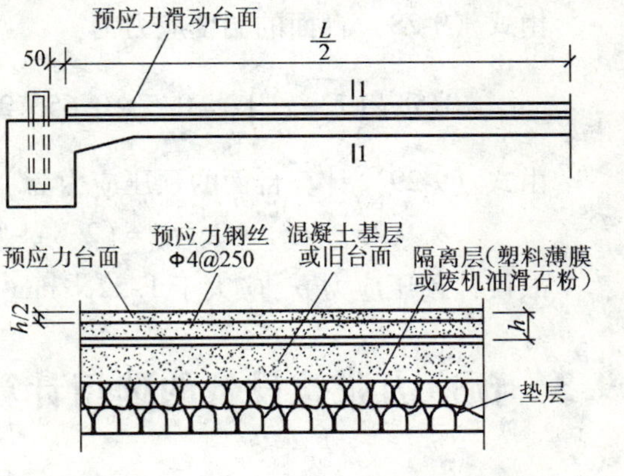

图 9-22 预应力混凝土滑动台面构造

9.2.2 温度应力

台面由于温差引起的温度应力 σ_0，可按下式计算：

$$\sigma_0 = 0.5\mu\gamma\left(1+\frac{h_1}{h}\right)L \qquad (9\text{-}28)$$

式中 L——台面长度；

γ——混凝土重力密度；

h——预应力台面厚度；

h_1——台面上堆积物的折算厚度；

μ——台面与基层混凝土的摩擦因数，对皂脚废机油或废机油滑石粉隔离剂为 0.65。

9.2.3 预压应力

为了使预应力台面不出现裂缝，台面的预压应力应符合下列要求：

$$\sigma_{pc} > \sigma_0 - 0.5f_{tk} \qquad (9\text{-}29)$$

预应力台面用的钢丝，可选用$\Phi^{P}4\sim5$ 消除应力钢丝和 ϕ^{I} 消除应力刻良钢丝居中配置，$\sigma_{con}=0.7f_{ptk}$。混凝土为 C30 和 C40。滑动台面预应力筋配置，见表 9-3。

式中 f_{tk}——混凝土的抗拉强度标准值；

σ_{con}——预应力筋的张拉控制应力；

f_{ptk}——预应力钢丝的抗拉强度标准值。

表 9-3 滑动台面预应力筋配置参考表

台面荷载 /(kN/m²)	台面厚度 h/mm	滑动台面预应力钢丝配置 在下列台面长度 L 下/m			
		50	75	100	125
2	60	$\Phi^{P}4@75$	$\Phi^{P}4@50$	$\Phi^{P}5@50$	$\Phi^{I}5@100$
	80	$\Phi^{P}4@65$	$\Phi^{P}5@65$	$\Phi^{P}5@40$	$\Phi^{I}5@90$
3	60	$\Phi^{P}4@65$	$\Phi^{P}4@65$	$\Phi^{P}5@40$	$\Phi^{I}5@90$
	80	$\Phi^{P}4@50$	$\Phi^{P}5@50$	$\Phi^{P}5@100$	$\Phi^{I}5@75$

注：1. 混凝土等级：$\Phi^{P}4\sim5$ 为 C30，$\Phi^{I}5$ 为 C40。

2. 张拉控制应力：$\Phi^{I}4$，$\sigma_{con}=1169\text{N/mm}^2$。

$\Phi^{I}5$，$\sigma_{con}=1099\text{N/mm}^2$。

$\Phi^{I}5$，$\sigma_{con}=1088\text{N/mm}^2$。

3. 隔离剂 $\mu=0.7$；如 $\mu>0.7$，则配筋量按比例增加。

4. 预应力台面的长度 $L>125\text{m}$ 时，宜设置横向缝 1 条。

【例 9-5】 预应力混凝土活动台面，长 $L=140\text{m}$，台面厚 80mm，台面土堆积物厚度 120mm，混凝土采用 C50，$f_{tk}=2.64\text{N/mm}^2$，混凝土重度 $\gamma=25\text{kN/m}^3$，试求台面产生的温

度应力及设计预应力。

【解】 取摩擦因数$\mu=0.65$

由式（9-28）台面的温度应力为

$$\sigma_0=0.5\mu\gamma\left(1+\frac{h_1}{h}\right)L=0.5\times0.65\times25\times\left(1+\frac{120}{80}\right)\times140\text{kN/m}^2=2843.75\text{kN/m}^2$$

由式（9-29）计算台面的预压应力为

$$\sigma_{pc}=\sigma_0-0.5f_{tk}=(2.84-0.5\times2.64)\text{N/mm}^2=1.52\text{N/mm}^2$$

故设计预压应力σ_{pc}应大于1.52N/mm^2。

9.3 预应力张拉设备的选用计算

9.3.1 张拉设备能力

张拉设备所需要的张拉力由预应力钢筋要求的张拉力大小确定。预应力钢筋的张拉力由下式计算：

$$N=\sigma_{con}A_p n \tag{9-30}$$

钢筋的张拉控制应力允许值按表9-4选用。

表9-4 张拉控制应力允许值

项 次	预应力筋种类	张拉方法	
		先张法	后张法
1	消除应力钢丝、钢绞线	$0.75f_{ptk}$	$0.75f_{ptk}$
2	热处理钢筋、冷拔钢丝	$0.70f_{ptk}$	$0.65f_{ptk}$
3	冷轧带肋钢筋	$0.70f_{ptk}$	
4	精轧螺纹钢筋		$0.85f_{pyk}$
5	冷拉钢筋	$0.90f_{pyk}$	$0.85f_{pyk}$

为安全可靠，张拉设备的张拉能力一般取钢筋张拉力的1.5倍左右。

即

$$F=1.5\frac{N}{1000} \tag{9-31}$$

式中 N——预应力筋的张拉力（N）；

σ_{con}——预应力筋的张拉控制应力（N/mm^2）参见表9-4；

A_p——每根钢筋的截面面积（mm^2）；

n——同时张拉的钢筋根数；

F——张拉设备所需要的张拉能力（kN）。

消除应力钢丝、钢绞线、中强度预应力钢丝的张拉控制应力值不应小于$0.4f_{ptk}$；预应力螺纹钢筋的拉应力控制值不宜小于$0.5f_{ptk}$。

9.3.2 设备行程

液压千斤顶等张拉设备所需要的行程长度，应满足预应力钢筋张拉时的伸长要求，即：

$$l_s \geqslant \Delta l = \frac{\sigma_{con}}{E_s} L \tag{9-32}$$

式中 l_s——千斤顶或其他张拉设备的行程长度（mm）；

Δl——预应力钢筋张拉伸长值（mm）；

E_s——预应力钢筋弹性模量（N/mm^2）；

L——预应力钢筋张拉时的有效长度（mm）；

σ_{con}——预应力筋的张拉控制应力（N/mm^2）。

9.3.3 压力表选用

压力表上的压力读数是指张拉设备的工作油压面积（活塞面积）上每单位面积承受的压力，由下式计算：

$$P_n = \frac{N}{A_n} \tag{9-33}$$

一般选用的压力表最大读数应为（1.5～2）P_n。

式中 P_n——计算压力表读数（N/mm^2）；

A_n——张拉设备的工作油压面积（mm^2）；

N——预应力筋的强拉力（N）。

【例 9-6】 采用后张法张拉两根直径 20mm 的冷拉Ⅲ级钢筋，试计算需用张拉设备能力。

【解】 冷拉Ⅲ级钢筋标准强度：$f_{pyk} = 500N/mm^2$

张拉控制应力 $\sigma_{con} = 0.85 f_{pyk} = 0.85 \times 500N/mm^2 = 425N/mm^2$

钢筋截面面积 $A_p = 3.142cm^2$

钢筋根数 $n = 2$

张拉力 $N = \sigma_{con} A_p n = 425 \times 3.142 \times 100 \times 2N = 267.1 \times 10^3 N$

张拉设备需要吨位数，由式（9-31）得

$$F = 1.5 \frac{N}{1000} = 1.5 \times \frac{267.1 \times 10^3}{1000} kN = 400.7kN$$

故张拉设备需要能力为 400.7kN。

【例 9-7】 条件同例 9-6，张拉时钢筋有效长度为 24m，$E = 1.8 \times 10^5 N/mm^2$，试计算张拉设备需要行程。

【解】 钢筋张拉伸长值，由式（9-32）得

$$\Delta l = \frac{\sigma_{con}}{E_s} L = \frac{425 \times 24 \times 10^3}{1.8 \times 10^5} mm = 56.7mm$$

故张拉设备需要行程长度应大于 56.7mm，可选用 600kN 拉杆式千斤顶，张拉行程为 150mm，可满足要求。

【例 9-8】 条件同例 9-6、例 9-7，试选用压力表。

【解】 600kN 拉杆式千斤顶的工作油压面积 $A_n = 20000mm^2$，压力表需要读数由式（9-33）得

$$P_n = \frac{N}{A_n} = \frac{267.1 \times 10^3}{20000} \text{N/mm}^2 = 13.36\text{N/mm}^2$$

压力表最大读数应为 $2P_n = 2 \times 13.35\text{N/mm}^2 = 26.7\text{N/mm}^2$

可选用最大读数为 40N/mm^2 的压力表。

9.4 预应力筋张拉力计算

9.4.1 预应力筋张拉力

预应力筋的张拉力 P_j，按下式计算：

$$P_j = \sigma_{con} A_p \tag{9-34}$$

预应力筋的张拉控制应力 σ_{con} 不宜超过表 9-4 的数值。当符合下列情况之一时，表 9-4 中的张拉控制应力限值可提高 $0.05f_{ptk}$ 或 $0.05f_{pyk}$。

1）要求提高构件在施工阶段的抗裂性能而在使用阶段受压区内设置的预应力筋；

2）要求部分抵消由于应力松弛、摩擦、钢筋分批张拉以及预应力筋与张拉台座之间的温差等因素产生的预应力损失。

预应力筋的张拉控制应力，应符合设计要求。施工时预应力筋如需超张拉，其最大张拉控制应力 σ_{con}；对消除应力钢丝和钢铰线为 $0.8f_{ptk}$；对冷轧带肋钢筋为 $0.75f_{ptk}$；对精轧螺纹钢筋为 $0.95f_{pyk}$。

式中 P_j——预应力筋的张拉力；

σ_{con}——预应力筋的张拉控制应力值；

A_p——预应力筋的截面面积。

9.4.2 预应力筋有效预应力值

预应力筋中建立的有效预应力值 σ_{pe}，可按下式计算：

$$\sigma_{pe} = \sigma_{con} - \sum_{i=1}^{n} \sigma_{li} \tag{9-35}$$

对碳素钢丝与钢绞线，其有效预应力值 σ_{pe}，不应大于 $0.6f_{ptk}$，也不宜小于 $0.4f_{ptk}$。

如设计上仅提供有效预应力值，则需计算预应力损失值，两者叠加，即得所需的张拉力。

式中 σ_{con}——预应力筋的张拉控制应力值；

f_{ptk}——预应力筋极限抗拉强度标准值；

σ_{pe}——预应力筋的有效预应力值；

σ_{li}——第 i 项预应力损失。

【例 9-9】 某板用 $\phi^b 4$ 预应力筋，单根钢丝截面面积 $A_p = 12.6\text{mm}^2$，其抗拉强度标准值 $f_{ptk} = 700\text{N/mm}^2$，张拉程序为 $0 \to 105\% \sigma_{con}$，试确定单根钢丝的张拉力。

【解】 取张拉控制应力 σ_{con} 为 $0.75f_{ptk}$，则其张拉力为：

$$P_j = 0.75 f_{ptk} 105\% A_p = 0.75 \times 700 \times 1.05 \times 12.6\text{N} = 6945.8\text{N}$$

故单根预应力钢丝的张拉力为6945.8N。

【例9-10】 采用后张法张拉直径20mm的冷拉Ⅱ级钢筋，已知各项预应力损失值为80N/mm²，试求预应力筋的有效预应力值。

【解】 已知 $\Sigma\sigma_{li} = 80\text{N/mm}^2$

冷拉Ⅱ级钢筋标准强度 $f_{pyk} = 450\text{N/mm}^2$

预应力钢筋的控制应力：$\sigma_{con} = 0.75 f_{pyk} = 0.75 \times 450\text{N/mm}^2 = 337.5\text{N/mm}^2$

预应力筋的有效预应力值由式（9-35）得

$$\sigma_{pe} = \sigma_{con} - \sum_{i=1}^{n} \sigma_{li} = (337.5 - 80)\text{N/mm}^2 = 257.5\text{N/mm}^2$$

故钢筋的有效预应力值为257.5N/mm²。

9.5 预应力筋张拉伸长值计算

9.5.1 计算公式

1. 先张法张拉伸长值

$$\Delta L = \frac{P_j L}{E_s A_p} \tag{9-36}$$

式中 P_j——预应力筋张拉力；

L——预应力筋长度；

E_s——预应力筋弹性模量；

A_p——预应力筋截面面积。

2. 后张法张拉伸长值

曲线筋的张拉伸长值 ΔL，可按以下两法计算：

（1）精确计算法

$$\Delta L = \int_0^L \frac{P_{je}^{-K_x+\mu\theta}}{A_p E_s} = \frac{P_j L_T}{A_p E_s}\left[\frac{1 - e^{-(KL+\mu\theta)}}{KL_T + \mu\theta}\right] \tag{9-37}$$

式中符号同式（9-36）。

（2）简化计算法

$$\Delta L = \frac{p L_T}{A_p E_s} \tag{9-38}$$

式中 p——预应力筋平均张拉力，取张拉端拉力与计算截面处扣除孔道摩擦损失后的拉力平均值，即

$$p = p_j \left(1 - \frac{KL_T + \mu\theta}{2}\right) \tag{9-39}$$

L_T——预应力筋实际长度。

9.5.2 公式运用

1）对多曲线段或直线段与曲线段组成的曲线预应力筋。张拉伸长值应分段计算，然后叠加，即：

$$\Delta L=\sum\frac{(\sigma_{j1}+\sigma_{j2})L_i}{2E_s} \tag{9-40}$$

式中 L_i——第 i 线段预应力筋长度；

σ_{j1}、σ_{j2}——第 i 线段两端的预应力筋拉力。

2）预应力筋的弹性模量取值，对张拉伸长值的影响较大。因此，对重要的预应力混凝土结构，预应力筋的弹性模量应事先测定。根据有关单位试验认为：钢丝束与钢绞线束的弹性模量比单根钢丝和钢绞线的弹性模量低 2% ~3%。因此，在弹性模量取值时应考虑这一因素。

3）K、μ 取值应套用设计计算资料。如在试张拉时，实测张拉伸长值或实测孔道摩擦损失值与计算值有较大的差异，则应会同设计人员调整张拉力并修改 K 与 μ 值，重算张拉伸长值。

【例 9-11】 30m 预应力折线形屋架，预应力能采用 4-17 Φ^s5 钢丝束，$P=350.2\text{kN/m}^2$，钢管轴芯成孔，$k=0.0015$，一端张拉，钢丝束长度 $l=40\text{m}$，试求其张拉伸长值。

【解】 当不考虑孔道摩阻影响，由式（9-36）得

$$\Delta L=\frac{pl}{E_sA_p}=\frac{350.2\times10^3\times40\times10^3}{2.0\times10^5\times17\times19.6}\text{mm}=210.2\text{mm}$$

考虑孔道摩阻影响，由式（9-39）得

$$\Delta L=\frac{pl}{E_sA_p}\left(1-\frac{kl+\mu\theta}{2}\right)=\frac{350.2\times10^3\times40\times10^3}{2.0\times10^5\times17\times19.6}\left(1-\frac{0.0015\times35}{2}\right)\text{mm}=204.7\text{mm}$$

两者比较，伸长值相差 5.6mm。

【例 9-12】 12m 梁的预应力筋为 5 Φ'12，长度：直线段 $l_2=8\text{m}$，曲线段 $l_1=l_3=2.1\text{m}$，$\theta=30°$，一端张拉，$p=350\text{kN}$，量测伸长的初拉力取 $p_0=40\text{kN}$，胶管抽芯成孔，$k=0.0015$，$\mu=0.60$，试求此束钢筋张拉伸长值。12m 梁张拉伸长值计算简图如图 9-23 所示。

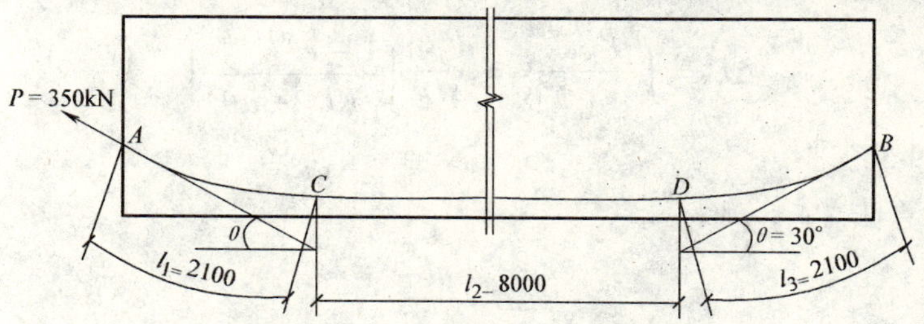

图 9-23 12m 梁张拉伸长值计算简图

A—张拉端 B—锚固端

【解】 自张拉端开始逐段计算伸长值

（1）曲线段 AC，设 $\sigma_{i1}=\sigma_{i2}$ 又 $\theta=30°=0.5236\text{rad}$

$$kl+\mu\theta=0.0015\times2.1+0.6\times0.5236 \qquad e^{-(kl+\mu\theta)}=0.7281$$

$$P_A = P - P_0 = (350 - 40)\text{kN} = 310\text{kN}$$

$$\Delta l_1 = \frac{pl_1}{A_p E_s}\left[\frac{1 - e^{-(kl+\mu\theta)}}{kl+\mu\theta}\right] = \frac{310\times10^3\times2100}{5\times113.1\times1.8\times10^5}\times\frac{1-0.7281}{0.3173}\text{mm} = 5.48\text{mm}$$

(2) 直线段 *CD*

先求出 *CD* 段起点，截面 *C* 处预应力筋拉力

$$p_c = p_A e^{-(kl_2+\mu\theta)} = 310\times0.7281\text{kN} = 225.71\text{kN}$$

$$\Delta l_2 = \frac{p_c l_2}{A_p E_s} = \frac{225.71\times10^3\times8000}{5\times113.1\times1.8\times10^5}\text{mm} = 17.74\text{mm}$$

(3) 曲线段 *DB*

$$kl_3 + \mu\theta = 0.3173 \qquad e^{-(kl_3+\mu\theta)} = 0.7281$$

$$\Delta l_3 = \frac{225.71\times10^3\times2100}{5\times113.1\times1.8\times10^5}\times\frac{1-0.7281}{0.3173}\text{mm} = 3.99\text{mm}$$

$$\Delta l_1 + \Delta l_2 + \Delta l_3 = (5.48 + 17.74 + 3.99)\text{mm} = 27.21\text{mm}$$

推算初拉力 p_0 下的伸长 Δl_0

$$\Delta l_0 = \frac{p_0\Sigma\Delta l}{P_A} = \frac{40\times30.0}{310}\text{mm} = 3.87\text{mm}$$

故此束预应力筋的总伸长：

$$\Delta l = 27.21\text{mm} + 3.87\text{mm} = 31.08\text{mm}$$

9.6 预应力筋下料长度计算

9.6.1 先张法预应力钢筋下料长度

长线台座整根粗钢筋下料长度计算

钢筋的计算长度：

$$L_0 = l + l_3 + l_4 + l_5 + (3\sim5)\text{cm} \tag{9-41}$$

钢筋下料总长度：

$$L = \frac{L_0}{1 + r - \delta} \tag{9-42}$$

长线台座分段粗钢筋下料长度计算

$$L_0 = l + 2b + 2h - 2l_7 - (m-1)l_9 + (3\sim5)\text{cm} \tag{9-43}$$

$$L = \frac{L_0}{1 + r - \delta} + n_1 l_1 - 2ml_2 \tag{9-44}$$

模外张拉钢丝下料长度计算

$$L_0 = l + 2a + 2l_6 \tag{9-45}$$

$$\Delta l = \frac{\sigma_{con}}{E_s}(1 + 2a) \tag{9-46}$$

$$L = L_0 - \Delta l + n_2 l_2 \tag{9-47}$$

式中 L_0——钢筋的计算长度；

L——钢筋下料总长度；

r——钢筋冷拉拉长率（由试验确定）；

δ——钢筋冷拉后的弹性回缩值（由试验确定）；

m——钢筋分段数；

n_1——对焊接头的数量；

n_2——镦粗头的数量；

l——长线台座（包括横梁、定位板在内）或构件孔道的长度；

l_1——每个对焊接头的预留量（一般为钢筋直径）；

l_2——每个镦粗头的压缩长度；

l_3——镦头（包括锚板）或帮条锚具长度；

l_4——锥形夹具的长度（一般为5.5cm）；

l_5——穿心式千斤顶长度（千斤顶脚至顶上夹具末端之间的间距）；

l_6——钢丝伸出钢模端板至锚固板之间的距离；

l_7——螺丝端杆长度（一般为32cm）；

l_9——钢筋连接器中间部分的长度；

a——模板厚度。

9.6.2 后张法预应力钢筋下料长度

预应力粗钢筋下料长度计算

1）当两端用螺丝端杆锚具时（图9-24a）

$$L_0 = l + 2b + 2h - 2l_7 + (3 \sim 5)\text{cm} \tag{9-48}$$

$$L = \frac{L_0}{1 + r - \delta} + n_1 l_1 \tag{9-49}$$

2）当一端用螺丝端杆锚具，另一端用帮条锚具（或镦粗头）时（图9-24b）

$$L_0 = l + b + h + l_3 - l_7 + 5\text{cm} \tag{9-50}$$

$$L = \frac{L_0}{1 + r - \delta} + n_1 l_1 + n_2 l_2 \tag{9-51}$$

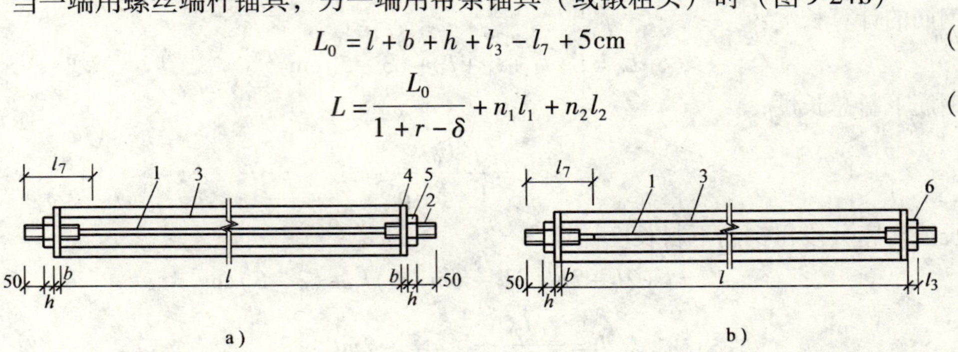

图9-24 预应力粗筋下料长度计算简图

a）两端用螺丝端杆锚具时 b）一端用螺丝端杆锚具，另一端用帮条锚具（或镦粗头）时

1—预应力筋 2—螺丝端杆 3—混凝土孔道 4—垫板 5—螺母 6—帮条锚具

注：用帮条锚具时为一块垫板。

预应力钢筋束或钢绞线束下料长度计算：

1）当两端张拉时（图 9-25a）

$$L = l + 2l_5 \tag{9-52}$$

2）当一端张拉时（图 9-25b）

$$L = l + l_5 + l_3 + 3\text{cm} \tag{9-53}$$

预应力钢丝束下料长度计算（图 9-25c）

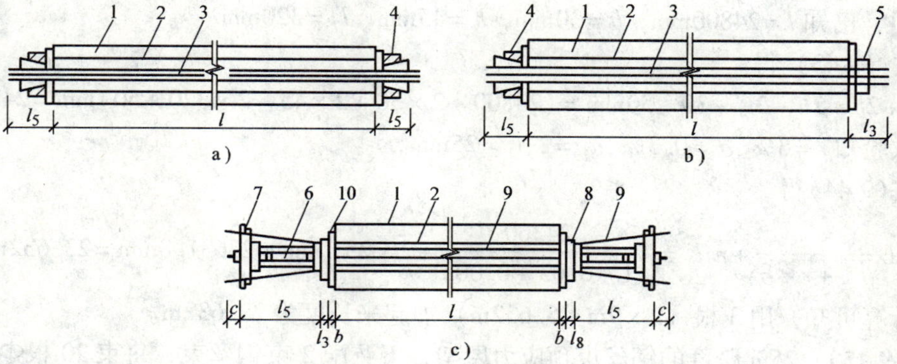

图 9-25　预应力钢筋束或钢绞线束和钢丝束下料长度计算简图

a）预应力钢筋束或钢绞线束两端张拉时　b）预应力钢筋束或钢绞线束一端张拉时

c）预应力钢丝束下料长度

1—混凝土构件　2—孔道　3—钢筋束　4—JM12 型锚具　5—帮条锚具　6—双作用千斤顶

7—千斤顶卡环　8—锥形锚具　9—钢丝束　10—垫板

1）当两端张拉时：

$$L = l + 2l_5 + 2l_8 + 2b + 2c \tag{9-54}$$

2）当一端张拉时：

$$L = l + l_5 + 2l_8 + 2b + c + 5\text{cm} \tag{9-55}$$

式中　l_8——锚具长度（锥形锚具为 4cm）；

b——构件端部垫板厚度；

c——钢丝外露出卡环端部长度；

h——螺母高度。

5cm 为一端杆外伸长度（供长度调整和接拉伸机用）。

【例 9-13】　采用先张法长线台制作预应力屋面板，长线台座长为 82m，预应力钢筋为直径 14mm 的 45MnSiV 直条钢筋，每根长 10m，使用 YC18 型穿心式千斤顶在一端张拉，锚固端用镦粗头，张拉端用圆套筒三片式夹具，试计算预应力钢筋下料长度。

【解】　YC18 型穿心千斤顶张拉钢筋的长度 $l_5 = 625\text{mm}$

圆套筒三片式夹具 $l_4 = 45\text{mm}$

镦粗头长度 $l_3 = 28\text{mm}$

按式（9-16）得：

$$L_0 = l + l_3 + l_4 + l_5 + 30 \sim 50\text{mm} = (82000 + 28 + 45 + 625 + 50)\text{mm} = 82748\text{mm}$$

根据 L_0 的长度，估计将近 9 根 9m 长的钢筋对焊才能达到要求，故对焊接头 $n_1 = 8$，$l_1 = 14\text{mm}$，$r = 3\%$，$\sigma = 0.3\%$

$$L=\frac{L_0}{1+r-\sigma}+n_1l_1=\frac{82748}{1+0.03-0.003}\text{mm}+8\times14\text{mm}=80220\text{mm}=80.22\text{m}$$

由计算知，为满足下料长度，需 8 根 9m 长的钢筋和 1 根 8.22m 长的钢筋对焊。

【例 9-14】 25m 跨度的预应力折线形屋架，配 4 根冷拉 PRB400 Φ^{R}25 钢筋，两端用螺纹端杆锚具，采用 60t 拉伸机张拉，构件孔道长 24.8m，试计算钢筋下料长度。

【解】 已知 $l=24800\text{mm}$，$b=30\text{mm}$，$h=45\text{mm}$，$l_7=320\text{mm}$

由式（9-43）得

$$L_0=l+2b+2h-2l_7+30\sim50\text{mm}=(24800+2\times30+2\times45-2\times320+50)\text{mm}=24360\text{mm}$$

由试验知 $r=3\%$，$\sigma=0.3\%$，$n_1=2$，$l_1=25\text{mm}$，

由式(9-44)得

$$L=\frac{L_0}{1+r+\sigma}+n_1l_1=\left(\frac{24360}{1+0.03+0.003}+2\times25\right)\text{mm}=23631.8\text{mm}=23.632\text{m}$$

由计算可知，用 3 根（2×9m + 5.632m）加起来长度为 23.632m。

【例 9-15】 25m 跨度的钢丝束预应力屋架，下弦配 2 束钢丝束，每束 20 根Φ^{s}5 碳素钢丝，采用钢质锥形锚具锚固，TD-60 型锥锚千斤顶一端张拉，构件孔道长 24.8m，计算每根钢丝的下料长度。

【解】 已知钢质锥形锚具 $l_8=50\text{mm}$；TD-60 型锥锚式千斤顶长度 $l_5=640\text{mm}$，$b=30\text{mm}$，$c=60\text{mm}$，按式（9-54）得

$$L=l+l_5+2l_8+2b+2c=(24800+640+2\times30+2\times60)\text{mm}=25620\text{mm}=25.62\text{m}$$

9.7 预应力筋应力损失值计算

9.7.1 锚固损失

张拉端锚固时，由于锚具变形和预应力筋内缩引起的预应力损失称为锚固损失。圆弧形曲线预应力钢筋的预应力损失如图 9-26 所示。

（1）直线预应力筋的锚固损失，可按下式计算：

$$\sigma_{l1}=\frac{a}{L}E_s \tag{9-56}$$

（2）后张法构件曲线预应力筋的锚固损失，当其对应的圆心角 $\theta\leqslant45°$时（对无粘结预应力筋 $\theta\leqslant90°$），可按下式计算：

$$\sigma_{l1}=2\sigma_{con}l_f\left(\frac{\mu}{r_c}+\kappa\right)\left(1-\frac{x}{l_f}\right) \tag{9-57}$$

反向摩擦长度（m）按下式计算：

$$l_f=\sqrt{\frac{aE_s}{1000\sigma_{con}\left(\frac{\mu}{r_c}+\kappa\right)}} \tag{9-58}$$

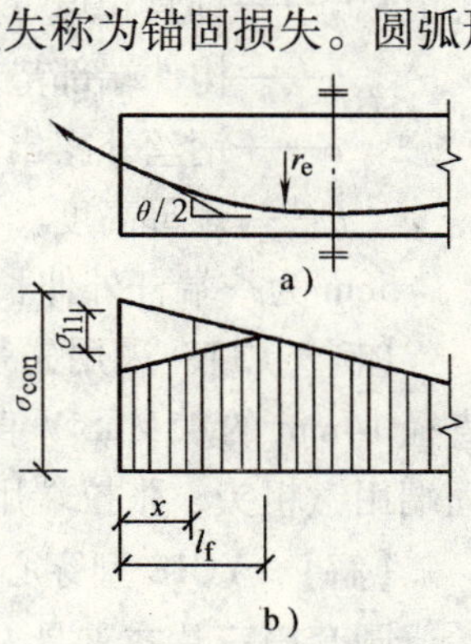

图 9-26 圆弧形曲线预应力钢筋的预应力损失
a）圆弧形曲线预应力钢筋
b）预应力损失值分布

式中 σ_{l1}——锚具变形和钢筋内缩引起的预应力损失值（N/mm²）；

a——张拉端锚具变形和预应力筋内缩值（mm），按表 9-5 取用；

L——钢筋张拉端至锚固端之间的距离（mm），先张法中为台座长度，后张法中为构件的长度；

E_s——预应力钢筋的弹性模量（N/mm^2）；

l_f——预应力曲线钢筋与孔道壁之间反向摩擦影响长度（m）；

r_c——圆弧形曲线预应力钢筋的曲率半径（m）；

μ——预应力钢筋与孔道壁之间的摩擦因数，按表 9-7 取用；

κ——考虑孔道每米长度局部偏差的摩擦因数，按表 9-6 取用；

x——从张拉端至计算截面的孔道距离（m），且应符合 $x \leqslant l_f$ 的规定；计算孔道摩擦损失也可近似取该段孔道在纵轴上的段影长度。

表 9-5　锚具变形和钢筋内缩值 a　　（单位：mm）

锚具类别		a
支承式锚具（钢丝束镦头锚具等）	螺母缝隙	1
	每块后加垫板的缝隙	1
夹片式锚具	有顶压时	5
	无顶压时	6~8

注：1. 表中的锚具变形和预应力筋内缩值也可根据实测数据确定。

2. 其他类型的锚具变形和预应力筋内缩值应根据实测数据确定。

表 9-6　摩 擦 因 数

孔道成形方式	κ	μ	
		钢绞线、钢丝束	预应力螺纹钢筋
预埋金属波纹管	0.0015	0.25	0.50
预埋塑料波纹管	0.0015	0.15	—
预埋钢管	0.0010	0.30	—
抽芯成形	0.0014	0.55	0.60
无粘结预应力筋	0.0040	0.09	—

注：摩擦因数也可根据实测数值确定。

（3）端部为直线（直线长度为 l_0），而后由两条圆弧形曲线（圆弧对应的圆心角 $\theta \leqslant 45°$，对无粘结预应力筋取 $\theta \leqslant 90°$）组成的预应力筋（图 9-27），预应力损失值 σ_{l1} 可按下列公式计算：

当 $x \leqslant l_0$ 时

$$\sigma_{l1} = 2i_1(l_1 - l_0) + 2i_2(l_f - l_1) \tag{9-59}$$

当 $l_0 \leqslant x \leqslant l_1$ 时

$$\sigma_{l1} = 2i_1(l_1 - x) + 2i_2(l_f - l_1) \tag{9-60}$$

当 $l_1 \leqslant x \leqslant l_f$ 时

$$\sigma_{l1} = 2i_2(l_f - x) \tag{9-61}$$

反向摩擦影响长度 l_f（m）可按下列公式计算：

$$l_f = \sqrt{\frac{aE_s}{1000i_2} - \frac{i_1(l_1^2 - l_0^2)}{i_2} + l_1^2} \tag{9-62}$$

$$i_1 = \sigma_a(\kappa + \mu/r_{c1}) \tag{9-63}$$

$$i_2 = \sigma_b(\kappa + \mu/r_{c2}) \tag{9-64}$$

式中　l_1——预应力筋张拉端起点至反弯点的水平投影长度；

i_1、i_2——第一、二段圆弧形曲线预应力筋中应力近似直线变化的斜率；

r_{c1}、r_{c2}——第一、二段圆弧形曲线预应力筋的曲率半径；

σ_a、σ_b——预应力筋在 a、b 点的应力。

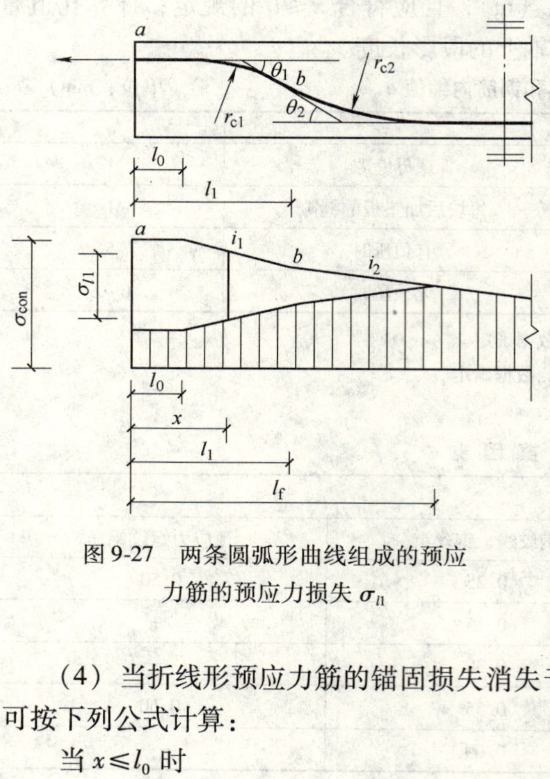

图 9-27　两条圆弧形曲线组成的预应力筋的预应力损失 σ_{l1}

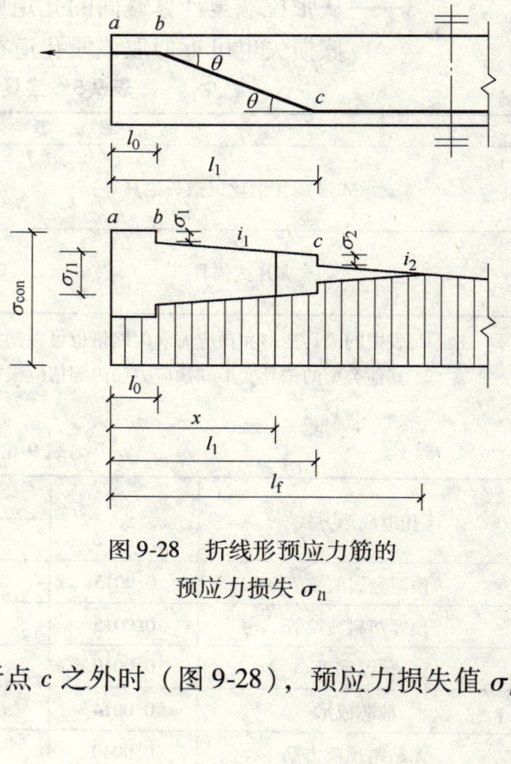

图 9-28　折线形预应力筋的预应力损失 σ_{l1}

（4）当折线形预应力筋的锚固损失消失于折点 c 之外时（图 9-28），预应力损失值 σ_{l1} 可按下列公式计算：

当 $x \leqslant l_0$ 时

$$\sigma_{l1} = 2\sigma_1 + 2i_1(l_1 - l_0) + 2\sigma_2 + 2i_2(l_f - l_1) \tag{9-65}$$

当 $l_0 \leqslant x \leqslant l_1$ 时

$$\sigma_{l1} = 2i_1(l_1 - x) + 2\sigma_2 + 2i_2(l_f - l_1) \tag{9-66}$$

当 $l_1 \leqslant x \leqslant l_f$ 时

$$\sigma_{l1} = 2i_2(l_f - x) \tag{9-67}$$

反向摩擦影响长度 l_f（m）可按下列公式计算：

$$l_f = \sqrt{\frac{aE_s}{1000i_2} - \frac{i_1(l_1 - l_0)^2 + 2i_1 l_0(l_1 - l_0) + 2\sigma_1 l_0 + 2\sigma_2 l_1}{i_2} + l_1^2} \tag{9-68}$$

$$i_1 = \sigma_{con}(1 - \mu\theta)\kappa \tag{9-69}$$

$$i_2 = \sigma_{con}[1 - \kappa(l_1 - l_0)](1 - \mu\theta)^2\kappa \tag{9-70}$$

$$\sigma_1 = \sigma_{con}\mu\theta \qquad (9\text{-}71)$$

$$\sigma_2 = \sigma_{con}[1 - \kappa(l_1 - l_0)](1 - \mu\theta)\mu\theta \qquad (9\text{-}72)$$

式中　i_1——预应力筋 bc 段中应力近似直线变化的斜率；

i_2——预应力筋在折点 c 以外应力近似直线变化的斜率；

l_1——张拉端起点至预应力筋折点 c 的水平投影长度。

9.7.2　孔道摩擦损失

预应力钢筋与孔道壁之间的摩擦引起的预应力损失（简称孔道摩擦损失，见图 9-29），可按下式计算：

$$\sigma_{l2} = \sigma_{con}\left(1 - \frac{1}{e^{\kappa x + \mu\theta}}\right) \qquad (9\text{-}73)$$

当 $\kappa x + \mu\theta \leqslant 0.3$ 时，σ_{l2} 可按以下近似公式计算：

$$\sigma_{l2} = (\kappa x + \mu\theta)\sigma_{con} \qquad (9\text{-}74)$$

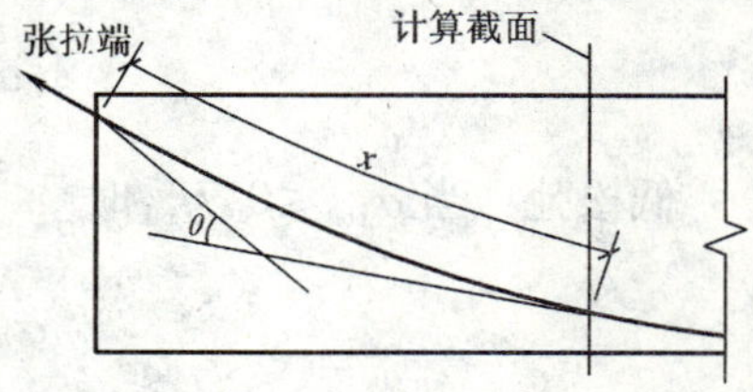

图 9-29　孔道摩擦损失计算简图

式中　σ_{l2}——预应力钢筋与孔道壁之间的摩擦引起的预应力损失（图 9-29）；

θ——从张拉端至计算截面曲线孔道部分切线的夹角（rad）；

σ_{con}——预应力筋的张拉控制应力值（N/mm^2）。

x——从张拉端至计算截面的孔道长度，可近似取该段孔道在纵轴上的投影长度（m）；

κ——考虑孔道每米长度局部偏差的摩擦因数，按表 9-6 采用；

μ——预应力筋与孔道壁之间的摩擦因数，按表 9-6 采用。

注：当采用夹片式群锚体系时，在 σ_{con} 中宜扣除锚口摩擦损失。

在式（9-73）中，对按抛物线、圆弧曲线变化的空间曲线及可分段后叠加的广义空间曲线，夹角之和 θ 可按下列近似公式计算：

抛物线、圆弧曲线：

$$\theta = \sqrt{\alpha_v^2 + \alpha_h^2} \qquad (9\text{-}75)$$

广义空间曲线：

$$\theta = \Sigma\sqrt{\Delta\alpha_v^2 + \Delta\alpha_h^2} \qquad (9\text{-}76)$$

式中　α_v、α_h——按抛物线、圆弧曲线变化的空间曲线预应力筋在竖直向、水平向投影所形成抛物线、圆弧曲线的弯转角；

$\Delta\alpha_v$、$\Delta\alpha_h$——广义空间曲线预应力筋在竖直向、水平向投影所形成分段曲线的弯转角增量。

9.7.3　温差损失

混凝土加热养护时，张拉钢筋与张拉台座之间的温度差所引起的预应力损失（简称温差损失），按下式计算：

$$\sigma_{l3} = 2\Delta t \qquad (9\text{-}77)$$

式中 σ_{l3}——预应力钢筋与张拉台座之间的温差所引起的预应力损失（N/mm^2）；

2——每度温差所引起的预应力损失；

Δt——预应力筋与台座之间的温度差（℃）。

9.7.4 应力松弛损失

预应力钢筋的应力松弛损失，可按下式计算：

1. 消除应力钢丝、钢绞线

普通松弛：

$$\sigma_{l4}=0.4\left(\frac{\sigma_{con}}{f_{ptk}}-0.5\right)\sigma_{con} \tag{9-78}$$

低松弛：当 $\sigma_{con}\leqslant 0.7f_{ptk}$ 时

$$\sigma_{l4}=0.125\left(\frac{\sigma_{con}}{f_{ptk}}-0.5\right)\sigma_{con} \tag{9-79}$$

当 $0.7f_{ptk}<\sigma_{con}\leqslant 0.8f_{ptk}$ 时

$$\sigma_{l4}=0.20\left(\frac{\sigma_{con}}{f_{ptk}}-0.575\right)\sigma_{con} \tag{9-80}$$

2. 中强度预应力钢丝

$$\sigma_{l4}=0.08\sigma_{con} \tag{9-81}$$

3. 预应力螺纹钢筋

$$\sigma_{l4}=0.03\sigma_{con}$$

式中 σ_{con}——预应力筋的张拉控制应力值（N/mm^2）；

σ_{l4}——预应力钢筋的应力松弛损失（N/mm^2）；

f_{ptk}——预应力筋的强度标准值（N/mm^2）。

9.7.5 混凝土收缩徐变损失

混凝土收缩、徐变引起的预应力损失，可按下式计算：

对先张法

$$\sigma_{l5}=\frac{60+340\times\frac{\sigma_{pc}}{f'_{cu}}}{1+15\rho} \tag{9-82}$$

$$\sigma'_{l5}=\frac{60+340\times\frac{\sigma'_{pc}}{f'_{cu}}}{1+15\rho'}$$

对后张法

$$\sigma_{l5}=\frac{55+300\times\frac{\sigma_{pc}}{f'_{cu}}}{1+15\rho} \tag{9-83}$$

$$\sigma'_{l5}=\frac{55+300\times\frac{\sigma'_{pc}}{f'_{cu}}}{1+15\rho'}$$

式中　σ_{l5}——混凝土收缩、徐变引起的预应力损失（N/mm^2）；

σ_{pc}、σ'_{pc}——受拉区、受压区预应力钢筋合力点处混凝土法向应力，当 σ'_{pc} 为拉应力时，则按 $\sigma'_{pc}=0$ 进行计算；

f'_{cu}——施加预应力时的混凝土立方体抗压强度；

ρ、ρ'——受拉、受压区的预应力筋和非预应力筋的配筋率。

计算 σ_{pc} 时，预应力损失值仅考虑混凝土预压前（第一批）的损失，并可根据构件制作情况考虑自重的影响。σ_{pc} 值不得大于 $0.5f'_{cu}$。

当结构处于年平均相对湿度低于40%的环境下，对处于高湿 σ_{l5} 及 σ'_{l5} 值应增加30%。

对重要的结构构件，当需要考虑与时间相关的混凝土收缩、徐变及预应力筋应力松弛预应力损失值时，应按下列规定计算：

（1）混凝土收缩和徐变引起预应力筋的预应力损失终极值可按下列规定计算：

1）受拉区纵向预应力筋的预应力损失终极值 σ_{l5}

$$\sigma_{l5}=\frac{0.9\alpha_p\sigma_{pc}\varphi_\infty+E_s\varepsilon_\infty}{1+15\rho} \tag{9-84}$$

式中　σ_{pc}——受拉区预应力筋合力点处由预加力（扣除相应阶段预应力损失）和梁自重产生的混凝土法向压应力，其值不得大于数字 $0.5f'_{cu}$；简支梁可取跨中截面与1/4跨度处截面的平均值；连续梁和框架可取若干有代表性截面的平均值；

φ_∞——混凝土徐变系数终极值；

ε_∞——混凝土收缩应变终极值；

E_s——预应力筋弹性模量；

α_p——预应力筋弹性模量与混凝土弹性模量的比值；

ρ——受拉区预应力筋和普通钢筋的配筋率：先张法构件，$\rho=(A_p+A_s)/A_0$；后张法构件，$\rho=(A_p+A_s)/A_n$；对于对称配置预应力筋和普通钢筋的构件，配筋率 ρ 取钢筋总截面面积的一半。

当无可靠资料时，φ_∞、ε_∞ 值可按表9-7及表9-8采用。如结构处于年平均相对湿度低于40%的环境下，表列数值应增加30%。

表9-7　混凝土收缩应变终极值 φ_∞（$\times10^{-4}$）

年平均相对湿度 RH		$40\%\leqslant RH<70\%$				$70\%\leqslant RH\leqslant99\%$			
理论厚度 $2A/u$/mm		100	200	300	≥600	100	200	300	≥600
预加应力时的混凝土龄期 t_0 /d	3	4.83	4.09	3.57	3.09	3.47	2.95	2.60	2.26
	7	4.35	3.89	3.44	3.01	3.12	2.80	2.49	2.18
	10	4.06	3.77	3.37	2.96	2.91	2.70	2.42	2.14
	14	3.73	3.62	3.27	2.91	2.67	2.59	2.35	2.10
	28	2.90	3.20	3.01	2.77	2.07	2.28	2.15	1.98
	60	1.92	2.54	2.58	2.54	1.37	1.80	1.82	1.80
	≥90	1.45	2.12	2.27	2.38	1.03	1.50	1.60	1.68

表 9-8　混凝土徐变系数终极值 ε_∞

年平均相对湿度 RH		$40\% \leqslant RH < 70\%$				$70\% \leqslant RH \leqslant 99\%$			
理论厚度 $2A/u$/mm		100	200	300	≥600	100	200	300	≥600
预加应力时的混凝土龄期 t_0 /d	3	3.51	3.14	2.94	2.63	2.78	2.55	2.43	2.23
	7	3.00	2.68	2.51	2.25	2.37	2.18	2.08	1.91
	10	2.80	2.51	2.35	2.10	2.22	2.04	1.94	1.78
	14	2.63	2.35	2.21	1.97	2.08	1.91	1.82	1.67
	28	2.31	2.06	1.93	1.73	1.82	1.68	1.60	1.47
	60	1.99	1.78	1.67	1.49	1.58	1.45	1.38	1.27
	≥90	1.85	1.65	1.55	1.38	1.46	1.34	1.28	1.17

注：1. 预加力时的混凝土龄期，先张法构件可取 3 ~ 7d，后张法构件可取 7 ~ 28d。

2. A 为构件截面面积，u 为该截面与大气接触的周边长度；当构件为变截面时，A 和 u 均可取其平均值。

3. 本表适用于由一般的硅酸盐类水泥或快硬水泥配置而成的混凝土；表中数值系按强度等级 C40 混凝土计算所得，对 C50 及以上混凝土，表列数值应乘以 $\sqrt{\frac{32.4}{f_{ck}}}$，式中 f_{ck} 为混凝土轴心抗压强度标准值（MPa）。

4. 本表适用于季节性变化的平均温度 −20 ~ +40℃。

5. 当实际构件的理论厚度和预加力时的混凝土龄期为表列数值的中间值时，可按线性内插法确定。

2）受压区纵向预应力筋的预应力损失终极值 σ'_{l5}

$$\sigma'_{l5} = \frac{0.9\alpha_p \sigma'_{pc}\varphi_\infty + E_s\varepsilon_\infty}{1 + 15\rho'} \tag{9-85}$$

式中　σ'_{pc}——受压区预应力筋合力点处由预加力（扣除相应阶段预应力损失）和梁自重产生的混凝土法向压应力，其值不得大于 $0.5f'_{cu}$，当 σ'_{pc} 为拉应力时，取 $\sigma'_{pc} = 0$；

ρ'——受压区预应力筋和普通钢筋的配筋率：先张法构件，$\rho' = (A'_p + A'_s)/A_0$；后张法构件，$\rho' = (A'_p + A'_s)/A_n$。

（2）考虑时间影响的混凝土收缩和徐变引起的预应力损失值，可由本节（1）计算的预应力损失终极值 σ_{l5}、σ'_{l5} 乘以表 9-9 中相应的系数确定。

考虑时间影响的预应力筋应力松弛引起的预应力损失值，可由本章 9.7.4 计算的预应力损失值 σ_{l4} 乘以表 9-9 中相应的系数确定。

表 9-9　随时间变化的预应力损失系数

时间/d	松弛损失系数	收缩徐变损失系数	时间/d	松弛损失系数	收缩徐变损失系数
2	0.50	—	60	1.00	0.50
10	0.77	0.33	90		0.60
20	0.88	0.37	180		0.75
30	0.95	0.40	365		0.85
40	1.00	0.43	1095		1.00

注：1. 先张法预应力混凝土构件的松弛损失时间从张拉完成开始计算，收缩徐变损失从放张完成开始计算。

2. 后张法预应力混凝土构件的松弛损失、收缩徐变损失均从张拉完成开始计算。

9.7.6 弹性压缩损失

先张法构件放张或后张法构件张拉时，由于混凝土受到弹性压缩引起的预应力损失，称为弹性压缩损失。

1. 先张法弹性压缩损失

先张法构件放张时，预应力传递给混凝土使构件缩短，预应力筋随着构件缩短而引起的应力损失可按下式计算：

$$\sigma_{l6}=E_s\frac{\sigma''_{pc}}{E_c} \tag{9-86}$$

对轴心受预压的构件：

$$\sigma_{pc}=\frac{P_{y1}}{A} \tag{9-87}$$

对偏心受预压的构件（如梁、板）：

$$\sigma_{pc}=\frac{P_{y1}}{A}+\frac{P_{y1}e^2}{I}-\frac{M_G e}{I} \tag{9-88}$$

2. 后张法弹性压缩损失

当全部预应力筋同时张拉时，混凝土弹性压缩在锚固前完成，没有弹性压缩损失；当多根预应力筋依次张拉时，先批张拉的预应力筋，受后批预应力筋张拉所产生的混凝土压缩而引起的平均应力损失，可按下式计算：

$$\sigma_{l6}=0.5E_s\frac{\sigma''_{pc}}{E_c} \tag{9-89}$$

用螺旋式预应力筋作配筋的环形构件，当直径 $d\leqslant 3\text{m}$ 时，可取 $\sigma_{l6}=30\text{N/mm}^2$

式中 σ_{l6}——混凝土受到弹性压缩引起的预应力损失（N/mm^2）；

E_c——混凝土的弹性模量；

σ''_{pc}——由于预应力所引起位于钢筋水平处混凝土的应力；

P_{y1}——扣除第一批预应力损失后的张拉力，一般取 $P_{y1}=0.9P_j$；

A——混凝土截面面积，可近似地取毛面积；

M_G——构件自重引起的弯矩；

e——构件重心至预应力筋合力点的距离；

I——毛截面惯性矩。

9.7.7 由预加力产生的混凝土法向应力及相应阶段预应力筋的应力计算

由预加力产生的混凝土法向应力及相应阶段预应力筋的应力，可分别按下列公式计算：

1）先张法构件

由预加力产生的混凝土法向应力

$$\sigma_{pe}=\frac{N_{p0}}{A_0}\pm\frac{N_{p0}e_{p0}}{I_0}y_0 \tag{9-90}$$

相应阶段预应力筋的有效预应力

$$\sigma_{pe}=\sigma_{con}-\sigma_l-\alpha_E\sigma_{pc} \tag{9-91}$$

预应力筋合力点处混凝土法向应力等于零时的预应力筋应力

$$\sigma_{p0}=\sigma_{con}-\sigma_l \tag{9-92}$$

2）后张法构件

由预加力产生的混凝土法向应力

$$\sigma_{pc}=\frac{N_p}{A_n}\pm\frac{N_pe_{pn}}{I_n}y_n+\sigma_{p2} \tag{9-93}$$

相应阶段预应力筋的有效预应力

$$\sigma_{pe}=\sigma_{con}-\sigma_l \tag{9-94}$$

预应力筋合力点处混凝土法向应力等于零时的预应力筋应力

$$\sigma_{p0}=\sigma_{con}-\sigma_l+\alpha_E\sigma_{pc} \tag{9-95}$$

式中 A_n——净截面面积，即扣除孔道、凹槽等削弱部分以外的混凝土全部截面面积及纵向非预应力筋截面面积换算成混凝土的截面面积之和；对由不同混凝土强度等级组成的截面，应根据混凝土弹性模量比值换算成同一混凝土强度等级的截面面积；

A_0——换算截面面积，包括净截面面积以及全部纵向预应力筋截面面积换算成混凝土的截面面积；

I_0、I_n——换算截面惯性矩、净截面惯性矩；

e_{p0}、e_{pn}——换算截面重心、净截面重心至预加力作用点的距离；

y_0、y_n——换算截面重心、净截面重心至所计算纤维处的距离；

σ_l——相应阶段的预应力损失值；

α_E——钢筋弹性模量与混凝土弹性模量的比值；$\alpha_E=E_s/E_c$；

N_{p0}、N_p——先张法构件、后张法构件的预加力；

σ_{p2}——由预应力次内力引起的混凝土截面法向应力。

预加力及其作用点的偏心距（图 9-30）宜按下列公式计算：

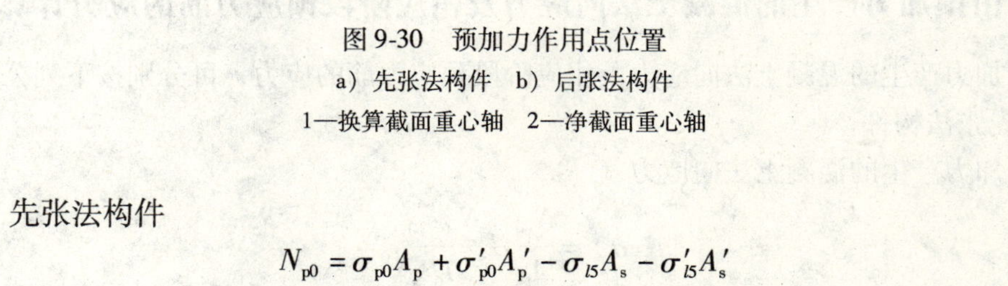

图 9-30 预加力作用点位置

a）先张法构件 b）后张法构件

1—换算截面重心轴 2—净截面重心轴

（1）先张法构件

$$N_{p0}=\sigma_{p0}A_p+\sigma'_{p0}A'_p-\sigma_{l5}A_s-\sigma'_{l5}A'_s \tag{9-96}$$

$$e_{p0}=\frac{\sigma_{p0}A_p y_p-\sigma'_{p0}A'_p y'_p-\sigma_{l5}A_s y_s+\sigma'_{l5}A'_s y'_s}{\sigma_{p0}A_p+\sigma'_{p0}A'_p-\sigma_{l5}A_s-\sigma'_{l5}A'_s} \tag{9-97}$$

（2）后张法构件

$$N_p=\sigma_{pe}A_p+\sigma'_{pe}A'_p-\sigma_{l5}A_s-\sigma'_{l5}A'_s \tag{9-98}$$

$$e_{pn}=\frac{\sigma_{pe}A_p y_{pn}-\sigma'_{pe}A'_p y'_{pn}-\sigma_{l5}A_s y_{sn}+\sigma'_{l5}A'_s y'_{sn}}{\sigma_{pe}A_p+\sigma'_{pe}A'_p-\sigma_{l5}A_s-\sigma'_{l5}A'_s} \tag{9-99}$$

式中 σ_{p0}、σ'_{po}——受拉区、受压区预应力筋合力点处混凝土法向应力等于零时的预应力筋应力；

σ_{pe}、σ'_{pe}——受拉区、受压区预应力筋的有效预应力；

A_p、A'_p——受拉区、受压区纵向预应力筋的截面面积；

A_s、A'_s——受拉区、受压区纵向普通钢筋的截面面积；

y_p、y'_p——受拉区、受压区预应力合力点至换算截面重心的距离；

y_s、y'_s——受拉区、受压区普通钢筋重心至换算截面重心的距离；

σ_{l5}、σ'_{l5}——受拉区、受压区预应力筋在各自合力点处混凝土收缩和徐变引起的预应力损失值；

y_{pn}、y'_{pn}——受拉区、受压区预应力合力点至净截面重心的距离；

y_{sn}、y'_{sn}——受拉区、受压区普通钢筋重心至净截面重心的距离。

9.7.8 预应力损失组合

预应力损失值 $\sigma_{l1}\sim\sigma_{l6}$ 并不是对每一种构件都同时具有，而且也不是同时产生的，根据上述应力损失值产生的先后程序，可分为混凝土预压前和预压后两个阶段。在制作阶段的应力验算时，仅考虑混凝土预压前的应力损失；在使用阶段的抗裂验算时，则二个阶段的应力损失均不考虑，各阶段的预应力损失的组合见表 9-10。

表 9-10 各阶段预应力损失值的组合

项 次	预应力损失值的组合	先张法构件	后张法构件
1	混凝土预压前（第一批）的损失	$\sigma_{l1}+\sigma_{l2}+\sigma_{l3}+\sigma_{l4}$	$\sigma_{l1}+\sigma_{l2}$
2	混凝土预压后（第二批）的损失	σ_{l5}	$\sigma_{l4}+\sigma_{l5}+\sigma_{l6}$

当计算所得第一和第二阶段的预应力损失值的总和小于下列数值时，则按下列数值取用。

先张法构件为 100N/mm^2，后张法构件为 80N/mm^2。

【例 9-16】 25m 后张拉预应力混凝土屋架，混凝土为 C40，下弦截面为 160mm × 250mm，设 2ϕ50mm 预应力筋孔道，制作采用橡胶管抽孔，预应力筋用冷拉Ⅲ级钢筋束，抗拉强度标准值 $f_{pyk}=700\text{N/mm}^2$，弹性模量 $E_s=1.8\times10^5\text{N/mm}^2$，每孔穿 5 根直径 12mm 预应力钢筋，采用锥塞式锚具，试计算预应力损失值。

【解】（1）张拉端锚具的变形损失值 σ_{l1}

查表 9-5，$a=5\text{mm}$

$$\sigma_{l1}=\frac{a}{L}E_s=\frac{5}{25000}\times1.8\times10^5\text{N/mm}^2=36\text{N/mm}^2$$

（2）预应力筋与孔道摩擦的损失值 σ_{l2}

因为直径孔道 $\theta=0$

钢筋控制应力　　$\sigma_{con}=0.85f_{pyk}=0.85\times700\text{N/mm}^2=595\text{N/mm}^2$

查表 9-6，$K=0.0014$，$Kx=0.0014\times25=0.035$

$$\sigma_{l2}=595\times\left(1-e^{\frac{1}{0.035}}\right)=20.46\text{N/mm}^2$$

（3）钢筋应力松弛的损失值 σ_{l4}

$$\sigma_{l4}=0.05\sigma_{con}=0.05\times595\text{N/mm}^2=29.75\text{N/mm}^2$$

（4）混凝土的收缩和徐变的损失值 σ_{l5}

$$A_n=250\times160\text{mm}^2-2\times\frac{3.14\times50^2}{4}\text{mm}^2=36075\text{mm}^2$$

$$N_p=A_p(\sigma_{con}-\sigma_{l1}-\sigma_{l2})=1130(595-36-20.46)\text{N}=608550.2\text{N}$$

$$\delta_{pc}=\frac{N_p}{A_n}=\frac{608550.2}{36075}\text{N/mm}^2=16.87\text{N/mm}^2$$

$$\sigma_{l5}=\frac{55+300\times\dfrac{16.87}{40}}{1+15\times\dfrac{1130}{36075}}\text{N/mm}^2=123.50\text{N/mm}^2$$

由表 9-10 得

第一批预应力损失值

$$\sigma_{s1}=\sigma_{l1}+\sigma_{l2}=(36+20.46)\text{N/mm}^2=56.46\text{N/mm}^2$$

第二批预应力损失值

$$\sigma_{s2}=\sigma_{l4}+\sigma_{l5}=(29.75+123.50)\ \text{N/mm}^2=153.25\text{N/mm}^2$$

预应力总损失值

$$\sigma_s=\sigma_{s1}+\sigma_{s2}=(56.46+153.25)\ \text{N/mm}^2=209.71\text{N/mm}^2$$

【例 9-17】 3.6m 先张预应力混凝土圆孔板截面如图 9-31 所示。预应力筋采用 $8\phi^H5$ 的 1570 级低松弛螺旋肋钢丝（$A_p=157\text{mm}^2$），在 4m 长的钢模上张拉。混凝土为 C40 级，达到 75%强度时放张，张拉控制应力 $\sigma_{con}=0.75f_{ptk}$。计算预应力损失。

【解】

（1）截面几何特征

1）将圆孔换算成 $b_k\times h_k$ 的矩形孔

$$7\times\frac{\pi}{4}\times83^2=b_kh_k,\ 7\times\frac{\pi}{64}\times83^4=\frac{1}{12}b_kh_k^3$$

解得 $b_k=526.9\text{mm}$，$h_k=72\text{mm}$，故换算的 I 形截面 $b_f'=860\text{mm}$，$h_f'=(24+83/2)\text{mm}-72/2\text{mm}=29.5\text{mm}$，$b_f=890\text{mm}$，$h_f'=(18+83/2)\text{mm}-72/2\text{mm}=23.5\text{mm}$，$b=\frac{b_f'+h_f'}{2}-b_k=348.6\text{mm}$。

2）螺旋肋预应力钢丝 $E_s=2.05\times10^4\text{MPa}$，C40 级混凝土 $E_c=3.25\times10^4\text{MPa}$。

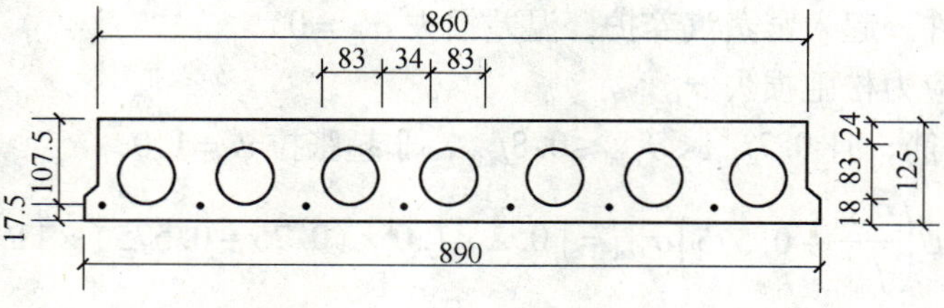

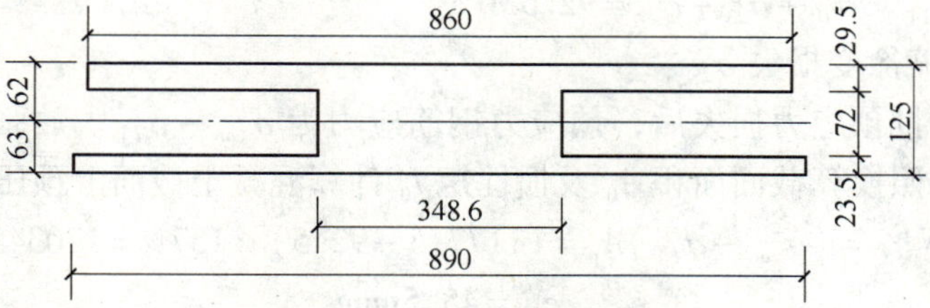

图 9-31　先张预应力混凝土圆孔板截面示意图

$$\alpha_E = \frac{E_s}{E_c} = \frac{20.5}{3.25} = 6.31, (\alpha_E - 1)A_p = 833.7\text{mm}^2$$

3）换算截面积 A_0

$$A_0 = (860 \times 29.5 + 348.6 \times 72 + 890 \times 23.5 + 833.7)\text{mm}^2 = 72218\text{mm}^2$$

4）求换算截面形心至截面下边缘距离 y_0

$$S_0 = (860 \times 29.5 \times 110.2 + 348.6 \times 72 \times 59.5 + 890 \times 23.5 \times 11.75 + 833.7 \times 17.5)\text{mm}^3 = 4550 \times 10^3\text{mm}^3$$

$$y_0 = \frac{S_0}{A_0} = 63\text{mm}$$

5）预应力筋偏心距 $e_{p0} = (63 - 17.5)\text{mm} = 45.5\text{mm}$。

6）换算截面惯性矩

$$I_0 = \left[\frac{1}{12} \times 860 \times 29.5^3 + 890 \times 29.5 \times \left(62 - \frac{29.5}{2}\right)^2 + \frac{1}{12} \times 348.6 \times 72^3 + 348.6 \times 72 \times \left(\frac{72}{2} + 23.5 - 62\right)^2 + \frac{1}{12} \times 890 \times 23.5^3 + 890 \times 23.5 \times (63 - 11.75)^2 + 833.7 \times 45.5^2\right]\text{mm}^4$$

$$= 1272 \times 10^5\text{mm}^4$$

（2）预应力损失计算

张拉控制应力 σ_{con}

$$\sigma_{con} = 0.75 f_{ptk} = 0.75 \times 1570\text{MPa} = 1177.5\text{MPa}$$

1）锚具变形及钢筋内缩损失 σ_{l1}

螺杆锚具 $a = 1\text{mm}$，构件长 $l = 4\text{m}$，

$$\sigma_{l1} = \frac{a}{l} E_p = \frac{1}{4000} \times 2.05 \times 10^5\text{MPa} = 51.3\text{MPa}$$

2）钢模与构件一起入窑蒸汽养护，温差损失 $\sigma_{l2}=0$。

3）预应力筋应力松弛损失 σ_{l4}

低松弛预应力筋，且 $0.7f_{ptk}<\sigma_{con}\leqslant 0.8f_{ptk}$，非超张拉 $\psi=1.0$，

$$\sigma_{l4}=0.2\psi\left(\frac{\sigma_{con}}{f_{ptk}}-0.575\right)\sigma_{con}=[0.2\times1.0\times(0.75-0.575)\times1177.5]\text{MPa}$$
$$=41.2\text{MPa}$$

第一批损失 $\sigma_{l\,\mathrm{I}}=\sigma_{l1}+\sigma_{l3}+\sigma_{l4}=92.5\text{MPa}$。

4）混凝土收缩徐变损失 σ_{l5}

放张产生第一批预应力损失后，预应力钢筋应力为 $\sigma_{con}-\sigma_{l\,\mathrm{I}}$。放张后预应力筋与构件共同变形，故应按照换算截面面积 A_0 及惯性矩 I_0 计算混凝土截面上预压应力 σ_{pc}。

$$N_{po\,\mathrm{I}}=(\sigma_{con}-\sigma_{l\,\mathrm{I}})A_p=(1177.5-92.5)\times157\text{N}=170345\text{N}$$

$$e_{p0}=45.5\text{mm}$$

预应力筋合力点处混凝土预压应力

$$\sigma_{pc\,\mathrm{I}}=\frac{N_{p0\,\mathrm{I}}}{A_0}+\frac{N_{p0\,\mathrm{I}}e_{p0}^2}{I_0}=\left(\frac{170345}{72218}+\frac{170345\times45.5^2}{1272\times10^5}\right)\text{MPa}=5.13\text{MPa}$$

$$\frac{\sigma_{pc\,\mathrm{I}}}{f'_{cu}}=\frac{5.13}{75\%\times40}=0.171<0.5,\ \rho=\frac{A_p}{A_0}=\frac{157}{72218}=0.00217$$

$$\sigma_{l5}=\frac{45+280\dfrac{\sigma_{pc\,\mathrm{I}}}{f'_{cu}}}{1+15\rho}=\frac{45+280\times0.171}{1+15\times0.00217}\text{MPa}=90\text{MPa}$$

第二批损失 $\sigma_{l\,\mathrm{II}}=\sigma_{l5}=90\text{MPa}$。

5）全部损失为 $\sigma_l=\sigma_{l\,\mathrm{I}}+\sigma_{l\,\mathrm{II}}=182.5\text{MPa}$，$\sigma_l/\sigma_{con}=\dfrac{182.5\times100\%}{1177.5}=15.49\%$

9.8 无粘结预应力筋应力损失值计算

9.8.1 锚具变形和应力筋内缩损失

无粘结预应力直线筋张拉端由于锚具变形和无粘结预应力筋内缩引起的预应力损失 σ_{l1} 可按下式计算：

$$\sigma_{l1}=\frac{a}{L}E_p \tag{9-100}$$

无粘结预应力曲线筋由于锚具变形和无粘结预应力筋内缩引起的预应力损失值 σ_{l1}，可按第 9.7 节“锚固损失”所列公式计算。摩擦因数 μ、κ 按表 9-6 取用。

式中 a——张拉端锚具变形和无粘结预应力筋内缩值，当采用镦头式锚具时，$a=1$mm，当采用夹片式锚具时，$a=5$mm；

L——张拉端至锚固端之间的距离；

E_p——无粘结预应力筋弹性模量；

μ——无粘结预应力筋与壁之间的摩擦因数，按表 9-6 取用；

κ——考虑无粘结预应力筋每米局部偏差对摩擦的影响系数按表 9-6 取用。

其余符号意义见上文。

9.8.2 筋与壁之间摩擦损失

无粘结预应力筋与壁之间的摩擦引起的预应力损失 σ_{l2} 可按第 9.7 节“孔道摩擦损失”所列公式计算。

9.8.3 应力松弛损失

由于无粘结预应力筋的应力松弛引起的预应力损失可按下式计算：

$$\sigma_{l4}=\psi\left(0.36\frac{\sigma_{\text{con}}}{f_{\text{pck}}}-0.18\right)\sigma_{\text{con}} \tag{9-101}$$

当 $\sigma_{\text{con}}/f_{\text{ptk}}\leqslant 0.5$ 时，无粘结预应力筋的应力松弛损失取零。

式中 f_{ptk}——无粘结预应力筋抗拉强度标准值；

ψ——系数，一次张拉 =1；超张拉 =0.9。

其余符号意义见上文。

9.8.4 混凝土收缩徐变损失

混凝土收缩、徐变引起的预应力损失 σ_{l5} 可按下式计算：

$$\sigma_{l5}=\frac{25+220\dfrac{\sigma_{\text{pc}}}{f'_{\text{cu}}}}{1+15\rho} \tag{9-102}$$

计算无粘结预应力筋合力点处混凝土法向应力时，预应力损失值仅考虑混凝土预压前（第一批）的损失与之和；值不得大于 $0.5\sigma_{\text{con}}$。

式中 σ_{pc}——受拉区无粘结预应力筋合力点处混凝土法向压应力；

f'_{cu}——施加预应力时的混凝土立方体抗压强度；

ρ——配筋率，受拉区无粘结预应力筋和非预应力筋截面面积之和与构件净截面面积的比值。

9.8.5 分批张拉混凝土弹性压缩损失

采用分批张拉时，张拉后批无粘结预应力筋所产生的混凝土弹性压缩损失可按以下确定：

1）无粘结预应力筋分批张拉时，应考虑后批张拉钢筋所产生的混凝土弹性压缩对先批张拉钢筋的影响，即将先张拉钢筋的张拉应力值 σ_{con} 增加 $\alpha_{\text{E}}\sigma_{\text{pc}}$。

2）对于无粘结预应力混凝土平板，为考虑后批张拉钢筋所产生混凝土弹性压缩对先张拉钢筋的影响，可将先批张拉钢筋的张拉应力值 σ_{con} 增加 $\alpha_{\text{E}}\sigma_{\text{pc}}$。

α_{E}——无粘结预应力筋弹性模量与混凝土弹性模量的比值；

σ_{pc}——后批张拉钢筋在先批张拉钢筋重心处产生的混凝土法向应力。

9.9 预应力筋分批和叠层张拉计算

9.9.1 预应力筋分批张拉

预应力筋分批张拉时，应考虑后批预应力筋张拉时，产生的混凝土弹性压缩对先批张拉的预应力筋的影响，而将先批预应力筋的张拉力提高。其张拉力的增加值 ΔP 按下述方法计算：

后批张拉的预应力筋的有效预应力 σ_{pc}：

$$\sigma_{pe}=\sigma_{con}-\sigma_{L1} \tag{9-103}$$

由预加应力在先批张拉预应力筋作用点处产生的混凝土法向应力 σ_{pc}：

$$\sigma_{pc}=\frac{\sigma_{pe}A_{p2}}{A_n}\pm\frac{\sigma_{pe}A_{p1}e_{pn}}{I_n}y_n \tag{9-104}$$

则先批张拉预应力筋应增加的张拉力为：

$$\Delta P=\alpha_E\sigma_{pc}A_{p1} \tag{9-104$'$}$$

式中 ΔP——先批张拉预应力筋应增加的张拉力值；

σ_{con}——后批张拉预应力筋的张拉控制应力；

σ_{L1}——预应力损失值；

A_{p2}——后批张拉预应力筋的截面面积；

A_{p1}——先批张拉预应力筋的截面面积；

A_n——构件净截面面积；

I_n——净截面惯性矩；

e_{pn}——净截面重心至后批张拉预应力筋作用点之距离；

y_n——净截面重心至先批张拉预应力筋作用点之距离；

α_E——预应力筋弹性模量 E_s 与混凝土弹模量 E_c 的比值；

σ_{pc}——预应力筋张拉产生的混凝土法向应力。

9.9.2 预应力筋叠层张拉

后张结构件叠层生产时，由于构件接触面摩擦阻力影响，混凝土弹性压缩变形受到阻碍，待构件起模后，摩擦阻力影响的消失而引起钢筋的预应力损失。影响叠层摩阻损失大小的因素有：预应力筋品种、隔离剂种类、构件自重以及接触表面的状况等。张拉时，可先实测各层构件的压缩值，再按下式计算叠层摩阻损失值：

$$\sigma_{lm}=\frac{\Delta l-\Delta l_i}{L}E_s \tag{9-105}$$

根据式（9-105）即可分别计算出各层的超张拉值，作为实际张拉的依据。

式中 σ_{lm}——叠层生产因摩阻消失而引起的第 i 层构件预应力损失；

Δl——构件张拉时理论弹性压缩变形计算值，其值为 L；

Δl_i——第 i 层构件混凝土弹性压缩变形实测值；

L——构件长度（以百分表 i 间的长度计）；

E_s——预应力钢筋弹性模量。

【例9-18】 折线形屋架，YWJA-30-4 下弦杆截面240mm×220mm，4 孔 ϕ50mm，C48 级混凝土。预应力筋为 4 束，18 Φ^s5，每束钢丝的截面积 $A_p=352.8\text{mm}^2$，非预应力筋 4ϕ14，$A_s=616\text{mm}^2$，$E_s=2\times10^5\text{N/mm}^2$，张拉力 360kN，拟分两批张拉，试求其各束的张拉力。

【解】 $\alpha E=\dfrac{E_s}{E_c}=\dfrac{2\times10^5}{3.41\times10^4}=5.87$

$$A_n=\left(240\times220-4\times\frac{\pi}{4}\times50^2+616\times5.87\right)\text{mm}^2=48.6\times10^3\text{mm}^2$$

第二批张拉的每束张拉力 $P_2=360\text{kN}$

$$\sigma_{con}=\frac{360\times10^3}{352.8}\text{N/mm}^2=1020.4\text{N/mm}^2$$

$$\sigma_{l1}=\frac{a}{L}E_s=\frac{5}{29.8}\times2\times10^5\text{N/mm}^2=33.56\text{N/mm}^2$$

$$\sigma_{l2}=\sigma_{con}kl=1020.4\times0.0015\times29.8\text{N/mm}^2=45.61\text{N/mm}^2$$

$$\sigma_{\beta e}=\sigma_{con}-(\sigma_{l1}+\sigma_{l2})=[1020.4-(33.56+45.61)]\text{N/mm}^2=941.23\text{N/mm}^2$$

混凝土的预应力

$$\sigma_{pc}=\frac{\delta_{pc}A_p}{A_n}=\frac{941.23\times352.8\times2}{48.6\times10^3}\text{N/mm}^2=13.67\text{N/mm}^2$$

第一批张拉的钢丝每束张拉力为

$$P_1=(\sigma_{con}+\alpha_E\sigma_{pc})A_p=(1020.4+5.86\times13.67)\times352.8\text{N}=388258.6\text{N}=388.3\text{kN}$$

【例9-19】 25m 预应力屋架，采取现场四层叠层制作、张拉，下弦截面为 20cm×24cm，预留两个直径为 50mm 孔道，混凝土净截面积 $A_n=440.75\text{cm}^2$，下弦长度 24.8m，百分表装置在构件两端 900mm 处，预应力配置 16 Φ^s5 钢丝束，两端均用镦头锚具，$A_p=2\times3.14\text{cm}^2=6.28\text{cm}^2$，$E_s=2\times10^5\text{N/mm}^2$，锚具变形与钢筋回缩值 $a=1\text{mm}$，混凝土强度等级为 C40，$E_s=3.25\times10^4\text{N/mm}^2$，采取一端张拉，设计控制应力 $\sigma_{con}=1040\text{N/mm}^2$（$0.05f_{puk}=0.65\times1600$），第一批预应力损失 $\sigma_{l1}=40.3\text{N/mm}^2$，实测屋架下弦混凝土弹性压缩值，自上而下分别为：8.96、6.67、5.48 和 3.16，试求每层应增加的超张拉力值。

【解】 混凝土预压应力为

$$\sigma_c=\frac{(\sigma_{con}-\delta_{l1})A_p}{A_n}=\frac{(1040-40.3)\times6.28}{440.75}\text{N/mm}^2=14.24\text{N/mm}^2$$

屋架下弦混凝土理论弹性压缩值 ΔL

$$\Delta L=\frac{\sigma_c}{E_c}L'=\frac{14.24}{3.25\times10^4}(24800-1800)\text{mm}=10.08\text{mm}$$

各层的超张拉值由式（9-82）得，对第一层 $\Delta L_1=8.96\text{mm}$

$$\text{超张拉百分率为}\frac{\sigma_{cm1}}{\sigma_{con}}=\frac{\frac{10.08-8.96}{23000}\times 2\times 10^5}{1040}=0.00936=0.936\%$$

由于第一层屋架实测与理论混凝土弹性压缩值相接近，故可不超张拉，以下各层则以第一层的混凝土弹性压缩值为基数，计算以下各层超张拉百分率。

对第二层屋架 $\Delta L_2=6.67\text{mm}$，超张拉百分率为

$$\frac{\sigma_{cm2}}{\sigma_{con}}=\frac{\frac{8.96-6.67}{23000}\times 2.0\times 10^5}{1040}=0.01915=1.92\%$$

同理，第三层屋架 $\Delta L_3=5.48\text{mm}$，超张拉百分率为

$$\frac{\sigma_{cm3}}{\sigma_{con}}=\frac{\frac{8.96-5.48}{23000}\times 2.0\times 10^5}{1040}=0.0291=2.91\%$$

第四层屋架 $\Delta L_4=3.16\text{mm}$，超张拉百分率为

$$\frac{\sigma_{cm4}}{\sigma_{con}}=\frac{\frac{8.96-3.16}{23000}\times 2.0\times 10^5}{1040}=0.0485=4.85\%$$

故，根据以上计算结果，四榀屋架自上而下超张拉值分别为：$0.936\%\sigma_{con}$，$1.92\%\sigma_{con}$，$2.91\%\sigma_{con}$，$4.85\%\sigma_{con}$。

9.10 预应力筋放张施工计算

9.10.1 放张回缩值

预应力筋放张，除混凝土强度符合要求外，同时应检查钢丝与混凝土的粘结效果。可根据钢丝应力传递长度 l_{tr}（即钢丝应力由端部为零逐步增至 σ_{p1} 所需的长度），如图 9-32 所示，求出放张时钢丝在混凝土内的回缩值 a。如放张时实测回缩值 a' 小于 a，则认为钢丝与混凝土粘结良好，可以进行放张。

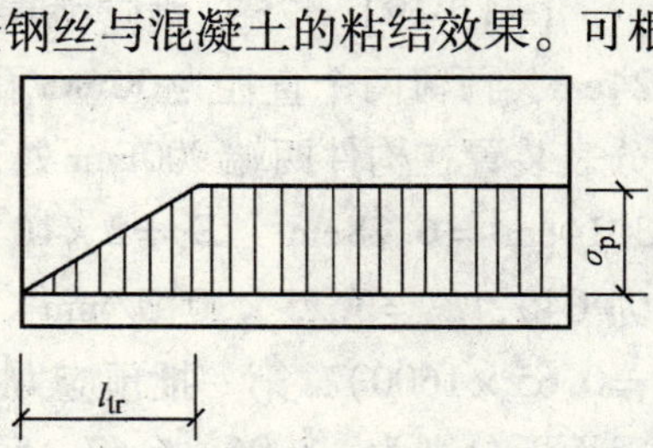

图 9-32　先张法构件预应力筋传递

长度范围内预应力值的变化范围回缩值 a 可按下式计算：

$$a=\frac{1}{2}\frac{\sigma_{p1}}{E_s}l_{tr}>a' \qquad (9\text{-}106)$$

式中　a——钢丝在混凝土内的回缩值（mm）；

σ_{p1}——第一批预应力损失完成后，预应力钢丝中的有效预应力（N/mm^2）；

E_s——钢丝的弹性模量（N/mm^2）；

l_{tr}——预应力筋传递长度，可按表 9-11 取用（mm）；

a'——放张时实测回缩值（mm）。

表 9-11　预应力筋传递长度 l_{tr}　（单位：mm）

项　次	钢筋种类	混凝土强度等级			
		C20	C30	C40	≥C50
1	刻痕钢丝直径 $d=5$mm，$\sigma_{pl}=1000\text{N/mm}^2$	150d	100d	65d	50d
2	钢绞线直径 $d=9\sim15$mm	—	85d	70d	70d
3	消除应力钢丝直径 $d=4\sim5$mm	110d	90d	80d	70d

注：1. 确定传递长度 l_{tr} 时，表中混凝土强度等级应按传力锚固阶段混凝土立方体抗压强降压确定。

2. 当刻痕钢丝的有效预应力值 σ_{pl} 大于或小于 1000N/mm^2 时，其传递长度应根据本表项次 1 的数值按比例增减。

3. 当采用骤然放张预应力钢筋的施工工艺时，l_{tr} 起点应从离构件末端 $0.25l_{tr}$ 处开始计算。

4. 冷拉 HRB335 级、HRB400 级钢筋的传递长 l_{tr} 可不考虑。

9.10.2　放张楔块竖向力与砂箱筒壁厚度

预应力筋放张数量较多时，应同时缓慢放张，以避免构件应力传递长度骤增，使端部开裂。一般采取在横梁支点处放置楔块或穿心式砂箱来放张。

1）楔块放张构造如图 9-33 所示，在台座与横梁间预先设置楔块，放张时旋转螺母，将螺杆向上移动，而使楔块退出，并同时放张预应力筋。

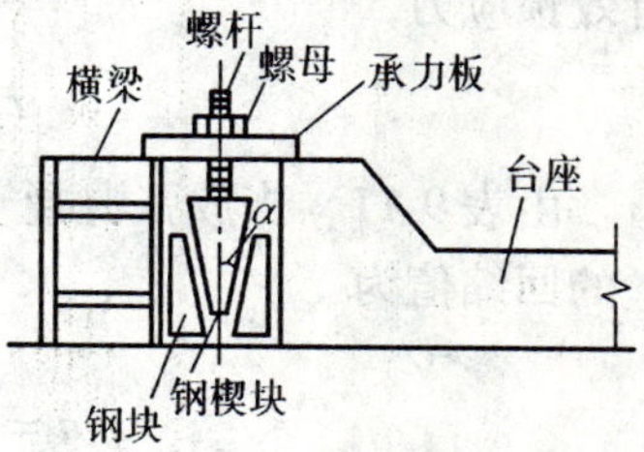

图 9-33　楔块放张预应力筋构造

楔块坡角应选择恰当，过大楔块易滑出，过小则又不易拔出，α 角的正切应略小于楔块与钢块之间的摩擦因数 μ，即

$$\tan\alpha \leqslant \mu \tag{9-107}$$

式中　α——楔块坡角（°）；

μ——楔块与钢块之间的摩擦因数，取 0.15～0.20。

如张拉后横梁对钢块的正压力为 N，放张时拔出楔块所需的竖向力（即螺杆所受之竖向力）为 Q，即

$$Q = N(\mu + \mu\cos2\alpha - \sin2\alpha) \tag{9-108}$$

根据 Q，即可选择螺杆及螺母。

楔块放张适于张拉力不大（<300kN）的情况。

式中　μ——楔块与钢块之间的摩擦因数，取 0.15～0.20；

Q——放张时拔出楔块所需的竖向力（kN）；

N——横梁对钢块的正压力（kN）。

2）砂箱放张砂箱按 1600kN 设计，构造如图 9-34 所示，内装干石英砂。当张拉钢筋时，箱内砂被压实，承担着横梁的反力，放松钢筋时，将出砂口打开，使砂慢慢流出，因而便可慢慢放张钢筋。

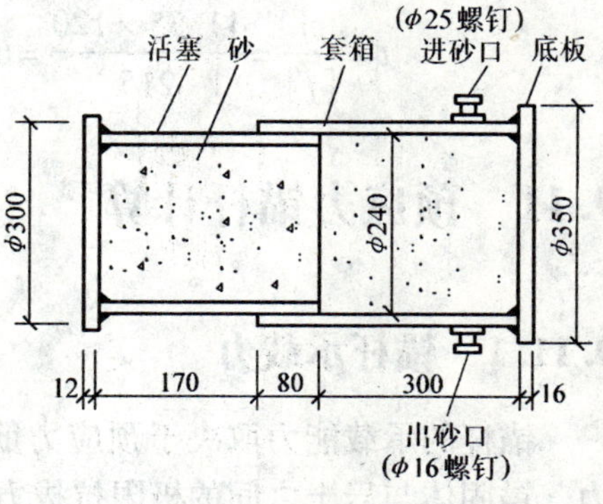

图 9-34　砂箱构造

砂箱的承载能力主要取决于筒壁的厚度 t，可按下式计算：

$$t \geqslant \frac{pr}{[f]} \tag{9-109}$$

$$p=\frac{N_0}{A}\tan^2\left(45°-\frac{\varphi}{2}\right) \tag{9-110}$$

式中 t——砂箱筒壁的厚度（mm）；

p——筒壁所受压力（N/mm^2）；

N_0——砂箱所受正压力（即横梁对砂箱的压力）（kN）；

A——砂箱活塞面积（mm^2）；

φ——砂的内摩擦角（°）；

r——砂箱的内半径（mm）；

$[f]$——筒壁钢板允许应力（N/mm^2）。

【例 9-20】 预应力混凝土梁，采用 C30 混凝土，放张时混凝土强度为 $30N/mm^2$，预应力筋采用Φ^b5，$E_s=2.0\times10^5N/mm^2$，$f_{ptk}=1570N/mm^2$，求钢丝回缩值。

【解】 取控制应力 $\sigma_{con}=0.75f_{ptk}$，考虑第一批预应力损失为 $0.1\sigma_{con}$，则放张时钢丝的有效预应力

$$\sigma_{p1}=0.9\sigma_{con}=0.9\times0.75f_{ptk}=0.675f_{ptk}$$

由表 9-11，当放张混凝土强度为 $18N/mm^2$ 时，其传递长度 $l_{tr}=90d$，由式（9-106）钢丝的回缩值为

$$a=\frac{1}{2}\frac{\sigma_{p1}}{E_s}l_{tr}=\frac{0.675f_{ptk}}{2\times2.0\times10^5}\times90d=1.19mm$$

故知，如实测钢丝回缩值 a' 小于 1.19mm 时，即可放张预应力钢丝。

【例 9-21】 已知放张用砂箱最大承载力为 $N_0=1400N$，砂箱直径为 $D=240mm$，砂箱内摩擦角 $\varphi=30°$，筒壁用 Q235 钢，允许应力 $[f]=215N/mm^2$，求需用筒壁钢板厚度。

【解】 考虑超载系数 $N_0=(1400\times1.1)kN=1540kN$

由式（9-110）可知筒壁所受侧压力为

$$p=\frac{1540\times10^3}{\frac{\pi}{4}\times240^2}\tan^2\left(45°-\frac{30°}{2}\right)N/mm^2=11.35N/mm^2$$

由式（9-109）可知需用筒壁钢板厚度为

$$t=\frac{pr}{[f]}=\frac{11.35\times120}{215}=6.33mm，取 l=8mm（考虑加工损耗减薄等）$$

9.11 预应力锚杆计算

9.11.1 锚杆承载力

锚杆的承载能力取决于预应力筋的极限抗拉强度，预应力筋与锚固体之间的极限握裹力，锚固体与岩土之间的极限抗拔力。对于土层锚杆。其承载力一般由后者控制。

预应力筋的截面面积 A_s，可按下式计算：

$$A_s = \frac{T}{0.55 f_{pty}} \tag{9-111}$$

锚固段长度 L，可按下式计算：

$$L = \frac{TK}{\pi d \tau} \tag{9-112}$$

对土层

$$\tau = k_0 \gamma h \tan\varphi + c \tag{9-113}$$

式中 T——锚杆的设计荷载；

K——安全系数，临时性锚杆取 1.5，永久性锚杆取 2.0；

πd——锚杆的周长；

τ——岩土与锚固体之间单位面积上的摩阻力；对硬质岩 $\tau = 1.2 \sim 2.5\text{N/mm}^2$；对软质岩 $\tau = 1.0 \sim 1.5\text{N/mm}^2$；对风化岩 $\tau = 0.6 \sim 1.0\text{N/mm}^2$；对土层，按式（9-113）计算；

k_0——砂土取 1.0，黏土取 0.5；

γ——土的重度；

φ——土的内摩擦角；

h——锚固段中心到地面的距离（覆土深）；

c——土的黏聚力。

计算扩大头型锚杆的承载力时，还应包括支承面阻力与扩孔段的摩擦力。支承面阻力可等于土不排水抗剪强度的 7 ~ 8 倍乘扩大头支承净面积。对二次压浆的土层锚杆，承载力可提高 20% ~ 50%；土层锚杆的锚固段最佳长度为 6 ~ 9m。

预测锚杆承载力的现有计算方法仅在初步设计中估算时使用。锚杆的最终承载力应由每根锚杆的现场试验验证。

9.11.2 预应力取值

锚杆施加预应力的目的：限制锚固岩土层的变形；验证锚杆的承载力等。

预应力筋一般采用粗钢筋、钢丝束与钢绞线束。根据国内工程实践，张拉力可取以下两式计算的较小值。

按预应力筋的张拉控制应力：

$$P = 0.7 f_{ptk} A_p \tag{9-114}$$

按锚杆的极限承载力：

$$P = \frac{P_f}{1.5 \sim 20} \tag{9-115}$$

式中 P——预应力筋的张拉力；

A_p——预应力筋的截面面积；

P_f——锚杆的极限承载力；

f_{ptk}——预应力筋的抗拉强度标准值。

10　混凝土工程施工计算

10.1　混凝土热工性能计算

10.1.1　热导率

混凝土的热导率系指在单位时间内，热流通过单位面积和单位厚度混凝土介质，混凝土介质两侧为单位温差时热量的传导率。混凝土的热导率，可按下式计算：

$$\lambda = \frac{1}{p}(p_c\lambda_c + p_s\lambda_s + p_g\lambda_g + p_w\lambda_w) \tag{10-1}$$

普通混凝土的热导率为2.33～3.49W/(m·K)。

式中　p、p_c、p_s、p_g、p_w——混凝土、水泥、砂、石、水的每立方米混凝土所占的百分比(%)；

λ、λ_c、λ_s、λ_g、λ_w——混凝土、水泥、砂、石、水的热导率[W/(m·K)]。

10.1.2　比热

单位质量的混凝土，其温度每升高1℃所需的热量，称为混凝土的比热，可按下式计算：

$$c = \frac{1}{p}(p_c c_c + p_s c_s + p_g c_g + p_w c_w) \tag{10-2}$$

普通混凝土的比热，一般取0.84～1.05kJ/kg·K。

式中　c、c_c、c_s、c_g、c_w——混凝土、水泥、砂、石、水的比热[kJ/(kg·K)]。

10.1.3　热扩散系数

混凝土的热扩散系数（又称导温系数）是反映混凝土在单位时间内热量扩散的指标，可按下式计算：

$$a = \frac{\lambda}{c\rho} \tag{10-3}$$

普通混凝土的热扩散系数为$(0.56 \sim 1.68) \times 10^{-6}\mathrm{m^2/s}$。

各种骨料及混凝土的热工性能参见表10-1和表10-2。

式中　a——混凝土的热扩散系数（$\mathrm{m^2/s}$）；

ρ——混凝土的质量密度（$\mathrm{kg/m^3}$）。

其他符号见上文。

表 10-1　各种骨料的热工性能（温度≈20℃）

骨料种类	相对密度	热扩散系数 /($10^{-6}m^2/s$)	热导率 /W/(m·K)	比热/kJ/(kg·K)	热胀系数 /(×10^{-6}/℃)
石英	2.635	2.70	5.175	0.733	10.2～13.4
花岗石	—	—	2.91～3.08	0.716～0.787	5.5～8.5
白云石	—	—	4.12～4.30	0.804～0.837	6～10
石灰石	2.67～2.70	1.28～1.43	2.66～3.23	0.749～0.846	3.64～6
长石	2.555	1.13	2.33	0.812	0.88～16.7
大理石	2.704	1.05	2.45	0.875	4.41
玄武岩	2.695	0.75	1.71	0.766～0.854	5～75
砂岩	—	—	—	0.712	10～10

表 10-2　各种混凝土的热工性能

种类	骨料		质量密度 /(kg/m³)	热扩散系数 /($10^{-6}m^2/s$)	热导率 /W/(m·K)	比热 /kJ/(kg·K)	热胀系数 /(×10^{-6}/℃)	温度范围
	细骨料	粗骨料						
重混凝土	磁铁矿		4020	0.784～1.036	2.44～3.02	0.75～0.84	8.9	≈300℃
重混凝土	赤铁矿		3860	1.095～1.512	3.26～4.65	0.80～0.84	7.6	≈300℃
重混凝土	重晶石		3640	0.588～0.756	1.16～1.40	0.54～0.59	16.4	≈300℃
普通混凝土	—	石英石	2430	1.568～1.736	3.49～3.61	0.88～0.96	12～15	10～30℃
普通混凝土	—	白云石	2450	1.344～1.428	3.14～3.26	0.92～1.00	5.8～7.7	10～30℃
普通混凝土	—	白云石	2500	1.33～1.42	3.26～3.37	0.96～1.00	—	10～30℃
普通混凝土	—	花岗石	2420		2.56	0.92～0.96	8.1～9.1	10～30℃
普通混凝土	—	流纹岩	2340	0.9242	2.09	0.92～0.96	—	10～30℃
普通混凝土	—	玄武岩	2510	0.868～0.896	2.09	0.96	7.6～10.4	10～30℃
普通混凝土	河沙	石	2300	0.70	2.09	0.92	—	10～30℃
轻混凝土	河砂	轻石	600～1900	0.392～0.524	0.63～0.79	—	—	
轻混凝土	轻砂	轻石	900～1600	0.364	0.50	—	7～12	
泡沫混凝土	水泥—硅质系		500～800	0.252	0.22～0.24	—	8	
泡沫混凝土	石灰—硅质系		500～800	0.252	0.22～0.24	—	7～14	

10.1.4　热胀系数

混凝土的热胀系数系指线胀系数。混凝土的体积膨胀率为其线胀系数的三倍。普通混凝土的热胀系数大约为(6～13)×10^{-6}/℃，一般取平均值 10×10^{-6}/℃。混凝土的热膨胀系数主要随粗细骨料的性质和用量而变，石英石的热胀系数约为 12.6×10^{-6}/℃，而石灰石的只有(5～4)×10^{-6}/℃。

混凝土的热胀系数可以按各组成材料的热胀系数加权平均计算。

【例 10-1】　已知混凝土的配合比及有关材料热导率、比热见表 10-3，求混凝土的热导率、比热和热扩散系数。

表 10-3　混凝土配合比及有关材料热工性能

混凝土组成材料	水泥	砂	石	水	总计
质量比/kg	274	835	1105	186	2400
百分比(%)	11.42	34.79	46.04	7.75	100
材料热导率 λ/W/(m·K)	2.218	3.082	2.908	0.600	
比热 C/KJ/(kg·K)	0.536	0.745	0.708	4.187	

【解】（1）混凝土热导率

$$\lambda = \frac{1}{100}(11.42 \times 2.218 + 34.79 \times 3.082 + 46.04 \times 2.098 + 7.25 \times 0.600)\text{W/m} \cdot \text{K}$$

$$= 2.33\text{W/(m} \cdot \text{K)}$$

（2）混凝土的比热

$$c = \frac{1}{100}(11.42 \times 0.536 + 34.79 \times 0.745 + 46.04 \times 0.708 + 7.25 \times 4.187)\text{kJ/kg} \cdot \text{K}$$

$$= 0.95\text{kJ/(kg} \cdot \text{K)}$$

（3）混凝土的热扩散系数

$$a = \frac{2.33}{0.95 \times 2400}\text{W} \cdot \text{m}^2\text{/kJ} = 0.00102\text{W} \cdot \text{m}^2\text{/kJ} = 1.02 \times 10^{-6}\text{m}^2\text{/s}$$

10.2　混凝土温度变形值计算

在温度变化时，混凝土（钢）结构的伸长或缩短的变形值（ΔL）与长度、温差和材料种类有关，可按下式计算：

$$\Delta L = L(t_2 - t_1)\alpha \tag{10-4}$$

式中　ΔL——随温度变化而伸长或缩短的变形值（cm）；

L——结构长度（cm）；

$t_2 - t_1$——温度差（℃）；

α——材料的热胀系数，混凝土为 1.0×10^{-5}，钢材为 $12 \times 10^{-6} \times 10^{-5}$。

【例 10-2】 现浇混凝土圈梁长为 40m，已知温差 24℃，求温度变形值。

【解】 由式（10-4）得：

$$\Delta L = L(t_2 - t_1)\alpha = 4000 \times 24 \times 1.0 \times 10^{-5}\text{cm}$$

$$= 0.96\text{cm}$$

10.3　混凝土内部实际最高温度计算

计算得出的水化热温度为绝热状态下的混凝土温升值，实际大体积混凝土并非完全处于绝热状态，而是处于一定散热条件下，因此实际温升值比按绝热状态计算的偏小，一般可按下式计算：

$$T_{max} = T_0 + T_{(t)}\xi \tag{10-5}$$

式中 T_{max}——混凝土内部中心最高温度（℃）；

T_0——混凝土的浇筑入模温度（℃）；

$T_{(t)}$——在 t 龄期时混凝土的绝热温升（℃）；

ξ——不同的浇筑块厚度、不同龄期时的降温系数，按表 10-4 查用。

表 10-4　不同龄期水化热温升与浇筑块厚度的关系

浇筑块厚度/m	不同龄期/d 时的 ξ 值									
	3	6	9	12	15	18	21	24	27	30
1.0	0.36	0.29	0.17	0.09	0.05	0.03	0.01			
1.25	0.42	0.31	0.19	0.11	0.07	0.04	0.03			
1.50	0.49	0.46	0.38	0.29	0.21	0.15	0.12	0.08	0.05	0.04
2.50	0.65	0.62	0.59	0.48	0.38	0.29	0.23	0.19	0.16	0.15
3.00	0.68	0.67	0.63	0.57	0.45	0.36	0.30	0.25	0.21	0.19
4.00	0.74	0.73	0.72	0.65	0.55	0.46	0.37	0.30	0.25	0.24

注：本表适用于混凝土浇筑温度为 20～30℃的工程。

【例 10-3】 筏形基础底板长 63.4m、宽 31.5m、厚 2.5m，采用 C20 混凝土，水泥用量为 275kg/m³，采用强度等级 32.5 普通水泥，水化热为 377kJ/kg，混凝土浇筑温度为 23℃，支模采用组合钢模板，外包两层草垫，混凝土比热 c 取 0.96kJ/kg · K，试计算不同龄期时，混凝土内部实际最高温度。

【解】 混凝土的最终绝热温升由式（10-77）得：

$$T_{(t)} = \frac{m_c Q}{c\rho} = \frac{275 \times 377}{0.96 \times 2400}℃ = 45℃$$

查表 10-4 的降温系数 ξ 可求得不同龄期的水化热温升为：

$t = 3d$　　$\xi = 0.65$　　$T_{(t)}\xi = 45 \times 0.65 = 29.3℃$

$t = 6d$　　$\xi = 0.62$　　$T_{(t)}\xi = 45 \times 0.62 = 27.9℃$

$t = 9d$　　$\xi = 0.59$　　$T_{(t)}\xi = 45 \times 0.59 = 26.6℃$

$t = 12d$　　$\xi = 0.48$　　$T_{(t)}\xi = 45 \times 0.48 = 21.6℃$

⋮　　⋮　　⋮

$t = 30d$　　$\xi = 0.15$　　$T_{(t)}\xi = 45 \times 0.15 = 6.8℃$

由式（10-5）得混凝土内部中心实际最高温度为：

$$T_{(3)} = T_0 + T_{(t)}\xi = (23 + 29.3)℃ = 52.3℃$$

$$T_{(6)} = (23 + 27.9)℃ = 50.9℃$$

$$T_{(9)} = (23 + 26.6)℃ = 49.6℃$$

$$T_{(12)} = (23 + 21.6)℃ = 44.6℃$$

⋮

$$T_{(30)} = (23 + 6.8)℃ = 29.8℃$$

10.4　混凝土保温养护所需保温（隔热）材料厚度计算

混凝土采取保温养护，主要是为了减少混凝土内外温差，延缓收缩和散热时间，使混凝土在缓慢的散热过程中获得必要的强度来抵抗温度应力，同时可降低变形变化的速度，充分发挥材料的徐变松弛特性，有效地削减约束应力，使其小于该龄期的抗拉强度，以防止因内外温差过大，超过允许界限（一般为25℃）而导致出现的温度裂缝。混凝土保温养护所需保温（隔热）材料的厚度一般可按下式计算：

$$\delta_i = \frac{0.5H\lambda_i(T_b - T_a)}{\lambda(T_{max} - T_b)}K_b \tag{10-6}$$

式中　δ_i——混凝土所需保温（隔热）材料的厚度（m）；

H——混凝土（结构）计算层厚度（m）；

λ_i——保温材料的热导率［W/（m·K)］；

λ——混凝土的热导率［W/（m·K)］，取2.3；

T_{max}——混凝土中心最高温度（℃）；

T_b——混凝土表面温度（℃）；

T_a——混凝土浇筑后3~5d空气平均温度（℃）；

0.5——指中心温度向边界散热的距离，为结构厚度的一半；

K_b——传热系数的修正值，即透风系数；对易于透风的保温材料组成取2.6或3.0（指一般刮风或大风情况，下同）；对不易透风的保温材料取1.3或1.5；对混凝土表面用一层不易透风材料，上面再用容易透风的保温材料组成，取2.0或2.3。

【例10-4】　大体积混凝土基础底板厚度 $h=3.0$m，在3d时混凝土内部中心温度 $T_{max}=54$℃，实测混凝土表面温度 $T_b=24$℃，大气温度 $T_a=14$℃，混凝土热导率 $\lambda=2.3$W/(m·K)，试求表面所需保温材料的厚度。

【解】　因 $T_{max}-T_b=54℃-24℃=30℃>25℃$，故需保温。

设用草袋保温，其热导率 $\lambda_i=0.14$W/(m·K)，属易透风的保温材料，取 $K_b=2.6$。

保温材料的厚度，由式（10-6）得：

$$\delta = \frac{0.5h\lambda_i(T_b - T_a)}{\lambda(T_{max} - T_b)}K_b = \frac{0.5\times3.0\times0.14(24-14)}{2.3(54-24)}\times2.6\text{m}$$

$$=0.08\text{m}=8\text{cm}$$

故知，需用8cm厚草袋覆盖保温。

10.5　混凝土蓄水养护温度控制计算

蓄水养护进行温度控制，系在混凝土终凝后在结构表面蓄水。由于水具有一定的隔热效果，因而可在一定时间（7~10d）内，控制混凝土表面与内部中心温度之间的差在20℃以内，使混凝土在预定时间内具有一定的抗裂强度，从而达到裂控目的。

计算系根据热交换原理，每1m³ 混凝土在规定时间内，内部中心温度降到表面温度时放出的热量，等于混凝土结构物在此养护期间散失到大气中的热量，因而混凝土表面所需的热阻系数可按下式计算：

$$R=\frac{XM(T_{max}-T_b)K}{700T_0+0.28m_cQ_{(t)}} \tag{10-7}$$

按式（10-7）求得 R 值，再按下式计算混凝土的表面蓄水深度：

$$h_w=R\lambda_w \tag{10-8}$$

式（10-7）中是令 $T_{max}-T_b=200℃$ 进行计算。如施工通过测温，中心温度与表面温度之差大于 $-0℃$ 时，可采取提高水温或调整水深度进行处理。

蓄水深度，可根据不同水温按下式计算调整：

$$h_w'=h_w\frac{T_b'}{T_a} \tag{10-9}$$

式中 R——混凝土表面的热阻系数（K/w）；

X——混凝土维持到预定温度的延续时间（h）；

M——混凝土结构物的表面系数（1/m）；

T_{max}——混凝土的中心温度（℃）；

T_b——混凝土的表面温度（℃）；

K——传热系数修正值，可取 1.3；

700——混凝土的热容量，即比热与密度的乘积［$kJ/(m^3\cdot K)$］；

T_0——混凝土浇筑、振捣完毕开始养护时的温度（℃）；

m_c——每 m^3 混凝土的水泥用量（kg/m^3）；

$Q_{(t)}$——混凝土在规定龄期内水泥的水化热（kJ/kg）；

h_w'——混凝土表面的蓄水深度（m）；

λ_w——水的热导率，取 0.58W/m·K；

h_w'——调整后的蓄水深度（cm）；

h_w——按 $T_j-T_b=20\%$ 时计算的蓄水深度（cm）；

T_b'——需要蓄水养护温度（℃），即 $T_b'=T_0-20$；

T_a——大气平均温度（℃）。

【例 10-5】 高层建筑筏板基础，长 33m、宽 15m、厚 2.0m，采用蓄水养护进行温度控制，要求保持混凝土内部中心温度与表面温度之差控制在 20℃ 范围之内，试求基础底板上需蓄水深度。

【解】 设温度控制的时间为 10d，则

$$X=10\times24h=240h$$

$$M=\frac{F}{V}=\frac{2(33\times2)+2(15\times2)+33\times16}{33\times15\times2}$$

$$=\frac{720}{990}=0.73(m^{-1})$$

$$T_{max}-T_b=20℃$$

又设 $K=1.3$，$T_0=20℃$，$m_c=300kg$

$Q_{(t)}=188kJ/(kg\cdot K)$（低热水泥 7d 时的水化热值，则混凝土表面的热阻系数由式(10-

7)得：

$$R=\frac{XM(T_{\max}-T_{\mathrm{b}})K}{700T_0+0.28m_{\mathrm{c}}Q_{(t)}}$$

$$=\frac{240\times0.73\times20\times1.3}{700\times20+0.28\times300\times188}\mathrm{kW}=0.153\mathrm{kW}$$

则，混凝土表面的蓄水深度，由式(10-8)得：

$$h_{\mathrm{w}}=R\lambda=0.153\times0.58\mathrm{m}$$

$$=0.089\mathrm{m}=8.9\mathrm{cm}\qquad 用9\mathrm{cm}。$$

故知，需蓄水深度为9cm。

【例10-6】 条件同例10-5，已知 $h_{\mathrm{w}}=8\mathrm{cm}$，经实测 $T_0=53℃$，$T_{\mathrm{a}}=26℃$，现不采取提高水温措施，而采取调整蓄水高度，试求调整后的蓄水深度。

【解】 已知 $T_{\mathrm{b}}'=T_0-20=(53-20)℃=33℃$

调整后蓄水深度由式（10-9）得：

$$h_{\mathrm{w}}'=h_{\mathrm{w}}\frac{T_{\mathrm{b}}'}{T_{\mathrm{a}}}=8\times\frac{33}{26}\mathrm{cm}=10.2\mathrm{cm}\qquad 用11\mathrm{cm}。$$

故知，调整后的蓄水深度为11cm。

10.6 混凝土配合比计算

10.6.1 普通混凝土配合比计算

1. 计算要求的试配强度

混凝土试配强度根据设计的混凝土强度等级按下式计算：

$$f_{\mathrm{cu},0}\geqslant f_{\mathrm{cu,k}}+1.645\sigma \tag{10-10}$$

σ 的取值，如无近期混凝土强度的统计资料时，可按下式求得：

$$\sigma=\sqrt{\frac{\sum_{i=1}^{n}f_{\mathrm{cu},i}^2-N\mu_{\mathrm{fcu}}^2}{N-1}} \tag{10-11}$$

当混凝土强度等级为C20、C25时，如计算得到的 $\sigma<2.5\mathrm{N/mm^2}$，取 $\sigma=2.5\mathrm{N/mm^2}$；当混凝土强度等级为C30及其以上时，计算的 $\sigma<3.0\mathrm{N/mm^2}$，取 $\sigma=3\mathrm{N/mm^2}$；如施工单位无近期统计资料时，可按表10-5取值。计算试配强度用的标准差应取用3.0MPa。

式中 $f_{\mathrm{cu},0}$——混凝土的试配强度（$\mathrm{N/mm^2}$）；

$f_{\mathrm{cu,k}}$——设计的混凝土立方体抗压强度标准值（$\mathrm{N/mm^2}$）；

σ——施工单位的混凝土强度标准差（$\mathrm{N/mm^2}$）；

$f_{\mathrm{cu},i}$——第 i 组混凝土试件强度（$\mathrm{N/mm^2}$）；

μ_{fcu}——N 组混凝土试件强度的平均值（$\mathrm{N/mm^2}$）；

N——统计周期内相同混凝土强度等级的试件组数。

表 10-5 σ 取 值 表

混凝土强度等级	≤C15	C20～C35	≥C40
$\sigma/(\mathrm{N/mm^2})$	4	5	6

2. 计算要求的水灰比

根据试配强度，混凝土强度等级小于 C60 级时，按下式计算混凝土所需水灰比：

$$\frac{W}{C}=\frac{\alpha_a f_{ce}}{f_{cu,0}+\alpha_a\alpha_b f_{ce}} \tag{10-12}$$

对碎石混凝土：

$$\frac{W}{C}=\frac{0.46f_{ce}}{f_{cu,0}+0.032f_{ce}} \tag{10-13}$$

对卵石混凝土：

$$\frac{W}{C}=\frac{0.48f_{ce}}{f_{cu,0}+0.158f_{ce}} \tag{10-14}$$

无水泥实际强度数据时，f_{ce}值可按下式确定：

$$f_{ce}=\gamma_c f_{ce,g} \tag{10-15}$$

计算所得的混凝土水灰比应与规范所规定的范围（表 10-6）进行核对，如大于表 10-6 所规定的最大水灰比值时，应按表 10-6 取用。

式中 $\frac{W}{C}$——混凝土所要求的水灰比；

W——每立方米混凝土的用水量（kg）；

C——每立方米混凝土的水泥用量（kg）；

α_a、α_b——回归系数；对碎石：$\alpha_a=0.46$，$\alpha_b=0.07$；对卵石：$\alpha_a=0.48$，$\alpha_b=0.33$；

f_{ce}——水泥的实际强度；

$f_{ce,g}$——水泥强度等级；

γ_c——水泥强度等级值的富余系数，一般取 $\gamma_c=1.13$。

表 10-6 混凝土的最大水灰比和最小水泥用量

环境条件		结构物类别	最大水灰比值			最小水泥用量/kg		
			素混凝土	钢筋混凝土	预应力混凝土	素混凝土	钢筋混凝土	预应力混凝土
1. 环境干燥		正常的居住或办公用房屋内	不作规定	0.65	0.6	200	260	300
2. 潮湿环境	无冻害	高温度的室内室外部件 在非侵蚀性土和(或)水中的部件	0.70	0.60	0.60	225	280	300
	有冻害	经受冻害的室外部件 在非侵蚀性土和(或)水中且经受冻害的部件 高温度且经受冻的室内部件	0.55	0.55	0.55	250	280	300
3. 有冻害和除冰剂的潮湿环境		经受冻害和除冰剂作用的室内和室外部件	0.50	0.50	0.50	300	300	300

注：当用活性掺合料取代部分水泥时，表中的最大水灰比及最小水泥用量即为替代前的水灰比和水泥用量。

3. 选取单位用水量

根据施工要求，按表10-7选取混凝土浇筑时的坍落度，然后再根据坍落度及骨料的品种、粒径选取单位体积混凝土的用水量 m_{w0}，用水量一般可根据施工单位所用材料按经验选用，或参照表10-8、表10-9选用。

表10-7　混凝土浇筑时的坍落度

项　目	结构种类	坍落度/mm
1	基础或地面等的垫层、无配筋的厚大结构（挡土墙、基础或厚大的块体等）或配筋稀疏的结构	10～30
2	板、梁及大型及中型截面的柱子等	30～50
3	配筋密列的结构（薄壁、斗仓、筒仓、细柱等）	50～70
4	配筋特密的结构	70～90

注：1. 本表系指采用机械振捣的坍落度，采用人工捣实时可适当增大。
2. 需要配制大坍落度混凝土时，应掺用外加剂。
3. 曲面或斜面结构的混凝土，其坍落度值应根据实际需要另行选定。

表10-8　干硬性混凝土的用水量　（单位：kg/m^3）

拌合物稠度		卵石最大粒径/mm			碎石最大粒径/mm		
项　目	指　标	10	20	40	16	20	40
维勃稠度（a）	16～20	175	160	145	180	170	155
	11～15	180	165	150	185	175	160
	5～10	185	170	155	190	180	165

表10-9　塑性混凝土的用水量　（单位：kg/m^3）

拌合物稠度		卵石最大粒径/mm				碎石最大粒径/mm			
项　目	指　标	10	20	31.5	40	16	20	31.5	40
坍落度/mm	10～30	190	170	160	150	200	185	175	165
	35～50	200	180	170	160	210	195	185	175
	55～70	210	190	180	170	220	205	195	185
	75～90	215	195	185	175	230	215	205	195

注：1. 本表用水量系采用中砂时的平均取值。采用细砂时，每立方米混凝土用水量可增加5～10kg；采用粗砂时，则可减少5～10kg。
2. 掺用各种外加剂或掺合料时，用水量应相应调整。

4. 计算水泥用量

水泥用量可根据用水量和水灰比按下式计算：

$$m_{co}=\frac{m_{wo}}{\dfrac{W}{C}} \tag{10-16}$$

计算所得的水泥用量如小于表10-6所规定的最小水泥用量时，则应按表10-6取用。混凝土的最大水泥用量不宜大于550kg/m³。

式中　m_{co}——每立方米混凝土的水泥用量（kg/m³）；

m_{wo}——每立方米混凝土的用水量（kg/m³）。

其余符号见上文。

5. 选取砂率

砂率为砂子的质量与砂石总质量的百分率。一般根据施工单位对所用材料的使用经验选用合理的数值。如无使用经验，可按骨料品种、规格及混凝土的水灰比在表10-10的范围内选用。

表10-10　混凝土砂率选用表　　（单位:%）

水灰比(W/C)	卵石最大粒径/mm			碎石最大粒径/mm		
	10	20	40	16	20	40
0.40	26～32	25～31	24～30	30～35	29～34	27～32
0.50	30～35	29～34	28～33	33～38	32～37	30～35
0.60	33～38	32～37	31～36	36～41	35～40	33～38
0.70	36～41	35～40	34～39	39～44	38～43	36～41

注：1. 表中数值系中砂的选用砂率。对细砂或粗砂，可相应地减少或增加砂率。

2. 本表适用于坍落度为1～6cm的混凝土，坍落度如大于6cm或小于1cm时，应相应地增加或减少砂率。

3. 只用一个单位级粗骨料配制混凝土时，砂率值应适当增加。

4. 掺有各种外加剂或外掺混合料时，其合理砂率值应经试验或参照其中有关规定选用。

5. 配制大流动性泵送混凝土时，砂率宜提高至40%～43%（中砂）为佳；对薄壁构件砂率取大值。

6. 计算细粗骨料用量

有体积法和重量法两种计算方法：

1）体积法系假定混凝土组成材料绝对体积的总和等于混凝土的体积，由下列方程求得：

$$\frac{m_{co}}{\rho_c}+\frac{m_{so}}{\rho_s}+\frac{m_{go}}{\rho_g}+\frac{m_{wo}}{\rho_w}+0.01\alpha=1 \tag{10-17}$$

$$\beta_s=\frac{m_{so}}{m_{so}+m_{go}}\times100\% \tag{10-18}$$

2）重量法系先假定一个混凝土拌合物密度值，再根据各材料之间的质量关系，由下列方程求得：

$$m_{co}+m_{so}+m_{go}+m_{wo}=m_{cp} \tag{10-19}$$

$$\beta_s=\frac{m_{so}}{m_{so}+m_{go}}\times100\% \tag{10-20}$$

细、粗骨料用量按下式计算：

$$m_{so}=(m_{so}+m_{go})\times\beta_s \tag{10-21}$$

$$m_{go}=(m_{so}+m_{go})-m_{so} \tag{10-22}$$

式中　m_{so}——每立方米混凝土的细骨料用量（kg/m³）；

m_{go}——每立方米混凝土的粗骨料用量（kg/m³）；

ρ_c——水泥的密度（kg/m³），一般取$\rho_c=2900\sim3100$；

ρ_s——细骨料的表观密度（kg/m³）；

ρ_w——粗骨料的表观密度（kg/m³）；

α——水的密度（kg/m³），一般取$\rho_w = 1000$；

β_s——混凝土含气量百分数（%）；当不使用含气型外加剂时，取$\alpha = 1$；

m_{cp}——混凝土拌合物的假定密度（kg/m³），可根据施工单位累积的试验资料确定，如无资料时，可根据骨料的密度、粒径以及混凝土强度等级，在 2350 ~ 2450kg/m³ 的范围内选取。

其他符号见上文。

7. 确保配合比

混凝土质量配合比为：

$$m_{co} : m_{so} : m_{go} : m_{wo} \tag{10-23}$$

或

$$1 : \frac{m_{so}}{m_{co}} : \frac{m_{go}}{m_{co}} : \frac{m_{wo}}{m_{co}} \tag{10-24}$$

$$\beta_s = \frac{m_{go}}{m_{so} + m_{go}} \times 100\% \tag{10-25}$$

式中符号意义见上文。

8. 试配、调整并最后确定施工配合比

（1）试配　根据计算的配合比，用施工所用的原材料进行试配，检验其和易性、坍落度、密度和强度，对计算结果作适当调整。如坍落度不符合要求，或黏聚性和保水性不好，可保持水灰比不变，增减水泥浆量（水及水泥用量）或调整砂率，或保持砂率不变，同时增加砂及石子用量；然后提出供混凝土强度试验用的基准配合比。混凝土强度试验时应至少采用三个不同的配合比，一个是基准配合比，另外两个配合比的水灰比宜较基准配合比分别增、减 0.05，用水量相同，砂率分别增、减 1%。每种配合比应至少制作一组（3 块）试件，并应标准养护到 28d 时试压。

（2）配合比的确定　由试验得出的各灰水比及其相对应的混凝土强度关系，用作图法或计算法求出与混凝土配制强度（$f_{cu,o}$）相对应的灰水比，并按下列原则确定每立方米混凝土的材料用量：

1）用水量 m_{wo}，取基准配合比中的用水量，并根据制作强度试件时测得的坍落度进行调整。

2）水泥用量 m_{co}，以用水量乘以选定出的水灰比计算确定。

3）粗骨料和细骨料用量（m_{go}和 m_{so}），应取基准配合比中的粗、细骨料用量，并按选定的水灰比进行调整。

当配合比经试配确定后，应按下列步骤校正：

1）根据上面确定的材料用量，按下式计算混凝土的表观密度计算值$\rho_{c,c}$：

$$\rho_{c,c} = m_{wo} + m_{co} + m_{so} + m_{go} \tag{10-26}$$

2）按下式计算混凝土配合比校正系数σ：

$$\sigma = \frac{\rho_{c,t}}{\rho_{c,c}} \tag{10-27}$$

式中 σ——校正系数；

$\rho_{c,t}$——混凝土表观密度实测值；

$\rho_{c,c}$——混凝土表观密度计算值。

其余符号意义见上文。

当混凝土表观密度实测值与计算值之差的绝对值不超过计算值的2%时，则上述确定的配合比应为确定的设计配合比；当二者之差超过2%时，应将配合比中每项材料用量均乘以校正系数值，即为确定的混凝土设计配合比。

施工时再根据细粗骨料含水率按下式计算确定施工配合比：

水泥 $$m'_{co}=m_{co} \tag{10-28}$$

细骨料 $$m'_{so}=m_{so}(1+\omega_a\%) \tag{10-29}$$

粗骨料 $$m'_{go}=m_{go}(1+\omega_b\%) \tag{10-30}$$

水 $$m'_{wo}=m_{wo}-(m_{so}\times\omega_a\%+m_{go}\times\omega_b\%) \tag{10-31}$$

式中 m'_{co}——每立方米混凝土的水泥实用量（kg/m^3）；

m'_{so}——每立方米混凝土的细骨料实用量（kg/m^3）；

m'_{go}——每立方米混凝土的粗骨料实用量（kg/m^3）；

m'_{wo}——每立方米混凝土的水实用量（kg/m^3）；

$\omega_a\%$——细骨料的含水率；

$\omega_b\%$——粗骨料的含水率。

其余符号见正文。

10.6.2 掺粉煤灰混凝土配合比计算

1. 计算试配强度

根据式（10-10）计算混凝土的试配强度：

$$f_{cu,0}\geqslant f_{cu,k}+1.645\sigma$$

计算方法同10.6.1普通混凝土配合比计算一节。

式中 $f_{cu,0}$——混凝土的试配强度（N/mm^2）；

$f_{cu,k}$——设计的混凝土立方体抗压强度标准值（N/mm^2）；

σ——施工单位的混凝土强度标准差（N/mm^2）。

2. 进行普通混凝土基准配合比计算

按设计要求进行普通混凝土基准配合比的设计。

按式（10-13）、式（10-14）、式（10-15）、式（10-16）计算水灰比：

查表10-8选取用水量。

由式（10-16）计算水泥用量。

查表10-9选取砂率：

由式（10-17）~式(10-23）计算细、粗骨料用量。

由式（10-24）~式(10-27）确定基准混凝土配合比。

计算方法同10.6.1普通混凝土配合比计算一节。

3. 选用粉煤灰取代水泥百分率

按混凝土强度等级及水泥品种由表10-11选用粉煤灰取代水泥百分率β_c，再按所选用的β_c，由下式计算每立方米粉煤灰混凝土的水泥用量：

$$m_c = m_{co}(1-\beta_c) \tag{10-32}$$

式中 m_c——每立方米粉煤灰混凝土的水泥用量（kg）；

m_{co}——每立方米基准混凝土的水泥用量（kg）；

β_c——粉煤灰取代水泥百分率（%）。

表10-11 粉煤灰取代水泥百分率

混凝土等级	普通硅酸盐水泥（%）	矿渣硅酸盐水泥（%）
C15以下	15~25	10~20
C20	10~15	10
C25~C30	15~20	10~15

注：1. 以32.5级水泥配制成的混凝土取中下限值；以42.5级水泥配制的混凝土取上限值。

2. C20以上的混凝土宜采用Ⅰ、Ⅱ级粉煤灰；C15以下的素混凝土可采用Ⅱ级粉煤灰。

4. 选取粉煤灰超量系数

按表10-12选择粉煤灰超量系数（δ_c）。

表10-12 粉煤灰超量系数表

项次	粉煤灰级别	超量系数（%）
1	Ⅰ	1.0~1.4
2	Ⅱ	1.2~1.7
3	Ⅲ	1.5~2.0

注：C25以上混凝土取下限，其他强度等级混凝土取上限。

5. 计算粉煤灰掺入量

按超量系数（δ_c）由下式求出每立方米混凝土粉煤灰掺量（m_f）：

$$m_f = \delta_c(m_{co} - m_c) \tag{10-33}$$

式中 m_f——每立方米混凝土的粉煤灰掺入量（kg）；

δ_c——超量系数。

其余符号见上。

6. 计算细骨料用量

计算出每立方米粉煤灰混凝土中水泥、粉煤灰和细骨料的绝对体积，求出粉煤灰超出水泥的体积；按粉煤灰超出的体积，并扣除同体积的细骨料用量。

$$m_s = m_{so} - \left(\frac{m_c}{\rho_c} + \frac{m_f}{\rho_f} + \frac{m_{co}}{\rho_c}\right)\rho_s \tag{10-34}$$

式中 m_s——每立方米混凝土中细骨料用量（kg/m^3）；

m_{so}——每立方米基准混凝土的细骨料用量（kg/m^3）；

ρ_c——水泥的密度（kg/m^3），一般取$\rho_c = 2.9 \sim 3.1 t/m^3$；

ρ_f——粉煤灰密度（t/m^3）；

ρ_s——细骨料的表观密度（kg/m^3）。

7. 确定粉煤灰混凝土用水量

粉煤灰混凝土的用水量，按基准配合比的用水量取用，粗骨料也同样按基准配合比取用，即

$$m_w = m_{wo} \tag{10-35}$$

$$m_g = m_{go} \tag{10-36}$$

式中 m_{wo}——每立方米基准混凝土的用水量（kg/m^3）；

m_w——每立方米粉煤灰混凝土的用水量（kg/m^3）；

m_{go}——每立方米基准混凝土的粗骨料用量（kg/m^3）；

m_g——每立方米粉煤灰混凝土的粗骨料用量（kg/m^3）。

8. 试配和调整并确定施工配合比

根据计算的粉煤灰混凝土配合比，按普通混凝土相同方法，通过试配，在保证设计所需和易性的基础上进行混凝土配合比的调整。根据调整后的配合比，提出现场施工用的粉煤灰混凝土配合比。

10.6.3 掺外加剂混凝土配合比计算

1. 掺加引气剂的普通混凝土

掺引气剂的普通混凝土配合比的计算方法与不掺引气剂的普通混凝土基本相同，所不同的是要考虑掺入引气剂后混凝土强度的降低和用水量的减少。不掺引气剂的普通混凝土的含气量一般为1%～2%，混凝土中含气量每增加1%，混凝土的抗压强度相应下降4%～6%；坍落度和单位水泥用量不变时，水灰比可减少2%～4%，即单位用水量减少3～6kg。

计算时可采用体积法或重量法进行。

2. 掺加减水剂的普通混凝土

掺减水剂的普通混凝土，其配合比设计原则和计算方法与不掺减水剂的普通混凝土基本相同，所不同处是掺入减水剂后混凝土性能显著改善，在保持混凝土强度和坍落度不变的情况下，可节约水泥5%～10%，降低用水量10%～15%。

计算时也可采用体积法或重量法进行。

10.6.4 抗渗混凝土配合比计算

1. 设计原则

1）设计必须满足抗压强度、抗渗性、适宜的施工和易性和经济性等基本条件。

2）根据工程要求，选择水泥品种及强度等级；水泥品种应满足混凝土抗渗性、耐久性及使用条件要求；水泥强度等级不宜小于32.5级，应满足强度要求。

3）抗渗混凝土粗、细骨料应优先采用当地砂、石材料，质量要符合国家标准，满足工程的要求。

2. 确定水灰比

水灰比主要依据抗渗要求和施工和易性，其次考虑强度要求。防水混凝土的水灰比参照表10-13选用。

表 10-13 抗渗混凝土最大水灰比允许值

混凝土抗渗等级/(N/mm^2)	混凝土强度等级	
	C20 ~ C30	C30 以上
P6	0.60	0.55
P8 ~ P12	0.55	0.50
P12 以上	0.50	0.45

注：1. 混凝土抗渗等级是表示混凝土试块在渗透仪上做抗渗试验时，试块未发现渗水现象的最大水压值。例如 P8 表示该试块能在 0.8N/mm^2 的水压力下不出现渗水现象。

2. 试块 P 值应比设计提高 0.2N/mm^2。

3. 选用用水量

用水量应根据结构条件（如结构截面大小、钢筋布置的稀密等）和施工方法（运输、浇捣方法等）综合考虑决定。一般厚度大于 250mm 的结构，坍落度可选 30mm 左右，厚度小于 200mm 或钢筋稠密的结构，坍落度可选 30 ~ 50mm 左右，厚大、少筋结构控制在 30mm 以内。也可按表 10-14 选用。

表 10-14 混凝土拌合用水量参考表 （单位：kg/m^3）

坍落度/mm	砂率(%)		
	35	40	45
10 ~ 30	175 ~ 185	185 ~ 195	195 ~ 205
30 ~ 50	180 ~ 190	190 ~ 200	200 ~ 210

注：1. 表中石子粒径为 5 ~ 20mm。若石子最大粒径为 40mm，用水量应减少 5 ~ 10kg/m^3。表中石子按卵石考虑，若为碎石应增加 5 ~ 10kg/m^3。

2. 表中采用火山灰质水泥，若用普通水泥用水量可减少 5 ~ 10kg/m^3。

4. 计算水泥用量

水泥用量可根据用水量和水灰比按下式计算：

$$m_{co} = \frac{m_{wo}}{\frac{W}{C}} \tag{10-37}$$

式中 $\frac{W}{C}$——混凝土所要求的水灰比；

m_{co}——每立方米混凝土的水泥用量（kg/m^3）；

m_{wo}——每立方米水的质量（kg/m^3）。

计算所得的水泥用量应满足表 10-6 和抗渗混凝土水泥用量不小于 320kg/m^3 的要求。

5. 选取砂率

抗渗混凝土的砂率除满足填充石子空隙并包裹石子外，还必须具有一定厚度的砂浆层，一般要求不小于 35%，具体数值可根据砂的平均粒径和石子空隙率参考表 10-15 选用。

石子空隙率按下式计算：

$$n_g = \left(1 - \frac{\rho_{gm}}{\rho_g}\right) \times 100\% \tag{10-38}$$

式中 ρ_g——粗骨料（石子）的表观密度（t/m^3）；

n_g——石子的空隙率（%）；

ρ_{gm}——石子的质量密度（t/m^3）。

表 10-15 砂率选择参考数值

砂子平均粒径/mm	石子空隙率(%)				
	30	35	40	45	50
0.30	35	35	35	35	36
0.35	35	35	35	36	37
0.40	35	35	36	37	38
0.45	35	36	37	38	39
0.50	36	37	38	39	40

注：本表是按石子粒径为 3～30mm 计算，若用 5～20mm 石子时，砂率可增加 2%。

6. 计算细、粗骨料用量

抗渗混凝土一般用绝对体积法计算混凝土配合比。即假设混凝土组成材料绝对体积的总和等于混凝土的体积，从而得到以下方程式：

$$\frac{m_{co}}{\rho_c}+\frac{m_{wo}}{\rho_w}+\frac{m_{sg}}{\rho_{sg}}=1000 \tag{10-39}$$

砂石混合密度：

$$\rho_{sg}=\rho_s\beta_s+\rho_g(1-\beta_s) \tag{10-40}$$

砂石混合用量：

$$m_{sg}=\rho_{sg}\left(1000-\frac{m_{wo}}{\rho_w}-\frac{m_{co}}{\rho_c}\right) \tag{10-41}$$

则砂石用量为：

$$m_{so}=m_{sg}\beta_s \tag{10-42}$$

$$m_{go}=m_{sg}-m_{so} \tag{10-43}$$

式中 m_{co}——每立方米混凝土的水泥用量（kg/m^3）；

m_{so}——每立方米混凝土的细骨料（砂）用量（kg/m^3）；

m_{go}——每立方米混凝土的粗骨料（石子）用量（kg/m^3）；

m_{sg}——每立方米细、粗骨料（砂、石）的混合质量（kg/m^3）；

m_{wo}——每立方米水的质量（kg/m^3）；

ρ_c——水泥的密度（t/m^3），一般取 2.9～3.1；

ρ_s——细骨料（砂）的表观密度（t/m^3）；

ρ_{sg}——细、粗骨料（砂石）的混合密度（t/m^3）；

ρ_w——水的密度（t/m^3）；

β_s——砂率。

7. 确定配合比

混凝土质量配合比为：

$$水泥:砂:石子 = m_{co}:m_{so}:m_{go} \tag{10-44}$$

或

$$1:\frac{m_{so}}{m_{co}}:\frac{m_{go}}{m_{co}} \tag{10-45}$$

$$水灰比 = \frac{W}{C}$$

式中符号意义同上。

8. 试配与校正

按照初步配合比进行试拌，试拌结果若与工程要求不符，应按实际情况进行校正，调整比例，使达到工程的要求。

试配要求的抗渗水压值应比设计值提高 0.2MPa。

试配时，应采用水灰比最大的配合比做抗渗试验，其试验结果应符合下式要求：

$$P_t \geqslant \frac{P}{10} + 0.2 \tag{10-46}$$

式中 P_t——6 个试件中 4 个未出现渗水时的最大水压值（MPa）；

P——设计要求的抗渗等级。

10.6.5 泵送混凝土配合比计算

1. 设计的一般规定

1）泵送混凝土的配合比除满足一般混凝土具有的流动性、强度、耐火性、经济等要求外，还必须满足可泵性要求。

2）泵送混凝土拌合物的坍落度不应小于 80mm，一般可按表 10-16 选用。

3）泵送混凝土用水泥应选用硅酸盐水泥、矿渣硅酸盐水泥或粉煤灰硅酸盐水泥；水泥用量不宜小于 300kg/m³。

4）粗骨料的粒径与输送管径之比，当泵送高度在 50m 以下时，对碎石不宜大于 1:3；对卵石不宜大于 1:2.5；泵送高度在 50～100m（或 100m 以上）时，对碎石不宜大于 1:4（或 1:5），对卵石不宜大于 1:3（或 1:4）；粗骨料应用连续级配。用 ϕ125mm 和 ϕ150mm 两种配管时，宜选用粒径 5～38mm 碎石。

5）细骨料宜用中砂，其通过 0.315mm 筛孔的颗粒含量不应小于 15%，通过 0.160mm 筛孔的含量不应小于 5%。

6）泵送混凝土应采用泵送剂或减水剂，并宜掺用粉煤灰或其他活性掺合料，以改善和易性，减水泌水性。当掺用粉煤灰时，其质量应符合国家现行标准《粉煤灰在混凝土和砂浆中应用技术规程》中规定的Ⅰ、Ⅱ级粉煤灰的要求，其掺量约为水泥用量的 15%；掺用引气型外加剂时，其混凝土含气量不宜大于 4%。

表 10-16 泵送混凝土坍落度选用表

泵送高度/m	<30	30～60	60～100	>100
坍落度/mm	100～140	140～160	160～180	180～200

2. 计算试配强度

混凝土配制强度可按下式计算：

$$f_{cu,0}=f_{cu,k}+1.645\sigma \tag{10-47}$$

式中 $f_{cu,o}$——混凝土的试配强度（N/mm^2）；

$f_{cu,k}$——设计的混凝土立方体抗压强度标准值（N/mm^2）；

σ——施工单位的混凝土强度标准差（N/mm^2）。

3. 计算水灰

混凝土的水灰比可按下式计算：

$$\frac{W}{C}=\frac{\alpha_a f_{ce}}{f_{cu,0}+\alpha_a\alpha_b f_{ce}} \tag{10-48}$$

式中 W——每 m^3 混凝土的用水量（kg）；

C——每 m^3 混凝土的水泥用量（kg）；

α_a、α_b——回归系数；对碎石：$\alpha_a=0.46$，$\alpha_b=0.07$；对卵石：$\alpha_a=0.48$，$\alpha_b=0.33$；

f_{ce}——水泥的实际强度（N/mm^2）。

计算所得泵送混凝土的用水量与水泥和矿物掺合料的总量之比不宜大于 0.60，如大于读数值应按 0.60 采用。

4. 选取单位用水量

根据施工要求按表 10-16 选取坍落度，再按下式计算试配时要求的坍落度值：

$$T_t=T_p+\Delta T \tag{10-49}$$

式中 T_t——配制时要求的坍落度值（mm）；

T_p——入泵时要求的坍落度值（mm）；

ΔT——试验测得在预计时间内的坍落度经时损失值（mm）。

求得 T_t 再根据使用骨料的品种、粒径选取单位体积混凝土的用水量 m_{wo}。用水量可参照表 10-9，以表中坍落度 90mm 的用水量为基础，按坍落度每增大 20mm 用水量增加 5kg，计算出来掺加外加剂时的混凝土用水量。

5. 计算水泥用量

水泥用量可根据已定的用水量和水灰比按下式计算：

$$m_{co}=\frac{m_{wo}}{W/C} \tag{10-50}$$

式中 m_{co}——每 m^3 混凝土的水泥用量（kg/m^3）；

m_{wo}——每 m^3 混凝土的用水量（kg/m^3）。

其余符号见上。

计算所得的水泥用量如小于 $300kg/m^3$ 则按 $300kg/m^3$ 取用。

6. 选取砂率

混凝土的砂率可按施工单位使用经验选用或按普通混凝土在表 10-10 的范围内选用，由于该表为坍落度为 1 ~ 6cm 的混凝土砂率；对坍落度等于或大于 100mm 的混凝土砂率可在该表的基础上，按坍落度每增大 20mm 砂率增大 1% 的幅度予以调整。

7. 选取外加剂掺量和调整用水量及水泥用量

泵送混凝土掺用泵送剂或减水剂品种、用量及粉煤灰用量可根据经验或通过试验确定。一般掺量取水泥用量的 0.25% ~0.30%；粉煤灰取代水泥百分率取 10% ~20%。

掺加泵送剂或减水剂的用水量及水泥用量应按下式调整：

$$m_{wa}=m_{wo}(1-\beta_1) \tag{10-51}$$

$$m_{ca}=m_{co}(1-\beta_2) \tag{10-52}$$

式中　m_{co}——每 m^3 混凝土的水泥用量（kg/m^3）；

m_{wo}——每 m^3 混凝土的用水量（kg/m^3）；

m_{wa}、m_{ca}——掺减水剂混凝土每 m^3 混凝土中的用水量和水泥用量（kg/m^3）；

β_1、β_2——减水剂的减水率（%）和减水泥率（%），由试验确定。

计算方法同 10.6.3 和 10.6.2 节。

8. 计算粗、细骨料用量

一般采用体积法进行计算。当不掺加粉煤灰时，粗、细骨料用量用 10.6.1 节相同方法计算。

当掺加粉煤灰时，粗、细骨料用量用 10.6.2 节相同方法计算。

9. 试配和调整，并确定施工配合比

根据计算的泵送混凝土配合比用与 10.6.1 一节相同的方法。通过试配，在保证设计所要求的和易性、坍落度基础上，进行混凝土配合比的调整，再根据调整后的配合比，提出现场施工用的泵送混凝土配合比。

泵送混凝土参考配合比见表 10-17。

表 10-17　泵送混凝土参考配合比

混凝土强度等级	碎石粒径/mm	配合比/(kg/m^3)					
		水泥	砂	碎石	木钙减水剂	粉煤灰	水
C20	5~40	310	816	1082	0.775	0	192
C25	5~40	350	780	1078	0.875	0	192
C20	5~40	326	745	1071	0.960	58	200
C25	5~40	361	710	1065	1.062	64	200
C20	5~25	326	825	1047	0.815	2	202
C25	5~25	369	786	1043	0.922	0	202
C20	5~25	342	750	1037	1.007	61	210
C25	5~25	379	715	1029	1.118	67	210
C30	5~25	480	644	974	1.20	—	220

注：坍落度为 11~13cm。

【例 10-7】 钢筋混凝土板，设计混凝土强度等级为 C30，使用材料为 42.5 级矿渣水泥，中砂（表观密度 $2.62t/m^3$），碎石最大料径 20mm（表观密度 $2.65t/m^3$），自来水。混凝土用机械搅拌，振动器振捣，混凝土坍落要求 3~5cm，试用体积法计算混凝土配合比。

【解】（1）选定混凝土试配强度

查表 10-5，取 $\sigma=5N/mm^2$，由式（10-10）可知混凝土试配强度 $f_{cu,0}=(30+1.645\times5)N/mm^2=38.2N/mm^2$

（2）计算水灰比　由式（10-15）先求水泥实际强度值

$$f_{ce}=1.13\times42.5N/mm^2=48N/mm^2$$

采用骨料为碎石，由式（10-13）混凝土所需水灰比为：

$$\frac{W}{C}=\frac{0.46\times48}{38.2+0.032\times48}=0.56$$

小于表 10-6 最大水灰比 0.65，故取 0.56。

（3）选取单位用水量　已知选定的混凝土的坍落度为 3 ~ 5cm，骨料采用碎石，最大粒径为 20mm，查表 10-9 得每立方米混凝土用水量为　$m_{wo}=195\text{kg/m}^3$。

（4）按式（10-16）计算每立方米混凝土的水泥用量：

$$m_{co}=\frac{m_{wo}}{\frac{W}{C}}=\frac{195}{0.56}\text{kg/m}^3=384\text{kg/m}^3$$

查表 10-6，其计算值大于最小水泥用量，故取 $m_{co}=348\text{kg/m}^3$。

（5）选取砂率　根据水灰比、骨料品种和最大粒径，由表 10-10 得合理砂率 $\beta_s=37\%$。

（6）计算细、粗骨料用量　采用体积法，根据已知条件按式（10-17）、式（10-18）列出方程式如下：

$$\frac{348}{3100}+\frac{m_{so}}{2620}+\frac{m_{go}}{2650}+\frac{195}{1000}+0.01\times1=1$$

$$\frac{m_{so}}{m_{so}+m_{go}}\times100\%=37\%$$

解之得　砂的质量　　$m_{so}=665\text{kg}$

石子的质量　$m_{go}=1130\text{kg}$

（7）确定配合比　混凝土的基准配合比为：水泥: 砂: 碎石: 水 = 348: 665: 1130: 195

或质量比为：水泥: 砂: 碎石: 水 = 1: 1.91: 3.25: 0.56。

【例 10-8】　钢筋混凝土梁，混凝土设计强度等级为 C20，其标准差 $\sigma=5\text{N/mm}^2$，混凝土拌合物坍落度为 30 ~ 50mm；水泥采用 42.5 级普通硅酸盐水泥，粗骨料为碎石，其最大粒径为 40mm，细骨料采用中砂，试设计粉煤灰混凝土配合比。

【解】　1. 根据式（10-10）计算混凝土试配强度为：

$$f_{cu,0}=f_{cu,k}+1.645\sigma=(20+1.645\times5)\text{N/mm}^2=28.2\text{N/mm}^2$$

2. 计算基准混凝土的材料用量：

（1）由式（10-13）水灰比为：

$$\frac{W}{C}=\frac{0.46f_{ce}}{f_{cu,0}+0.032f_{ce}}=\frac{0.46\times1.13\times42.5}{28.2+0.032\times1.13\times42.5}=0.74$$

大于最大水灰 0.65，故取 0.65。

（2）查表 10-9 得用水量　$m_{wo}=175\text{kg/m}^3$

由式（10-16）求得水泥用量　$m_{co}=\frac{175}{0.65}\text{kg/m}^3=269\text{kg/m}^3$

（3）查表 10-10，取砂率为 37%。

（4）按体积法计算：

得砂子用量　$m_{so}=711\text{kg/m}^3$。

石子用量　　$m_{go}=1211\text{kg/m}^3$。

（5）基准混凝土材料用量为：

$m_{co}=269\text{kg/m}^3$，$m_{so}=711\text{kg/m}^3$，

$m_{go}=1211\text{kg/m}^3$，$m_{wo}=175\text{kg/m}^3$。

3. 粉煤灰混凝土配合比设计以基准混凝土为基础，用粉煤灰超量取代法进行计算调整。

（1）按表 10-11 选取粉煤灰取代水泥率 $\beta_c=0.15$；

（2）按取代水泥率由式（10-32）算出每立方米混凝土水泥用量为：$m_c=269\times(1-0.15)\text{kg/m}^3=229\text{kg/m}^3$；

（3）查表 10-12 选取粉煤灰超量系数 $\delta_c=1.5$；

（4）按超量系数由式（10-33）算出每立方米混凝土的粉煤灰掺量；

$$m_f=1.5(269-229)\text{kg}=60\text{kg}$$

（5）计算水泥、粉煤灰和砂的绝对体积，求出粉煤灰超出水泥部分的体积，并扣除同体积砂的用量。取水泥密度 $\rho_c=3100\text{kg/m}^3$；粉煤灰密度 $\rho_f=2200\text{kg/m}^3$；砂子密度 $\rho_s=2650\text{kg/m}^3$。由式（10-34）

$$\begin{aligned}m_s&=m_{so}-\left(\frac{m_c}{\rho_c}+\frac{m_f}{\rho_f}-\frac{m_{co}}{\rho_c}\right)\rho_s\\&=711\text{kg}-\left(\frac{228}{3100}+\frac{60}{2200}-\frac{269}{3100}\right)\times2650\text{kg}=674\text{kg}\end{aligned}$$

（6）取 $m_g=m_{go}$，$m_w=m_{wo}$，得每立方米粉煤灰混凝土材料计算用量为：

$m_c=229\text{kg}$；$m_s=674\text{kg}$；$m_g=1211\text{kg}$

$m_f=60\text{kg}$；$m_w=175\text{kg}$；

4. 经试配调整得出设计配合比

因试配得粉煤灰混凝土的实测密度为 2415kg/m^3，计算密度为 2366kg/m^3，故得校正系数为：

$$\delta=\frac{2415}{2366}=1.02$$

由此得每立方料粉煤灰混凝土的材料用量为：

$m_c=234\text{kg}$；$m_s=687\text{kg}$；$m_g=1235\text{kg}$；

$m_f=61\text{kg}$；$m_w=178\text{kg}$。

【例 10-9】 钢筋混凝土地下室工程，采用 C30、P12 抗渗混凝土；水泥用 42.5 级普通硅酸盐水泥，$\rho_c=3.1\text{t/m}^3$；细骨料用中砂，平均粒径 0.40mm，$\rho_s=2.6\text{t/m}^3$；粗骨料采用碎石，用二级配，5～10mm∶10～30mm＝30∶70，石子空隙率为 40%；要求混凝土坍落度为 30～50mm，用振动器捣实，试计算确定配合比。

【解】（1）选取水灰比、用水量和砂率。根据所需求的强度等级、抗渗等级、坍落度及材料情况，由表 10-13 初步确定水灰比 0.55，查表 10-15，砂率为 36%；查表 10-14，用水量为 185kg/m^3。

（2）计算水泥用量。由式（10-37）得：

$$m_{co}=\frac{m_{wo}}{\dfrac{W}{C}}=\frac{185}{0.55}\text{kg/m}^3=336\text{kg/m}^3$$

符合普通防水混凝土水泥用量不小于 320kg/m^3 的要求。

（3）计算砂石混合密度。由式（10-40）得：

$$\begin{aligned}\rho_{sg} &= \rho_s \times \beta_s + \rho_g(1-\beta_s)\\ &= [2.6\times0.36+2.7(1-0.36)]\mathrm{t/m^3}\\ &= (0.936+1.728)\mathrm{t/m^3}\\ &= 2.66\mathrm{t/m^3}\end{aligned}$$

（4）计算砂石混合质量。由式（10-41）得：

$$\begin{aligned}m_{sg} &= \rho_{sg}\left(1000-\frac{m_{wo}}{\rho_w}-\frac{m_{co}}{\rho_c}\right)\\ &= 2.66\left(1000-\frac{185}{1}-\frac{336}{3.1}\right)\mathrm{kg/m^3}\\ &= 1881\mathrm{kg/m^3}\end{aligned}$$

（5）分别计算砂石用量。由式（10-42）、式（10-43）得：

$$\begin{aligned}m_{so} &= m_{sg}\beta_s = 1881\times0.36\mathrm{kg/m^3}\\ &= 677\mathrm{kg/m^3}\\ m_{go} &= m_{sg}-m_{so} = (1881-677)\mathrm{kg/m^3}\\ &= 1204\mathrm{kg/m^3}\end{aligned}$$

（6）初步确定配合比

水泥:砂:碎石:水 = 336:677:1204:185 = 1:2.01:3.58:0.55。

试拌后坍落度为3～4cm，符合工程要求。

10.7 混凝土浇筑强度及时间计算

10.7.1 浇筑强度

混凝土搅拌能力的配备应根据混凝土浇筑强度（即每小时浇筑混凝土量）而定，混凝土的最大浇筑强度可按下式计算：

$$Q=\frac{Fh}{t} \tag{10-53}$$

其中 $t = t_1 - t_2$

式中 Q——混凝土的最大浇筑强度（m^3/h）；

F——混凝土最大水平浇筑截面面积（m^2）；

h——混凝土分层浇筑厚度，一般取0.2～0.4m；

t——每层混凝土浇筑时间（h）；

t_1——水泥的初凝时间（h）；

t_2——混凝土的运输时间（h）。

10.7.2 浇筑时间

混凝土浇筑需要时间按下式计算：

$$T=\frac{V}{Q} \tag{10-54}$$

式中 T——全部混凝土浇筑完毕需要的时间（h）；

V——全部混凝土浇筑量（m^3）；

Q——混凝土的最大浇筑强度（m^3/h）。

【例 10-10】 某高层写字楼采用筏板式基础，长 32m、宽 22m、厚 4.2m，混凝土强度等级为 C30，混凝土由搅拌站用混凝土搅拌车运输至现场，运输时间为 0.6h（包括装、运、卸），混凝土初凝时间为 3h，采用插入式振捣器振捣，混凝土每层浇筑厚度为 30cm，要求连续一次浇筑完成不留施工缝，试求混凝土的浇筑强度和浇完所需时间。

【解】 基础面积 $F = 32\text{m} \times 22\text{m} = 704\text{m}^2$

基础体积 $V = 150 \times 4.2\text{m}^3 = 630\text{m}^3$

每层浇筑厚度 $h = 0.3\text{m}$

已知 $t_1 = 3\text{h}$；$t_2 = 0.6\text{h}$

由式（10-53）混凝土浇筑强度为：

$$Q = \frac{Fh}{t_1 - t_2} = \frac{704 \times 0.3}{3 - 0.6}\text{m}^3/\text{h} = 88\text{m}^3/\text{h}$$

由式（10-54）浇完该设备基础所需时间为

$$T = \frac{V}{Q} = \frac{630}{88}\text{h} = 7.16\text{h}$$

即 7.16h 浇筑完毕。

10.8 混凝土拌制投料量及掺外加剂用量计算

10.8.1 投料量

混凝土搅拌投料量应根据混凝土搅拌机出料容量和粗、细骨料的实际含水率进行修正而定，同时应考虑在搅拌一罐混凝土时，省去水泥的配零工作量；水泥投入量尽可能以整袋水泥计，或按每 5kg 进级取整数。

混凝土搅拌机的出料容量在铭牌上有说明；材料的含水率修正按材料含水时的质量（m_h）应等于干燥状态下的质量（m_d）加上干燥状态下的质量（m_d）与含水率（w）的乘积（此乘积即所含水量），按下式计算：

$$m_h = (1 + w) m_d \tag{10-55}$$

式中 m_h——粗、细骨料含水时的质量（kg）；

m_d——粗、细骨料干燥状态下的质量（kg）；

w——粗、细骨料的含水率（%）。

10.8.2 掺外加剂用量

混凝土掺外加剂用量计算的步骤是：先按外加剂掺量求纯外加剂用量，再根据已知浓度外加剂，求实际浓度外加剂用量，再后根据已知浓度外加剂，求实际浓度外加剂。然后计算配成水溶液后的每袋水泥的溶液掺量及扣除溶液含水量后的加水量。

【例 10-11】 钢筋混凝土楼板，采用 C20 普通混凝土，设计质量配合比为：水泥：砂：碎

石 = 1∶2.24∶3.89，水灰比 $\frac{W}{C}=0.59$，水泥用量为 $307kg/m^3$，施工现场测得砂含水率为 2.8%，碎石含水率为 1.2%。采用 J_4-1000 强制式搅拌机，出料容量为 1000L，试计算搅拌机在额定生产条件下一次搅拌的各种材料投料量。

【解】 其施工配合比及每立方米混凝土各材料用量为：

施工配合比 $1:2.24(1+2.8\%):3.89\times(1+1.2\%)=1:2.30:3.94$

每立方米各组成材料用量为：

水泥　　307kg

砂　　$307\times2.30kg=706.1kg$

碎石　　$307\times3.94kg=1209.6kg$

水　　$0.59\times307kg-2.24\times307\times0.028kg-3.89\times307\times0.012kg=147.5kg$

则混凝土搅拌机每次投料量为：

水泥　　$307\times1.0kg=307kg$，取 300kg，用 6 袋水泥

砂　　$300\times2.30kg=690kg$

碎石　　$300\times3.94kg=1182kg$

水　　$300\times0.59kg-300\times2.24\times0.028kg-300\times3.89\times0.012kg=144.2kg$

【例 10-12】 C15 混凝土，用 32.5 级水泥配制，每立方米混凝土水泥用量为 215kg，水用量为 180kg，木钙减水剂掺量为水泥用量的 0.3%（纯度 95%），工地木钙纯度 72%，试计算每袋（50kg）水泥掺木钙及水的用量。

【解】 每立方米混凝土纯木钙用量 $215\times0.3\%kg=0.65kg$。

72% 浓度木钙需用量为 $\frac{0.65\times0.95}{0.72}kg=0.86kg$

将这 0.86kg 木钙先调入 20kg 清水中成为木钙溶液，然后按水泥用量掺用。

每一次拌合用水泥一袋（即 50kg），则需用木钙溶液为

$$\frac{20.86\times50}{215}kg=4.85kg$$

每袋水泥加水量为：$\frac{180\times50}{215}kg-\frac{20\times50}{215}kg=37.2kg$

10.9 泵送混凝土浇筑施工计算

10.9.1 泵车数量

混凝土输送泵车需用台数（N）可按下式计算：

$$N=\frac{q_n}{q_{max}\eta} \tag{10-56}$$

式中 q_n——混凝土浇筑数量（m^3/h）；

q_{max}——混凝土输送泵车最大排量（m^3/h）；

η——泵车作业效率，一般取 0.5～0.7。

10.9.2 搅拌车数量

每台混凝土输送泵车需配备混凝土搅拌运输车台数（n_1）可按下式计算：

$$n_1 = \frac{q_m}{60Q}\left(\frac{60l}{v} + t\right) \tag{10-57}$$

$$q_m = q_{max}\eta\alpha \tag{10-58}$$

式中 η——泵车作业效率，一般取0.5~0.7；

q_m——每台混凝土泵的实际平均输出量（m^3/h）；

Q——混凝土搅拌运输车容量（m^3）；

v——搅拌运输车车速（km/h），一般取30；

l——搅拌站到施工现场往返距离（km）；

t——由客观原因造成的停车时间（min），一个运输周期总停歇时间（min），包括装料、卸料、停歇、冲洗等；

α——配管条件系数，可取0.8~0.9。

10.9.3 泵车输送能力（最大输送距离和平均输送量）

泵车的输送能力以单位时间内最大输送距离和平均输出量来表示。在规划泵送混凝土时，应根据工程平面和场地条件确定泵车停放位置，并做出配管设计，使配管长度不超过泵车的最大输送距离。单位时间内的最大排出量与配管的换算长度密切相关（表10-18），配管的水平换算长度（L）可按下式计算：

$$L = (l_1 + l_2 + \cdots) + k(h_1 + h_2 + \cdots) + fm + bn_1 + tn_2 \tag{10-59}$$

式中 l_1、l_2——水平配管长度（m）；

h_1、h_2——垂直配管长度（m）；

m——软管根数（根）；

n_1——弯管个数（个）；

n_2——弯径管个数（个）；

k、f、b、t——分别为每米垂直管及每根软管、弯管、变径管的换算长度（表10-19）。

表10-18 配管换算长度与最大排出量的关系

水平换算长度/m	最大排出量与设计量大排出量对比(%)	水平换算长度/m	最大排出量与设计量大排出量对比(%)
0~49	100	150~179	80~70
55~99	90~80	180~199	70~60
100~149	80~70	200~249	60~50

注：1. 本表条件为：混凝土坍落度12cm，水泥用量300kg/m^3。

2. 坍落度降低时，排出量对比值还应相应减少。

在编制泵送作业设计时，应使泵送配管的换算长度小于泵车的最大输送距离。垂直换算长度应小于0.8倍泵车的最大输送距离。

表 10-19　各种配管与水平管换算表

项　　次	项　　目	管型规格		换算成水平管长度/m
1	向上垂直管 K （每 1m）	管径 100mm（4 英寸）		3
		管径 125mm（5 英寸）		4
		管径 150mm（6 英寸）		5
2	软管 f	每 5～8m 长的 1 根		20
3	弯管 b （每 1 个）	曲率半径 $R=0.5$m	90°	9
			45°	4.5
			30°	3
			15°	1.5
		曲率半径 $R=1.0$m	90°	9
			45°	4.5
			30°	3
			15°	1.5
4	弯径管 t （锥形管） （每 1 根） $l=1\sim2$	管径 175～150mm		4
		管径 150～125mm		8
		管径 125～100mm		16

注：1. 本表的条件是：输送混凝土水泥用量在 300kg/m^3 以上，坍落度 21cm；当坍落度小时换算率应适应增大。

2. 向下垂直管，其水平换算长度等于其自身长度。

3. 斜向配管时，根据其水平及垂直投影长度，分别按水平、垂直配管计算。

混凝土泵车的最大水平输送距离 L_{max}（m）可由试验确定；或参照技术性能表（曲线）确定；或根据混凝土泵产生的最大混凝土压力、配管情况、混凝土性能指标和输出量按下式计算：

$$L_{max}=\frac{P_{max}}{\Delta p_{H}} \tag{10-60}$$

$$\Delta P_{H}=\frac{2}{r}\left[k_1+k_2\left(1+\frac{t_2}{t_1}\right)v_0\right]a_0 \tag{10-61}$$

其中
$$k_1=(3.0-0.01S)10^2$$
$$k_2=(4.0-0.01S)10^2$$

式中 p_{max}——混凝土泵产生的最大混凝土压力（Pa），可从技术性能表中查出；

ΔP_{H}——混凝土在水平输送管内流动每米产生的压力损失（Pa/m）；

r——混凝土输送管半径（m）；

k_1——粘着系数（Pa）；

k_2——速度系数（Pa/m/s）；

S——混凝土坍落度（cm）；

$\frac{t_2}{t_1}$——混凝土泵分配阀切换时间与活塞推压混凝土时间之比，一般取 0.3；

v_0——混凝土拌合物在输送管内的平均流速（m/s）；

a_0——径向压力与轴向压力之比，对普通混凝土取0.9。

当配管有水平管、向上垂直管或弯管等情况时，应先按表10-19进行换算，然后再用上两式进行计算。

泵车的平均输出量 Q_A（m^3/h）一般是根据泵车的最大排出量、结合配管条件系数按下式计算：

$$Q_A = q_{max} \alpha E_t \tag{10-62}$$

式中 q_{max}——泵车的最大排出量（m^3/h）可从技术性能表中查出，如DC-S115B型泵车为$70m^3/h$；

E_t——作业效率，根据混凝土搅拌车向混凝土泵供料的间歇时间、拆装混凝土输送管和布料停歇等情况，可取0.5～0.7；1台搅拌车供料取0.5；2台搅拌车同时供料取0.7。

α——配管条件系数，可取0.8～0.9。

10.9.4 混凝土泵的数量

混凝土泵数量按下式计算：

$$n_2 = \frac{q_n}{q_m} T \tag{10-63}$$

式中 q_m——每台混凝土泵的实际平均输出量（m^3/h）；

T——混凝土泵送施工作业时间（h）；

q_n——混凝土的浇筑数量（m^3）。

【例10-13】 某大体积混凝土箱体厚3.3m，混凝土浇注量为$1810m^3$，采取分层浇筑，每层厚30cm，混凝土浇灌量要求$88.9m^3/h$，拟采用IPF-185B型混凝土输送泵车浇筑，其最大输送能力（排量）$q_{max}=25m^3/h$，作业效率$\eta=0.6$，采用JC6型混凝土搅拌运输车运输，装料容量$Q=6m^3$，车速$v=30km/h$，往返运输距离$l=15km$，试求需用混凝土输送泵车和混凝土搅拌运输车多少台数。

【解】 由式（10-56）需用混凝土输送泵车台数为：

$$N = \frac{q_n}{q_{max}\eta} = \frac{88.9}{25 \times 0.6}\text{台} = 5.9\text{台} \quad \text{用6台}$$

由式（10-57）每台混凝土泵车需配备混凝土搅拌运输车台数

$$n = \frac{q_{max}\eta\alpha}{60Q}\left(\frac{60l}{v}+t\right) = \frac{25\times0.6\times0.9}{60\times6}\left(\frac{60\times15}{30}+45\right)\text{台}$$

$$=2.8\text{台} \quad \text{用3台}$$

故共需配备混凝土输送泵车6台，混凝土搅拌运输车6台×3=18台。

【例10-14】 同例10-13条件，已知混凝土输送泵车产生的最大泵压$p_{max}=4.60\times10^6$Pa，输送管直径为125mm，每台泵车水平配管长度为130m，装有1根软管，3根弯管，2根变径管；混凝土坍落度$S=17cm$，混凝土在输送管内的流速$v=0.52m/s$，试计算混凝土输送泵的输送距离能否满足要求。

【解】 由式（10-59）配管的水平换算长度为：

$$L = l + fm + bn_1 + tn_2$$
$$= 130\text{m} + 20 \times 1\text{m} + 12 \times 3\text{m} + 16 \times 2\text{m} = 218\text{m}$$

由式（10-61），取 $t_1/t_2 = 0.3$；$a_0 = 0.9$

$$k_1 = (3.0 - 0.01S)10^2 = (3 - 0.01 \times 17) \times 10^2\text{Pa} = 283\text{Pa}$$
$$k_2 = (4.0 - 0.01S)10^2 = (4 - 0.01 \times 17) \times 10^2\text{Pa} = 383\text{Pa}$$
$$\Delta p_{\text{H}} = \frac{2}{r}\left[k_1 + k_2\left(1 + \frac{t_2}{t_1}\right)v\right]a_0$$
$$= \frac{2 \times 2}{0.125}[283 + 383(1 + 0.3) \times 0.52] \times 0.9\text{Pa/m}$$
$$= 15607\text{Pa/m}$$

混凝土泵车的最大水平输送距离为：

$$L_{\max} = \frac{p_{\max}}{\Delta p_{\text{H}}} = \frac{4.60 \times 10^6}{15607}\text{m} = 295\text{m}$$

$L_{\max}$为295m；大于218m，故能满足要求。

10.10 混凝土强度的换算和推算

10.10.1 混凝土强度的换算

混凝土强度的换算是施工中常遇到的技术问题，如已知混凝土的nd强度，需要推算出28d标准龄期强度或另一个龄期的强度等；或已知标准养护28d龄期的强度，需要推算出nd龄期的强度等。由大量试验知，混凝土强度增长情况大致与龄期的对数成正比例关系，其关系式如下：

$$f(n) = f(28)\frac{\lg n}{\lg 28} \tag{10-64}$$

$$f(28) = \frac{f(n)\lg 28}{\lg n} \tag{10-65}$$

式中 $f(n)$——nd龄期混凝土的抗压强度（N/mm^2）；

$f(28)$——28d龄期混凝土的抗压强度（N/mm^2）；

lg28、lg$n$——28和$n(n \geqslant 3)$的常用对数。

根据上式，可由一个已知龄期的混凝土强度换算另一个龄期强度。上式只适用于在标准养护条件下，而且龄期大于（或等于）3d的情况。采用普通水泥拌制的中等强度等级的混凝土，由于水泥品种、养护条件、施工方法等常有差异，混凝土强度发展与龄期的关系也不可能一致，故此只能作大致换算用。

10.10.2 混凝土强度的推算

1）利用7d抗压强度（f_7）推算28d抗压强度可用以下相关经验公式计算：

$$f_{28} = f_7 + r\sqrt{f_7} \tag{10-66}$$

式中 f_{28}——28d 龄期的混凝土抗压强度（MPa）；

f_7——7d 龄期的混凝土抗压强度（MPa）；

r——常数，由试验统计资料确定，一般取 $r = 1.5 \sim 3.0$。

上式适合于中等水泥强度等级的普通水泥混凝土标准养护条件下强度的推算。

2）利用已知两个相邻早期抗压强度推算任意一个后期强度。

可按以下经验公式计算：

$$f_{\mathrm{n}} = f_{\mathrm{a}} + m(f_{\mathrm{b}} - f_{\mathrm{a}}) \tag{10-67}$$

其中

$$m = \frac{\lg(1+\lg n) - \lg(1+\lg a)}{\lg(1+\lg b) - \lg(1+\lg a)} \tag{10-68}$$

其中 f_{n}——任意一个后期龄期（常用龄期为 14d、28d、60d、90d 等）的混凝土抗压强度（MPa）；

f_{a}——前一个早期龄期（常用龄期为 3d、4d、5d、7d 等）的混凝土抗压强度（MPa）；

f_{b}——后一个早期龄期（常用龄期为 7d、8d、10d、14d 等）的混凝土抗压强度（MPa）；

m——常数值，按式（10-60）计算。

已知 a、b 值，推算 28d 强度的 m 值列于表 10-20 中，可直接查用。

表 10-20　推算 28d 强度的 m 值

a	b									
	4	6	7	8	10	12	14	16	18	21
2	3.04	2.02	1.81	1.66	1.47	1.35	1.26	1.20	1.15	1.09
3		2.73	2.28	2.00	1.67	1.48	1.35	1.26	1.19	1.12
4			3.00	2.46	1.91	1.63	1.45	1.33	1.24	1.14
5				3.22	2.24	1.81	1.56	1.40	1.29	1.17
6					2.72	2.04	1.70	1.49	1.34	1.20
7						2.37	1.87	1.59	1.41	1.23
8							2.10	1.72	1.48	1.27
9								1.87	1.57	1.31
10									1.68	1.35

3）利用已知 28d 的抗拉强度 f_{t}（28）推算不同龄期的抗拉强度可按以下经验公式计算：

$$f_{\mathrm{t}}(t) = 0.8 f_1 (\lg t)^{2/3} \tag{10-69}$$

式中 $f_{\mathrm{t}}(t)$——不同龄期的抗拉强度（MPa）；

f_1——龄期为 28d 的抗拉强度（MPa）或混凝土轴向抗拉强度（MPa）。

在计算中遇有弯拉、偏拉受力状态，考虑低拉应力区对高拉应力区的“模箍作用”，应乘以 $\gamma = 1.7$ 系数，借以考虑抗拉能力的提高。

4）混凝土抗拉与抗压强度的关系国内外进行了大量试验，可采用以下指数经验公式表

示:

$$f_t = a f_c^b \tag{10-70}$$

或

$$\lg f_t = \lg a + b\lg f_c \tag{10-71}$$

式中 f_t——龄期为28d的抗拉强度(MPa)或混凝土轴向抗拉强度(MPa);

f_c——混凝土立方体抗压强度(MPa);

a、b——常数值,a在0.3~0.4之间,b为0.7左右,国内试验数据见表10-21。

由大量试验可知,混凝土抗拉强度与同龄期抗压强度的关系随不同条件而变化,其变化范围大约为$\frac{1}{10}$~$\frac{1}{16}$,亦即混凝土的抗拉强度只有抗压强度的$\frac{1}{10}$~$\frac{1}{16}$,它随着混凝土抗压强度的增长而增长。

表10-21 指数经验式的常数值

项 次	试验单位	a	b	备 注
1	水利水电科学研究院	0.305	0.732	劈裂法
	刘家峡水电局	0.33	0.72	劈裂法
	中国建筑科学研究院	0.32	0.65	劈裂法
2	水利水电科学研究院	0.55	0.68	轴拉法
	中国建筑科学研究院	0.72	0.633	轴拉法
	铁道科学研究院	0.72	0.633	轴拉法

【例10-15】 已知一组普通水泥混凝土试块的38d的平均抗压强度为33.6N/mm²。试换算该组试块在标准养护条件下28d和60d达到的强度。

【解】 由式(10-64)、式(10-65)得:

$$f(28) = \frac{33.6\lg 28}{\lg 38}\text{N/mm}^2 = 30.8\text{N/mm}^2$$

$$f(60) = \frac{30.8\lg 60}{\lg 28}\text{N/mm}^2 = 37.8\text{N/mm}^2$$

故换算的强度分别为30.8N/mm²和37.8N/mm²。

10.11 混凝土弹性模量的推算

混凝土的弹性模量可根据混凝土的强度等级值,按以下公式推算:

$$E_c = \frac{10^5}{2.2 + \frac{34.7}{f_{cu,k}}} \tag{10-72}$$

式中 E_c——混凝土弹性模量(N/mm²);

$f_{cu,k}$——混凝土强度等级值(N/mm²),即混凝土抗压强度标准值。

潮湿状态下的E_c值比干燥时大;蒸汽养护混凝土的E_c值比潮湿养护要降低10%。

【例10-16】 已知混凝土强度等级值为C25。试求其弹性模量。

【解】 由式（10-72）得：

$$E_c = \frac{10^5}{2.2 + \frac{34.7}{25}} \text{N/mm}^2 = \frac{10^5}{3.588} \text{N/mm}^2 = 2.79 \times 10^4 \text{N/mm}^2$$

10.12 补偿收缩混凝土计算

补偿收缩混凝土是用膨胀水泥或普通水泥掺入微膨胀剂，与粗、细骨料和水配制而成。

补偿收缩混凝土的性能要求为：限制膨胀率不小于 1.5×10^{-4}；限制收缩率不大于 4.5×10^{-4}；28d 抗压强度不小于 20N/mm^2。

补偿收缩混凝土的最终变形按下式计算：

$$D = e_{2m} - \sum S_m \quad (10\text{-}73)$$

在不允许出现拉应力的结构构件中：

$$D \geqslant 0 \quad (10\text{-}74)$$

在不允许出现裂缝的结构构件中：

$$D \leqslant |S_k| \quad (10\text{-}75)$$

式中 D——补偿收缩后的最终变形（即剩余变形）；

e_{2m}——限制膨胀率；

$\sum S_m$——各种收缩率之和，在补偿干缩时 $\sum S_m = S_2$（干缩率）；在同时补偿干缩与冷缩时，$\sum S_m = S_2 + S_T$（冷缩率）；

S_k——混凝土的极限延伸值，即混凝土出现裂缝的最大应变值（负值）。

【例 10-17】 某建筑补偿收缩钢筋混凝土底板，根据设计的混凝土强度等级、湿度及长期埋在地下的特点，已知 $S_2 = 4.8 \times 10^{-4}$，$S_k = -1.8 \times 10^{-4}$，不允许出现裂缝。试求限制膨胀率。

【解】 由表 10-19、式（10-73），不允许出现裂缝时，$D = S_k$，则

$$e_{2m} = S_k + \sum S_m = -1.8 \times 10^{-4} + 4.8 \times 10^{-4} = 3 \times 10^{-4}$$

故湿养护 14d 底板的限制膨胀率应为 3×10^{-4}。

10.13 混凝土与钢筋混凝土极限拉伸计算

混凝土和钢筋混凝土的极限拉伸，即材料的相对拉伸变形。混凝土的极限拉伸为 1×10^{-4}，一般为$(0.8 \sim 1.6) \times 10^{-4}$。钢筋混凝土不考虑徐变影响的极限拉伸值可按下式计算：

$$\varepsilon_{pa} = 0.5 f_t \left(1 + \frac{\rho}{d}\right) \times 10^{-4} \quad (10\text{-}76)$$

式中 f_t——混凝土的抗拉强度设计值（N/mm^2）；

ρ——配筋率，本式中取配筋率 $\rho = 0.2\%$，则 $\rho = 0.2$；

d——钢筋直径（cm）。

【例 10-18】 钢筋混凝土墙采用混凝土等级为 C25，$f_t = 1.27\text{N/mm}^2$，配筋率 $\rho = 0.25$，

采用钢筋直径 $d=16$mm。试求钢筋混凝土墙的极限拉伸值。

【解】 由式（10-76）得：

$$\varepsilon_{pa}=0.5f_t\left(1+\frac{\rho}{d}\right)\times10^{-4}=0.5\times1.27\left(1+\frac{0.25}{1.6}\right)\times10^{-4}$$

$$=0.73\times10^{-4}$$

故墙的极限拉伸值为 0.73×10^{-4}。

10.14 混凝土裂缝控制施工计算

10.14.1 混凝土浇筑前裂缝控制的施工计算

1. 裂缝控制原理、方法和计算步骤

在大体积混凝土浇筑前，根据施工拟采取的防裂措施和已知施工条件，先计算混凝土的水泥水化热绝热温升值、各龄期收缩变形值、收缩当量温差和弹性模量，然后通过计算，估量可能产生的最大温度收缩应力，如不超过混凝土的抗拉强度，则表示所采取的防裂措施能有效控制预防裂缝的出现；如超过混凝土的抗拉强度，则可采取调整混凝土的浇筑温度、减低水化热温升值、降低内外温差、改善施工操作工艺和混凝土性能、提高抗拉强度或改善约束等技术措施重新计算，直至计算的应力在允许范围以内为止。

2. 水化热绝热温升值

混凝土的水化热绝热温升值，一般按下式计算：

$$T_{(t)}=\frac{m_c Q}{c\rho}(1-e^{-mt}) \tag{10-77}$$

式中 $T_{(t)}$——浇完一段时间 t 的混凝土的绝热温升值（℃）；

m_c——每立方米混凝土水泥用量（kg/m³）；

Q——水泥水化热量（J/kg），可由表 10-22 查得；

c——混凝土的比热［J/（kg·K）］，一般由 0.92～1.00，取 0.96；

ρ——混凝土的质量密度，取 2400kg/m³；

e——常数，为 2.718；

m——与水泥品种、浇捣时温度有关的经验系数，一般为 0.2～0.4；

t——混凝土浇筑后至计算时的天数（d）。

实际结构外表是散热的，计算值偏于安全。

表 10-22 每千克水泥水化热量 Q

品种	水化热量/(J/kg)	
	32.5MPa	42.5MPa
普通水泥	377	461
矿渣水泥	335	—

注：火山灰水泥、粉煤灰硅酸盐水泥的发热量可参照矿渣水泥的数值。

3. 各龄期混凝土收缩变形值

各龄期混凝土的收缩变形值 $\varepsilon_{y(t)}$ 随许多具体条件和因素的差异而变化，一般可按下列指数函数表达式计算：

$$\varepsilon_{y(t)} = \varepsilon_y^0(1 - e^{-0.1t})M_1M_2M_3\cdots M_n \tag{10-78}$$

式中 ε_y^0——标准状态下的最终收缩值（即极限收缩值），取 3.24×10^{-4}；

t——混凝土浇筑后至计算时的天数（d）；

M_1、M_2、M_3、…、M_n——考虑各种非标准条件的修正系数，按表 10-23 取用；

$\varepsilon_{y(t)}$——各龄期（d）混凝土的收缩相对变形值。

表 10-23　混凝土收缩变形不同条件影响修正系数

水泥品种	M_1	水泥细度	M_2	骨料	M_3	水灰比	M_4	水泥浆量(%)	M_5
矿渣水泥	1.25	1500	0.90	砂岩	1.9	0.2	0.65	15	0.90
快硬水泥	1.12	2000	0.93	砾砂	1.0	0.3	0.85	20	1.00
低热水泥	1.10	3000	1.00	无粗骨料	1.0	0.4	1.00	25	1.20
石灰矿渣水泥	1.0	4000	1.13	玄武岩、花岗石	1.0	0.5	1.21	30	1.45
普通水泥	1.0	5000	1.35	石灰石	1.0	0.6	1.42	35	1.75
火山灰水泥	1.0	6000	1.68	白云岩	0.95	0.7	1.62	40	2.10
抗硫酸盐水泥	0.78	7000	2.05	石英石	0.8	0.8	1.82	45	2.55

t/d	M_6	w(%)	M_7	$\bar{r}$	M_8	操作方法	M_9	$\frac{E_sA_s}{E_bA_b}$	M_{10}
1~2	$\frac{1.11}{1.0}$	25	1.25	0	$\frac{0.54}{0.21}$	机械振捣	1.00	0.00	1.00
3	$\frac{1.09}{0.98}$	30	1.18	0.1	$\frac{0.76}{0.78}$	手工捣固	1.10	0.05	0.85
4	$\frac{1.07}{0.96}$	40	1.10	0.2	$\frac{1}{1}$	蒸气养护	0.85	0.10	0.76
5	$\frac{1.04}{0.94}$	50	1.00	0.3	$\frac{1.03}{1.03}$	高压釜处理	0.54	0.15	0.68
7	$\frac{1.0}{0.9}$	60	0.88	0.4	$\frac{1.2}{1.05}$			0.20	0.61
10	$\frac{0.96}{0.89}$	70	0.77	0.5	$\frac{1.13}{—}$			0.25	0.55
14~18	$\frac{0.93}{0.84}$	80~90	0.6~0.7	$\frac{1.4\sim1.43}{—}$					

注：分子为自然状态下硬化；分母为加热状态下硬化。

t——混凝土浇筑后初期养护时间（d）。

w——环境相对湿度（%）。

r——水平半径的倒数（cm^{-1}），为构件截面周长（L）与截面积（A）之比，$\bar{r}=L/A$。

$\frac{E_sA_s}{E_bA_b}$——配筋率。

其中 E_s——钢筋的弹性模量（N/mm^2）；

A_s——钢筋的截面面积（mm^2）；

E_b——混凝土的弹性模量（N/mm^2）；

A_b——混凝土的截面面积（mm^2）。

4. 各龄期混凝土收缩当量温差

混凝土的收缩变形换成当量温差（是将混凝土收缩产生的变形，换成相当于引起同样变形所需要的温度，以便按温差计算温度压力）按下式计算：

$$T_{y(t)} = \frac{\varepsilon_{y(t)}}{\alpha} \tag{10-79}$$

式中 $T_{y(t)}$——各龄期（d）混凝土收缩当量温差（℃），负号表示降温；

$\varepsilon_{y(t)}$——各龄期（d）混凝土的收缩相对变形值；

α——混凝土的线胀系数，取 1.0×10^{-5}。

5. 各龄期混凝土弹性模量

各龄期混凝土弹性模量按下式计算：

$$E_{(t)} = E_c(1 - e^{-0.09t}) \tag{10-80}$$

式中 $E_{(t)}$——混凝土从浇筑后至计算时的弹性模量（N/mm^2）；计算温度应力时，一般取平均值；

E_c——混凝土的最终弹性模量（N/mm^2），可近似取 28d 的弹性模量，按表 10-24 取用。

其余符号见上文。

表 10-24 混凝土的弹性模量 E_c

项次	混凝土强度等级 /(N/mm^2)	弹性模量 /(N/mm^2)	项次	混凝土强度等级 /(N/mm^2)	弹性模量 /(N/mm^2)
1	C7.5	1.45×10^4	7	C35	3.15×10^4
2	C10	1.75×10^4	8	C40	3.25×10^4
3	C15	2.20×10^4	9	C45	3.35×10^4
4	C20	2.55×10^4	10	C50	3.45×10^4
5	C25	2.80×10^4	11	C55	3.55×10^4
6	C30	3.0×10^4	12	C60	3.60×10^4

6. 混凝土的温度收缩应力

大体积结构（厚度大于 1m）贯穿性或深进的裂缝，主要是由平均降温差和收缩差引起过大温度收缩应力所造成的。混凝土因外约束引起的温度（包括收缩）应力（二维时）可按以下简化公式计算：

$$\sigma = \frac{E_{(t)}\alpha\Delta T}{1-v}S_{(t)}R \tag{10-81}$$

其中

$$\Delta T = T_0 + \frac{2}{3}T_{(t)} + T_{y(t)} - T_b \tag{10-82}$$

式中 σ——混凝土的温度（包括收缩）应力（N/mm^2）；

ΔT——混凝土的最大综合温差（℃）。如为负则为降温；

T_0——混凝土的入模温度（℃）；

T_b——混凝土浇筑后达到稳定时的温度，一般根据历年气象资料取当年平均气温（℃）；

$S_{(t)}$——考虑徐变影响的松弛系数，一般取0.3~0.5；

R——混凝土的外约束系数，当为岩石地基时，$R=1$；当为可滑动的垫层时，$R=0$；一般地基取0.25~0.50；

v——混凝土的泊松比，可采用0.15~0.20。

当大体积混凝土结构长期裸露在室外（未回填土）时，ΔT值可按混凝土水化热最高温升值（包括混凝土浇筑入模温度）与当地月平均最低温度之差进行计算。

10.14.2 混凝土浇筑后裂缝控制的施工计算

1. 裂缝控制原理、方法和计算步骤

在大体积混凝土浇筑后，根据实测温度值和绘制的温度升降曲线，分别计算和降温阶段的混凝土温度收缩拉应力，如其累计总拉应力不超过同龄期的混凝土抗拉强度，则表示所采取的防裂措施能有效控制预防裂缝的出现，如超过该阶段时的混凝土抗拉强度，则应采取加强养护、保温（及时覆盖回填土）等措施，使其缓慢降温和收缩，提高该龄期的混凝土的抗拉强度，以控制裂缝的出现。

2. 混凝土绝热温升值计算

混凝土的水化热绝热温升值按下式计算：

$$T_{(t)}=\frac{m_c Q}{c\rho}(1-e^{-mt}) \tag{10-83}$$

$$T_{max}=\frac{m_c Q}{c\rho} \tag{10-84}$$

式中 T_{max}——混凝土的最大水化热温升值（℃）；

$T_{(t)}$、m_c、Q、c、ρ、e、m、t等的符号意义同上。

3. 混凝土实际最高温升值

根据各龄期的实测温升温降值及升降温度曲线，按下式求各龄期实际水化热最高温升值：

$$T_d=T_n-T_0 \tag{10-85}$$

式中 T_d——各龄期混凝土实际水化热最高温升值（℃）；

T_n——各龄期实测温度值（℃）；

T_0——混凝土入模温度（℃）。

4. 混凝土水化热平均温度

水化热平均温度按下式计算：

$$T_{x(t)}=T_1+\frac{2}{3}T_4=T_1+\frac{2}{3}(T_2-T_1) \tag{10-86}$$

式中 $T_{x(t)}$——混凝土水化热平均温度（℃）；

T_1——保温养护下混凝土表面温度（℃）；

T_2——实测混凝土结构中心最高温度（℃）；

T_4——实测混凝土结构中心最高温度与混凝土表面温度之差，即$T_4=T_2-T_1$。

基础底板水泥水化热引起的温升简图如图10-1所示。

5. 混凝土结构截面上任意深度处的温度

结构截面上的温差，常假定呈对称抛物线分布，则结构截面上任意深度处的温度可按下式计算：

$$T_y = T_1 + \left(1 - \frac{4y^2}{d^2}\right)T_4 \qquad (10\text{-}87)$$

式中 T_y——混凝土结构截面上任意深度处的温度（℃）；

d——结构物厚度；

y——基础截面上任意一点离开中心轴的距离。

其余符号见式（10-86）。

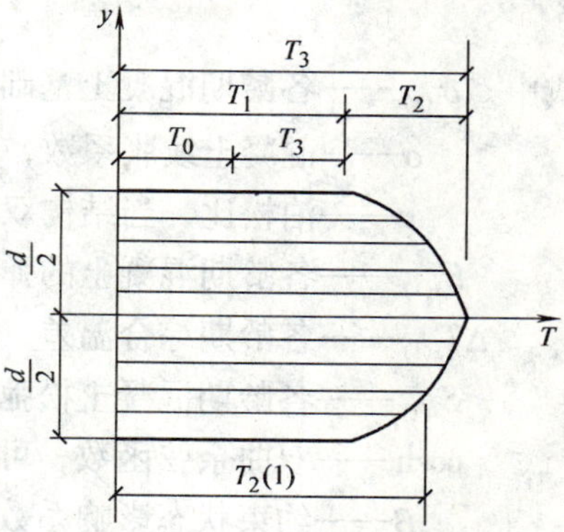

图 10-1　基础底板水泥水化热引起的温升简图

d—基础底板厚度

6. 各龄期混凝土收缩变形值、当量温差及弹性模量

各龄期（d）混凝土收缩变形值 $\varepsilon_{y(t)}$、收缩当量温差 $T_{y(t)}$ 及弹性模量 $E_{(t)}$ 的计算同 10.14.1 节“混凝土浇筑前裂缝控制的施工计算”。

7. 各龄期综合温差及总温差

各龄期混凝土的综合温差按下式计算：

$$T_{o(t)} = T_{x(t)} + T_{y(t)} \qquad (10\text{-}88)$$

总温差为混凝土各龄期综合温差之和，即：

$$T = T_{(1)} + T_{(2)} + T_{(3)} + \cdots + T_{(n)} \qquad (10\text{-}89)$$

以上各种降温差均为负值。

式中 $T_{o(t)}$——各龄期混凝土的综合温差（℃）；

$T_{y(t)}$——各龄期混凝土收缩当量温差（℃）；

T——各龄期混凝土综合温差之和。

其他符号意义见式（10-86）。

8. 各龄期混凝土松弛系数

混凝土松弛程度同加荷时混凝土的龄期有关，龄期越早，徐变引起的松弛亦越大，其次同应力作用时间长短有关，时间越长，则松弛亦越大，混凝土考虑龄期及荷载持续时间影响下的应力松弛系数 $S_{(t)}$ 见表 10-25。

表 10-25　混凝土考虑龄期及荷载持续时间的应力松弛系数 $S_{(t)}$

时间/d	3	6	9	12	15	18	21	24	27	30
$S_{(t)}$	0.186	0.208	0.214	0.215	0.213	0.252	0.301	0.367	0.473	1.00

9. 最大温度应力值

弹性地基上大体积混凝土各降温阶段的综合最大温度收缩拉应力按下式计算：

$$\sigma_{(t)} = \frac{\alpha}{1-v}\left(1 - \frac{1}{\cosh\beta \times \dfrac{L}{2}}\right)\sum_{n=1}^{n} E_{i(t)}\,\Delta T_{i(t)}\,S_{i(t)} \qquad (10\text{-}90)$$

降温时，混凝土的抗裂安全度应满足下式要求：

$$K=\frac{f_t}{\sigma(t)}\geqslant 1.15 \tag{10-91}$$

式中 $\sigma_{(t)}$——各龄期混凝土基础所承受的温度应力；

α——混凝土线胀系数，取 1×10^{-5}；

v——泊松比，当结构双向受力时，取 0.15；

$E_{i(t)}$——各龄期混凝土的弹性模量；

$\Delta T_{i(t)}$——各龄期综合温差，均以负值代入；

$S_{i(t)}$——各龄期混凝土松弛系数；

cosh——双曲余弦函数，可由函数表查得；

β——约束状态影响系数，按下式计算。

$$\beta=\sqrt{\frac{C_x}{HE_{(t)}}}$$

式中 H——基础底板厚度（mm）；

C_x——地基水平阻力系数（地基水平刚度）（N/mm^3）；对软黏土为 0.01 ~ 0.03；对一般砂质黏土为 0.03 ~ 0.06：对坚硬黏土为 0.06 ~ 0.10；对风化岩、低强度混凝土垫层为 0.6 ~ 1.00；对 C10 以上者混凝土垫层为 1.0 ~ 1.5N/mm^2；

f_t——混凝土的抗拉强度设计值。

【例 10-19】 大体积钢筑混凝土基础底长 90.8m，宽 33.1m，厚 2.5m，混凝土强度等级为 C20，采用 60d 后期强度配合比，用 32.5 级矿渣水泥，水泥用量 $m_c=275kg/m^3$，水泥发热量 $Q=335kJ/kg$，混凝土浇筑入模温度 $T_0=27℃$，结构物周围用钢模板，在模板和混凝土上表面外包两层草袋保温，混凝土比热 $c=1.0kJ/(kg\cdot K)$，混凝土密度 $\rho=2400kg/m^3$。混凝土浇筑后，实测基础中心 C 点逐日温度升降见表 10-26，升降温度曲线如图 10-2 所示，试计算总降温产生的最大度拉应力。

表 10-26 *C* 测温点逐日温度升降表

日　期	C_1 测点/℃	日　期	C_1 测点/℃	日　期	C_1 测点/℃
1	39	11	43.7	21	35.7
2	51	12	42.8	22	35.3
3	52	13	41.7	23	35.1
4	51.6	14	40.9	24	34.6
5	50.7	15	39.5	25	34.3
6	49.1	16	38.7	26	34
7	48.2	17	38.1	27	33.5
8	47.1	18	37.6	28	32.8
9	46	19	36.8	28	32.8
10	45.2	20	36	30	32

【解】 1. 计算绝热温升值

$$T_{max}=\frac{m_c Q}{c\rho}=\frac{275\times335}{1.0\times2400}℃=38.4℃$$

2. 计算实际最高温升值

为减少计算量，采取分段计算，由公式得

$T_{d(s)}=T_n-T_0=52℃-27℃=25℃$

同样由计算得：$T_{d(9)}=19℃$

$T_{d(15)}=12.5℃$　　$T_{d(21)}=8.7℃$

$T_{d(27)}=6.5℃$　　$T_{d(30)}=5℃$

3. 计算水化热平均温度

经实测已知 3d 的 $T_1=36℃$　$T_2=52℃$，故由公式得：

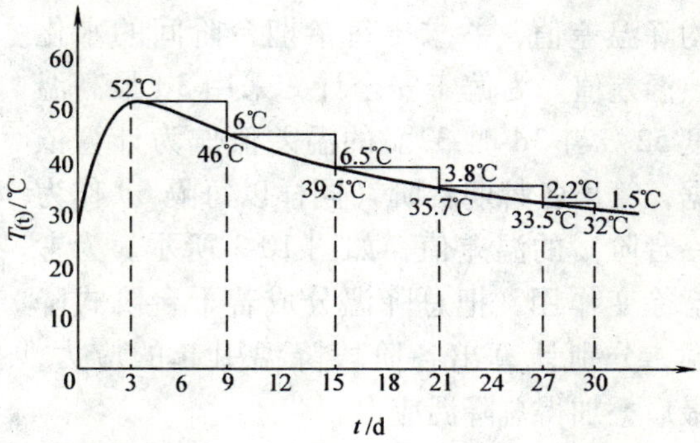

图 10-2　基础中心 C 点各龄期水化热升降温度曲线

$$T_{x(3)}=T_1+\frac{2}{3}(T_2-T_1)=36℃+\frac{2}{3}(52-36)℃=46.7℃$$

又知混凝土浇筑 30d 后，$T_1=27℃$，$T_2=32℃$

故
$$T_{x(30)}=27℃+\frac{2}{3}\ (32-27)℃=30.3℃$$

水化热平均总降温差：

$$T_x=T_{x(3)}-T_{x(30)}=46.7℃-30.3℃=16.4℃$$

4. 计算各龄其混凝土收缩值及收缩当量温差

取 $\varepsilon_y^0=3.24\times10^4$；$M_1=1.25$；$M_2=1.35$；$M_3=1.00$；$M_4=1.62$；$M_5=1.00$；$M_6=0.98$；$M_7=0.54$；$M_8=1.20$；$M_9=1.00$；$M_{10}=0.9$；$\alpha=1.0\times10^{-5}$，则 3d 收缩值为：

$$\begin{aligned}\varepsilon_{y(3)}&=\varepsilon_y^0\times M_1\times M_2\times\cdots\cdots\times M_{10}(1-e^{-0.01t})\\&=3.24\times10^{-4}\times1.25\times1.35\times1.00\times1.62\times1.00\times0.98\\&\quad\times0.54\times1.20\times1.00\times0.9(1-e^{-0.01\times3})\\&=0.154\times10^{-4}\end{aligned}$$

3d 收缩当量温差为：

$$T_{y(3)}=\frac{\varepsilon_{y(3)}}{\alpha}=\frac{0.154\times10^{-4}}{1.0\times10^{-5}}℃=1.54℃$$

同样由计算得

$\varepsilon_{y(9)}=0.436\times10^{-4}$；$T_{y(9)}=4.36℃$

$\varepsilon_{y(15)}=0.705\times10^{-4}$；$T_{y(15)}=7.05℃$

$\varepsilon_{y(21)}=0.957\times10^{-4}$；$T_{y(21)}=9.58℃$

$\varepsilon_{y(27)}=1.198\times10^{-4}$；$T_{y(27)}=11.98℃$

$\varepsilon_{y(30)}=1.312\times10^{-4}$；$T_{y(30)}=13.12℃$

根据以上各龄期当量温差值，算出每龄期台阶间每隔 6(3)d 作为一个台阶的温差值，见图 10-3。

5. 计算各龄期综合温差及总温差

各龄期水化热平均温差，系以算出的水化热平均总降温差为 16.4℃ 的前提下，根据升降温曲线图（图 10-1）推算出各龄期的平均降温差值，并求出每龄期台阶间的水化热温差值。为偏于安全计，采用 3d 最高温度 52℃ 与 3d 时 32℃ 的温差值作为计算依据，算出各龄期台阶（同样以每隔 6d 作为一台阶）的温差值，如图 10-3 所示。为考虑徐变作用，把总降温分成若干台阶式降温，分别计算出各阶段降温引起的应力，最后叠加得总降温应力。

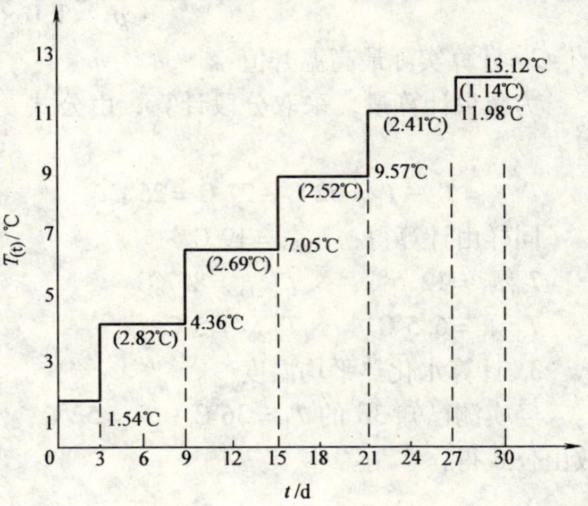

图 10-3　各龄期混凝土收缩当量温差

$T_{(9)}=6.0℃+2.82℃=8.82℃$

$T_{(15)}=6.5℃+2.69℃=9.19℃$

$T_{(21)}=3.8℃+2.52℃=6.32℃$

$T_{(27)}=2.2℃+2.41℃=4.61℃$

$T_{(30)}=1.5℃+1.14℃=2.64℃$

总综合温差：

$$T_{0(t)}=T_{(9)}+T_{(15)}+T_{(21)}+T_{(27)}+T_{(30)}$$
$$=8.82℃+9.19℃+6.32℃+4.61℃+2.64℃=31.58℃$$

6. 计算各龄期的混凝土弹性模量

$$E_{(3)}=E_c(1-e^{0.09t})=2.55\times10^4(1-e^{-0.09\times3})\text{N/mm}^2$$
$$=0.603\times10^4\text{N/mm}^2$$

同样由计算得

$$E_{(9)}=1.415\times10^4\text{N/mm}^2$$
$$E_{(15)}=1.889\times10^4\text{N/mm}^2$$
$$E_{(21)}=2.168\times10^4\text{N/mm}^2$$
$$E_{(27)}=2.325\times10^4\text{N/mm}^2$$
$$E_{(30)}=2.378\times10^4\text{N/mm}^2$$

7. 各龄期混凝土松弛系数

根据实际经验数据，荷载持续时间 t，按下列数值取用：

$S_{(3)}=0.191$；　$S_{(9)}=0.212$；　$S_{(15)}=0.230$

$S_{(21)}=0.310$；　$S_{(27)}=0.443$；　$S_{(30)}=1.000$

8. 最大拉应力计算

取　$\alpha=1.0\times10^{-5}$；$\upsilon=0.15$；$C_x=0.02\text{N/mm}^2$；

$H=2500\text{mm}$；$L=90800\text{mm}$

根据公式计算各台阶温差引起的应力：

1）9d（第一台阶）：即自第 3d 到第 9d 温差引起的应力：

$$\beta=\sqrt{\frac{C_x}{HE_{(t)}}}=\sqrt{\frac{0.02}{2500\times1.415\times10^4}}=0.0000238$$

$$\beta \frac{L}{2} = 0.0000238 \times \frac{90800}{2} = 1.08$$

查表得 $\cosh\beta \frac{L}{2} = 1.665$，代入式(10-90)得：

$$\sigma_{(9)} = \frac{\alpha}{1-\upsilon}\left(1 - \frac{1}{\cosh\beta \times \frac{L}{2}}\right)E_{(9)}T_{(9)}S_{(9)}$$

$$= \frac{1.0 \times 10^{-5}}{1-0.15}\left(1 - \frac{1}{1.665}\right) \times 1.415 \times 10^4 \times 8.75 \times 0.212\text{N/mm}^2$$

$$= 0.123\text{N/mm}^2$$

同样由计算得：

2）15d（第二台阶）：即第 9d 至第 15d 温差引起的应力：

$$\sigma_{(15)} = 0.140\text{N/mm}^2$$

3）21d（第三台阶）：即第 15d 到 21d 温差引起的应力：

$$\sigma_{(21)} = 0.139\text{N/mm}^2$$

4）27d（第四台阶）：即第 21d 至 27d 温差引起的应力：

$$\sigma_{(27)} = 0.139\text{N/mm}^2$$

5）30d（第五台阶）：即第 27d 至 30d 温差引起的应力：

$$\sigma_{(30)} = 0.188\text{N/mm}^2$$

6）总降温产生的最大温度拉应力：

$$\sigma_{max} = \sigma_{(9)} + \sigma_{(15)} + \sigma_{(21)} + \sigma_{(27)} + \sigma_{(30)}$$

$$= (0.123 + 0.140 + 0.139 + 0.139 + 0.188)\text{N/mm}^2$$

$$= 0.729\text{N/mm}^2$$

混凝土抗拉强度设计值取 1.1N/mm^2，则抗裂安全度：

$$K = \frac{1.1}{0.729} = 1.51 > 1.15 \quad \text{满足抗裂条件}$$

故知不会出现裂缝。

【例 10-20】 某工业厂房大型设备基础混凝土采用 C20，用 425 号（32.5 级）矿渣水泥配制，水泥用量为 276kg/m^3，水灰比为 0.5，$E_c = 2.55 \times 10^4\text{N/mm}^2$，$T_y = 9°\text{C}$，$S_{(t)} = 0.32$，$R_{(t)} = 0.28$ 混凝土浇筑入模温度为 15℃，当地平均温度为 16℃，由天气预报知养护期间月平均最低温度为 2℃，试计算可能产生的最大温度收缩应力和露天养护期间（15d）可能产生的温度收缩应力及抗裂安全度。

【解】 由表 10-22 可知，水化热 $Q = 335\text{J/kg}$，$c = 0.96\text{J/kg} \cdot \text{K}$，$\rho = 2400\text{kg/m}^3$

混凝土 15d 水化热绝热温度及最大的水化热绝热温度为：

$$T_{(15)} = \frac{276 \times 335}{0.96 \times 2400}(1 - 2.718^{-0.3 \times 15})℃ = 39.68℃$$

$$T_{max} = \frac{276 \times 335}{0.96 \times 2400}(1 - 2.718^{-\infty})℃ = 40.13℃$$

由表 10-23 知，$M_1 = 1.25$，M_2，M_3、M_5、M_8、M_9 均为 1，$M_4 = 1.21$，$M_6 = 0.93$，M_7

$=0.7$，$M_{10}=0.95$

则混凝土的收缩变形值为：

$$\varepsilon_{(15)}=3.24\times10^{-4}(1-2.718^{-0.15})\times1.25\times1.21\times0.93\times0.7\times0.95$$
$$=0.424\times10^{-4}$$

混凝土 15d 收缩当量温差为：

$$T_{y(15)}=\frac{0.424\times10^{-4}}{10\times10^{-5}}℃=4.24℃\approx4℃$$

混凝土 15d 的弹性模量为：

$$E_{(15)}=2.55\times10^{4}(1-2.718^{-0.09\times15})\text{N/mm}^2=1.89\times10^{4}\text{N/mm}^2$$

混凝土的最大综合温差为：

$$\Delta T=\left(15+\frac{2}{3}\times40.13+9-16\right)℃=34.75℃$$

则基础混凝土最大降温收缩应力为：

$$\sigma=-\frac{2.55\times10^{4}\times1\times10^{5}\times(-34.75)}{1-0.15}\times0.32\times0.28\text{N/mm}^2$$
$$=0.91\text{N/mm}^2<f_t=1.1\text{N/mm}^2$$
$$K=\frac{1.1}{0.91}=1.21>1.15\quad 可以$$

露天养护期间基础混凝土产生的降温收缩应力为：

$$\Delta T=\left(14+\frac{2}{3}\times39.68+4-2\right)℃=42.45℃$$

$$\sigma_{(15)}=-\frac{1.89\times10^{4}\times1\times10^{-5}\times(-42.45)}{1-0.15}\times0.32\times0.28\text{N/mm}^2$$
$$=0.86\text{N/mm}^2>75\%\times1.1=0.83\text{N/mm}^2$$

由计算知，基础在露天养护期间混凝土有可能出现裂缝，在此期间混凝土表面应采取养护和保温措施，使养护温度加大（即 T_h 加大），综合温差 ΔT 减小，使计算的 $\sigma_{(15)}$ 小于 $0.83/1.15=0.72\text{N/mm}^2$，则可控制裂缝出现。

10.15 混凝土表面温度控制裂缝计算

大体积混凝土结构施工，应使混凝土中心温度与表面温度、表面温度与大气温度之差在允许范围之内（一般取25℃），则可控制混凝土裂缝的出现。混凝土中心温度可按 10.14.1 一节进行计算，混凝土表面温度可按下式计算。

$$T_{b(t)}=T_a+\frac{4}{H^2}h'(H-h')\Delta T_{(t)} \tag{10-92}$$

其中

$$H=h+2h' \tag{10-93}$$

$$h'=K\frac{\lambda}{\beta} \tag{10-94}$$

$$\beta=\frac{1}{\sum\frac{\delta_i}{\lambda_i}+\frac{1}{\beta_a}} \tag{10-95}$$

$$\Delta T_{(t)} = T_{max} - T_a \tag{10-96}$$

式中 $T_{b(t)}$——龄期 t 时，混凝土的表面温度（℃）；

T_a——龄期 t 时，大气的平均温度（℃）；

H——混凝土的计算厚度（m）；

h——混凝土的实际厚度（m）；

h'——混凝土的虚厚度（m）；

λ——混凝土的热导率［W/（m·K）］，取2.33；

K——计算折减系数，可取0.666；

β——模板及保温层的传热系数［W/(m²·K)］；

δ_i——各种保温材料的厚度（m）；

λ_i——各种保温材料的热导率［W/(m·K)］，见表10-27；

β_a——空气层传热系数［W/（m²·K）］，可取23；

$\Delta T_{(t)}$——龄期 t 时，混凝土内最高温度与外界气温之差（℃）。

表10-27 各种保温材料的热导率

材料名称	密度 /(kg/m³)	热导率 λ/［W/(m·K)］	材料名称	密度 /(kg/m³)	热导率 λ/［W/(m·K)］
木模板	500~700	0.23	普能通混凝土	2400	1.51~2.33
钢模板		58	空气		0.03
草袋	150	0.14	水	1000	0.58
木屑		0.17	矿棉岩棉	110~200	0.031~0.065
红砖	1900	0.43	沥青矿棉毡	110~160	0.033~0.052
膨胀蛭石	80~200	0.047~0.07	膨胀珍珠岩	40~300	0.019~0.065
沥青蛭石板	350~400	0.081~0.105	泡沫塑料制品	25~50	0.035~0.047

【例10-21】 筏形基础，厚1.6m，混凝土标号为C20，混凝土配合比采用强度等级为32.5的矿渣水泥 $m_c = 260\text{kg/m}^3$，（$Q = 335\text{kJ/kg}$），粉煤灰 $F_A = 75\text{kg/m}^3$，（$Q = 52\text{kJ/kg}$），混凝土表面采用一层塑料薄膜加一层草袋保温养护，大气温度 $T_a = 25℃$，试核算筏形基础混凝土中心温度与表面温度、表面温度与大气温度之差是否符合防裂要求。

【解】 1. 由式（10-77）计算水泥、粉煤灰比化热引起的混凝土最高温升值为：

$$T_{max} = 25℃ + \frac{260 \times 335 + 75 \times 52}{0.96 \times 2400}℃ = 64.5℃$$

2. 混凝土表面温度计算

$$\beta = \frac{1}{\sum \frac{\delta_i}{\lambda} + \frac{1}{\beta_a}} = \frac{1}{\frac{0.001}{0.04} + \frac{0.01}{0.14} + \frac{1}{23}} = 7.19$$

$$h' = K\frac{\lambda}{\beta} = 0.666 \times \frac{2.33}{7.19} = 0.22$$

$$H = h + 2h' = 1.6\text{m} + 2 \times 0.22\text{m} = 2.04\text{m}$$

$$\begin{aligned} T_b &= T_a + \frac{4}{H^2}h'(H - h')\Delta T_{(t)} \\ &= 25℃ + \frac{4}{2.04^2} \times 0.22(2.04 - 0.22) \times (64.5 - 25)°C \\ &= 40.2℃ \end{aligned}$$

3. 温度差计算

混凝土中心温度与表面温度之差：

$$T_{max} - T_b = 64.5℃ - 40.2℃ = 24.3℃ < 25℃$$

混凝土表面温度与大气温度之差：

$$T_b - T_a = 40.2℃ - 25℃ = 15.2℃ < 25℃$$

故知，能满足防裂要求。

10.16 混凝土和钢筋混凝土结构伸缩缝间距计算

地下钢筋混凝土（或混凝土）底板或长墙的最大伸缩间距可按下式计算：

$$L_{max} = 1.5\sqrt{\frac{\overline{H}E_c}{C_x}} \times \mathrm{arch}\frac{|\alpha T|}{|\alpha T| - |\varepsilon_p|} \tag{10-97}$$

$$T = T_{y(t)} + T_2 + T_3 \tag{10-98}$$

$$\mathrm{arch}x = \ln(x \pm \sqrt{x^2 - 1}) \tag{10-99}$$

式中 L_{max}——板或墙允许最大伸缩缝间距；

$\overline{H}$——板厚或墙高的计算厚度或计算高度，当实际厚度或高度 $H \leqslant 0.2L$ 时，取 $\overline{H} = H$，即取实际厚度或实际高度；当 $H > 0.2L$ 时，取 $\overline{H} = 0.2L$；

L——底板或长墙的全长；

E_c——底板或长墙的混凝土弹性模量；

T——结构相对地基的综合温差，包括水化热温差、气温差和收缩当量温差。当截面厚度 <50cm 时，不考虑水化热影响。

$T_{y(t)}$——收缩当量温差，由收缩相对变形求得；

T_2——水化热引起的温差；

T_3——气温差；

α——混凝土和钢筋混凝土的线胀系数，一般取 1.0×10^{-5}；一般以降温与收缩共同作用为不利状态，在公式中取绝对值 $|\alpha T|$；

ε_p——混凝土的极限变形值，按式（10-74）求得；

arch——双曲线余弦函数的反函数，按式（10-99）直接计算；

C_x——反映地基对结构约束程度的系数，由表 10-28 查得。

表 10-28 地基水平阻力系数 C_x

项　次	地基条件	$C_x/(N/mm^3)$	项　次	地基条件	$C_x/(N/mm^3)$
1	软黏土	0.01 ~ 0.03	4	风化岩、低强度混凝土垫层	0.60 ~ 1.00
2	一般砂质土	0.03 ~ 0.06	5	C10 以上混凝土垫层	1.00 ~ 1.50
3	坚硬黏土	0.06 ~ 0.10			

【例 10-22】 现浇钢筋混凝土矩形板，厚度 1.2m；沿底板横向配置受力筋，纵向配置 ϕ14 螺纹筋，间距 150mm，配筋率 0.205%；混凝土强度等级采用 C20，地基为风化岩；施工条件正常（材料符合质量标准，水灰比准确，机械振捣，混凝土养护良好），计算早期

（15d）不出现贯穿性裂缝的允许间距。

【解】 考虑施工条件正常，由表 10-23 查得：M_1、M_3、M_5、M_8、M_9 均取 1，$M_2=1.20$，$M_4=1.42$，$M_6=0.93$，$M_7=0.70$、$M_{10}=0.95$。

混凝土经 15d 的收缩变形［由式(10-78)］得：

$$\varepsilon_{y(15)}=3.24\times10^{-4}(1-e^{-0.15})\times1.42\times0.93\times0.70\times0.95\times1.20$$
$$=0.475\times10^{-4}$$

收缩当量温差：

$$T_{y(15)}=\frac{\varepsilon_{y(15)}}{\alpha}=\frac{0.475\times10^{-4}}{1.0\times10^{-5}}℃=4.75℃\approx5℃$$

混凝土上下面降温 15℃，混凝土的水化绝热温升值按式（10-77）计算为 30°C，则水化热平均降温差：

$$T_2=15℃+\frac{2}{3}\times15℃=25℃$$

由于时间短，养护较好，气温差可忽略不计，则混凝土遭受的总温差为：

$$T=T_{y(15)}+T_2=5℃+25℃=30℃$$

混凝土的极限拉伸，由式（10-76）代入：

$$\varepsilon_{pa(15)}=\varepsilon_{pa}\frac{\ln15}{\ln28}=\varepsilon_{pa}\times0.813$$
$$=0.5f_t\left(1+\frac{\rho}{d}\right)\times0.813\times10^{-4}$$
$$=0.5\times1.1\left(1+\frac{0.205}{1.4}\right)\times0.813\times10^{-4}$$
$$=0.513\times10^{-4}$$

（∵ C20 混凝土的 $f_t=1.1\text{N/mm}^2$，$\rho=0.205$，$d=1.4\text{cm}$）考虑混凝土的抗拉变形比抗压徐变变形大 1 倍，则

$$\varepsilon_p=2\varepsilon_{pa}=2\times0.513\times10^{-4}=1.026\times10^{-4}$$

15d 混凝土的弹性模量由式（10-73）为

$$E_{(15)}=2.55\times10^4(1-e^{-0.09t})\text{N/mm}^2$$
$$=2.55\times10^4(1-e^{-0.09\times15})\text{N/mm}^2$$
$$=1.89\times10^4\text{N/mm}^2$$

伸缩缝允许最大间距由式（10-97）为：

$$L_{max}=1.5\sqrt{\frac{HE_c}{C_x}}\text{arch}\frac{|\alpha T|}{|\alpha T|-|\varepsilon_p|}$$
$$=1.5\sqrt{\frac{1000\times1.89\times10^4}{80\times10^{-3}}}$$
$$\times\text{arch}\frac{1.0\times10^{-5}\times25}{1.0\times10^{-5}\times25-1.026\times10^{-4}}\text{mm}$$
$$=1.5\times15.4\times10^3\times\text{arch}1.696\text{mm}$$
$$=25822\text{mm}\approx25.8\text{m}$$

（$\because \text{arch}1.696=\ln(1.696+\sqrt{1.696^2-1})=\ln3.066=1.12$）

由计算知，板允许最大绅缩缝间距为25. 8m，板纵向长度小于25. 8m，可以避免裂缝出现，如超过25. 8m，则需在中部设置伸缩缝或“后浇缝”。

【例10-23】 地下箱形基础，底板已浇筑完毕，后浇侧墙，纵向长60m，高12. 5m，壁厚450mm，混凝土强度等级C20，沿长墙纵向配置双层直径10mm构造构筋，间距150mm。采用大开挖施工，底板处于土中，长侧墙长期不回填土而处于大气中，长墙与基础有相对温差及收缩差，设平均降温差为13℃，平均收缩当量温差为22℃，试验算长墙温度伸缩间距。

【解】 本工程为一般施工条件。

综合温差 $T=13℃+22℃=35℃$

构造配筋率 $\rho=0.35\%$

混凝土的极限拉伸：

$$\varepsilon_{pa}=0.5f_t\left(1+\frac{\rho}{d}\right)\times10^{-4}$$

$$=0.5\times1.1\left(1+\frac{0.35}{1}\right)\times10^{-4}$$

$$=0.74\times10^{-4}$$

考虑混凝土余变为弹性变形的1倍，总拉伸为

$$\varepsilon_p=2\varepsilon_{pa}=2\times0.74\times10^{-4}=1.40\times10^{-4}$$

墙体计算高度 $\overline{H}$ 的确定：

当墙体实际高度 $H\leqslant0.2l$ 时，$\overline{H}=H$

本例 $H=12.5>0.2l(0.2\times60)$，则取：

墙体计算高度 $\overline{H}=0.2l=0.2\times60\text{m}=12\text{m}$，$C_x=1000\times10^{-3}\text{N/mm}^3$

允许最大伸缩缝间距：

$$L_{max}=1.5\sqrt{\frac{\overline{H}E}{C_x}}\text{arch}\frac{|\alpha T|}{|\alpha T|-|\varepsilon_p|}$$

$$=1.5\sqrt{\frac{12000\times2.55\times10^4}{1000\times10^{-3}}}$$

$$\times\text{arch}\frac{1.0\times10^{-5}\times35}{1.0\times10^{-5}\times35-1.48\times10^{-4}}\text{mm}$$

$$=1.5\times17.7\times10^3\times1.147\text{mm}$$

$$=30453\text{mm}\approx30.5\text{m}$$

在长侧墙中部需设伸缩缝或“后浇缝”，始可避免出现裂缝（本例情况，亦可应用于室外挡土墙、地下隧道、长通廊、长地沟等）。

11 冬期施工计算

11.1 混凝土拌合物温度的计算

11.1.1 混凝土拌合物出厂温度

混凝土拌合物的出厂温度按下式计算：

当用蓄热法时：

$$T_h \geqslant 30 - 0.5T_i \quad (11\text{-}1)$$

当用人工加热法时：

$$T_h \geqslant 10 - 0.5T_i \quad (11\text{-}2)$$

式中，T_h——混凝土拌合物出厂温度（℃），应不低于10℃，同时拌合物的最高温度应符合表11-1规定；

T_i——外界气温（℃）。

表11-1 拌合水及骨料加热最高温度 （单位:℃）

水泥种类	拌合水	骨料	混凝土拌合物自搅拌机中卸出时
强度等级小于42.5的普通硅酸盐水泥、矿渣硅酸盐水泥	80	60	40
强度等级等于及大于42.5的硅酸盐水泥、普通硅酸盐水泥	60	40	35

注：当水、骨料达到规定温度仍不能满足热工计算要求时，可提高水温到100℃，但水泥不得与80℃以上的水直接接触。投料顺序，应先投入骨料和已加热的水，然后再投入水泥。

11.1.2 混凝土拌合物出机温度

混凝土自搅拌机中倾出时的温度按下式计算：

$$T_1 = T_0 - 0.16(T_0 - T_i) \quad (11\text{-}3)$$

式中 T_1——混凝土拌合物出机时的温度（℃）；

T_0——混凝土拌合物的温度（℃）；

T_i——搅拌棚内温度（℃）。

11.1.3 混凝土拌合物温度

混凝土拌合物温度按下式计算：

$$T_0 = [0.92(m_{ce}T_{ce} + m_{sa}T_{sa} + m_gT_g) + 4.2T_w(m_w - w_{sa}m_{sa} - w_gm_g) +$$

$$c_1 \times (w_{sa} m_{sa} T_{sa} + w_g m_g T_g) - c_2 (w_{sa} \times m_{sa} + w_g m_g)] / [4.2 m_w + 0.92 \times (m_{ce} + m_{sa} + m_g)] \tag{11-4}$$

式中 T_0——混凝土拌合物的温度（℃）；

m_w、m_{ce}、m_{sa}、m_g——水、水泥、砂、石的用量（kg）；

T_w、T_{ce}、T_{sa}、T_g——水、水泥、砂、石的温度（℃）；

w_{sa}、w_g——砂、石的含水率（%）；

c_1、c_2——水的比热容（kJ/kg·K）及冰的溶解热（kJ/kg）；当骨料温度 >0℃ 时，$c_1=4.2$，$c_2=0$；当骨料温度≤0℃时，$c_1=2.1$，$c_2=335$。

【例 11-1】 基础混凝土拌合物，已知其每立方米材料用量为：水 150kg，水泥 320kg，砂子 700kg，石子 1500kg；材料温度为：水 60℃，水泥 5℃，砂子 40℃，石子 5℃。砂子含水率为 5%，石子含水率为 3%，试计算拌合物的温度。

【解】 混凝土拌合物的温度由式（11-4）得：

$$T_0 = [0.92 \times 320 \times 5 + 700 \times 40 - 1500 \times 5 + 4.2 \times 60 \times (150 - 0.05 \times 700 - 0.03 \times 1500) + 4.2 \times 0.05 \times 700 \times 40] / [4.2 \times 150 + 0.92 \times (320 + 700 + 1500)] ℃ = 7.01℃$$

11.2 混凝土经过运输及浇筑成形的温度计算

11.2.1 混凝土拌合物经运输到浇筑时的温度

混凝土拌合物经运输到浇筑时的温度可按下式计算：

$$T_2 = T_1 - (\alpha t_1 + 0.032n)(T_1 - T_a) \tag{11-5}$$

式中 T_1——混凝土拌合物出机温度（℃）；

T_2——混凝土拌合物经运输到浇筑时的温度（℃）；

t_1——混凝土拌合物自运输到浇筑时的时间（h）；

n——混凝土拌合物运转次数；

T_a——混凝土拌合物运输时环境温度（℃）；

α——温度损失系数（h^{-1}）；当用混凝土搅拌车输送时，$\alpha=0.25$；当用开敞式大型自卸汽车时，$\alpha=0.20$；当用开敞式小型自卸汽车时，$\alpha=0.30$；当用封闭式自卸汽车时，$\alpha=0.10$；当用手推车时，$\alpha=0.50$。

11.2.2 混凝土浇筑成形完成时的温度

考虑模板和钢筋的吸热影响，混凝土浇筑成形完成时的温度宜按下式计算：

$$T_3 = \frac{c_c m_c T_2 + c_f m_f T_f + c_s m_s T_s}{c_c m_c + c_f m_f + c_s m_s} \tag{11-6}$$

式中 T_3——考虑模板和钢筋吸热影响，混凝土成形完成时的温度（℃）；

c_c——混凝土的比热容（kJ/kg·K）；

c_f——模板的比热容（kJ/kg·K）；

c_s——钢筋的比热容（kJ/kg·K）；
m_c——每立方米混凝土的质量（kg）；
m_f——每立方米混凝土相接触的模板质量（kg）；
m_s——每立方米混凝土相接触的钢筋质量（kg）；
T_f、T_s——模板、钢筋的温度，未预热时可采用当时的环境温度（℃）。

11.2.3 混凝土温度损失查表

混凝土拌合物在搅拌、运输及浇筑中的温度损失，也可参考表11-2和表11-3估算。

表11-2 混凝土（或砂浆）搅拌、运转及浇筑时热损失 （单位:℃）

搅拌温度与环境温度差	搅拌时的热损失	一次运转的热损失	浇筑时的热损失
15	3.0	0.55	2.0
20	3.5	0.65	2.5
25	4.0	0.75	3.0
30	4.5	0.90	3.5
35	5.0	1.00	4.0
40	6.0	1.25	4.5
45	7.0	1.50	5.0
50	8.0	1.75	5.5
55	9.0	2.00	6.0
60	10.5	2.25	6.5
65	—	2.50	7.0
70	—	2.75	7.5
75	—	3.00	8.0

注：1. 温度差不等于表列数值时，可用插入法求得相应的热损失温度。
2. 一次运转是指混凝土自搅拌机倒入汽车（或灰斗），或由汽车倒入溜槽，或由溜槽倒入小车。

表11-3 混凝土拌合物运输时的热损失（混凝土温度与室外温度差为1℃时）

运输方式	运输工具	所运混凝土拌合物容积/m^3	热损失/（℃/min）
水平运输	自卸汽车	1.40	0.0037
	双轮手推车	0.15	0.007
	独轮手推车	0.10	0.014
	轻便翻斗车	0.75	0.01
垂直运输	井式提升架（起重翻斗）		0.0011（每升高1m）

注：运输热损失＝表列数值×拌合物温度与室外温度差×运输时间（或提升高度）。

【例11-2】 设备基础浇筑混凝土，采用敞开式大型自卸汽车运输，混凝土出机温度 $T_1=40℃$，运输和成形时间为0.6h，倒运4次，室外气温为－6℃，与每1m^3混凝土相接触的钢模板和钢筋共重420kg，$c_c=1kJ/(kg·K)$，$c_f=0.48kJ/(kg·K)$，未进行预热，试计算混凝土浇筑完毕后的温度。

【解】（1）混凝土经过运输至成形后的温度 T_2，按式（11-5）得：

$$T_2 = T_1 - (\alpha t_1 + 0.032n)(T_1 - T_a)$$
$$= 40℃ - (0.2 \times 0.6 + 0.032 \times 4)[40 - (-6)]℃ = 28.6℃$$

（2）混凝土经钢模板和钢筋吸热后的温度 T_3 按式（11-6）得：

$$T_3 = \frac{2400 \times 1 \times 28.6 + 420 \times 0.48 \times (-6)}{2400 \times 1 + 420 \times 0.48}℃ = 25.9℃$$

故混凝土浇筑完毕的温度为 25.9℃。

11.3　混凝土平均温度计算

混凝土冬期施工养护期间进行的测温，求出冷却时的平均温度，以估量在一定时间内达到的强度。以一个测温孔的多次实测温度为依据，则该测温孔的平均温度 T_p，可按下式计算：

$$T_p = \frac{0.5T_3 + t_1 + t_2 \cdots\cdots + 0.5t_n}{n} \tag{11-7}$$

式中　T_p——测温孔的平均温度（℃）；

T_3——混凝土浇筑完毕的温度（℃）；

t_1、t_2…、t_n——混凝土浇筑完毕后按等间隔时间所测的温度（℃）；

n——测温次数。

T_p 也可以由时间-温度曲线，计算曲线覆盖下的面积，再除以时间（d 或 h）求得。然后再从图 11-1、图 11-2 查得混凝土硬化期间的强度。

当掺有早强剂、防冻剂的混凝土测得养护期间的平均温度，可从图 11-3、图 11-4 中查得混凝土硬化期间的强度。

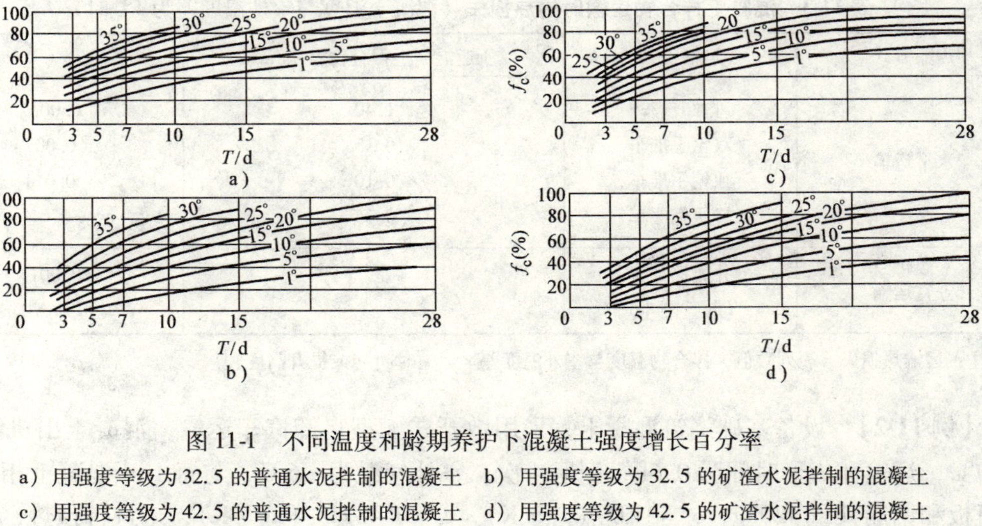

图 11-1　不同温度和龄期养护下混凝土强度增长百分率

a）用强度等级为 32.5 的普通水泥拌制的混凝土　b）用强度等级为 32.5 的矿渣水泥拌制的混凝土

c）用强度等级为 42.5 的普通水泥拌制的混凝土　d）用强度等级为 42.5 的矿渣水泥拌制的混凝土

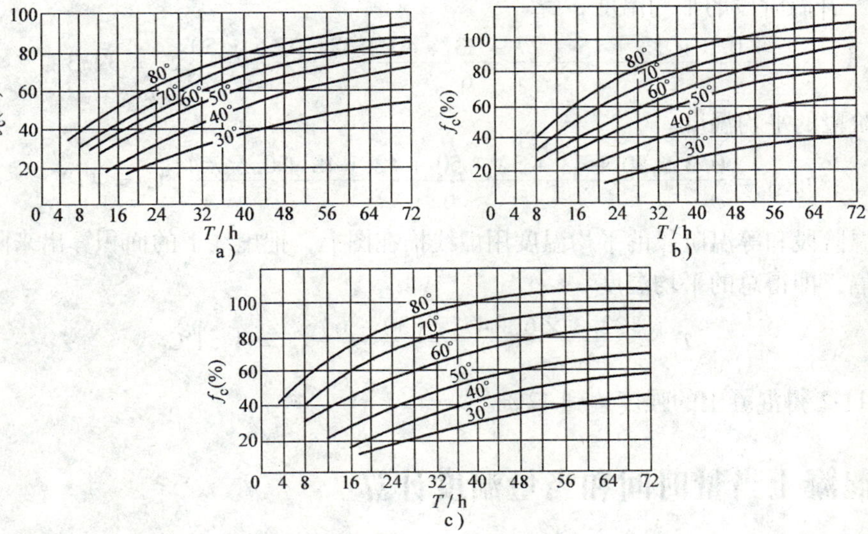

图 11-2　在高温养护下混凝土的强度增长百分率

a）用普通水泥拌制的混凝土　b）用矿渣水泥拌制的混凝土　c）用火山灰质水泥拌制的混凝土

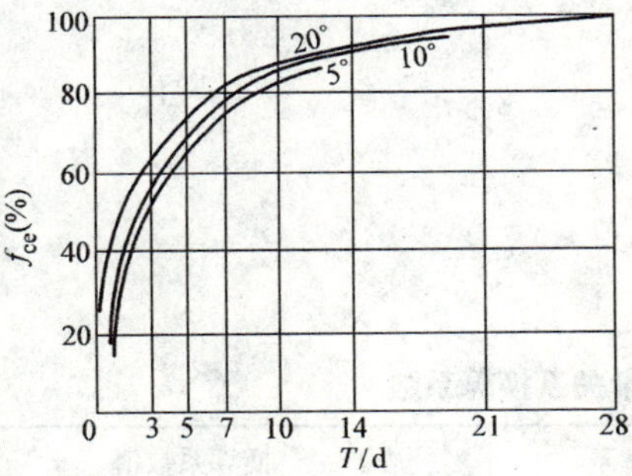

图 11-3　用普通水泥拌制并掺有早强减水剂的混凝土强度增长百分率

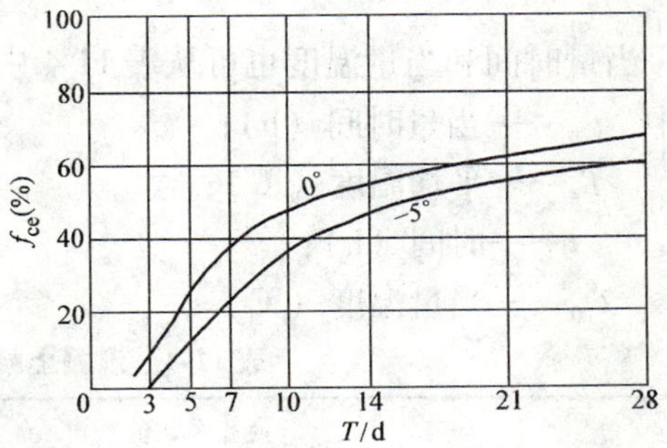

图 11-4　用矿渣水泥拌制并掺有防冻剂的混凝土强度增长百分率

【例 11-3】　某基础混凝土采用强度等级为 42.5 的普通水泥配制，浇筑初温 $T_3=12$℃，一个测温孔的多次实测的时间-温度曲线如图 11-5 所示。试计算该孔混凝土的平均温度及所达到的强度。

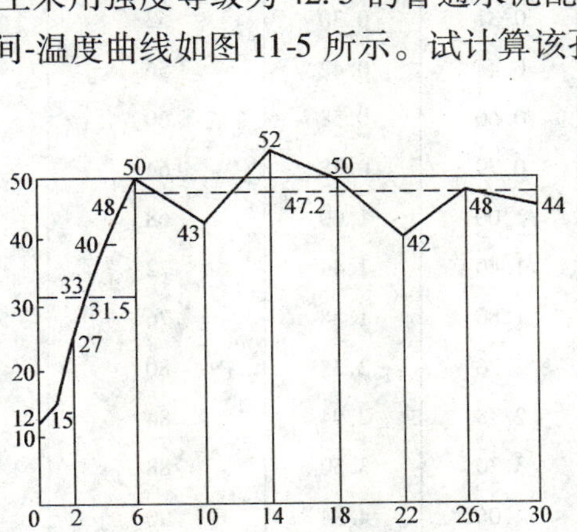

图 11-5　实测时间-温度曲线

【解】 升温阶段的平均温度：

$$t_{0-6}=\frac{0.5\times12+15+27+33+40+48+0.5\times50}{6}℃=32.3℃$$

等温阶段的平均温度：

$$t_{6-30}=\frac{0.5\times50+43+52+50+42+48+0.5\times44}{6}℃=47℃$$

将升温阶段和等温阶段的平均温度用虚线描在图上，把虚线下的面积算出来除以横坐标的时间间隔，即得总的平均温度。

$$T_{p}=\frac{32.3\times6+47\times(30-6)}{30}℃=44.1℃$$

查图 11-2 得混凝土的强度达到 42%。

11.4 混凝土当量时间和当量温度计算

混凝土养护当量时间和当量温度可按下式进行概略计算：

$$t_{d0}=\frac{\sum T_{p}t}{T_{d0}} \tag{11-8}$$

当量时间和当量温度也可从表 11-4 中查得。

式中 t_{d0}——当量时间（h）；

T_{p}——平均温度（℃）；

t——时间（h）；

T_{d0}——当量温度（℃）。

表 11-4 混凝土凝固时间的当量关系换算系数

平均养护温度/℃	换算系数值			平均养护温度/℃	换算系数值		
	普通水泥	矿渣水泥	火山灰质水泥		普通水泥	矿渣水泥	火山灰质水泥
0	0.31	0.19	0.18	48	3.02	4.82	5.18
4	0.43	0.31	0.30	52	3.40	5.70	6.18
8	0.56	0.44	0.42	56	3.80	6.70	7.34
12	0.70	0.60	0.58	60	4.20	7.70	8.50
16	0.85	0.79	0.78	64	4.68	9.02	10.10
20	1.00	1.00	1.00	68	5.16	10.30	11.60
24	1.21	1.40	1.44	72	5.66	11.80	13.40
28	1.48	1.80	1.88	76	6.18	13.40	15.30
32	1.74	2.26	2.38	80	6.70	15.00	17.20
36	2.02	2.78	2.94	84	—	17.10	19.70
40	2.30	3.30	3.50	88	—	19.10	22.20
44	2.66	4.06	4.34	90	—	20.20	23.50

注：1. 本表中是以 +20℃温度下的混凝土凝固时间为标准编制的。

2. 无表中温度时，可用插入法求换算系数值。

【例 11-4】 某设备基础混凝土采用强度等级 32.5（425 号）普通水泥配置，浇筑初温 $T_3=12℃$，在一个测温孔进行多次实测得时间-温度曲线（图 11-6）。计算普通水泥相当于 50℃养护温度的当量时间。

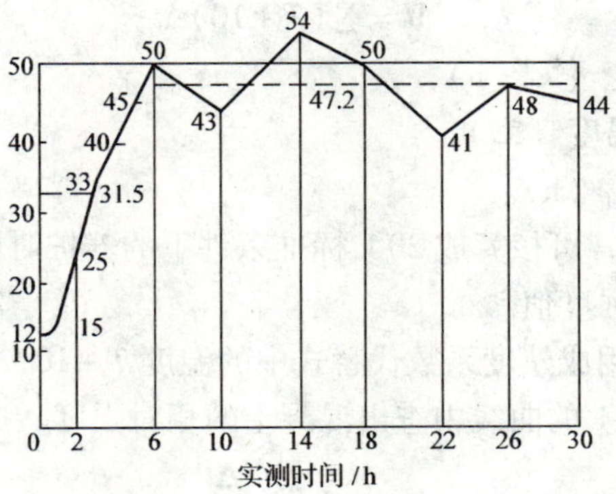

图 11-6 实测时间-温度曲线

【解】 计算当量时间首先应求出升温阶段、等温阶段的平均温度。

升温阶段的平均温度：

$$T_{0-6}=\frac{0.5\times12+15+25+33+40+45+0.5\times50}{6}℃=31.5℃$$

等温阶段的平均温度：

$$T_{6-30}=\frac{0.5\times50+43+54+50+41+48+0.5\times44}{6}℃=47.2℃$$

为了计算上的方便，将升温阶段和等温阶段的平均温度用虚线描在图上。当量时间由式（11-8）得

$$t_{d0}=\frac{31.5\times6+47.2\times24}{50}h=26.4h$$

或按查表 11-4 算得：

$$t_{d0}=\frac{1}{3.21}\times(1.71\times6+2.95\times24)h=25.3h$$

两者相比可知，按公式计算的数值偏大 4%。

11.5 用成熟度法计算混凝土早期强度

11.5.1 适用范围及条件

1）适用于不掺外加剂在 50℃以下正温养护和掺外加剂在 30℃以下正温养护的混凝土，也可用于掺防冻剂负温养护法施工的混凝土。

2）适用于预估混凝土强度标准值 60% 以内的强度值。

3）用本法预估混凝土强度，需用实际工程使用的混凝土原材料和配合比，制作不少于 5 组混凝土立方体标准试件在标准条件下养护，得出 1d、2d、3d、7d、28d 的强度值。

4）需取得现场养护混凝土的温度实测资料（温度、时间）。

11.5.2 成熟度法

成熟度按下式计算：

$$M = \sum (T + 10)\Delta t \tag{11-9}$$

式中 M——混凝土成熟度（℃·h）；

T——混凝土养护温度（℃）；

Δt——测温时间间隔（h）。

式（11-9）求出 M 后，可核算成20℃标准条件下的养护时间，就可从图 11-1 的曲线中查出相对强度或算出绝对强度值。

式（11-9）中，也可用成熟度系数代替式中的温度 $T+10$，可直接得出 20℃标准条件下的养护时间，即可从图 11-1 的曲线中查出混凝土的相对强度。成熟度系数由下式求出：

$$M = \sum f'\Delta t \tag{11-10}$$

对于采用综合蓄热法施工的掺外加剂混凝土，成熟度按下式计算：

$$M = \sum (T + 15)\Delta t \tag{11-11}$$

$$f = ae^{-\frac{b}{M}} \tag{11-12}$$

式中 f'——混凝土成熟度系数，见表 11-5；

f——混凝土强度（MPa）；

a、b——经验公式回归系数，通常通过标准养护试块得出，当使用外加剂Ⅰ、Ⅱ型时，可由表 11-6 查出。

其余符号意义同上。

表 11-5 混凝土成熟度系数

T/℃	f′	T/℃	f′	T/℃	f′
1	0.24	17	0.86	33	1.70
2	0.28	18	0.91	34	1.76
3	0.31	19	0.95	35	1.82
4	0.34	20	1.00	36	1.88
5	0.38	21	1.06	37	1.94
6	0.41	22	1.10	38	2.00
7	0.45	23	1.15	39	2.07
8	0.49	24	1.20	40	2.13
9	0.52	25	1.25	41	2.20
10	0.56	26	1.30	42	2.26
11	0.60	27	1.36	43	2.33
12	0.64	28	1.41	44	2.40
13	0.69	29	1.47	45	2.47
14	0.73	30	1.52	46	2.54
15	0.77	31	1.58	47	2.61
16	0.82	32	1.64	48	2.68

（续）

T/℃	f′	T/℃	f′	T/℃	f′
49	2.75	53	3.05	57	3.36
50	2.83	54	3.13	58	3.44
51	2.90	55	3.21	59	3.52
52	2.98	56	3.28	60	3.61

注：本表引自新疆建筑科学研究所资料。

表 11-6 回归系数 *a*、*b* 值表

水泥品种	混凝土强度等级	外加剂型号	*a*	*b*
普通硅酸盐水泥	C20	Ⅰ	24.39142	1279.576
		Ⅱ	18.44917	1096.907
普通硅酸盐水泥	C30	Ⅰ	36.68421	1170.687
		Ⅱ	25.62715	850.0695
矿渣硅酸盐水泥	C20	Ⅰ	19.89497	1222.628
		Ⅱ	15.25496	1095.054
矿渣硅酸盐水泥	C30	Ⅰ	29.61403	1355.908
		Ⅱ	22.84191	1210.276

注：外加剂Ⅰ为：木钙0.2%，硫酸钠2.0%，三乙醇胺0.03%。

外加剂Ⅱ为：建Ⅰ型减水剂0.5%，硫酸钠2.0%，亚硝酸钠2.0%。

当混凝土养护温度为0℃（最低气温为-5℃）时，应使用Ⅰ型外加剂；养护温度为-5℃（最低气温为-10℃）时，应使用Ⅱ型外加剂。

为便于应用，根据经验公式得出综合蓄热法混凝土成熟度-强度对照表，见表11-7。

表 11-7 成熟度-强度对照表 （单位：MPa）

成熟度 *M*	普通水泥				矿渣水泥			
	C20-Ⅰ	C20-Ⅱ	C30-Ⅰ	C30-Ⅱ	C20-Ⅰ	C20-Ⅱ	C30-Ⅰ	C30-Ⅱ
300	0.3	0.5	0.7	1.5	0.3	0.4	0.3	0.4
320	0.4	0.6	0.9	1.8	0.4	0.5	0.4	0.5
340	0.6	0.7	1.1	2.1	0.5	0.6	0.5	0.7
360	0.7	0.9	1.4	2.4	0.7	0.7	0.7	0.8
380	0.8	1.0	1.6	2.7	0.8	0.9	0.8	0.9
400	1.0	1.2	1.9	3.1	0.9	1.0	1.0	1.1
420	1.2	1.4	2.2	3.4	1.1	1.1	1.2	1.3
440	1.3	1.5	2.5	3.7	1.2	1.3	1.4	1.5
460	1.5	1.7	2.8	4.0	1.4	1.4	1.6	1.7
480	1.7	1.9	3.1	4.4	1.6	1.6	1.8	1.8
500	1.9	2.1	3.4	4.7	1.7	1.7	2.0	2.0
520	2.1	2.2	3.8	5.0	1.9	1.9	2.2	2.2

（续）

成熟度 M	普通水泥				矿渣水泥			
	C20-Ⅰ	C20-Ⅱ	C30-Ⅰ	C30-Ⅱ	C20-Ⅰ	C20-Ⅱ	C30-Ⅰ	C30-Ⅱ
540	2.3	2.4	4.1	5.3	2.1	2.0	2.4	2.4
560	2.5	2.6	4.4	5.6	2.2	2.2	2.6	2.6
580	2.7	2.8	4.7	5.9	2.4	2.3	2.9	2.8
600	2.9	3.0	5.1	6.2	2.6	2.5	3.1	3.1
620	3.1	3.1	5.4	6.5	2.8	2.6	3.3	3.3
640	3.3	3.3	5.7	6.8	2.9	2.8	3.6	3.5
660	3.5	3.5	6.1	7.1	3.1	2.9	3.8	3.7
680	3.7	3.7	6.4	7.3	3.3	3.0	4.0	3.9
700	3.9	3.9	6.7	7.6	3.5	3.2	4.3	4.1
720	4.1	4.0	7.0	7.9	3.6	3.3	4.5	4.3
740	4.3	4.2	7.3	8.1	3.8	3.5	4.7	4.5
760	4.5	4.4	7.7	8.4	4.0	3.6	5.0	4.7
780	4.7	4.5	8.0	8.6	4.2	3.7	5.2	4.9
800	4.9	4.7	8.3	8.9	4.3	3.9	5.4	5.1
820	5.1	4.8	8.6	9.1	4.5	4.0	5.7	5.2
840	5.3	5.0	8.9	9.3	4.6	4.1	5.9	5.4
860	5.5	5.2	9.2	9.5	4.8	4.3	6.1	5.6
880	5.7	5.3	9.4	9.8	5.0	4.4	6.3	5.8
900	5.9	5.5	9.7	10.0	5.1	4.5	6.6	6.0
920	6.1	5.6	10.0	10.2	5.3	4.6	6.8	6.2
940	6.3	5.7	10.3	10.4	5.4	4.8	7.0	6.3
960	6.4	5.9	10.5	10.6	5.6	4.9	7.2	6.5
980	6.6	6.0	10.8	10.8	5.7	5.0	7.4	6.7
1000	6.8	6.2	11.1	11.0	5.9	5.1	7.6	6.8
1100	7.6	6.8	12.3	11.8	6.5	5.6	8.6	7.6
1200	8.4	7.4	13.5	12.6	7.2	6.1	9.6	8.4
1300	9.1	7.9	14.5	13.3	7.8	6.6	10.4	9.0
1400	9.8	8.4	15.5	14.0	8.3	7.0	11.2	9.7
1500	10.4	8.9	16.4	14.5	8.8	7.4	12.0	10.2
1600	11.0	9.3	17.2	15.1	9.3	7.7	12.7	10.8
1700	11.5	9.7	17.9	15.6	9.7	8.0	13.3	11.3
1800	12.0	10.0	18.6	16.0	10.1	8.3	13.9	11.7
1900	12.4	10.4	19.3	16.4	10.5	8.6	14.5	12.1
2000	12.9	10.7	19.9	16.8	10.8	8.8	15.0	12.5

当混凝土养护条件和掺入外加剂的方案、品种与上述条件不同时，式（11-12）应乘以

调整系数 K'，即：

$$f = K'ae^{-\frac{b}{M}} \tag{11-13}$$

式中 K'——调整系数，通常取0.8～0.9，也可根据试验数值确定。

其他符号意义同上。

11.5.3 等效龄期法

等效龄期法是指混凝土在养护期间温度不断变化，在这段时间其养护效果，与在标准条件下养护效果相同时所需的时间。

1. 用计算法估算混凝土强度

根据现场的实测混凝土养护温度资料，用下式计算混凝土已达到的等效龄期（相当于20℃标养时间）。

$$t = \sum a_T t_T \tag{11-14}$$

式中 t——等效龄期（h）；

a_T——温度为 T℃时的等效系数，见表11-8；

t_T——温度为 T℃时所需的持续时间。

用标准养护试件1～7d龄期强度数据，经回归分析拟合成下列形式曲线方程。

$$f = ae^{\frac{b}{D}} \tag{11-15}$$

式中 D——混凝土养护龄期d，计算时可用等效龄期 t 代入。

其他符号意义同上。

2. 用图解法估算混凝土强度

1）根据标准养护试件各龄期强度数据，在坐标纸上画出龄期-强度曲线。

2）根据现场实测的混凝土养护强度资料，计算混凝土达到的等效龄期。

3）根据等效龄期数值，在龄期-强度曲线图上查出相应强度值，即为所求值。

表11-8 温度 T 与等效系数 a_T 表

温度 T/℃	等效系数 a_T	温度 T/℃	等效系数 a_T	温度 T/℃	等效系数 a_T
50	3.16	37	2.07	24	1.22
49	3.07	36	1.99	23	1.16
48	2.97	35	1.92	22	1.11
47	2.88	34	1.85	21	1.05
46	2.80	33	1.78	20	1.00
45	2.71	32	1.71	19	0.95
44	2.62	31	1.65	18	0.91
43	2.54	30	1.58	17	0.86
42	2.46	29	1.52	16	0.81
41	2.38	28	1.45	15	0.77
40	2.30	27	1.39	14	0.73
39	2.22	26	1.33	13	0.68
38	2.14	25	1.27	12	0.64

（续）

温度 T/℃	等效系数 a_T	温度 T/℃	等效系数 a_T	温度 T/℃	等效系数 a_T
11	0.61	2	0.32	-7	0.15
10	0.57	1	0.30	-8	0.14
9	0.53	0	0.27	-9	0.13
8	0.50	-1	0.25	-10	0.12
7	0.46	-2	0.23	-11	0.11
6	0.43	-3	0.21	-12	0.11
5	0.40	-4	0.20	-13	0.10
4	0.37	-5	0.18	-14	0.10
3	0.35	-6	0.16	-15	0.09

【例 11-5】 某高层建筑基础用 C20 混凝土，采用强度等级 32.5（旧 425 号）普通水泥配制，用蓄热法养护，混凝土温度和时间间隔记录见表 11-9，试用成熟度法和成熟度系数法求混凝土相对强度。

表 11-9　混凝土温度和时间间隔记录

测温编号	1	2	3	4	5	6	7	8	9	10
经历时间/h	0	12	24	30	48	60	72	168	240	312
硬化温度/℃	24	18	14	12	10	7	5	4	3	2

【解】（1）成熟度法　先求每次测温的时间间隔 t、平均硬化温度和 $T+10$，再求两者的乘积，最后相加，结果列于表 11-10。

表 11-10　成熟度法测温记录

平均硬化温度/℃	21	16	13	11	8.5	6	4.5	3.5	3
$T+10$	31	26	23	21	18.5	16	14.5	13.5	13
间隔时间 t/h	12	12	6	18	12	12	96	72	72
$(T+10)t$/℃·h	372	312	138	378	222	192	1392	972	936
$\sum(T+10)t$/℃·h	372	684	822	1200	1422	1614	3006	3978	4914

将乘积的总和换算成 20℃标准养护条件和时间，即 4914h/(20+10)=163.8h，相当于 6.8d，由 20℃和 6.8d 查图 11-3 得混凝土的相对强度为 61%。

（2）成熟度系数法　成熟度系数法计算结果列于表 11-11 中，129.06h 相当于 5.4d，由 20℃和 5.4d 查图 11-3 得混凝土的相对强度为 52%左右，两种计算结果稍有误差，应用时可互相校核。

表 11-11　成熟度系数法计算值

平均硬化温度/℃	21	16	13	11	8.5	6	4.5	3.5	3
间隔时间 t/h	12	12	6	18	12	12	96	72	72
成熟度系数 f_M	1.05	0.82	0.69	0.6	0.51	0.41	0.36	0.33	0.31
$f_M t$/h	12.6	9.84	4.14	10.8	6.12	4.92	34.56	23.76	22.32
$\sum f_M t$/h	—	22.44	26.58	37.38	43.50	48.42	82.98	106.74	129.06

11.6 蓄热法计算

11.6.1 斯氏蓄热法计算

1. 混凝土冷却时间计算

其原理为每 $1m^3$ 混凝土由初温降低到0℃所散发出的热量，相当于其组成材料所附加的热量与水泥本身所散发的热量之和。计算式如下：

$$t_0 = \frac{c_c T_0 + m_{ce} Q_{ce}}{M_b (T_m - T_{m,a})} \times \frac{R}{\alpha} \tag{11-16}$$

混凝土结构的表面系数 M_b 按下式计算：

$$M_b = \frac{A(\text{混凝土冷却表面积})(m^2)}{V(\text{结构混凝土体积})(m^3)}$$

对于矩形截面：
$$M = \frac{2(a+b)}{ab}$$

对正方形梁或柱：
$$M = \frac{4}{b}$$

对楼板或墙：
$$M = \frac{2}{d}$$

式中 t_0——混凝土冷却到0℃时的延续时间（h）；

c_c——混凝土的热容量[kJ/(m³·K)]，一般采用2510[kJ/(m³·K)]；

T_0——混凝土浇筑完毕后的初温（℃）；

m_{ce}——每立方米混凝土水泥用量（kg）；

Q_{ce}——1kg水泥在冷却期间的水化热量(kJ/kg)，由表11-12取用；

M_b——混凝土结构的表面系数（m^{-1}）；

a、b——梁或柱截面边长（m）；

d——板或墙的厚度（m）；

T_m——混凝土由浇筑到冷却的平均温度（℃）；

$T_{m,a}$——混凝土冷却期间的室外大气平均温度（℃）。

根据计算的冷却时间 t_0 及其平均温度，可从图11-1和图11-2中查出（或从当量温度换算表11-4）所达到的强度。

表 11-12 水泥在不同龄期的水化热量和水化速度系数

水泥种类	水泥强度等级（旧标号）	每千克水泥的水化热量 Q_{ce}/(kJ/kg)			水化速度系数 V_{ce}/(1/d)
		3d	7d	28d	
普通硅酸盐水泥	42.5(525)	315	255	375	0.43
	32.5(425)	250	270	335	0.42
矿渣硅酸盐水泥	32.5(425)	190	250	335	0.26
火山灰质硅酸盐水泥	32.5(425)	165	230	315	0.23

注：本表是按平均温度为+15℃编制的，当硬化时的平均温度为7~10℃，则 Q_{ce} 值按表内数值的60%~70%采用。

2. 混凝土由浇筑到冷却的平均温度

混凝土由浇筑到冷却的平均温度与结构的表面系数（M_b）及浇筑完毕时的混凝土初温（T_0）有关：

$$M_b < 3 \text{ 时：} \qquad T_m = \frac{T_0 + 5}{2}$$

$$M_b = 3 \sim 8 \text{ 时：} \qquad T_m = T_0/2$$

$$M_b = 8 \sim 12 \text{ 时：} \qquad T_m = T_0/3$$

$$M_b > 12 \text{ 时：} \qquad T_m = T_0/4$$

或由下式计算：

$$T_m = \frac{T_0}{1.03 + 0.181M_b + 0.006T_0} \tag{11-17}$$

式中符号意义同上。

3. 传热系数及热阻系数

混凝土围壁的总传热系数 K 或其热阻系数 R 按下式计算：

$$K = \frac{1}{0.043 + \frac{a_1}{\lambda_1} + \frac{a_2}{\lambda_2} + \cdots\cdots + \frac{a_n}{\lambda_n}} \tag{11-18}$$

或

$$K = \frac{\alpha}{0.043 + \frac{a_1}{\lambda_1} + \frac{a_2}{\lambda_2} + \cdots\cdots + \frac{a_n}{\lambda_n}}$$

保温围壁中有闭塞的空气层时：

$$K = \frac{\alpha}{0.043 + \frac{a_1}{\lambda_1} + \frac{a_2}{\lambda_2} + \cdots\cdots + R_b} \tag{11-19}$$

$$R = \frac{1}{K} \tag{11-20}$$

式中 R——保温材料的热阻系数[$(m^2 \cdot K)/W$]；

α——保温材料的透风系数；

K——传热系数[$W/(m^2 \cdot K)$]，由公式计算或见表 11-13；

a_1、a_2…、a_n——每一种保温材料的厚度（m）；

λ_1、λ_2…、λ_n——每一种保温材料的热导率（W/m·K）；

R_b——由空气层厚度而定的热阻力，见表 11-14。

表 11-13 各种保温层模板的传热系数 K

保温模板构造	传热系数 $K/[W/(m^2 \cdot K)]$	保温模板构造	传热系数 $K/[W/(m^2 \cdot K)]$
湿木模板 20mm 厚	5.6	木模板 25mm 厚，外包 50mm 厚刨花板	1.7
湿木模板 32mm 厚	3.2	木模板 25mm 厚，外包 25mm 厚岩棉毡	1.1
木模板外包草垫 50mm 厚	1.0	钢模板	26

（续）

保温模板构造	传热系数 $K/[W/(m^2 \cdot K)]$	保温模板构造	传热系数 $K/[W/(m^2 \cdot K)]$
钢模板外包毛毡三层 20mm 厚	3.5	钢大模，格间填聚苯乙烯板 50mm 厚	3.0
钢模板外包 25mm 厚聚氨酯泡沫板	0.8	钢大模，格间填聚苯乙烯板 50mm 厚，外包岩棉毡 30mm 厚	1.5
钢模板外包 50mm 厚聚氨酯泡沫板	0.4	防水布一层和空气隔层	4.0

表 11-14　空气层的热阻力 R_b

空气薄层的特征		薄层厚度为下面尺寸/mm 时的 R_b 值/$[(m^2 \cdot K)/W]$					
		10	20	30	50	100	150～300
垂直热流		0.15	0.16	0.17	0.17	0.17	0.17
水平热流	由下向上	0.13	0.15	0.15	0.15	0.15	0.15
	由上向下	0.15	0.18	0.20	0.21	0.22	0.22

11.6.2　吴氏蓄热法计算

1）混凝土蓄热养护开始到任一时刻的温度

$$T = \eta e^{-\theta \cdot V_{ce} \cdot t} - \varphi e^{-V_{ce} \cdot t} + T_{m,a}$$

$$\theta = \frac{aKM}{V_{ce} c_c \rho_c} \tag{11-21}$$

$$\varphi = \frac{V_{ce} Q_{ce} m_{ce}}{V_{ce} c_c \rho_c - \alpha KM}$$

$$\eta = T_3 - T_{m,a} + \varphi$$

2）混凝土蓄热养护开始到任一时刻 t 的平均温度

$$T_m = \frac{1}{V_{ce} t}\left(\varphi e_{ce}^{-vt} - \frac{\eta}{\theta} \times e^{\theta V} ce^{t} + \frac{\eta}{\theta} - \varphi\right) + T_{m,a} \tag{11-22}$$

3）围护层总传热系数

$$K = \frac{3.6}{0.043 + \sum_{i=1}^{n} \frac{d_i}{\lambda_i}} \tag{11-23}$$

4）混凝土蓄热养护冷却至 0℃的时间

可根据上式采用逐次逼近的方法进行计算。当蓄热养护条件满足 $\frac{\varphi}{T_{m,a}} \geqslant 1.5$，且 $KM \geqslant 50$ 时，可按下式直接计算：

$$t_0 = \frac{1}{V_{ce}} \ln \frac{\varphi}{T_{m,a}} \tag{11-24}$$

混凝土冷却至0℃的时间内，其平均温度可根据上述公式取 $t=t_0$ 进行计算。

式中 T——混凝土蓄热养护开始到任一时刻 t 的温度（℃）；

T_m——混凝土蓄热养护开始到任一时刻 t 的平均温度（℃）；

t——混凝土蓄热养护开始到任一时刻的时间（h）；

$T_{m,a}$——混凝土蓄热养护开始到任一时刻 t 的平均气温（℃）；

ρ_c——混凝土的质量密度（kg/m^3）；

m_{ce}——每立方米混凝土水泥用量（kg/m^3）；

c_c——混凝土的比热容[kJ/(kg·K)]；

Q_{ce}——水泥水化累积最终放热量（kJ/kg）；

V_{ce}——水泥水化速度系数（$h-1$）；

α——透风系数；

M——结构表面系数（m^{-1}）；

K——结构围护层的总传热系数[$W/(m^2 \cdot K)$]；由计算得或查表11-13；

e——自然对数底，可取 $e=2.72$；

T_3——混凝土入模温度（℃）；

d_i——第 i 层围护层厚度（m）；

λ_i——第 i 层围护层的热导率[$W/(m \cdot K)$]；

t_0——混凝土蓄热养护冷却至0℃的时间（h）。

【例11-6】 某工程混凝土墙，厚250mm，混凝土强度等级C20，用强度等级32.5（旧425号）普通水泥，水泥用量为335kg/m^3。由两层25mm厚木板外贴油毡纸中填矿渣棉组成保温模板作保温层。混凝土浇筑初温 $T_0=15℃$，室外平均气温 $T_{m,a}=-15℃$，试求冷却至0℃时混凝土达到的强度。

【解】 结构表面系数

$$M=\frac{2}{d}=\frac{2}{0.25}=8(m^{-1})$$

混凝土由浇筑到冷却的平均温度 T_m：

$$T_m=\frac{T_0}{1.03+0.181M+0.006T_0}$$
$$=\frac{15}{1.03+0.181\times 8+0.006\times 15}℃=5.84℃$$

水泥水化热量由表11-12查得 $Q_{ce}=270kJ/kg$。

保温模板的热绝缘系数 K（由于保温模板和混凝土接触面衬有油毡，故两层模板都按干木板取用 λ）：

$$R=\left(0.043+\frac{2\times 0.025}{0.17}+\frac{0.0015}{0.17}+\frac{0.05}{0.05}\right)m^2\cdot K/W=1.35m^2\cdot K/W$$

保温材料的透风系数 α，由表11-15查得 $\alpha=2.0$。冷却时间 t_0 由式（11-16）得：

$$t_0=\frac{c_cT_0+m_{ce}Q_{ce}}{M_b(T_m-T_{m,a})}\cdot\frac{R}{\alpha}$$
$$=\frac{2510\times 15+335\times 270}{8.3(5.8+15)}\times\frac{1.35}{2\times 3.6}h=176h=7d$$

从图 11-1a 查得混凝土到达冷却时的相对强度为 40%。

表 11-15　透风系数 α 参考表

项次	保温层组成	透风系数	
		α_1	α_2
1	单层模板	2.0	3.0
2	不盖模板的表面用芦苇板、稻草、锯末、炉渣覆盖	2.6	3.0
3	密实板或不盖模板的表面用毛毡、棉毛毡或矿物棉覆盖	2.6	3.0
4	外层用第 2 项材料，内层用第 3 层材料做双层覆盖	2.0	2.3
5	外层用第 3 项材料，内层用第 2 项材料做双层覆盖	1.6	1.9
6	内外层均用第 3 项材料，中间夹层用第 2 项材料做 3 层覆盖	1.3	1.5

注：1. α_1 为风速小于 4m/s（相当于 3 级以下），结构物高出地面不大于 25m 情况下的系数。
2. α_2 为风速和高度大于注 1 情况的系数。

11.7　大模板总传热系数 K 值计算

11.7.1　当保温层为单一材料构成时

当保温层为单一材料构成时，其总传热系数按下式计算：

$$K = \frac{1}{R_0}$$

$$R_0 = R + R_w \tag{11-25}$$

$$R = \frac{\delta}{\lambda}$$

11.7.2　当保温层为多层匀质材料构成时

当保温层为多层匀质材料构成时，其总传热阻按下式计算：

$$R_0 = R_1 + R_2 + \cdots\cdots + R_w \tag{11-26}$$

11.7.3　当保温层为多层非匀质材料（包括大模板结构）构成时

当保温层为多层非匀质材料（包括大模板结构）构成时，其总传热阻按下列计算：

$$R_0 = R_m + R_w$$

$$R_m = \left[\frac{F_1 + F_2 + \cdots F_n}{\frac{F_1}{R_{01}} + \frac{F_2}{R_{02}} + \cdots\cdots \frac{F_n}{R_{0n}}}\right] \times \varphi_x \tag{11-27}$$

上面三式中　K——大模板总传热系数[W/(m^2·K)]；

R_0——大模板总传热阻[(m^2·K)/W]；

R——单一材料热阻[(m^2·K)/W]；

δ——材料厚度（m）；

λ——材料热导率[W/(m·K)]；

R_w——模板保温层表面换热阻，取 R_w = 0.043[(m^2·K)/W]；

R_1、R_2…、R_w——各保温层热阻[(m^2·K)/W];

R_m——保温层平均热阻[(m^2·K)/W];

F_1、F_2…、F_n——大模板与保温结构沿平行于热流方向划分后，与热流方向垂直的分段面积（m^2）;

R_{01}、R_{02}…、R_{0n}——沿平行于热流方向划分后，保温层各分段的总传热阻[(m^2·K)/W];

φ_x——修正系数，按表11-16采用。

表11-16　修正系数

λ_2/λ_1	0.06～0.19	0.20～0.39	0.40～0.69	0.70～0.99
φ_x	0.86	0.93	0.96	0.98

注：1. 表中 λ_1 为钢肋（冷桥）热导率[W/(m·K)]；λ_2 为保温材料热导率[W/(m·K)]；

2. 当 λ_2/λ_1 <0.06时，根据实测反算后，建议 φ_x 采用0.75～0.80。

11.8　暖棚法计算

暖棚内热量消耗计算与建筑采暖计算相同，可根据暖棚尺寸、围护构造及地面的热导率和室内换气次数（一般按2次/h计算，室内计算空气温度按10℃考虑）等来计算确定。第1m^{3}暖棚的耗热量 Q（kJ/h）按下式计算：

$$Q = 3.6M_bK(T_b - T_a) = 3.6M_bK\Delta T \qquad (11\text{-}28)$$

式中　M_b——表面系数，即冷却面与外部量度暖棚的体积之比（m^{-1}）;

K——暖棚结构的平均传热系数（W/m^2·K）;

T_b——暖棚内温度（℃）;

T_a——暖棚外大气温度（℃）;

ΔT——暖棚内外空气温度差（℃）;

按式（11-28）计算出的耗热量，还须根据透风等情况再乘以散热系数β；当风速<5m/s时，β=1.25～1.50；风速>5m/s时，β=1.50～2.00。

当已知 M_b、K、ΔT 值时，也可由表11-17直接查得。

表11-17　加热100m^{3}暖棚的耗热量 $Q\times1000$　　（单位：kJ/h）

ΔT/℃	M_b \ K	10.0	5.0	3.3	2.5	2.0	1.7	1.4	1.2	1.1	1.0
20	0.5	36.0	18.0	11.9	9.0	7.2	6.1	5.0	4.3	4.0	3.6
	1.0	72.0	36.0	23.8	18.0	14.4	12.2	10.1	8.6	7.9	7.2
	1.5	108.0	54.0	35.6	27.0	21.6	18.4	15.1	13.0	11.9	10.8
	2.0	144.0	72.0	47.5	36.0	28.8	24.5	20.2	17.3	15.8	14.4
	2.5	180.0	90.0	59.4	45.0	36.0	30.6	25.2	21.6	19.8	18.0
30	0.5	54.0	27.0	17.8	13.5	10.8	9.2	7.6	6.5	5.9	5.4
	1.0	108.0	54.0	35.6	27.0	21.6	18.4	15.1	13.0	11.9	10.8
	1.5	162.0	81.0	53.5	40.5	32.4	27.5	22.7	19.4	17.8	16.2
	2.0	216.0	108.0	71.3	54.0	43.2	36.7	30.2	25.9	23.8	21.6
	2.5	270.0	135.0	89.1	67.5	54.0	45.9	37.8	32.4	29.7	27.0

（续）

ΔT/℃	M_b \ K	10.0	5.0	3.3	2.5	2.0	1.7	1.4	1.2	1.1	1.0
40	0.5	72.0	36.0	23.8	18.0	14.4	12.2	10.1	8.6	7.9	7.2
	1.0	144.0	72.0	47.5	36.0	28.8	24.5	20.0	17.3	15.8	14.4
	1.5	216.0	108.0	71.3	54.0	43.2	36.7	30.2	25.9	23.4	21.6
	2.0	288.0	144.0	95.0	72.0	57.6	49.0	40.3	34.6	31.7	28.8
	2.5	360.0	180.0	118.8	90.0	72.0	61.2	50.4	43.2	39.6	36.0
50	0.5	90.0	45.0	29.7	22.5	18.0	15.3	12.6	10.8	9.9	9.0
	1.0	180.0	90.0	59.4	45.0	36.0	30.6	25.2	21.6	19.8	18.0
	1.5	270.0	135.0	89.1	67.5	54.0	45.9	37.8	32.4	29.7	27.0
	2.0	360.0	180.0	118.8	90.0	72.0	61.2	50.4	43.2	39.6	36.0
	2.5	450.0	225.0	148.5	122.5	90.0	76.5	63.0	54.0	49.5	45.0

注：本表查出的耗热量尚应根据风力再乘以围护结构的散热系数 β；当风速≤5m/s 时，$\beta=1.25\sim1.50$；风速 >5m/s 时，$\beta=1.5\sim2.0$。

【例 11-7】 已知暖棚平面尺寸为 15m×20m，高 3.75m，四周围护层为双层塑料薄膜，棚顶为油毛毡一层，室外平均温度 $T_a=-10℃$，棚内平均温度 $T_b=10℃$，棚内采用焦炭加热，试计算暖棚的总耗热量。

【解】 计算总耗热量

已知四周围护层面积：$A_1=(15+20)\times2\times3.75\text{m}^2=262.5\text{m}^2$

查表 11-18 得：$K_1=7\text{W/m}^2\cdot\text{K}$

表 11-18 围护层的传热系数

顺序	围护层构造	传热系数 K/[W/(m²·K)]
1	塑料薄膜一层	12.0
2	塑料薄膜二层	7.0
3	钢模板	12.0
4	木模板 20mm 厚外包岩棉毡 30mm 厚	1.1
5	钢模板外包毛毡三层	3.6
6	钢模板外包岩棉毡 30mm 厚	3.6
7	钢模板区格间填以聚苯乙烯板 50mm 厚	3.0
8	钢模板区格间填以聚苯乙烯板 50mm 厚,外包岩棉毡 30mm 厚	0.9
9	混凝土与天然地基的接触面	5.5
10	表面不覆盖	30.0

棚顶围护面积：$A_2=15\text{m}\times20\text{m}=300\text{m}^2$

$$K_2=\frac{1}{0.043+\dfrac{0.001}{0.17}+0.114}\text{W/m}^2\cdot\text{K}=6.1\text{W/(m}^2\cdot\text{K)}$$

$$A_1+A_2=562.5\text{m}^2,V=15\times20\times3.75\text{m}^2=1125\text{m}^2$$

$$Q_1=262.5\times7\times(10+10)\text{W}+300\times6.1(10+10)\text{W}=73350\text{W}$$

$$Q_2 = \frac{1125 \times 2 \times 1 \times 1.37(10+10)}{3.6}\text{W} = 17125\text{W}$$

$$Q_0 = Q_1 + Q_2 = 73350\text{W} + 17125\text{W} = 90475\text{W}$$

故，该暖棚的总耗热量为90475W。

或查表11-17当$M=\frac{562.5}{1125}=0.5$，$K=\frac{7+6.1}{2}\approx 6.6$，$\Delta t=20$，查得$Q_0=6.6\times 1000\text{W}=6600\text{W}$，取$\alpha=1.25$，则总耗热量为：

$$Q = 6600 \times 1.25 \times 11.25\text{W} = 92812.5\text{W}$$

查表与计算相差1%。

11.9 蒸汽加热养护法计算

混凝土蒸汽加热养护法的适用范围见表11-19。

表11-19 混凝土蒸汽加热养护法的适用范围

方法	简述	特点	适用范围
棚罩法	用帆布或其他罩子扣罩，内部通蒸汽养护混凝土	设施灵活，施工简便，费用较小，但耗汽量大，温度不易均匀	预制梁、板、地下基础、沟道等
蒸汽套法	制作密封保温外套，分段送汽养护混凝土	温度能适当控制，加热效果取决于保温构造，设施复杂	现浇梁、板、框架结构，墙、柱等
热模法	模板外侧配置蒸汽管，加热模板养护	加热均匀、温度易控制，养护时间短，设备费用大	墙、柱及框架结构
内部通汽法	结构内部留孔道，通蒸汽加热养护	节省蒸汽，费用较低，入汽端易过热，需处理冷凝水	预制梁、柱、桁架、现浇梁、柱、框架单梁

11.9.1 毛管模板法热工计算

1. 混凝土升温阶段需要热量

1）每小时由毛管向混凝土中散发热量q_1，按下式计算：

$$q_1 = A_1(T_K - T_{cp})K_1 \tag{11-29}$$

2）每小时由混凝土经过模板散入空气中的热量q_2按下式计算：

$$q_2 = A_2(T_{cp} - T_a)K_2 \tag{11-30}$$

3）将混凝土由初温T_0提高到最终温度T所需热量q_3按下式计算：

$$q_3 = 2510V(T - T_0) \tag{11-31}$$

4）升温加热阶段需要的热量Q_1为：

$$Q_1 = q_1 t_1 + q_2 t_1 + q_3 \tag{11-32}$$

式中 A_1——毛管向混凝土中的散热面积（m^2），取1m高，$A_1=nb$；

n——毛管数目；

b——毛管宽（m），一般为0.04m；

T_K——毛管中蒸汽的平均温度，蒸汽进口端采用100℃，每上升1m，温度降低5℃；

T_{cp}——混凝土加热的平均温度（℃）；

K_1——由毛管经盖板向混凝土中的传热系数［W/（m^2·K）］，计算参见斯氏蓄热法；

A_2——模板的散热表面积（m^2）；

T_a——室外大气温度（℃）；

K_2——模板的传热系数［W/(m^2·K)］；

V——混凝土的体积（m^3）；

2510——混凝土热容量［kJ/(m^3·K)］；

t_1——升温加热时间（h）；

t_2——等温加热时间（h）。

2. 混凝土等温阶段需要热量

1）每小时由毛管向外部空气中散发的热量 q_4，按下式计算：

$$q_4 = q_1 \tag{11-33}$$

2）每小时经过模板散入空气中的热量 q_5，按下式计算：

$$q_5 = A_2(T_{cp} - T_a)K_2 \tag{11-34}$$

3）等温加热期内需要的热量

$$Q_2 = (q_4 + q_5)t_2 \tag{11-35}$$

3. 混凝土加热需要总热量

$$Q = Q_1 + Q_2 \tag{11-36}$$

式中符号意义同上。

11.9.2 蒸汽套法热工计算

1. 加热需要的时间

（1）混凝土升温时间 t_1(h)按下式计算：

$$t_1 = \frac{T - T_0}{v} \tag{11-37}$$

（2）混凝土恒温加热时间 t_2(h)按下式计算：

$$t_2 = \frac{t_0 - t_1 m_1}{m_2} \tag{11-38}$$

（3）混凝土总加热时间 t(h)为

$$t = t_1 + t_2 \tag{11-39}$$

式中 T——混凝土的恒温温度（℃）；

T_0——混凝土的初温（℃）；

v——混凝土升温速度（℃/h）；

t_0——混凝土在 +20℃养护条件下达到要求强度的时间，由图 11-1 查得；

m_1、m_2——分别为温度在和$\frac{T + T_0}{2}$的当量系数，可由表 11-4 查出。

2. 加热需要的热量

1）混凝土及蒸汽套吸热量 Q_1（kJ）：

$$Q_1 = 2510(T - T_0) + (1.26V_A + \varphi \sum c\rho V_B)(T - T_a) \quad (11\text{-}40)$$

2）蒸汽套散失的热量 Q_2（kJ/h）：

$$Q_2 = A(T - T_a)\left(K_1\beta_1 + K_2\beta_2 + \frac{98.42V_A n}{273 + T}\right) \quad (11\text{-}41)$$

3）每立方米混凝土总需热量 Q（kJ）：

$$Q = Q_1 + Q_2 t$$

折合蒸汽量 W（kg）

$$W = \frac{Q}{I_w}(1 + \alpha_3) \quad (11\text{-}42)$$

式中 2510——混凝土比热和密度的乘积［kJ/（kg·K）×kg/m³］；

V_A——空气层体积（m³）；

V_B——保温层体积（m³）；

$c\rho$——保温材料比热和密度的乘积[kJ/(kg·K)×kg/m³]；

φ——温度系数，采用一种保温材料为0.5；采用二种以上保温材料为0.7；

1.26——空气的容积比热[kJ/(m²·K)]；

T_a——室外气温（℃）；

A——冷却面积（m²）；

K_1、K_2——上、下层汽套的传热系数[W/(m²·K)]；

β_1、β_2——上、下层汽套的透风系数；

n——每小时换气次数，一般取1.0~1.5；

I_w——蒸汽含热量(kJ/kg)，一般取 I_w=2675kJ/kg；

α_3——损失系数，一般取0.2~0.3。

11.9.3 内部蒸汽加热法计算

1. 构件预留孔壁面积及留孔数量

结构内部通汽在混凝土构件中需留孔的数量，可通过留孔内蒸汽冷凝经孔壁散发出的热量，等于由混凝土经过围壁（模板、围护层）向空气中散发出的热量，按下式计算：

$$A_r = \frac{A_p K_p \alpha(T - T_a)}{K_r(T_K - T)} \quad (11\text{-}43)$$

K_p 按下式计算：

$$K_p = \frac{1}{0.04 + \dfrac{\delta_1}{\lambda_1} + \cdots\cdots + \dfrac{\delta_n}{\lambda_n}} \quad (11\text{-}44)$$

留孔数量按下式计算：

$$n = \frac{A_r}{\pi dL}$$

式中 A_r——预留孔围壁（埋管）面积（m²/m）；

A_p——混凝土围壁面积（m²/m）；

K_p——混凝土围护层（模板及保温层）的总传热系数[W/(m²·K)]；

K_r——孔壁混凝土的传热系数[W/(m²·K)]，取23W/(m²·K)；

T——混凝土恒温加热的温度，一般控制不大于45℃；

T_a——外界气温（℃）；

T_K——蒸汽温度（℃）；

α——透风系数；

λ_n——围护各层的热导率[W/(m·K)]；

δ_n——围护各层的厚度（m）；

n——每个构件内的留孔数（个），根据实践经验，合理的留孔数量，其留孔道的总截面率以不大于2.5%为宜；

d——孔道直径（mm）；

L——孔道长度。

2. 内部通蒸汽总加热时间

1）混凝土的升温时间 t_1：

$$t_1 = \frac{T - T_0}{v} \tag{11-45}$$

2）混凝土恒温时间 t_2：

$$t_2 = \frac{t_0 - t_1 m_1}{m_2} \tag{11-46}$$

3）混凝土总加热时间 t：

$$t = t_1 + t_2 \tag{11-47}$$

式中 T_0——混凝土初温（℃）；

v——混凝土升温速度（℃/h）；

t_0——混凝土在20℃养护条件下达到要求强度的时间，由图11-1查得；

m_1、m_2——分别为温度在和$\frac{T+T_0}{2}$的当量系数，可由表11-4查得。

其余符号意义同上。

3. 内部通蒸汽总需要量

1）混凝土升温期间需要的热量 Q_1（kJ）：

$$Q_1 = c\rho V(T - T_0) + 3.6A_pK_p \times \left(\frac{T - T_0}{2} - T_a\right)t_1 \tag{11-48}$$

2）混凝土恒温期间需要的热量 Q_2（kJ）：

$$Q_2 = 3.6A_pK_p(T - T_a)t_2 \tag{11-49}$$

3）混凝土总需要热量 Q（kJ）：

$$Q = Q_1 + Q_2$$

4）混凝土养护蒸汽总需要量 W（kg）：

$$W = \frac{Q}{I_w}(1 + \alpha_1) \tag{11-50}$$

式中 V——混凝土体积（m^3）；

$c\rho$——混凝土比热和密度的乘积，取1.05×2400[kJ/(kg·K)×kg/m^3]；

3.6——换算系数，1W=3.6kJ/h；

I_w——蒸汽含热量，取2675kJ/kg；

α_1——损失系数，取0.2~0.3。

【例11-8】 混凝土柱高5m，截面为400mm×600mm，采用内部通汽法养护，已知预留孔芯管外径为50mm，蒸汽温度为70℃，恒温加热温度拟取45℃，室外气温为-10℃，模板采用25mm厚木模板外包10mm厚毛毡，混凝土浇筑初温为10℃，升温速度5℃/h。试求合适的留孔数和等温加热温度以及蒸汽需要量。

【解】 1. 留孔数量计算

$$A_p = (0.4 + 0.6) \times 2 \times 1\text{m}^2 = 2\text{m}^2$$

$$K_p = \frac{1}{0.043 + \frac{0.025}{0.17} + \frac{0.01}{0.06}}\text{W/(m}^2 \cdot \text{K)} = 2.8\text{W/(m}^2 \cdot \text{K)}$$

蒸汽直接由预留孔混凝土壁传导热量，故 $K_r = \frac{1}{0.043} = 23.3\text{W/（m}^2 \cdot \text{K）}$

预留孔围壁面积由公式（11-43）得：

$$A_r = \frac{A_p K_p \alpha (T - T_a)}{K_r (T_k - T)} = \frac{2 \times 2.8 \times 1.3(45 + 10)}{23.3(70 - 45)}\text{m}^2 = 0.687\text{m}^2$$

预留孔数量：$n = \frac{A}{\pi d L} = \frac{0.687}{3.14 \times 0.05 \times 1} = 4.4$　取4个孔

留孔数量占构件截面面积百分率 $= \frac{4 \times 19.63}{40 \times 60} \times 100\% = 3.3\% > 2.5\%$ 留孔数不合适，故高速恒温温度，取 $T = 30℃$

则：$A_r = \frac{2 \times 2.8 \times 1.3(30 + 10)}{23.3(70 - 30)}\text{m}^2 = 0.31\text{m}^2$

预留孔数量：$n = \frac{0.31}{3.14 \times 0.05} = 1.97$　取2孔

预留孔数量占构件截面面积百分比 $= \frac{2 \times 19.63}{40 \times 60} \times 100\% = 1.6\% < 2.5\%$。

故合适留孔数量为2孔，等温加热温度为30℃。

2. 加热时间计算

升温时间：$t_1 = \frac{T - T_0}{v} = \frac{30 - 10}{5}\text{h} = 4\text{h}$

恒温时间查图11-1，在+20℃养护5d可达50%强度，则 $t_0 = 5 \times 24\text{h} = 120\text{h}$，由表11-4查得：$\frac{T + T_0}{2} = 20℃$时，当量系数 $m_1 = 1.0$；$T = 30℃$时，当量系数 $m_2 = 1.61$

$$t_2 = \frac{t_0 - t m_1}{m_2} = \frac{120 - 4 \times 1}{1.61}\text{h} = 72\text{h}$$

3. 加热所需热量计算

已知
$$A_p = (0.4 + 0.6) \times 2 \times 5\text{m}^2 = 10\text{m}^2$$

$$V = 0.4 \times 0.6 \times 5\text{m}^3 = 1.2\text{m}^3$$

$$K_p = 2.8\text{W/(m}^2 \cdot \text{K)}$$

升温期间热量由式（11-48）得：

$$Q_1 = c\rho V(T - T_0) + 3.6A_pK_p\left(\frac{T - T_0}{2} - T_a\right)t_1$$

$$= 1.05 \times 2400 \times 1.2(30 - 10)\text{kJ} + 3.6 \times 10 \times 2.8\left(\frac{30 - 10}{2} + 10\right) \times 4\text{kJ}$$

$$= 68544\text{kJ}$$

恒温期间热量由式（11-49）得：

$$Q_2 = 3.6A_pK_p(T - T_a)t_2$$

$$= 3.6 \times 10 \times 2.8(30 + 10) \times 72\text{kJ} = 290304\text{kJ}$$

∴ 总热量 $Q = Q_1 + Q_2 = 68544\text{kJ} + 290304\text{kJ} = 359 \times 10^3\text{kJ}$

每 1m^3 混凝土需要热量 q：

$$q = \frac{Q}{V} = \frac{359 \times 10^3}{1.2}\text{kJ/m}^3 = 299.2 \times 10^3\text{kJ/m}^3$$

取 $I_w = 2675\text{kJ/kg}$，$\alpha = 0.3$

则折合蒸汽量由式（11-50）得：

$$W = \frac{q}{I_w}(1 + \alpha_1) = \frac{299.2 \times 10^3}{2675}(1 + 0.3)\text{kg/m}^3 = 145.4\text{kg/m}^3$$

故蒸汽量为 145.4kg/m^3。

11.10 电热法计算

11.10.1 电极加热法计算

电极加热法养护混凝土的适用范围见表 11-20。

表 11-20 电极加热法养护混凝土的适用范围

分类		常用电极规格	设置方法	适用范围
内部电极	棒形电极	ϕ6 ~ ϕ12 的钢筋短棒	混凝土浇筑后，将电极穿过模板或在混凝土表面插入混凝土体内	梁、柱、厚度大于 15cm 的板、墙、设备基础
	弦形电极	ϕ6 ~ ϕ16 的钢筋，长 2 ~ 2.5m	在浇筑混凝土前，将电极装入，其位置与结构纵向平行，电极两端弯成直角，由模板孔引出	含筋较少的墙、柱、梁、大型柱基础以及厚度大于 20cm 单侧配筋的板
表面电极		ϕ6 钢筋或厚 1 ~ 2mm、宽 30 ~ 60mm 的扁钢	电极固定模板内侧，或装在混凝土的外表面	条形基础、墙及保护层大于 5cm 的大体积结构和地面等

1. 需用电力

电极加热 1m^3 混凝土（或砖砌体）所需的最大电功率 $P(\text{kW/m}^3)$ 按下式计算：

$$P = P_1 + P_2 \tag{11-51}$$

$$P_1 = \frac{1}{3.6}c\rho v + KM_b\left(\frac{T_0 + T}{2} - T_a\right)$$

$$P_2 = KM_b(T - T_a) \tag{11-52}$$

式中 P_1——升温阶段需要的电功率（kW/m^3）；

P_2——等温阶段需要的电功率（kW/m^3）；

c——比热（kJ/kg·K）；

ρ——质量密度（kg/m^3），钢筋混凝土为2400~2500，砖砌体为1800；

v——升温速度（℃/h），根据结构表面系数 M_b 由表11-21取用；

K——总传热系数[$W/(m^2 \cdot K)$]，按蓄热法一节中公式计算，对厚25mm木模板为5.35；厚40mm木模板为3.72；

M——结构表面系数（m^{-1}）；

T_0——混凝土浇筑温度，即开始加热时的温度（℃）；

T——等温加热的温度（℃），随水泥品种、强度等级、结构表面系数而变化，应不超过表11-22规定；

T_a——室外大气平均温度（℃）。

上式未计算模板加热温度所需热量及水泥的放热作用。为简化计算，一般假设加热模板耗用的热量与水泥在加热过程中水化作用所发生的热量相等，因此计算时两者都不考虑。

表11-21　加热养护混凝土升温速度

结构表面系数 M_b/m^{-1}	升温速度/(℃/h)	降温速度/(℃/h)
≥6	15	10
<6	10	5

注：厚大体积混凝土，应根据实际情况定。

表11-22　电热养护混凝土的温度

项次	水泥强度	结构表面系数 M_b/m^{-1}		
		小于10	10~15	大于15
1	32.5	70℃	50℃	45℃
2	42.5	40℃	40℃	35℃

注：采用红外线辐射加热时，其辐射表面温度可采用70~90℃。

2. 需用电量

电极加热1m^3混凝土（或砖砌体）所用电量W($kW \cdot h/m^3$)可按下式计算：

$$W = P_1t_1 + P_2t_2$$

$$W = P_1\frac{T - T_0}{v} + P_2t_2 \tag{11-53}$$

式中 t_1——升温加热时间（h）；

t_2——等温加热时间（h）。

其余符号意义同式（11-51）、式（11-52）。

当混凝土加热的升温速度 $v = 5$℃/h时，模板厚度为25mm，$K = 4.07W/m^2 \cdot K$，混凝土初温 $t_0 = 5$℃，混凝土达到设计强度的50%所需电功率和电量见表11-23和表11-24。

表 11-23　当混凝土用电极加热升温速度为 5℃/h，$K=4.07W/(m^2 \cdot K)$，混凝土初温为 +5℃，保证混凝土达到设计强度的 50%所需电功率

表面系数 M_b	室外气温/℃	透风系数											
		$\alpha=1$						$\alpha=1.5$					
		等温加热温度/℃											
		40		60		80		40		60		80	
		电功率/(kW/m^3)											
		P_1	P_2	P_1	P_2	P_1	P_2	P_1	P_2	P_1	P_2	P_1	P_2
4	-5	3.25	0.73	3.41	1.06	3.57	1.38	3.48	1.10	3.72	1.59	3.95	2.07
	-10	3.33	0.81	3.49	1.14	3.65	1.46	3.60	1.22	3.84	1.71	4.08	2.19
	-20	3.49	0.97	3.66	1.30	3.81	1.65	3.84	1.46	4.09	1.95	4.32	2.48
6	-5	3.52	1.09	3.76	1.58	4.00	2.07	3.86	1.63	4.22	2.37	4.58	3.11
	-10	3.64	1.22	3.89	1.70	4.13	2.18	4.04	1.83	4.41	2.55	4.77	3.27
	-20	3.91	1.46	4.13	1.95	4.37	2.44	4.44	2.19	4.77	2.93	5.13	3.66
8	-5	3.80	1.46	4.13	2.11	4.45	2.76	4.25	2.10	4.74	3.17	5.22	4.14
	-10	3.97	1.63	4.29	2.28	4.61	2.91	4.50	2.45	4.98	3.42	5.46	4.37
	-20	4.29	1.95	4.62	2.60	4.93	3.25	4.98	2.93	5.48	3.90	5.94	4.88
10	-5	4.09	1.82	4.49	2.64	4.89	3.45	4.65	2.73	5.25	3.96	5.95	5.18
	-10	4.29	2.03	4.70	2.84	5.10	3.64	4.95	3.05	5.57	4.16	6.17	4.46
	-20	4.69	2.43	5.11	3.24	5.50	4.06	5.55	3.65	6.18	4.86	6.77	6.09
12	-5	4.37	2.19	4.85	3.17	5.34	4.14	5.04	3.29	5.76	4.76	6.50	6.21
	-10	4.61	2.44	5.10	3.40	5.59	4.37	5.40	3.66	6.14	5.10	6.87	6.56
	-20	5.09	2.92	5.60	3.89	6.07	4.87	6.12	4.38	6.89	5.84	7.59	7.31
15	-5	4.80	2.73	5.40	3.96	6.00	5.17	5.64	4.10	6.54	5.94	7.44	7.76
	-10	5.10	3.04	5.72	4.25	6.32	5.46	6.09	4.23	7.02	6.38	7.92	8.19
	-20	5.70	3.64	6.33	4.86	6.92	6.10	6.99	4.46	7.94	7.29	8.82	9.15
20	-5	5.51	3.64	6.31	5.28	7.11	6.90	6.65	5.46	7.83	7.92	9.03	10.35
	-10	5.91	4.06	6.73	5.68	7.58	7.28	7.23	6.09	8.46	8.52	9.66	10.92
	-20	6.73	4.86	7.55	6.48	8.33	8.12	8.43	7.29	9.69	9.72	10.86	12.18

表中：P_1——升温加热时所需电功率。

P_2——等温加热时所需电功率。

表 11-24　混凝土电加热的用电量参考表　[单位：$(kW \cdot h)/m^3$]

风力影响系数 β	加热温度/℃	结构表面系数																	
		4			6			8			10			12			15		
		室外温度/℃																	
		-5	-10	-20	-5	-10	-20	-5	-10	-20	-5	-10	-20	-5	-10	-20	-5	-10	-20
275～325 号普通水泥混凝土																			
1	30	36	43	52	54	63	79	72	84	105	90	105	132	110	127	159	135	161	197
1.5		53	61	80	81	92	120	109	125	157	137	157	197	167	192	237	207	240	297
1	40	31	35	48	52	58	68	68	75	91	81	91	111	96	110	132	118	136	164
1.5		49	55	71	74	83	103	97	110	135	123	135	167	147	166	201	183	207	246

（续）

风力影响系数 β	加热温度/℃	结构表面系数																	
		4			6			8			10			12			15		
		室外温度/℃																	
		-5	-10	-20	-5	-10	-20	-5	-10	-20	-5	-10	-20	-5	-10	-20	-5	-10	-20
275~325号普通水泥混凝土																			
1	50	—	—	40	48	54	65	66	72	83	81	89	104	95	105	123	116	129	152
1.5		38	42	63	69	80	95	94	101	125	118	128	155	141	157	187	179	196	234
1	60	—	—	40	41	46	53	56	65	74	73	80	95	—	—	—	—	—	—
1.5		—	—	53	58	69	82	84	89	111	109	115	141	—	—	—	—	—	—
1	70	—	—	—	—	52	55	56	60	71	67	77	91	—	—	—	—	—	—
1.5		—	—	—	—	65	81	83	91	101	114	123	133	—	—	—	—	—	—
1	40	43	46	56	60	67	81	78	87	106	96	107	130	114	127	155	140	157	189
1.5		60	66	79	86	96	118	108	127	158	139	157	196	167	188	236	208	234	289
1	50	41	45	52	57	63	72	71	80	90	88	97	109	103	114	130	124	140	161
1.5		55	60	72	81	86	100	102	113	129	125	139	159	149	166	192	186	207	240
1	60	40	41	49	52	58	67	69	75	87	84	92	105	98	107	124	123	131	152
1.5		52	54	66	75	82	94	97	106	123	117	128	151	140	160	181	173	192	226
1	70	—	—	49	51	55	60	61	66	77	73	83	91	—	—	—	—	—	—
1.5		—	—	59	63	71	81	83	91	105	100	115	133	—	—	—	—	—	—
1	80	—	—	—	—	—	66	67	69	74	73	77	91	—	—	—	—	—	—
1.5		—	—	—	—	—	81	82	86	99	95	109	126	—	—	—	—	—	—

注：本表为水泥新标准颁布前的资料，仍保留水泥标号，仅供参考。

3. 电极布置

布置组电极时，电极距离 b 和 h 之数值可按下式计算（图 11-7）：

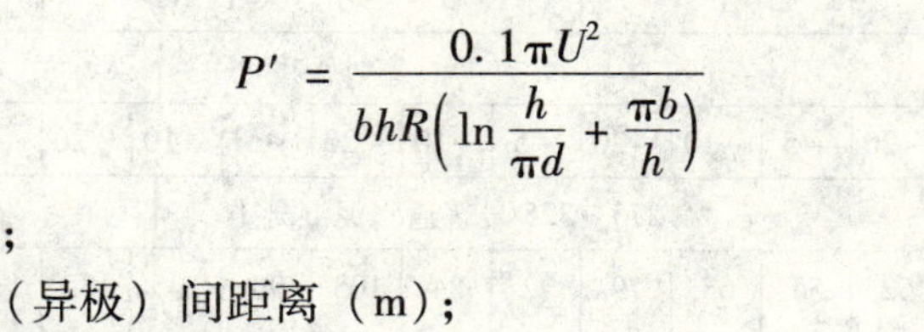

图 11-7　组电极的排列

$$P' = \frac{0.1\pi U^2}{bhR\left(\ln\frac{h}{\pi d} + \frac{\pi b}{h}\right)} \tag{11-54}$$

式中　U——电压（V）；

b——各电极组（异极）间距离（m）；

h——组电极同极间距离（m）；

d——电极直径（m）；

R——比电阻（Ω/cm），在升温阶段为 400~600；在等温阶段为 800~1000；

ln——自然对数符号；

P'——加热 $1m^3$ 混凝土使用的电功率（kW/m^3），不得小于热工计算中最大电功率 P 的 80%、或不得大于 120%。

其余符号意义同式（11-53）。

根据加热 $1m^3$ 混凝土使用的最大电功率，在各种不同电压下的电极组中电极距离 b 及 h 的关系亦可由表 11-25 查出。

表 11-25　直径 6mm 的电极组间的 b 和 h 之距离

加热电压/V	距离/cm	最大电功率/(kW/m^3)									
		2.5	3	4	5	6	7	8	9	9.5	10
65	b	55	50	44	39	36	33	31	29	29	28
	h	11	10	9	8	7.5	7	6.5	6.5	6.5	6
87	b	76	67	60	54	49	45	42	40	39	38
	h	11	10	9	8	7.5	7	6.5	6.5	6.5	6
106	b	91	84	73	66	59	54	53	50	48	47
	h	11	10	9	8	7.5	7	6.5	6.5	6.5	6
220	b	192	180	154	140	127	117	110	102	100	98
	h	11	10	9	8	7.5	7	6.5	6.5	6.5	6

注：1. 220V 电压只适用于钢筋混凝土。

2. 所用电压、电功率，表内未予规定时，可用插入法求之。

3. 电极组布置图见图 11-7。

电极布置及适用范围见表 11-26 和表 11-27。

表 11-26　电极的布置及适用范围

分类	布置方法	适用范围
表面电极	电极用 $\phi6 \sim \phi9$mm 钢筋或宽 40～60mm 钢板组成。电极间距：钢筋 20～30mm，铁皮 10～15mm。固定在模板内侧	用于墙、梁、基础等结构及混凝土地坪
棒形电极	电极用 $\phi6 \sim \phi12$mm 钢筋插入混凝土内部，不得与钢筋相碰	用于梁、柱、墙、基础及设备基础等
弦形电极	电极用 $\phi6 \sim \phi10$mm 钢筋，长 2.5～3.0m，电极固定在箍筋上，端部露出模板表面，与钢筋相碰处，套塑料管绝缘	用于含钢筋量少的墙、梁、柱、基础及厚度大于 20cm 的板

表 11-27　电极与钢筋之间的距离

工作电压/V	最小距离/cm	工作电压/V	最小距离/cm
65.0 87.0	5～7 8～10	106	12～15

4. 变压器容量计算

变压器容量可按下式计算：

$$P_Q = (P_1V_1 + P_2V_2) \times \frac{1}{0.82} \tag{11-55}$$

式中 P_Q——变压器容量（kVA）；

V_1——一次加热混凝土体积（m^3）；

V_2——同时等温加热混凝土体积（m^3）；

0.82——电力因数（平衡系数）。

其余符号意义同上。

11.10.2 电热模法热工计算

1. 电热模总发热量

1）电阻丝发热量计算　电阻丝 8h 在单位面积上的发热量 Q_1（J/m^2）按下式计算：

$$Q_1 = \frac{(U/R)^2 Rtn}{A} \quad (11\text{-}56)$$

6m 长电阻丝电阻值 R（Ω）按下式计算：

$$R = R_{80℃} \times 6 = R_{20℃}[1 + \alpha(T_d - 20)] \times 6 \quad (11\text{-}57)$$

2）水泥水化热量 Q_2（J/m^2）按下式计算：

$$Q_2 = m_{ce} V Q_c \quad (11\text{-}58)$$

3）电热模总发热量 Q

$$Q = Q_1 + Q_2$$

式中 U——电压（V）；

R——电阻（Ω）；

$R_{80℃}$——$Cr25Al_5$（ϕ1.5mm）电阻丝 80℃时每米长电阻值（Ω/m）；

$R_{20℃}$——$Cr25Al_5$（ϕ1.5mm）电阻丝 20℃时每米长电阻值（Ω/m）；

α——电阻温度系数（3×10^{-5}℃）；

T_d——电阻丝供电时温度（℃）；

t——时间（s），按 8h 计；

n——一块模板上电阻丝回路数；

A——一块模板表面积（m^2）；

m_{ce}——每立方米混凝土水泥用量（kg/m^3）；

V——每立方米模板混凝土或矿渣棉保温板的体积（m^3/m^2）；

Q_e——1kg 水泥发热量（kJ/kg）。

2. 电热模总耗热量

1）混凝土由初温 T_0 加热到恒温 T 所需热容量 Q_{01}（J/m^2）按下式计算：

$$Q_{01} = c\rho V(T - T_0) \quad (11\text{-}59)$$

2）矿渣棉热容量 Q_{02}（J/m^2）可按下式计算：

$$Q_{02} = c\rho V T_1 \quad (11\text{-}60)$$

3）保温块 8h 内散热量 Q_{03}（J/m^2）按下式计算：

$$Q_{03} = 3600\lambda \frac{1}{d} t\Delta T m A_1 \quad (11\text{-}61)$$

4）电热模总耗热量 Q_0

$$Q_0 = Q_{01} + Q_{02} + Q_{03} \tag{11-62}$$

式中 c——混凝土或矿渣棉比热[kJ/(kg·K)]；

ρ——混凝土或矿渣棉保温板的质量密度（kg/m^3）；

T_1——矿渣棉保温板的平均温度（℃）；

λ——矿渣棉保温板的热导率[W/(m·K)]；

d——保温板厚度（m）；

ΔT——室外和热夹层温度差（℃），$\Delta T = T_d - 20 - T_a$；

T_a——室外大气平均温度（℃）；

m——墙体两侧面模板上保温块数；

A_1——墙体单位计算面积（m^2）。

其余符号意义同上。

3. 总发热量与总耗热量关系

电热模养护混凝土应满足以下条件

$$Q \geqslant Q_0 \tag{11-63}$$

11.10.3 电热毯加热法热工计算

电热毯加热法是以电热毯作为加热元件加热养护混凝土，适用于以钢模板浇筑的混凝土构件。

1. 热工计算步骤

1）混凝土构件在升温阶段每小时所需热量按下式计算：

$$Q_1 = V\rho c_c v \tag{11-64}$$

2）钢模板及保温材料加热所需热量按下式计算：

$$Q_2 = m_1 c_1 v + m_2 c_2 v \tag{11-65}$$

3）每小时内散失热量按下式计算：

$$Q_3 = A(T - T_a)\left(\frac{\lambda_1}{\delta_1} + \frac{\lambda_2}{\delta_2}\right) \tag{11-66}$$

4）需布设的电热毯功率按下式计算：

$$P = \frac{Q_1 + Q_2 + Q_3}{3.6} \tag{11-67}$$

式中 Q_1——混凝土每小时升温所需热量（kJ/h）；

V——混凝土体积（m^3）；

ρ——混凝土质量密度 kg/m^3，取2400；

c_c——混凝土比热容 kJ/(kg·K)，取1.0；

v——每小时升温温度（℃/h）；

Q_2——钢模板及保温材料加热所需热量（kJ/h）；

m_1、m_2——钢模板及保温材料质量（kg）；

c_1、c_2——钢模板及保温材料比热容[kJ/(kg·K)]；

Q_3——构件每小时散失热量（kJ/h）；

A——散热面积（m^2）；

T——混凝土温度（℃）；

T_a——室外大气温度（℃）；

λ_1、λ_2——各层保温材料热导率[W/(m·K)]；

δ_1、δ_2——各层保温材料厚度（m）；

P——电热毯功率（W）；

3.6——换算系数，1W = 3.6kJ/h。

2. 养护要求

1）电热毯宜由四层玻璃纤维布中间夹以电阻丝制成。其几何尺寸应根据混凝土表面或模板外侧与龙骨组成的区格大小确定。电压宜为60～80V，功率宜为75～100W/块。

2）布置电热毯时，在模板周边的各区格应连续布毯，中间区格可间隔布毯，并应与对面模板错开。电热毯外侧应设置耐热保温材料（如岩棉板等）。

3）通电持续时间应根据气温及养护温度确定，可采取分段、间断或连续通电养护工序。

11.10.4 工频涡流加热法热工计算

1. 加热所需热量

1）混凝土在升温阶段每小时所需热量 Q_1(kJ/h)：

$$Q_1 = c_c \rho V v \tag{11-68}$$

2）钢模板及保温材料加热每小时所需热量 Q_2(kJ/h)：

$$Q_2 = m_1 c_1 v + m_2 c_2 v \tag{11-69}$$

3）每小时内墙体散热量 Q_3(kJ/h)：

$$Q_3 = A(T - T_a)\frac{\lambda}{\delta_1} \tag{11-70}$$

4）所需总热量 Q(kJ/h)

$$Q = Q_1 + Q_2 + Q_3 \tag{11-71}$$

式中 c_c——混凝土比热［kJ/（kg·K）］，取1.05；

ρ——混凝土质量密度（kg/m^3），取2400；

V——混凝土体积（m^3）；

T——混凝土恒温温度（℃）；

v——混凝土升温速度（℃/h）；

c_1、c_2——分别为钢模板与保温材料比热[kJ/(kg·K)]；

m_1、m_2——分别为钢模板与保温材料质量（kg）；

T_a——室外大气温度（℃）；

A——散热面积（m^2）；

λ——保温材料热导率[W/(m·K)]；

δ_1——保温层厚度（m）。

2. 模板功率

1）涡流管的饱和电流值 $I_k(A)$，可按下式计算

$$I_k = 2\pi(r - 0.5\delta)H_k \tag{11-72}$$

2）涡流管单位长度的极限功率 P_k(W/m)，按下式计算：

$$P_k = I_k U_k \cos\varphi \tag{11-73}$$

3）钢模板单位面积的极限功率 P_s(W/m^2)，按下式计算：

$$P_s = lP_k \tag{11-74}$$

式中 r——钢管外半径（cm）；

δ——钢管壁厚（cm）；

H_k——涡流管管壁中心磁场强度，当磁感应达到饱和强度时，磁场强度 H_k =40A/cm；

U_k——导线单位长度饱和电压降（V/m）；

$\cos\varphi$——功率因数，经试验求得为0.8；

l——在单位面积模板上布设的涡流管总长度（m/m^2）。

【例 11-9】 柱子截面为 600mm×600mm（宽度 H=600mm），经计算最大电功率 P = 6kW/m^3，采用 ϕ6mm 棒形电极，升温加热阶段使用的电压 U=65V。试用计算和查表方法求电热钢筋混凝土柱时应布置每组电极间的距离 b 和 h 及每组电极个数。

【解】 1. 计算方法

使用 U = 65V，电极直径 d = 0.006m，并设同极间距 h = 0.076m，异极间距离 b = 0.36m，比电阻取 R = 500Ω/cm，则由公式（11-54）求得电功率为：

$$P' = \frac{0.1\pi U^2}{bhR\left(\ln\frac{h}{\pi d} + \frac{\pi b}{h}\right)}$$

$$= \frac{0.1 \times 3.14 \times 65^2}{0.36 \times 0.076 \times 500\left(\ln\frac{0.076}{3.14 \times 0.006} + \frac{3.14 \times 0.36}{0.076}\right)} \text{kW/m}^3$$

$$= 5.96\text{kW/m}^3$$

P' 与 P 相比较：$\frac{P'}{P} = \frac{5.96}{6.0}$ =0.99 合乎要求，表面假定条件适合，可以按组布置电极。

每组中的电极个数 $n = \frac{H}{h} = \frac{600}{76}$ =7.89 个，取 8 个。

2. 查表方法

根据所给的电功率 P = 6kW/m^3，U = 65V，并使用棒形电极，从表 11-25 中可以查得各电极组间距离 b = 35cm，同组电极间距离 h =7.5cm。

每组中的电极个数 $n = \frac{H}{h} = \frac{60}{7.6}$ =7.89 个，取 8 个。排顺序如图 11-8 所示。

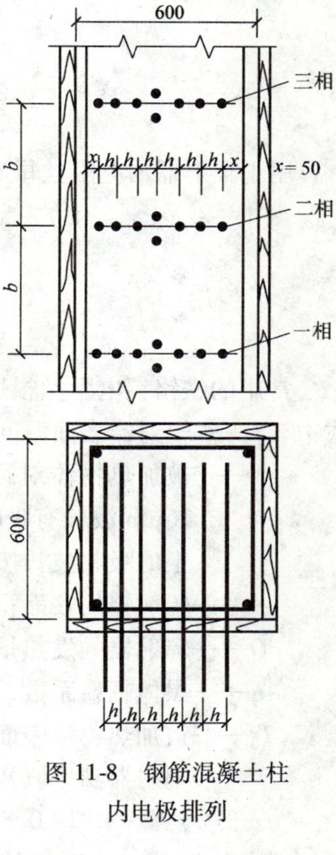

图 11-8　钢筋混凝土柱内电极排列

11.11 远红外线加热法计算

11.11.1 远红外线辐射器加热法计算

用远红外辐射器辐射混凝土时，当发射波长与混凝土组成材料的吸收波长相匹配时，新拌混凝土作为远红外线的吸收介质，在远红外线的共振作用下，介质分子作强烈运动，将辐射能充分转换成热能，使混凝土升温。

1）辐射器表面温度按下式计算

$$T = \frac{2897}{\lambda} \tag{11-75}$$

2）辐射器的表面积按下式计算

$$A = \frac{Q}{\alpha\left[\left(\frac{T}{100}\right)^4 - \left(\frac{T_0}{100}\right)^4\right]} \tag{11-76}$$

3）辐射器功率计算

$$P = \frac{Q}{3.6\eta} \tag{11-77}$$

4）辐射器所需电阻丝的计算

电阻丝的电功率：

$$P = \frac{U^2}{R} = \frac{U^2}{\rho\frac{4l}{\pi d^2}} \tag{11-78}$$

用于辐射器的电阻丝每 m^2 表面积的负担（W）以 3～5W 为宜，故电功率也等于：

$$P = \pi dlW$$

$$\therefore \quad l = \sqrt{\frac{U^2 d}{4\rho W}} \tag{11-79}$$

常用的铁铬铝电阻丝根据上式算出的参数见表 11-28。

式中 T——辐射器表面温度（K）；

λ——被加热物体对远红外线最大吸收峰的波长（μm）；已知水对于 3～7、14～16μm 波长有吸收特性；水泥、砂、石对于 3～9μm 波长有吸收特性；新拌混凝土的吸收波长按 4μm 计算；

A——辐射器的表面积（m^2）；

Q——辐射器的发热量（kJ/h）；

α——黑体辐射系数，取 16.7kJ/（$m^2 \cdot h \cdot K^4$）；

T_0——被加热物体表面温度（K）；

P——辐射器功率（W）；

η——热效率，取 0.85；

3.6——换算系数，1W = 3.6kJ/h；

U——电源电压（V）；

R——电阻（Ω）；

ρ——电阻丝的电阻系数，铁铬铝电阻丝为 0.00014Ω · cm^2/cm，镍铬电阻丝为 0.00011Ω · cm^2/cm；

l——电阻丝长度（cm）；

d——电阻丝直径（cm）。

表 11-28　铁铬铝电阻丝的技术参数

电阻丝直径/cm	电阻丝总长度/cm	绕成内径为4mm 的长度/cm	参数			
			电压/V	电阻/Ω	电流/A	总功率/W
0.04	1073	31.0	220	120.0	1.84	406
0.06	1314	54.6	220	65.0	3.38	744
0.08	1518	80.5	220	42.3	5.20	1145
0.10	1697	108.1	220	30.3	7.27	1600
0.12	1859	136.6	220	23.0	9.56	2103

注：辐射器钢管长度为电阻丝绕成内径 4mm 长度的 1.8 ~ 2.0 倍。

11.11.2　大模板远红外加热法计算

1. 总耗热量

1）混凝土单位面积每小时升温需要热量 Q_1(kJ/h)：

$$Q_1 = c\rho vV \tag{11-80}$$

2）保温层单位面积每小时散热量 Q_2(kJ/h)：

$$Q_2 = 3.6(T - T_a)A_1\left(\frac{\lambda_1}{\delta_1} + \frac{\lambda_2}{\delta_2}\right) \tag{11-81}$$

3）混凝土单位面积每小时总耗热量 Q(kJ/h)：

$$Q = Q_1 + Q_2 \tag{11-82}$$

式中　c——混凝土比热[kJ/(kg · K)]，取 $c = 1.05$；

ρ——混凝土质量密度（kg/m^3），取 $\rho = 2400$；

v——混凝土升温速度（℃/h）；

V——混凝土体积（m^3）；

T——混凝土等温养护温度（℃）；

T_a——室外平均气温（℃）；

A_1——墙体面积，$A_1 = 1.0m^2$；

λ_1、λ_2——分别为内外侧保温材料的热导率[W/(m · K)]；

δ_1、δ_2——分别为内外侧保温材料的厚度（m）。

2. 所需电功率

1）每平方米墙体所需的电热管功率 P(kW/m^2)，每个单元层所需总电功率 P_T(kW)按下式计算：

$$P = \frac{Q}{4.1868 \times 864} \tag{11-83}$$

$$P_{\mathrm{T}} = PA \tag{11-84}$$

2）热效率可按下式计算：

$$\eta = \frac{Q_1}{Q} \times 100\% \tag{11-85}$$

式中 A——墙体总面积（m^2）；

η——热效率。

11.11.3 室内装修远红外加热法计算

1. 室内加热需要的总热量

1）围护结构基本耗热量 Q_1(J/h) 按下式计算：

$$Q_1 = 3600\left(\sum_{i=1}^{n} A_i K_i d_i\right)\Delta T \tag{11-86}$$

$$K_i = \frac{1}{0.17 + \frac{\delta_i}{\lambda_i} + 0.17}$$

2）冷风渗透散热量 Q_2(J/h)按下式计算：

$$Q_2 = 0.24 \times 4.1868 \times 10^3 \times Bl\rho\Delta Tn \tag{11-87}$$

3）总热量：$Q = Q_1 + Q_2$

式中 A_i——各散热面面积（m^2）；

K_i——散热面传热系数[$W/(m^2 \cdot K)$]；

δ_i——围护材料的厚度（m）；

λ_i——围护材料的热导率[$W/(m \cdot K)$]；

d_i——日照风力附加系数，北面取20%；南面取 -10%；东西面均取10%；

ΔT——室内外温差（℃）；

B——门窗缝渗入的冷空气量[$m^3/(m \cdot h)$]；

l——门窗缝隙长度（m）；

ρ——空气质量密度（kg/m^3），近似取1.33；

n——方向修正值，南面取0.2；北面取1.0。

2. 需要的电功率

需要电功率 P(kW) 可按下式计算：

$$P = \frac{Q}{864 \times 4.1868 \times 10^3} \tag{11-88}$$

【例 11-10】 利用远红外辐射器加热混凝土，根据加热要求混凝土需热量 Q = 5024kJ/h，混凝土表面温度为353K(80℃)。试计算远红外辐射器的表面温度、表面面积及辐射器的电功率。

【解】 1. 计算辐射器的表面温度

新拌混凝土 $\lambda=4$

由式（11-75）得：

$$T=\frac{2897}{\lambda}=\frac{2897}{4}\mathrm{K}\approx 724\mathrm{K}$$

2. 计算辐射器的表面积

$T=724\mathrm{K}$；$T_0=353\mathrm{K}$；$\alpha=16.7\mathrm{kJ}/(\mathrm{m}^2\cdot\mathrm{h}\cdot\mathrm{K}^4)$；代入式（11-76）得：

$$A=\frac{Q}{\alpha\left[\left(\frac{T}{100}\right)^4-\left(\frac{T_0}{100}\right)^4\right]}$$

$$=\frac{5024}{16.7\times\left[\left(\frac{724}{100}\right)^4-\left(\frac{353}{100}\right)^4\right]}\mathrm{m}^2=0.116\mathrm{m}^2$$

3. 计算辐射器的功率，由式（11-77）得：

$$P=\frac{Q}{3.6\eta}=\frac{5024}{3.6\times 0.85}\mathrm{W}=1642\mathrm{W}$$

参 考 文 献

[1] GB 50010—2010 混凝土结构设计规范［S］. 北京：中国建筑工业出版社，2011.

[2] GB 50204—2002 混凝土结构工程施工质量验收规范（2011 版）［S］. 北京：中国计划出版社，2010.

[3] JGJ 55—2000 普通混凝土配合比设计规程［S］. 北京：中国计划出版社，2000.

[4] GB 50017—2003 钢结构设计规范［S］. 北京：中国计划出版社，2003.

[5] GB 50205—2001 钢结构工程施工质量验收规范［S］. 北京：中国计划出版社，2002.

[6] GB 50009—2001 建筑结构荷载规范（2006 版）［S］. 北京：中国建筑工业出版社，2006.

[7] 项翥行. 混凝土冬季施工工艺学［M］. 北京：中国建筑工业出版社，1993.